建设部、人事部、国家文物局联合资助项目

王瑞珠 编著

世界建筑史

印度次大陆古代卷

·上册·

中国建筑工业出版社

审图号：GS（2021）2333号

图书在版编目（CIP）数据

世界建筑史. 1，印度次大陆古代卷 / 王瑞珠编著
. —北京：中国建筑工业出版社，2021.6
ISBN 978-7-112-25564-1

I. ①世… II. ①土… III. ①建筑史—世界②建筑史
—印度—古代 IV. ①TU-091

中国版本图书馆CIP数据核字（2020）第190501号

责任编辑：张建
责任校对：王烨

世界建筑史·印度次大陆古代卷
王瑞珠　编著

*
中国建筑工业出版社出版、发行（北京海淀三里河路9号）
各地新华书店、建筑书店经销
北京利丰雅高长城印刷有限公司印刷
*
开本：889毫米×1194毫米　1/16　印张：108　字数：3350千字
2021年8月第一版　2021年8月第一次印刷
定价：760.00元（上、中、下册）
ISBN 978-7-112-25564-1
　　（36585）

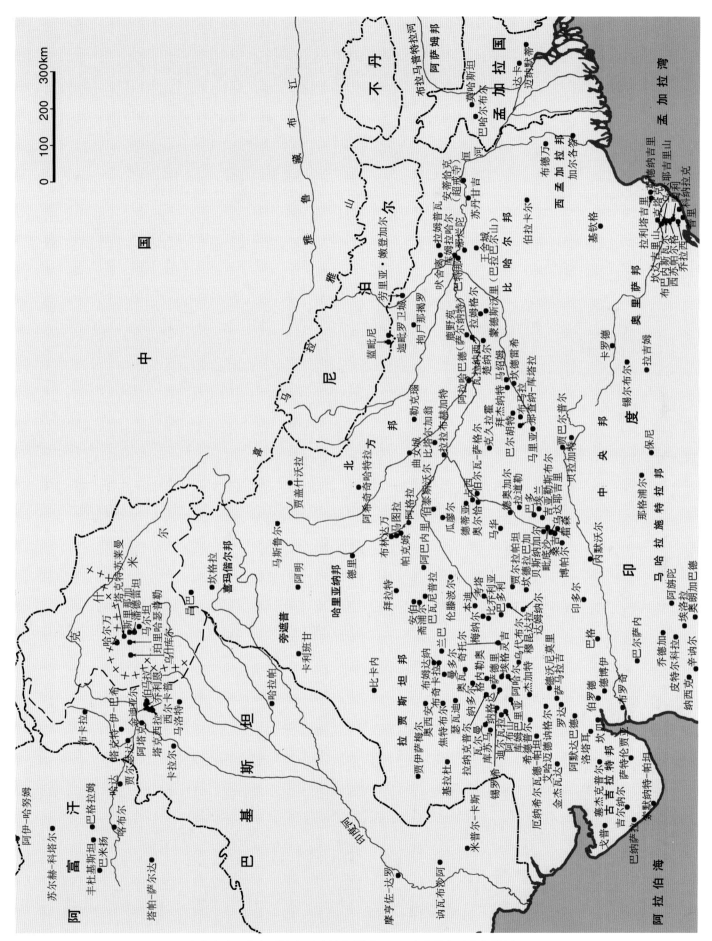

本卷中涉及的主要城市及遗址位置图（一、印度北部及中部地区）

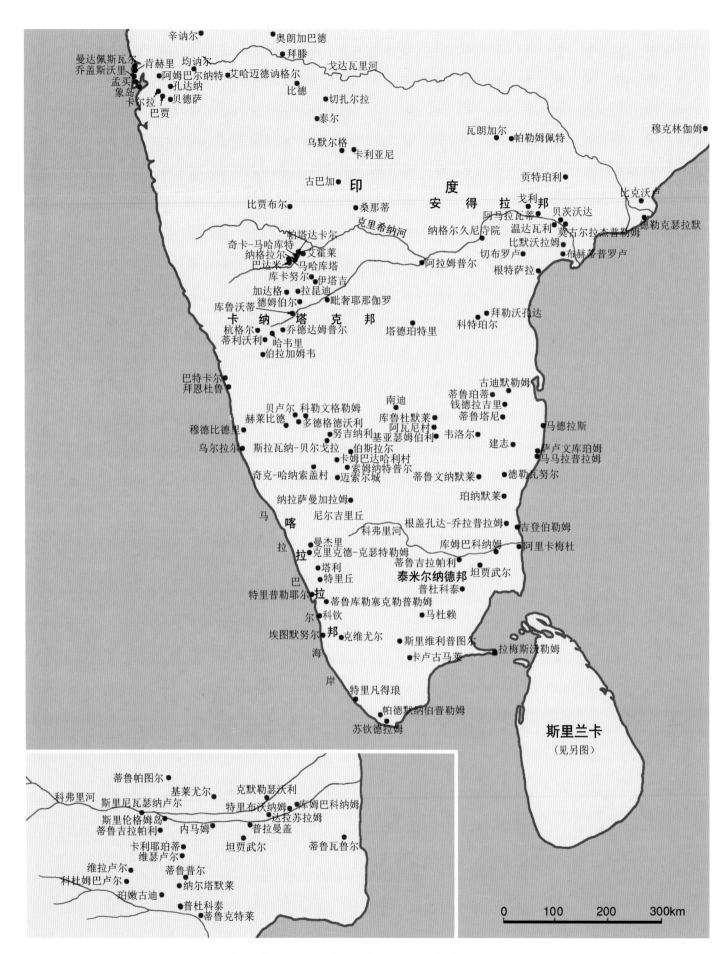

辛诃尔　　　奥朗加巴德
曼达佩斯瓦尔　肯赫里　均讷尔　拜滕　戈达瓦里河
乔盖斯沃里　阿姆巴尔纳特　艾哈迈德讷格尔
孟买岛　　孔达纳　比德
象岛　卡尔拉　贝德萨　切扎尔拉
巴贾　　泰尔　　　　　　　　　瓦朗加尔　帕勒姆佩特　　　穆克林伽姆
乌默尔格　　　　　　　印　　度
卡利亚尼　　　　　　　　贡特珀利　　　　比克沃卢
古巴加　　　　　安　得　拉　邦
比贾布尔　　桑那蒂　　　　　　　戈利　贝茨沃达　　　德勒克瑟拉默
克里希纳河　纳格尔久尼寺院　温达瓦利　莫古尔拉杰普勒姆
奇卡-马哈库特　帕塔达卡尔　　　　　　比默沃拉姆
纳格拉尔　艾霍莱　　　　　　切布罗卢　　布赫蒂普罗卢
巴达米　马哈库塔　阿拉姆普尔　根特萨拉
库卡努尔　伊塔吉
加达格　拉昆迪　　毗奢耶那伽罗
库鲁沃蒂　德姆伯尔　　　　　　拜勒沃孔达
卡　纳　塔　克　邦　科特珀尔
杭格尔　乔德达姆普尔　塔德珀特里
蒂利沃利　哈韦里
伯拉加姆韦
巴特卡尔　　　　　　　　　　古迪默勒姆
拜恩杜鲁　　　　　　　　　南迪　蒂鲁珀蒂
贝卢尔　科勒文格勒姆　　钱德拉吉里
赫莱比德　多德格德沃利　库德杜默莱　蒂鲁塔尼
穆德比德里　努吉纳库　阿瓦尼村　韦洛尔　马德拉斯
乌尔拉尔　斯拉瓦纳-贝尔戈拉　伯斯拉尔　建志　萨卢文库珀姆
卡姆巴拉哈利村　　　马马拉普拉姆
奇克-哈纳索盖村　索姆纳特普尔　蒂鲁文纳默莱　德勒瓦努尔
迈索尔城
纳拉萨曼加拉姆　　珀纳默莱
尼尔吉里丘　　　根盖孔达-乔拉普拉姆　吉登伯勒姆
马　喀　曼杰里　科弗里河　库姆巴科纳姆　阿里卡梅杜
克里克德-克瑟特勒姆　蒂鲁吉拉帕利
拉　塔利　　　　　　坦贾武尔
巴　特里丘　　　泰米尔纳德邦　普杜科泰
特里普勒耶尔　拉　蒂鲁库勒塞克勒普勒姆
尔　科钦　　马杜赖
邦　埃图默努尔　克维尤尔　斯里维利普图尔
海　　卡卢古马莱　拉梅斯沃勒姆
岸　特里凡得琅
帕德默纳伯普勒姆
苏钦德拉姆

斯里兰卡
（见另图）

蒂鲁帕图尔
基莱尤尔　克默勒瑟沃利
科弗里河　斯里尼瓦瑟纳卢尔　特里布沃纳姆
斯里伦格姆岛　　内马姆　普拉曼盖
蒂鲁吉拉帕利　　达拉苏拉姆
坦贾武尔　蒂鲁瓦鲁尔
卡利耶珀蒂
维瑟卢尔　蒂鲁普尔
维拉卢尔　纳尔塔默莱
科杜姆巴卢尔
珀嫩古迪　普杜科泰
蒂鲁克特莱

0　　100　　200　　300km

本卷中涉及的主要城市及遗址位置图（二、印度南部地区）

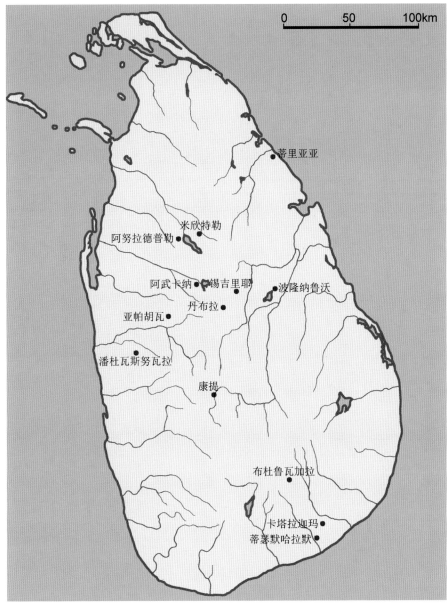

本卷中涉及的主要城市及遗址位置图（三、斯里兰卡）

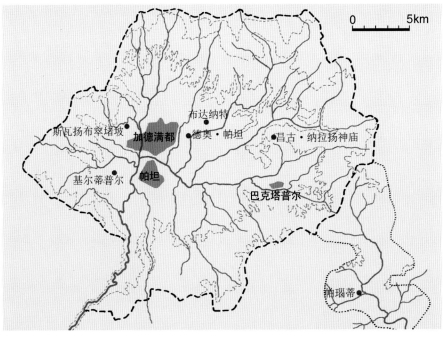

本卷中涉及的主要城市及遗址位置图（四、尼泊尔，加德满都谷地）

目　录

·上册·

图版简目 ………………………………………………………………………………… 10

导言 ……………………………………………………………………………………… 97

第一章 印度 早期

第一节 早期城市及建筑 …………………………………………………………… 98
一、印度河文明及吠陀文化时期 ………………………………………………… 98
印度河文明的前期表现（98）-印度河文明概况（101）-摩亨佐-达罗（107）-哈拉帕（128）-其他印度河文明城市（133）-其他同期或稍后原始文明的表现（141）-吠陀时期 王舍城和舍卫城（150）

二、孔雀王朝时期 …………………………………………………………………… 159
历史及宗教背景（159）-支提窟（石窟寺）（166）-石柱（纪念柱）（175）-窣堵坡（佛塔）（191）-世俗建筑（220）

三、贵霜帝国 ………………………………………………………………………… 223

第二节 早期祠庙和岩凿建筑 ……………………………………………………… 226
一、早期祠庙及其渊源 ……………………………………………………………… 226
二、岩凿建筑 ………………………………………………………………………… 241
类型综述（241）-实例（262）

第三节 犍陀罗艺术 ………………………………………………………………… 302
一、概况 ……………………………………………………………………………… 302
地域分布、主要都城及中心（302）-艺术特色及来源（306）
二、主要遗址 ………………………………………………………………………… 315
塔克西拉（呾叉始罗）古城（315）-伯马拉窣堵坡（321）-塔克特-伊-巴希寺院（321）-巴尔赫（323）-阿伊·哈努姆（325）-海巴克组群（333）-巴米扬组群（340）-丰杜基斯坦佛寺（343）-哈达（346）

第二章 印度 笈多时期

第一节 历史背景、早期石窟及岩雕 ……………………………………………… 349
一、历史背景 ………………………………………………………………………… 349
王朝的兴亡（349）-文化及艺术成就（351）
二、早期石窟及岩雕 ………………………………………………………………… 355
乌达耶吉里石窟群（355）-埃兰祠庙组群（366）

第二节 祠庙及雕饰 ·· 368

　　一、祠庙 ·· 368

　　　　概况（368）-实例（369）

　　二、雕饰 ·· 387

第三节 后期石窟（阿旃陀石窟） ···················· 388

　　一、概况及阶段划分 ··· 388

　　　　概况（388）-阶段划分（412）

　　二、建筑、雕刻及绘画 ····································· 437

　　　　石窟类型（437）-建筑形式及施工（446）-雕刻及绘画（459）

　　三、主要石窟简介 ·· 466

·中册·

第三章 印度 后笈多时期

第一节 印度教寺庙的类型及特色 ···················· 485

　　一、宗教及社会背景 ··· 485

　　　　宗教背景（485）-建筑学的地位和建筑师（487）

　　二、岩凿寺庙 ·· 488

　　三、砌筑寺庙 ·· 494

　　　　布局及形制（494）-构图特色及象征手法的运用（501）

　　四、地区类型 ·· 507

　　　　纳迦罗式（507）-达罗毗荼式（525）-其他模式，混合型及地方类型（541）

　　五、屋顶类型 ·· 548

　　　　顶塔式屋顶（550）-棱锥形屋顶（557）-筒拱顶门塔（562）

第二节 马哈拉施特拉邦和卡纳塔克邦的寺庙建筑 ···· 564

　　一、概况 ·· 564

　　　　历史背景（564）-遗存现状及类型表现（573）

　　二、马哈拉施特拉邦 ··· 591

　　　　象岛及其他孟买附近遗址（591）-埃洛拉（603）-奥朗加巴德（650）

　　三、卡纳塔克邦 ··· 660

　　　　巴达米（672）-艾霍莱（698）-马哈库塔（729）-帕塔达卡尔（735）-其他遗址（758）

第三节 其他地区的寺庙建筑 ···························· 778

　　一、西北地区及中央邦 ····································· 779

　　　　西北地区（779）-中央邦（807）

　　二、奥里萨邦及安得拉邦 ·································· 824

　　　　奥里萨邦（824）-安得拉邦（847）

　　三、克什米尔及周边地区 ·································· 853

自然环境与历史背景（853）-建筑概况（856）

四、印度东部及孟加拉地区 ·· 882

第四章 印度 拉其普特时期

第一节 印度西部、摩腊婆和中央邦 ······························· 909

    一、10世纪~11世纪中叶 ·· 909

    二、11世纪中叶~13世纪 ·· 929

    三、克久拉霍建筑群 ·· 971

    四、15世纪及以后的印度教和耆那教建筑复兴，旁遮普邦的锡克教寺庙 ··········· 1021

第二节 奥里萨邦 ·· 1041

    一、布巴内斯瓦尔 ·· 1041

    二、其他地区 ·· 1074

第三节 德干地区 ·· 1085

    一、韦萨拉风格 ··· 1089

    二、曷萨拉风格 ··· 1127

    三、其他类型 ·· 1146

第四节 城市规划及世俗建筑 ··· 1147

    一、城市规划 ·· 1147

        规划理论（1147）-实例（1150）

    二、宫殿和城堡 ··· 1158

    三、居住建筑 ·· 1171

·下册·

第五章 印度南部

第一节 帕拉瓦王朝 ·· 1175

    一、石窟寺及岩雕 ·· 1182

    二、砌造神庙 ·· 1226

第二节 朱罗王朝 ·· 1241

    一、朱罗早期 ·· 1241

    二、朱罗后期 ·· 1269

第三节 毗奢耶那伽罗帝国 ·· 1310

    一、毗奢耶那伽罗 ·· 1324

    二、其他遗址 ·· 1397

第四节 喀拉拉邦 ·· 1418

第六章 次大陆其他国家

第一节 尼泊尔 ·· 1431
　　一、地理及历史概况 ·································· 1431
　　二、城市及世俗建筑 ·································· 1441
　　　　帕坦：王宫广场及其他建筑（1451）-加德满都：王宫广场及其他建筑（1471）-巴克塔普尔：王宫广场群（1507）-客栈
　　　　及住宅（1516）-建筑构造及装饰（1525）
　　三、宗教建筑 ·· 1537
　　　　窣堵坡（1537）-精舍和神庙（1555）

第二节 斯里兰卡 ·· 1577
　　一、地理、历史及宗教背景 ·························· 1577
　　二、主要建筑类型及雕刻 ···························· 1600
　　　　寺庙（1601）-窣堵坡（1608）-佛堂（1619）-菩提祠（1626）-圆圣堂（1631）-雕刻（1644）
　　三、阿努拉德普勒 ···································· 1648
　　　　窣堵坡（1648）-寺院（1659）-世俗建筑（1666）
　　四、波隆纳鲁沃 ······································ 1670
　　　　窣堵坡及圆圣堂（1677）-祠庙及佛堂（1679）-宫殿及附属建筑（1690）
　　五、其他地区 ·· 1694

附录一　地名及建筑名中外文对照表 ······················ 1699
附录二　人名（含民族及神名）中外文对照表 ·············· 1723
附录三　主要参考文献 ·································· 1728

图 版 简 目

·上册·

卷首地图1：本卷中涉及的主要城市及遗址位置图（一、印度北部及中部地区）·················· 3
卷首地图2：本卷中涉及的主要城市及遗址位置图（二、印度南部地区）························· 4
卷首地图3：本卷中涉及的主要城市及遗址位置图（三、斯里兰卡）··························· 5
卷首地图4：本卷中涉及的主要城市及遗址位置图（四、尼泊尔，加德满都谷地）················· 5

第一章 印度 早期

图1-1摩亨佐-达罗 舞女像（约公元前2300~前1750年，青铜，现存新德里国家博物馆）··············· 98
图1-2摩亨佐-达罗 蓄须祭司-国王像（约公元前2000~前1750年，冻石，高17.5厘米，现存卡拉奇巴基斯坦国家博物馆）·············· 98
图1-3摩亨佐-达罗 "母神"像（约公元前2300~前1750年，赤陶，现存卡拉奇巴基斯坦国家博物馆）········· 99
图1-4摩亨佐-达罗 古城遗址（约公元前2300~前1750年）。卫星图·························· 99
图1-5摩亨佐-达罗 城堡区（窣堵坡丘）。平面图（取自BENEVOLO L. Storia della Città, 1975年）·········· 100
图1-6摩亨佐-达罗 居住区。平面（据Volwahsen，1969年）····························· 100
图1-7摩亨佐-达罗 城市想象复原图·· 101
图1-8摩亨佐-达罗 城市想象复原图（取自《人类文明史图鉴》）······················· 101
图1-9摩亨佐-达罗 街区想象复原图（取自博物馆展板）···························· 103
图1-10摩亨佐-达罗 窣堵坡丘。自西南方向望去的景色···························· 103
图1-11摩亨佐-达罗 窣堵坡丘。西侧近景·······································103
图1-12摩亨佐-达罗 窣堵坡丘。街道近景······································ 104
图1-13摩亨佐-达罗 居住区。遗址现状·· 105
图1-14摩亨佐-达罗 富人区。残迹景色······································· 105
图1-15摩亨佐-达罗街巷及院落近景··· 106
图1-16摩亨佐-达罗 居住区。高井·· 107
图1-17摩亨佐-达罗 窣堵坡。西北侧景色······································ 107
图1-18摩亨佐-达罗 窣堵坡。东北侧现状······································ 109
图1-19摩亨佐-达罗 窣堵坡。东侧顶部近景····································· 109
图1-20摩亨佐-达罗 窣堵坡。东南侧近观······································ 109
图1-21摩亨佐-达罗 窣堵坡。南侧全景······································· 110
图1-22摩亨佐-达罗 窣堵坡。西南侧近景······································ 110
图1-23摩亨佐-达罗 大浴池（公共浴池）。平面及构造剖析图[平面取自苏联建筑科学院《建筑通史》（*Всеобщая История Архитестуры*），第1卷，1958年；剖析图取自CRUICKSHANK D. Sir Banister Fletcher's a History of Architecture, 1996年]·············· 110
图1-24摩亨佐-达罗 大浴池。剖析复原图（取自SCARRE C. The Seventy Wonders of the Ancient World, 1999年）·············· 111

图1-25摩亨佐-达罗 大浴池。西南侧全景 ……………………………………… 111

图1-26摩亨佐-达罗 大浴池。南侧近观 ……………………………………… 112

图1-27摩亨佐-达罗 大浴池。东北侧近景 …………………………………… 113

图1-28摩亨佐-达罗 "大谷仓"。构造剖析图（取自CRUICKSHANK D. Sir Banister Fletcher's a History of Architecture, 1996年）……………………………………… 113

图1-29摩亨佐-达罗 典型住宅剖析图（取自CRUICKSHANK D. Sir Banister Fletcher's a History of Architecture, 1996年） ……………………………………… 113

图1-30哈拉帕 城堡。平面图（取自CRUICKSHANK D. Sir Banister Fletcher's a History of Architecture, 1996年）……………………………………… 114

图1-31哈拉帕 大谷仓。剖析图（取自CRUICKSHANK D. Sir Banister Fletcher's a History of Architecture, 1996年） ……………………………………… 114

图1-32洛塔耳 古城遗址。运河砖构残迹 …………………………………… 114

图1-33洛塔耳 古城遗址。卫生间及管沟工程 ……………………………… 114

图1-34洛塔耳 古城遗址。上城古井及渠道 ………………………………… 115

图1-35洛塔耳 古城遗址。住宅浴室及卫生间 ……………………………… 115

图1-36洛塔耳 古城遗址。库房遗址 ………………………………………… 116

图1-37洛塔耳 古城遗址。下城现状 ………………………………………… 116

图1-38托拉沃拉 古城。城市总平面简图 …………………………………… 116

图1-39托拉沃拉 古城。遗址现场 …………………………………………… 117

图1-40托拉沃拉 古城。北门现状 …………………………………………… 118

图1-41托拉沃拉 古城。东门残迹 …………………………………………… 118

图1-42托拉沃拉 古城。水池现状 …………………………………………… 118

图1-43卡利班甘 古城。城市遗迹总平面 …………………………………… 118

图1-44王舍城 芒果园寺。遗址发掘平面（1954~1955年） ……………… 118

图1-45王舍城 芒果园寺。遗址景色 ………………………………………… 118

图1-46舍卫城（室罗伐，罗伐悉底）须达多窣堵坡（"给孤独长者"窣堵坡，故居）。遗址全景 … 118

图1-47舍卫城 须达多窣堵坡。正面大台阶 ………………………………… 120

图1-48舍卫城 须达多窣堵坡。遗存近观 …………………………………… 120

图1-49舍卫城 安古利马拉窣堵坡。残迹现状 ……………………………… 120

图1-50舍卫城 祇园精舍（祇树给孤独园）。喜智菩提树（阿难菩提树），现状 ………………… 121

图1-51舍卫城 祇园精舍。香室（佛陀安居处），遗址全景 ……………… 121

图1-52舍卫城 祇园精舍。香室，内室近景 ………………………………… 122

图1-53舍卫城 祇园精舍。F寺（佛陀说法台） …………………………… 122

图1-54舍卫城 祇园精舍。精舍残迹 ………………………………………… 122

图1-55舍卫城 祇园精舍。寺院及水池 ……………………………………… 123

图1-56印度 典型精舍平面（5世纪） ……………………………………… 123

图1-57德奥科塔尔 窣堵坡。主塔及周围小塔遗存现状 …………………… 123

图1-58桑那蒂村（卡纳塔克邦）窣堵坡。外景 …………………………… 123

图1-59桑那蒂村 窣堵坡。浮雕：阿育王及王后 …………………………… 124

图1-60塔克西拉 库纳拉窣堵坡。遗址现状 ………………………………… 124

图1-61塔克西拉 库纳拉窣堵坡。边上寺院遗址 …………………………… 124

图1-62塔克西拉 库纳拉窣堵坡。石构残迹 ……………………………………………………… 125

图1-63塔克西拉 皮尔丘。遗址现状（经修复） ………………………………………………… 125

图1-64斯瓦特（县） 布卡拉窣堵坡（公元前3世纪~公元2世纪）。各阶段形式的演化 ……… 126

图1-65斯瓦特（县） 布卡拉窣堵坡。遗址全景 ………………………………………………… 126

图1-66斯瓦特（县） 布卡拉窣堵坡。残迹近景 ………………………………………………… 127

图1-67讷瓦布沙阿 米尔鲁坎窣堵坡。现状外景 ………………………………………………… 127

图1-68讷瓦布沙阿 米尔鲁坎窣堵坡。主塔近景 ………………………………………………… 127

图1-69讷瓦布沙阿 米尔鲁坎窣堵坡。残迹细部 ………………………………………………… 127

图1-70纳格尔久尼山（安得拉邦） 纳格尔久尼寺院。各组群平面（取自SARKAR H. Studies in Early Buddhist
Architecture of India, 1993年） ……………………………………………………………… 128

图1-71纳格尔久尼山 纳格尔久尼寺院。图1-70遗址27所示窣堵坡平面详图（1954~1960年发掘） ………… 128

图1-72纳格尔久尼山 纳格尔久尼寺院。各窣堵坡遗址，经发掘整理后的现状 ……………… 128

图1-73纳格尔久尼山 纳格尔久尼寺院。图1-70遗址32B，西北侧景色 ……………………… 130

图1-74纳格尔久尼山 纳格尔久尼寺院。图1-70遗址4各遗存现状及拍摄位置示意 …………… 130

图1-75巴拉巴尔山 苏达玛窟。平面及剖面（作者Alexander Cunningham，1871年） ……… 130

图1-76巴拉巴尔山 苏达玛窟。空间剖析图（矩形前厅平面9.98米×5.94米） ………………… 130

图1-77巴拉巴尔山 苏达玛窟。外景，远处为圣洛马斯窟入口 ………………………………… 132

图1-78巴拉巴尔山 苏达玛窟。内景 ……………………………………………………………… 132

图1-79巴拉巴尔山 圣洛马斯窟（约公元前250年）。平面、立面及剖面（图版作者Alexander Cunningham,
1871年） ……………………………………………………………………………………… 132

图1-80巴拉巴尔山 圣洛马斯窟。入口立面（取自HARDY A. The Temple Architecture of India, 2007年） … 132

图1-81巴拉巴尔山 圣洛马斯窟。空间剖析图（虚线表示全部完成后的状态） ………………… 132

图1-82巴拉巴尔山 圣洛马斯窟。支提拱立面及此后形式的演变（自公元前250年至公元9世纪，据Percy Brown）
………………………………………………………………………………………………… 132

图1-83巴拉巴尔山 圣洛马斯窟。地段现状 ……………………………………………………… 134

图1-84巴拉巴尔山 圣洛马斯窟。入口近景 ……………………………………………………… 134

图1-85巴拉巴尔山 圣洛马斯窟。入口雕饰细部 ………………………………………………… 135

图1-86巴拉巴尔山 圣洛马斯窟。入口上部铭文（5世纪） ……………………………………… 135

图1-87巴拉巴尔山 圣洛马斯窟。内景 …………………………………………………………… 135

图1-88早期马蹄券山墙及窗户造型 ……………………………………………………………… 136

图1-89巴拉巴尔山 卡兰·乔珀尔窟。平面及剖析图（平面作者Alexander Cunningham，1871年；剖析图作者
Percy Brown，1900年） ……………………………………………………………………… 136

图1-90巴拉巴尔山 卡兰·乔珀尔窟。外部佛教雕刻 …………………………………………… 136

图1-91巴拉巴尔山 卡兰·乔珀尔窟。内景 ……………………………………………………… 136

图1-92巴拉巴尔山 维斯沃·佐普里窟。空间剖析图（平面4.27米×2.54米），作者Percy Brown（1872~1955年）
………………………………………………………………………………………………… 137

图1-93巴拉巴尔山 维斯沃·佐普里窟。通向石窟的梯道（所谓阿育王台阶，Ashoka stairs） ……… 137

图1-94巴拉巴尔山 维斯沃·佐普里窟。入口近景 ……………………………………………… 137

图1-95纳格尔久尼山 石窟群。平面（取自CUNNINGHAM A. Archaeological Survey Report 1861-1862）：戈皮石
窟、沃达蒂石窟、米泽门蒂石窟（井窟） ……………………………………………………… 137

图1-96纳格尔久尼山 戈皮石窟（公元前232年）。空间剖析图 ……………………………… 137

图1-97纳格尔久尼山 戈皮石窟。入口及台阶 ································· 138

图1-98纳格尔久尼山 戈皮石窟。室内梵文铭刻 ································· 138

图1-99鹿野苑 阿育王柱。狮子柱头（公元前3世纪，连基座高2.15米，现存鹿野苑博物馆） ········· 139

图1-100桑吉 阿育王柱（公元前250年）。孔雀王朝时期大窣堵坡及阿育王柱复原想象图 ········· 140

图1-101桑吉 阿育王柱。立面复原图（作者F. C. Maisey，1892年） ··················· 140

图1-102桑吉 阿育王柱。柱头立面（取自STIERLIN H. Comprendre l'Architecture Universelle, II, 1977年）······

································· 140

图1-103桑吉 阿育王柱。狮子柱头，修复前后的照片（现为桑吉考古博物馆藏品） ········· 140

图1-104桑吉 阿育王柱。柱身现状 ········· 142

图1-105桑吉 26号柱。四狮柱头（部分损毁，现存桑吉考古博物馆） ··············· 143

图1-106瓦伊舍利（比哈尔邦） 阿育王柱。地段全景 ························· 145

图1-107瓦伊舍利 阿育王柱。近景 ··························· 145

图1-108瓦伊舍利 阿育王柱。钟形单狮柱头 ························· 145

图1-109昌巴兰（比哈尔邦） 拉姆普瓦柱。1907年发掘带狮子柱头柱子时的情景 ········· 145

图1-110昌巴兰 拉姆普瓦柱。公牛柱头（公元前3世纪，现位于总督宫内） ··········· 145

图1-111昌巴兰 阿雷拉杰柱。柱子现状及铭文近观 ························· 147

图1-112劳里亚·嫩登加尔（比哈尔邦） 阿育王柱（狮子柱，约公元前242~前241年）。现状景色 ··· 147

图1-113德里 德里-密拉特石柱。现状 ··························· 148

图1-114新德里 科特拉堡。德里-托普拉石柱（公元前3世纪），地段全景 ············· 149

图1-115新德里 科特拉堡。德里-托普拉石柱，近景 ························· 150

图1-116新德里 科特拉堡。德里-托普拉石柱，柱身铭文细部 ··················· 150

图1-117阿拉哈巴德（北方邦） 城堡。侨赏弥石柱，现状 ··················· 150

图1-118迦毗罗卫城 尼加利石柱（约公元前249年）。残段现状 ··············· 150

图1-119盖瑟里亚（比哈尔邦） 窣堵坡（约公元前250年）。日出景色，远景 ··········· 150

图1-120盖瑟里亚 窣堵坡。遗址全景 ··························· 153

图1-121盖瑟里亚 窣堵坡。塔体结构，不同角度的状态 ····················· 153

图1-122盖瑟里亚 窣堵坡。上部结构近景 ························· 153

图1-123盖瑟里亚 窣堵坡。基部近景 ··························· 153

图1-124盖瑟里亚 窣堵坡。塔基坐佛像 ··························· 153

图1-125乌达耶吉里 乌达耶吉里-毗底沙柱头。立面 ····················· 154

图1-126印度 带圆花饰的柱子和壁柱（取自HARDY A. The Temple Architecture of India, 2007年） ····· 154

图1-127桑吉 圣区。总平面（取自BUSSAGLI M. Oriental Architecture/1, 1981年） ··········· 154

图1-128桑吉 圣区。大窣堵坡及寺院鸟瞰复原图（公元初年的情景，作者Percy Brown，1900年） ··· 155

图1-129桑吉 大窣堵坡（1号窣堵坡，大塔，公元前273~前236年创建，公元前150~前50年扩建，门塔建于公元前25年）。平面、立面、栏杆及门塔细部（取自STIERLIN H. Comprendre l'Architecture Universelle, II, 1977年；原图作者Volwahsen，1969年） ··························· 155

图1-130桑吉 大窣堵坡。立面（取自GARDNER H. Art Through the Ages, 1926年） ············· 156

图1-131桑吉 大窣堵坡。栏杆及门塔立面（取自STIERLIN H. Comprendre l'Architecture Universelle, II, 1977年） ··························· 156

图1-132桑吉 大窣堵坡。残迹平面及剖面（取自MURRAY J. A Handbook for Travellers in India, Burma, and Ceylon, 1911年） ··························· 156

图1-133桑吉 大窣堵坡。透视剖析图（想象图；取自SCARRE C. The Seventy Wonders of the Ancient World, 1999年）……………………………………………………………………………………………… 156

图1-134桑吉 大窣堵坡。东南侧地段全景 ………………………………………………………… 156

图1-135桑吉 大窣堵坡。东南侧近观 ……………………………………………………………… 158

图1-136桑吉 大窣堵坡。东侧现状 ………………………………………………………………… 158

图1-137桑吉 大窣堵坡。东北侧景色 ……………………………………………………………… 158

图1-138桑吉 大窣堵坡。北侧现状 ………………………………………………………………… 160

图1-139桑吉 大窣堵坡。西北侧近观 ……………………………………………………………… 160

图1-140桑吉 大窣堵坡。西侧全景 ………………………………………………………………… 161

图1-141桑吉 大窣堵坡。西南侧现状 ……………………………………………………………… 161

图1-142桑吉 大窣堵坡。南侧全景 ………………………………………………………………… 163

图1-143桑吉 大窣堵坡。主塔砌体 ………………………………………………………………… 163

图1-144桑吉 大窣堵坡。塔顶近景 ………………………………………………………………… 163

图1-145桑吉 大窣堵坡。底层围栏、环道及台阶 ………………………………………………… 164

图1-146桑吉 大窣堵坡。底层环道（坐佛像为公元450年后加）………………………………… 164

图1-147桑吉 大窣堵坡。上层环道 ………………………………………………………………… 166

图1-148桑吉 大窣堵坡。西门塔，正面全景 ……………………………………………………… 166

图1-149桑吉 大窣堵坡。西门塔，背面全景 ……………………………………………………… 169

图1-150桑吉 大窣堵坡。西门塔，背面近景 ……………………………………………………… 169

图1-151桑吉 大窣堵坡。西门塔，北柱墩柱头，西侧侏儒雕刻细部 …………………………… 170

图1-152桑吉 大窣堵坡。西门塔，南柱墩，西侧浮雕 …………………………………………… 170

图1-153桑吉 大窣堵坡。西门塔，楣梁浮雕：末罗国王将佛陀圣骨送往都城拘尸那揭罗 …… 173

图1-154桑吉 大窣堵坡。北门塔，正面近景 ……………………………………………………… 173

图1-155桑吉 大窣堵坡。北门塔，背面现状 ……………………………………………………… 173

图1-156桑吉 大窣堵坡。北门塔，西柱墩，东侧浮雕：来窣堵坡朝拜的外国人及众乐师 …… 175

图1-157桑吉 大窣堵坡。北门塔，柱头雕饰 ……………………………………………………… 175

图1-158桑吉 大窣堵坡。北门塔，中楣浮雕 ……………………………………………………… 177

图1-159桑吉 大窣堵坡。北门塔，西柱墩顶饰背面 ……………………………………………… 177

图1-160桑吉 大窣堵坡。南门塔，正面全景及近景 ……………………………………………… 179

图1-161桑吉 大窣堵坡。南门塔，背面现状 ……………………………………………………… 179

图1-162桑吉 大窣堵坡。南门塔，东柱墩，四狮柱头 …………………………………………… 179

图1-163桑吉 大窣堵坡。南门塔，楣梁浮雕：佛骨之战 ………………………………………… 181

图1-164桑吉 大窣堵坡。南门塔，根据上图（W35-033）浮雕制作的拘尸那揭罗主城门复原图（约公元前500年情景，据Volwahsen，1969年）……………………………………………………… 181

图1-165桑吉 大窣堵坡。南门塔，楣梁浮雕：阿育王造访尼泊尔拉姆格拉姆窣堵坡 ………… 181

图1-166桑吉 大窣堵坡。东门塔，正面全景 ……………………………………………………… 181

图1-167桑吉 大窣堵坡。东门塔，背面近景 ……………………………………………………… 183

图1-168桑吉 大窣堵坡。东门塔，北柱墩 ………………………………………………………… 183

图1-169桑吉 大窣堵坡。东门塔，柱头雕饰 ……………………………………………………… 184

图1-170桑吉 大窣堵坡。东门塔，北端，背立面近景 …………………………………………… 184

图1-171桑吉 大窣堵坡。东门塔，南端，背立面近景 …………………………………………… 187

图1-172桑吉 大窣堵坡。东门塔，中楣，背立面雕饰：受丛林动物膜拜的佛陀 ································ 187

图1-173桑吉 2号窣堵坡。平面、立面及遗骨盒细部[1854年图版，作者Sir Alexander Cunningham（1814~1893年）] ·· 187

图1-174桑吉 2号窣堵坡。栏杆装饰图案（1892年图版） ··· 187

图1-175桑吉 2号窣堵坡。远景 ··· 188

图1-176桑吉 2号窣堵坡。地段全景 ·· 188

图1-177桑吉 2号窣堵坡。入口近景 ·· 188

图1-178桑吉 2号窣堵坡。栏杆雕饰细部 ·· 191

图1-179桑吉 2号窣堵坡。栏杆及墩柱近景 ··· 191

图1-180桑吉2号窣堵坡。栏杆浮雕细部 ·· 192

图1-181桑吉 3号窣堵坡。南侧全景 ·· 192

图1-182桑吉 3号窣堵坡。东侧地段形势 ·· 192

图1-183桑吉 3号窣堵坡。西北侧全景 ··· 194

图1-184桑吉 3号窣堵坡。西侧现状 ·· 194

图1-185桑吉 3号窣堵坡。门塔近景 ·· 194

图1-186桑吉 3号窣堵坡。门塔背面及入口台阶 ·· 194

图1-187桑吉 3号窣堵坡。门塔柱头（侏儒神迦那） ··· 194

图1-188桑吉 4号窣堵坡。西侧景观 ·· 196

图1-189桑吉 7号窣堵坡。现状 ··· 196

图1-190帕鲁德 窣堵坡。立面（初始状态复原图，1879年图版，作者Alexander Cunningham） ········ 197

图1-191帕鲁德 窣堵坡。遗址现状 ··· 197

图1-192帕鲁德 窣堵坡。东门及围栏（约公元前2~前1世纪，加尔各答印度博物馆藏品，下同） ········ 198

图1-193帕鲁德 窣堵坡。围栏近景（红砂石制作，高约2.15米） ··· 198

图1-194帕鲁德 窣堵坡。围栏墩柱近景 ·· 199

图1-195帕鲁德 窣堵坡。围栏墩柱及横梁圆盘雕饰 ··· 200

图1-196帕鲁德 窣堵坡。围栏浮雕：遗骨葬礼仪式 ··· 200

图1-197帕鲁德 窣堵坡。围栏浮雕：药叉女 ·· 202

图1-198帕鲁德 窣堵坡。围栏浮雕：财神俱毗罗 ·· 202

图1-199帕鲁德 窣堵坡。围栏浮雕：摩诃菩提庙及祭拜仪式 ·· 205

图1-200帕鲁德 窣堵坡。围栏浮雕：印度教神宫里的圣骨迎庆仪式 ·· 205

图1-201帕鲁德 窣堵坡。围栏浮雕：法轮崇拜 ··· 205

图1-202帕鲁德 窣堵坡。围栏浮雕：印度教诸神庆贺佛陀降生 ··· 206

图1-203帕鲁德 窣堵坡。围栏浮雕：蛇王礼佛 ··· 206

图1-204帕鲁德 窣堵坡。围栏浮雕：大猕猴本生 ·· 208

图1-205帕鲁德 窣堵坡。围栏浮雕：摩耶夫人之梦 ··· 208

图1-206帕鲁德 窣堵坡。雕刻残段：国王夫妇拜见佛陀 ·· 208

图1-207帕鲁德 窣堵坡。雕刻残段：窣堵坡前的礼佛仪式 ··· 208

图1-208帕克姆 夜叉女雕像（公元前2~前1世纪，砂岩，高2.62米，现存马图拉政府博物馆） ·········· 210

图1-209迪达尔甘吉 夜叉女雕像（公元1世纪，砂岩磨光，高1.63米，现存巴特那博物馆） ·········· 210

图1-210根特萨拉（安得拉邦） 窣堵坡。遗存平面（据Alexander Rea，取自SARKAR H. Studies in Early Buddhist Architecture of India，1993年） ·· 210

图1-211根特萨拉 窣堵坡。现状外景 ……………………………………………………………… 210

图1-212根特萨拉 窣堵坡。雕刻残段（公元2世纪）：多层寺庙 …………………………………… 212

图1-213阿马拉瓦蒂 窣堵坡。遗址平面图（作者Colin Mackenzie，1816年）…………………… 212

图1-214阿马拉瓦蒂 窣堵坡。立面复原图（作者Walter Elliott，1845年）……………………… 212

图1-215阿马拉瓦蒂 窣堵坡。根据浮雕形象制作的想象复原图（据P. Brown，图版取自HARLE J C. The Art and Architecture of the Indian Subcontinent，1994年）……………………………………………… 213

图1-216阿马拉瓦蒂 窣堵坡。复原模型 ……………………………………………………………… 213

图1-217阿马拉瓦蒂 窣堵坡。南门发掘现场（老照片，1880年）………………………………… 213

图1-218阿马拉瓦蒂 窣堵坡。经整理后的遗址现状 ……………………………………………… 214

图1-219阿马拉瓦蒂 窣堵坡。遗存近景 …………………………………………………………… 214

图1-220阿马拉瓦蒂 窣堵坡。表现窣堵坡形象的浮雕板：1897年照片及现存阿马拉瓦蒂考古博物馆内的实物………………………………………………………………………………………………… 214

图1-221阿马拉瓦蒂 窣堵坡。图1-220细部 ……………………………………………………… 216

图1-222阿马拉瓦蒂 窣堵坡。表现窣堵坡形象的浮雕板：原物现存大英博物馆，图版（1905年）作者John Henry Wright（1852~1908年）……………………………………………………………………… 216

图1-223阿马拉瓦蒂 窣堵坡。浮雕：礼佛的妇女（约公元140年，大理石，高40.6厘米，现存马德拉斯政府博物馆）…………………………………………………………………………………………… 216

图1-224阿马拉瓦蒂 窣堵坡。浮雕：佛陀驯服疯象（约公元180~200年，大理石，直径89厘米，现存马德拉斯政府博物馆）………………………………………………………………………………… 219

图1-225马图拉 窣堵坡。围栏（公元2世纪，砂岩，加尔各答印度博物馆藏品），正面 ………… 219

图1-226马图拉 窣堵坡。围栏，背面 ……………………………………………………………… 219

图1-227鹿野苑 昙麦克塔（现状7世纪）。19世纪景观（版画，取自MARTIN R M. The Indian Empire，约1860年）……………………………………………………………………………………………… 220

图1-228鹿野苑 昙麦克塔。远景 …………………………………………………………………… 220

图1-229鹿野苑 昙麦克塔。大塔及寺院，残迹现状 ……………………………………………… 220

图1-230鹿野苑 昙麦克塔。塔体全景 ……………………………………………………………… 223

图1-231鹿野苑 昙麦克塔。塔基近景 ……………………………………………………………… 223

图1-232鹿野苑 昙麦克塔。塔体近景 ……………………………………………………………… 223

图1-233华氏城 孔雀王朝时期遗存：宫殿柱头（公元前3世纪，浅黄色砂石，高86.5厘米，巴特那博物馆藏品），正面及反面；位置复原图作者L. A. Waddell，1895年 ………………………………… 225

图1-234华氏城 孔雀王朝时期遗存：耆那教祖师雕像（华氏城附近洛哈尼普尔出土，公元前3世纪，浅黄色砂石，高67厘米，巴特那博物馆藏品）…………………………………………………………… 225

图1-235华氏城 阿育王宫殿。柱子残迹 …………………………………………………………… 225

图1-236劳伦斯·奥斯汀·沃德尔（1854~1938年）像，摄于1895年 …………………………… 225

图1-237劳伦斯·奥斯汀·沃德尔发掘图（1895年）……………………………………………… 225

图1-238华氏城 库姆赫拉尔。发掘图[发表于1912~1913年，作者戴维·布雷纳德·斯普纳（1879~1925年）]：孔雀王朝时期及笈多时期层位 ………………………………………………………………… 225

图1-239华氏城 石柱残段（孔雀王朝时期）………………………………………………………… 226

图1-240迦腻色伽圣骨盒（大英博物馆藏，复制品）……………………………………………… 226

图1-241桑吉 大窣堵坡。东门塔，浮雕（公元1世纪）：阿育王时期菩提伽耶的菩提树祠庙 …… 227

图1-242早期浮雕中的建筑类型（图版分别来自VOGEL. La Sculpture de Mathurā，1930年及FRANZ. Pagoda，

Turmtempel，Stupa, 1978年） ··· 227

图1-243浮雕中的建筑形象（自公元前2世纪至公元2世纪） ··· 228

图1-244西苏帕尔格（布巴内斯瓦尔附近）柱厅。遗址现状 ··· 228

图1-245拜拉特 圆堂（公元前3世纪）。平面（据D. R. Sahni） ··· 228

图1-246卡卢古马莱 维图凡戈伊尔祠庙（"雕刻师乐园"，8~9世纪，未完成）。西南侧地段俯视全景 ··· 229

图1-247卡卢古马莱 维图凡戈伊尔祠庙。东北侧俯视景色 ·· 229

图1-248卡卢古马莱 维图凡戈伊尔祠庙。东南侧景色 ·· 229

图1-249卡卢古马莱 维图凡戈伊尔祠庙。主祠，东南侧近景 ··· 230

图1-250卡卢古马莱 维图凡戈伊尔祠庙。主祠，南侧近景 ·· 230

图1-251卡卢古马莱 维图凡戈伊尔祠庙。主祠，西南侧近景 ··· 230

图1-252卡卢古马莱 维图凡戈伊尔祠庙。主塔及檐部近景 ·· 231

图1-253卡卢古马莱 维图凡戈伊尔祠庙。立面雕饰细部 ··· 232

图1-254印度西部古代商路及石窟寺位置图（取自HARLE J C. The Art and Architecture of the Indian Subcontinent，1994年） ·· 232

图1-255巴贾 石窟群（公元前2世纪中叶）。总平面及大支提堂（第12窟）剖面[据亨利·库森斯（1854~1934年）] ··· 233

图1-256巴贾 支提（塔）群。现状 ··· 233

图1-257巴贾 毗诃罗。"因陀罗"雕板（公元前2世纪末或前1世纪初） ···································· 234

图1-258巴贾 大支提堂（第12窟，公元前2世纪末或前1世纪初）。横剖面（据Volwahsen，1969年） ········· 234

图1-259巴贾 大支提堂。地段全景 ·· 235

图1-260巴贾 大支提堂。入口近景 ·· 237

图1-261巴贾 大支提堂。中堂内景 ·· 237

图1-262巴贾 大支提堂。拱顶及肋券仰视 ··· 239

图1-263皮特尔科拉 石窟群。遗址现状 ·· 239

图1-264皮特尔科拉 1号窟。入口现状 ··· 239

图1-265皮特尔科拉 2号窟。外景 ··· 240

图1-266皮特尔科拉 3号窟（支提堂）。入口近景 ·· 240

图1-267皮特尔科拉 3号窟。内景 ··· 240

图1-268皮特尔科拉 3号窟。柱列 ··· 240

图1-269皮特尔科拉 3号窟。墙面彩绘 ··· 242

图1-270皮特尔科拉 6号窟。现状 ··· 242

图1-271皮特尔科拉 9号窟。外景 ··· 242

图1-272皮特尔科拉 9号窟。内景 ··· 243

图1-273皮特尔科拉 10号窟（毗诃罗）。外景 ··· 243

图1-274皮特尔科拉 10号窟。内景 ··· 245

图1-275皮特尔科拉 12和13号窟。平面（取自SARKAR H. Studies in Early Buddhist Architecture of India, 1993年） ··· 245

图1-276皮特尔科拉 12和13号窟。外景 ··· 245

图1-277皮特尔科拉 12号窟。内景 ··· 245

图1-278皮特尔科拉 13号窟。内景 ··· 246

图1-279皮特尔科拉 石窟群。护卫石窟的武士雕像 ·· 247

图1-280皮特尔科拉 石窟群。被毁的象雕 ································· 247

图1-281孔迪维特 9号窟（公元前1世纪）。平面及轴测图（平面取自SARKAR H. Studies in Early Buddhist Architecture of India, 1993年）································· 247

图1-282孔迪维特 9号窟。内景 ································· 248

图1-283孔迪维特 9号窟。墙面浮雕 ································· 248

图1-284孔达纳 石窟群（公元前1世纪）。现状 ································· 248

图1-285孔达纳 1号窟（支提窟）。入口立面 ································· 249

图1-286孔达纳 1号窟。立面雕饰细部 ································· 249

图1-287孔达纳 1号窟。内部，残迹现状 ································· 249

图1-288孔达纳 2号窟（精舍）。外廊近景 ································· 251

图1-289孔达纳 2号窟。内景 ································· 251

图1-290纳西克 1号窟。外景 ································· 251

图1-291纳西克 1号窟。内景 ································· 251

图1-292纳西克 2号窟。外景 ································· 252

图1-293纳西克 2号窟。内景，佛陀、菩萨及提婆群像 ································· 252

图1-294纳西克 3号窟。平面 ································· 252

图1-295纳西克 3号窟。大门立面雕饰（作者Fergusson，1880年）································· 252

图1-296纳西克 3号窟。入口门廊，外景 ································· 252

图1-297纳西克 3号窟。入口门廊，柱头细部 ································· 255

图1-298纳西克 3号窟。前廊内景及守门天雕像 ································· 255

图1-299纳西克 3号窟。内景，小室及支提浮雕 ································· 256

图1-300纳西克 4号窟。外景 ································· 256

图1-301纳西克 4号窟。柱头细部 ································· 259

图1-302纳西克 6~9号窟。立面 ································· 259

图1-303纳西克 6号窟。入口近景 ································· 259

图1-304纳西克 9号窟。入口近景 ································· 259

图1-305纳西克 10号窟。平面（1880年），作者James Fergusson（1808~1886年）································· 259

图1-306纳西克 10号窟。门廊外景 ································· 260

图1-307纳西克 10号窟。廊道内景 ································· 260

图1-308纳西克 10号窟。内景及雕饰细部 ································· 260

图1-309纳西克 11~14号窟。外景 ································· 260

图1-310纳西克 11号窟。内景及雕刻 ································· 262

图1-311纳西克 14号窟。自窟外望内部景色 ································· 262

图1-312纳西克 14号窟。内部，坐佛及菩萨雕像 ································· 265

图1-313纳西克 15号窟。正面景色 ································· 267

图1-314纳西克 17号窟。外景 ································· 267

图1-315纳西克 17号窟。内景 ································· 267

图1-316纳西克 18号窟（支提窟，公元前1世纪）。平面及剖面（1880年），作者James Fergusson（1808~1886年）································· 267

图1-317纳西克 18号窟。外景 ································· 267

图1-318纳西克 18号窟。入口近景 ································· 269

图1-319纳西克 18号窟。内景 ······ 269

图1-320纳西克 19号窟。平面及内墙立面（作者James Fergusson，1880年）······ 269

图1-321纳西克 19及20号窟。外景 ······ 269

图1-322纳西克 20号窟。平面（作者James Fergusson，1880年）······ 269

图1-323纳西克 20号窟。内景 ······ 270

图1-324纳西克 20号窟。内部，坐佛及菩萨雕像 ······ 270

图1-325纳西克 21及22号窟。外景 ······ 270

图1-326纳西克 23号窟。内景，坐佛及菩萨雕像 ······ 270

图1-327纳西克 23号窟。柱墩及菩萨雕像 ······ 270

图1-328纳西克 24号窟。外檐雕饰细部 ······ 272

图1-329纳西克 24号窟。佛陀及菩萨雕像 ······ 272

图1-330均讷尔 伦亚德里窟群。窟区全景 ······ 272

图1-331均讷尔 伦亚德里窟群。7号窟，外景 ······ 273

图1-332均讷尔 伦亚德里窟群。7号窟，内景 ······ 273

图1-333均讷尔 伦亚德里窟群。支提窟，外景 ······ 273

图1-334均讷尔 伦亚德里窟群。支提窟，内景及细部 ······ 274

图1-335均讷尔 门莫迪窟群。阿姆巴-阿姆比卡组群，外景 ······ 274

图1-336均讷尔 门莫迪窟群。阿姆巴-阿姆比卡支提窟，内景 ······ 275

图1-337均讷尔 门莫迪窟群。比马桑卡组群，外景 ······ 275

图1-338均讷尔 门莫迪窟群。布塔林伽精舍，外景及立面图版（19世纪）······ 275

图1-339均讷尔 图尔加支提窟。平面及剖面 ······ 277

图1-340均讷尔 图尔加支提窟。外景 ······ 277

图1-341均讷尔 图尔加支提窟。支提窗细部（图版作者James Fergusson，James Burgess，1880年）······ 277

图1-342均讷尔 布德莱纳支提窟（约2~3世纪）。外景 ······ 277

图1-343贝德萨 支提窟（7号窟，公元前1世纪）。地段外景 ······ 277

图1-344贝德萨 支提窟。入口现状 ······ 277

图1-345贝德萨 支提窟。入口柱头近景 ······ 278

图1-346贝德萨 支提窟。入口处雕饰近景 ······ 278

图1-347贝德萨 支提窟。柱头上部群雕 ······ 279

图1-348贝德萨 支提窟。入口券门细部 ······ 280

图1-349贝德萨 支提窟。外廊端墙模仿建筑部件的雕饰 ······ 281

图1-350贝德萨 支提窟。内景 ······ 280

图1-351贝德萨 支提窟。内部，模仿住房立面的墙面雕饰 ······ 281

图1-352贝德萨 精舍（寺院，11号窟，公元前1世纪）。入口处地段全景 ······ 282

图1-353贝德萨 精舍。立面全景 ······ 282

图1-354贝德萨 精舍。门外侧窟 ······ 283

图1-355贝德萨 精舍。内景 ······ 283

图1-356贝德萨 精舍。墙面雕刻 ······ 284

图1-357卡尔拉 支提堂（8号窟，公元50~70年）。平面图版（取自VALENTIA G V. Voyages and Travels to India, Ceylon and the Red Sea, Abyssinia, and Egypt，1811年）······ 285

图1-358卡尔拉 支提堂。平面、立面、剖面及细部（取自STIERLIN H. Comprendre l'Architecture Universelle,

II，1977年，经改绘及补充）··· 284

图1-359卡尔拉 支提堂。透视剖析图及设想的木构原型复原图[剖析图取自BROWN P. Indian Architecture，Buddhist and Hindu，1956年；复原图取自苏联建筑科学院《建筑通史》（*Всеобщая История Архитестуры*），第1卷，1958年]··· 285

图1-360卡尔拉 支提堂。柱子立面及柱头（取自FERGUSSON J. The Cave Temples of India，1880年）······· 286

图1-361卡尔拉 支提堂。19世纪立面全景（版画，取自FERGUSSON J. Illustrations of the Rock-cut Temples of India，1845年）··· 286

图1-362卡尔拉 支提堂。19世纪景色（版画，19世纪50年代，后期手绘着色）····················· 286

图1-363卡尔拉 支提堂。19世纪立面全景（版画，取自MARTIN R M. The Indian Empire，第3卷，约1860年）···
··· 287

图1-364卡尔拉 支提堂。19世纪入口景况（版画，作者E. Therond，取自《Le Tour du Monde》，1870年）··· 287

图1-365卡尔拉 支提堂。入口立面（老照片，约1855~1862年）··························· 287

图1-366卡尔拉 支提堂。入口现状 ·· 287

图1-367卡尔拉 支提堂。入口立面侧视 ·· 288

图1-368卡尔拉 支提堂。入口处爱侣雕刻 ·· 288

图1-369卡尔拉 支提堂。内景（版画，1852年）···································· 288

图1-370卡尔拉 支提堂。内景，柱列（版画，取自FERGUSSON J. Illustrations of the Rock-cut Temples of India，1845年）··· 288

图1-371卡尔拉 支提堂。内景，现状 ·· 288

图1-372卡尔拉 支提堂。柱列近景 ·· 291

图1-373马图拉 佛陀坐像[贵霜时期，约公元130年，卡特拉（Katra）丘出土，现存马图拉考古博物馆]··· 291

图1-374肯赫里 3号窟（支提堂，公元170年）。平面（含邻近石窟，作者James Fergusson、James Burgess，取自《The Cave Temples of India》，1880年）···································· 291

图1-375肯赫里 3号窟。外景 ·· 291

图1-376肯赫里 3号窟。内景（版画，1800年，作者Thomas Daniell、William Daniell）··········· 291

图1-377肯赫里 3号窟。内景 ·· 292

图1-378肯赫里 3号窟。柱列及柱头细部 ··· 293

图1-379肯赫里 3号窟。入口处浮雕 ··· 294

图1-380布巴内斯瓦尔 陶利阿育王岩刻（约公元前250年）。现状 ······················· 294

图1-381乌达耶吉里（奥里萨邦） 王后窟（1号窟）。平面及剖面（平面取自STIERLIN H. Hindu India，From Khajuraho to the Temple City of Madurai，1998年）···································· 295

图1-382乌达耶吉里 王后窟。南侧俯视全景 ······································· 295

图1-383乌达耶吉里 王后窟。地段全景 ··· 296

图1-384乌达耶吉里 王后窟。东侧近景 ··· 296

图1-385乌达耶吉里 王后窟。底层北角近景 ······································· 297

图1-386乌达耶吉里 王后窟。廊道景色 ··· 297

图1-387乌达耶吉里 王后窟。雕饰细部 ··· 299

图1-388乌达耶吉里 12号窟（巴格窟）。入口 ····································· 299

图1-389萨卢文库珀姆 虎窟。外景 ·· 299

图1-390乌达耶吉里 14号窟（象窟）。外景 ······································· 300

图1-391乌达耶吉里 14号窟。门廊近景 ·· 300

图1-392乌达耶吉里 10号窟（迦内沙窟，公元前2世纪）。外景 ··· 301

图1-393乌达耶吉里 10号窟。象雕 ··· 301

图1-394乌达耶吉里 10号窟。外廊浮雕 ··· 302

图1-395古尔达拉 窣堵坡（2~4世纪）。现状全景 ··· 303

图1-396古尔达拉 窣堵坡。墙体近景 ··· 303

图1-397犍陀罗浮雕：佛陀诞生[2/3世纪，现存牛津大学阿什莫林博物馆（Ashmolean Museum）] ········· 304

图1-398犍陀罗雕刻：坐佛像[2世纪，后存爱丁堡苏格兰皇家博物馆（Royal Scottish Museum，现为国家博物馆组成部分）] ··· 304

图1-399塔帕-萨尔达 勇武女神头像（佛教圣区出土，8世纪，高约64厘米） ··························· 304

图1-400小祠堂形式（2世纪浮雕）：达罗毗荼式及纳迦罗式（取自CRUICKSHANK D. Sir Banister Fletcher's a History of Architecture, 1996年） ··· 305

图1-401各种达罗毗荼式单体小祠堂（alpa vimana，图版，取自HARDY A. The Temple Architecture of India, 2007年） ··· 305

图1-402艾霍莱（卡纳塔克邦） 小祠堂（约7世纪早期）。外观 ··· 305

图1-403基拉亚帕蒂（泰米尔纳德邦） 小祠堂（约9世纪）。外景 ····································· 305

图1-404马马拉普拉姆 《恒河降凡》组雕中表现的小祠堂形象（7世纪） ······························· 307

图1-405印度纳迦罗式亭阁的构成（图版，取自CRUICKSHANK D. Sir Banister Fletcher's a History of Architecture, 1996年） ··· 307

图1-406塔克西拉（呾叉始罗） 佛教遗址图（取自SARKAR H. Studies in Early Buddhist Architecture of India, 1993年） ··· 307

图1-407塔克西拉 窣堵坡模型（现存塔克西拉博物馆） ··· 307

图1-408塔克西拉 西尔卡普（约公元前180~前10年）。城墙及井，近景 ······························· 308

图1-409塔克西拉 西尔卡普。卫室残迹（公元前1世纪~公元2世纪） ··································· 308

图1-410塔克西拉 西尔卡普。小庙遗址 ··· 309

图1-411塔克西拉 西尔卡普。小窣堵坡，现状 ··· 309

图1-412塔克西拉 西尔卡普。窣堵坡残迹 ··· 310

图1-413塔克西拉 西尔卡普。圆头庙，平面（取自SARKAR H. Studies in Early Buddhist Architecture of India, 1993年） ··· 310

图1-414塔克西拉 西尔卡普。双头鹰祠庙（窣堵坡，公元前1世纪~公元1世纪），立面（取自HARDY A. The Temple Architecture of India, 2007年） ··· 310

图1-415塔克西拉 西尔卡普。双头鹰祠庙，遗存全景 ··· 311

图1-416塔克西拉 西尔卡普。双头鹰祠庙，正面景色 ··· 311

图1-417塔克西拉 西尔卡普。双头鹰祠庙，雕饰近景 ··· 312

图1-418塔克西拉 德尔马拉吉卡寺院（法王塔佛寺）。总平面 ··· 312

图1-419塔克西拉 德尔马拉吉卡寺院。窣堵坡（公元2世纪），平面（取自SARKAR H. Studies in Early Buddhist Architecture of India, 1993年） ··· 313

图1-420塔克西拉 德尔马拉吉卡寺院。窣堵坡，西南侧现状 ··· 314

图1-421塔克西拉 德尔马拉吉卡寺院。窣堵坡，东侧景色 ··· 314

图1-422塔克西拉 德尔马拉吉卡寺院。窣堵坡，近景 ··· 314

图1-423塔克西拉 德尔马拉吉卡寺院。窣堵坡，塔基砌体 ··· 316

图1-424塔克西拉 德尔马拉吉卡寺院。窣堵坡，塔基环道 ··· 317

图1-425塔克西拉 德尔马拉吉卡寺院。窣堵坡，台阶近景 ·· 317

图1-426塔克西拉 卡拉文精舍（"石窟"）。祠庙A和A13平面及窣堵坡A4剖面（取自SARKAR H. Studies in Early Buddhist Architecture of India, 1993年，经改绘）·· 319

图1-427塔克西拉 金迪亚尔神庙（公元前2世纪）。平面、想象复原图及柱式细部（图版，取自BROWN P. Indian Architecture, Buddhist and Hindu, 1956年）·· 319

图1-428塔克西拉 金迪亚尔神庙。平面（取自Sir MARSHALL J H. A Guide to Taxila, 1918年）············· 319

图1-429塔克西拉 金迪亚尔神庙。东南侧全景 ·· 319

图1-430塔克西拉 金迪亚尔神庙。东南侧近景 ·· 319

图1-431塔克西拉 金迪亚尔神庙。西南侧现状 ·· 320

图1-432塔克西拉 金迪亚尔神庙。爱奥尼柱细部 ·· 320

图1-433塔克西拉 莫赫拉-穆拉杜寺院（建于2世纪，5世纪时翻修）。寺院及窣堵坡，总平面 ············· 321

图1-434塔克西拉 莫赫拉-穆拉杜寺院。窣堵坡，平面（取自SARKAR H. Studies in Early Buddhist Architecture of India, 1993年）·· 321

图1-435塔克西拉 莫赫拉-穆拉杜寺院。寺院及水池残迹 ·· 321

图1-436塔克西拉 莫赫拉-穆拉杜寺院。大窣堵坡，遗存现状 ·· 322

图1-437塔克西拉 莫赫拉-穆拉杜寺院。还愿窣堵坡，现状 ·· 322

图1-438塔克西拉 乔利恩寺院（招莲寺院，公元2世纪）。发掘区，总平面 ·· 323

图1-439塔克西拉 乔利恩寺院。总平面（取自SARKAR H. Studies in Early Buddhist Architecture of India, 1993年，经补充）·· 323

图1-440塔克西拉 乔利恩寺院。遗址现状 ·· 324

图1-441塔克西拉 乔利恩寺院。大窣堵坡周围的小窣堵坡 ·· 325

图1-442伯马拉 佛教建筑群（寺院，公元4世纪）。总平面（取自SARKAR H. Studies in Early Buddhist Architecture of India, 1993年）·· 324

图1-443伯马拉 佛教建筑群。窣堵坡，地段形势 ·· 326

图1-444伯马拉 佛教建筑群。窣堵坡及其石构工程，现状 ·· 326

图1-445伯马拉 佛教建筑群。窣堵坡，想象复原图 ·· 327

图1-446伯马拉 佛教建筑群。寺院遗址 ·· 327

图1-447伯马拉 佛教建筑群。寺院小室 ·· 327

图1-448塔克特-伊-巴希 寺院建筑群（约公元2~4世纪）。总平面 ·· 328

图1-449塔克特-伊-巴希 寺院建筑群。窣堵坡院透视复原图（线条图，取自CRUICKSHANK D. Sir Banister Fletcher's a History of Architecture, 1996年）·· 328

图1-450塔克特-伊-巴希 寺院建筑群。东南侧俯视全景 ·· 329

图1-451塔克特-伊-巴希 寺院建筑群。西南侧俯视景观 ·· 329

图1-452塔克特-伊-巴希 寺院建筑群。南侧俯视景色 ·· 331

图1-453塔克特-伊-巴希 寺院建筑群。主要窣堵坡现状 ·· 331

图1-454塔克特-伊-巴希 寺院建筑群。还愿窣堵坡残迹 ·· 332

图1-455塔克特-伊-巴希 寺院建筑群。寺院小室及台阶 ·· 332

图1-456塔克特-伊-巴希 寺院建筑群。立佛像[公元2~3世纪，原藏西柏林印度艺术博物馆（Museum für Indische Kunst）]·· 333

图1-457塔克特-伊-巴希 寺院建筑群。两尊仍留在原处的佛像 ·· 333

图1-458阿伊-哈努姆 古城。总平面 ·· 334

图1-459阿伊-哈努姆 体育场。雕像柱（Hermaïc Pillar，公元前1世纪，石灰石，喀布尔阿富汗国家博物馆藏品） ········ 334

图1-460阿伊-哈努姆 科林斯柱头：一组不晚于公元前145年；另一个属公元前3~前2世纪，81.5厘米×81厘米×74厘米；石灰石，喀布尔阿富汗国家博物馆藏品 ············ 334

图1-461阿伊-哈努姆 宫殿。主入口带翼瓦檐饰（公元前3世纪，陶土制，喀布尔阿富汗国家博物馆藏品） ······ 334

图1-462海巴克（撒曼干）窣堵坡（"鲁斯坦姆的宝座"）。现状外景 ············ 334

图1-463海巴克 窣堵坡。顶部及平台小室近景 ············ 337

图1-464海巴克 窣堵坡。边侧通道 ············ 337

图1-465海巴克 窣堵坡。岩凿通道及龛室内景 ············ 337

图1-466巴米扬 大佛（西大佛，591~644年）。底部平面及剖面 ············ 337

图1-467巴米扬 大佛。现状远景 ············ 337

图1-468巴米扬 大佛。地段全景（毁坏前） ············ 337

图1-469巴米扬 大佛。全景 ············ 337

图1-470巴米扬 大佛。现状（毁坏后） ············ 337

图1-471巴米扬 大佛。毁坏前后对照照片（两幅分别摄于1963和2008年） ············ 338

图1-472丰杜基斯坦 佛寺。东龛室国王与王后灰泥塑像（7世纪末~8世纪初），老照片及已移至喀布尔阿富汗国家博物馆内的塑像 ············ 338

图1-473丰杜基斯坦 佛寺。菩萨塑像[7世纪，高72厘米，现存巴黎吉梅博物馆（Musée Guimet）] ············ 338

图1-474哈达（纳格拉哈勒）卡菲里哈丘寺院（2~3世纪）。建筑装饰部件（博物馆展品） ············ 340

图1-475哈达 卡菲里哈丘寺院。建筑装饰部件（展品近观） ············ 340

图1-476哈达 卡菲里哈丘寺院。门雕（表现佛陀生平，2~3世纪，巴黎吉梅博物馆藏品） ············ 343

图1-477哈达 卡菲里哈丘寺院。佛像（3~4世纪） ············ 345

图1-478哈达 卡菲里哈丘寺院。少女头像 ············ 345

图1-479哈达 窣堵坡C1。雕饰部件（巴黎吉梅博物馆藏品） ············ 345

图1-480哈达 窣堵坡C1。上图细部（三角形台阶栏墙及雕刻板面） ············ 345

图1-481哈达 窣堵坡C1。天棚装饰部件（巴黎吉梅博物馆藏品） ············ 345

图1-482哈达 拱券部件[灰泥塑像，3~5世纪，悉达多王子（佛陀）的出走（所谓Great Departure），巴黎吉梅博物馆藏品] ············ 345

第二章 印度 笈多时期

图2-1佛陀立像[笈多时期，约公元500~700年，铜制，高2.25米，苏丹甘吉出土，现存伯明翰博物馆及画廊（Birmingham Museum & Art Gallery）]及老照片（摄于1861或1862年） ············ 349

图2-2德里 "铁柱"。现状及柱顶近景 ············ 350

图2-3乌达耶吉里（中央邦）石窟群。1、3、5号窟平面（4~5世纪，作者Alexander Cunningham，1880年） ············ 350

图2-4乌达耶吉里 石窟群。1号、19号窟柱墩立面及与其他笈多时期印度教建筑柱墩的比较（作者Alexander Cunningham，1880年） ············ 350

图2-5乌达耶吉里 石窟群。1号窟，现状 ············ 350

图2-6乌达耶吉里 石窟群。1号窟，柱头细部 ············ 350

图2-7乌达耶吉里 石窟群。1号窟，雕像近景 ·············· 352

图2-8乌达耶吉里 石窟群。3号窟，战神室建陀雕像（5世纪初） ·············· 352

图2-9乌达耶吉里 石窟群。4号窟，湿婆林伽（Ekamukhalinga，5世纪初） ·············· 354

图2-10乌达耶吉里 石窟群。5号窟，筏罗诃（人形猪头毗湿奴）组雕，全景 ·············· 354

图2-11乌达耶吉里 石窟群。5号窟，筏罗诃组雕，筏罗诃和大地女神普米 ·············· 357

图2-12乌达耶吉里 石窟群。5号窟，筏罗诃组雕，背景细部（仙人、哲人及圣者） ·············· 357

图2-13乌达耶吉里 石窟群。6号窟，外景 ·············· 357

图2-14乌达耶古里 石窟群。6号窟，守门大像（5世纪初） ·············· 359

图2-15乌达耶吉里 石窟群。6号窟，毗湿奴像（5世纪初） ·············· 359

图2-16乌达耶吉里 石窟群。6号窟，杜尔伽组群（5世纪初） ·············· 359

图2-17乌达耶吉里 石窟群。7号窟，南侧景色 ·············· 360

图2-18乌达耶吉里 石窟群。7号窟，莲花顶棚（5世纪） ·············· 360

图2-19乌达耶吉里 石窟群。13号窟，毗湿奴天卧像 ·············· 361

图2-20贝斯纳加尔 赫利奥多罗斯柱（约公元前140~前100年）。结构及装饰部件 ·············· 361

图2-21贝斯纳加尔 赫利奥多罗斯柱。现状 ·············· 362

图2-22贝斯纳加尔 女神坐像（5世纪初，砂岩，现存新德里国家博物馆） ·············· 362

图2-23贝斯纳加尔 毗湿奴头像（5世纪，灰砂岩，现存克利夫兰艺术博物馆） ·············· 362

图2-24埃兰（中央邦）印度教祠庙组群（5世纪）。总平面图（图版作者Alexander Cunningham，1880年） ··· ·············· 362

图2-25埃兰 筏罗诃神庙。柱墩立面（5世纪，作者Alexander Cunningham，1880年） ·············· 362

图2-26埃兰 筏罗诃神庙。筏罗诃及大地女神雕像（老照片，1893年，Henry Cousens摄） ·············· 364

图2-27埃兰 筏罗诃神庙（仅存筏罗诃雕像及建筑基础，5世纪后期）及毗湿奴神庙（5世纪）。现状 ·············· 364

图2-28埃兰 猪头人形毗湿奴[5世纪后期，砂岩，现存萨格尔大学博物馆（Sagar University Museum）] ··· 364

图2-29埃兰 毗湿奴神庙。19世纪状态（老照片，1892年，Henry Cousens摄） ·············· 364

图2-30埃兰 毗湿奴神庙。自柱厅残柱望内殿仅存的毗湿奴立像 ·············· 364

图2-31埃兰 毗湿奴神庙。毗湿奴立像 ·············· 367

图2-32埃兰 那罗希摩祠庙（约公元412年）。柱墩立面（作者Alexander Cunningham，1880年） ·············· 367

图2-33埃兰 怖军（毗摩）柱（5世纪）。19世纪景色（绘画，1850年） ·············· 367

图2-34桑吉 17号庙（约公元400年）。地段全景 ·············· 368

图2-35桑吉 17号庙。西北侧现状 ·············· 368

图2-36桑吉 17号庙。东北侧景色 ·············· 368

图2-37桑吉 17号庙。门廊及祠堂近景 ·············· 368

图2-38桑吉 18号庙（约650年）。想象复原图[剖析图，1900年，作者Percy Brown（1872~1955年）] ········ 368

图2-39桑吉 18号庙。东北侧远景 ·············· 370

图2-40桑吉 18号庙。东南侧现状 ·············· 370

图2-41桑吉 18号庙。西南侧景色 ·············· 370

图2-42桑吉 40号庙。平面（据John Hubert Marshall） ·············· 370

图2-43桑吉 40号庙。复原图（木结构，公元前2世纪焚毁，作者Percy Brown，1900年） ·············· 370

图2-44桑吉 40号庙。遗址，东南侧现状 ·············· 370

图2-45桑吉 40号庙。遗址，西北侧景色 ·············· 373

图2-46桑吉 51号寺（精舍）。遗址现状 ·············· 373

图2-47桑吉 45号庙（寺院，9世纪中期及后期）。遗址全景 ⋯⋯⋯⋯⋯⋯⋯⋯⋯⋯⋯⋯⋯⋯⋯⋯ 373

图2-48桑吉 45号庙。主祠现状（为桑吉保存得最好、最宏伟的寺院） ⋯⋯⋯⋯⋯⋯⋯⋯⋯⋯⋯⋯ 373

图2-49桑吉 45号庙。冥思的佛（雕像，头部饰有华丽的光环） ⋯⋯⋯⋯⋯⋯⋯⋯⋯⋯⋯⋯⋯⋯⋯ 374

图2-50桑吉 45号庙。雕饰细部 ⋯⋯⋯⋯⋯⋯⋯⋯⋯⋯⋯⋯⋯⋯⋯⋯⋯⋯⋯⋯⋯⋯⋯⋯⋯⋯⋯⋯⋯ 375

图2-51蒂格沃 肯卡利德维神庙（毗湿奴神庙，约建于400~425年）。平面及门饰立面（作者Alexander Cunning-
ham，1879年） ⋯⋯⋯⋯⋯⋯⋯⋯⋯⋯⋯⋯⋯⋯⋯⋯⋯⋯⋯⋯⋯⋯⋯⋯⋯⋯⋯⋯⋯⋯⋯⋯⋯⋯ 375

图2-52蒂格沃 肯卡利德维神庙。现状外景 ⋯⋯⋯⋯⋯⋯⋯⋯⋯⋯⋯⋯⋯⋯⋯⋯⋯⋯⋯⋯⋯⋯⋯⋯ 376

图2-53蒂格沃 肯卡利德维神庙。柱头近景 ⋯⋯⋯⋯⋯⋯⋯⋯⋯⋯⋯⋯⋯⋯⋯⋯⋯⋯⋯⋯⋯⋯⋯⋯ 376

图2-54那查纳-库塔拉 帕尔沃蒂神庙（5世纪后期~6世纪初）。平面及立面（平面方形，两层石结构，为印度北
方最早的这类遗存） ⋯⋯⋯⋯⋯⋯⋯⋯⋯⋯⋯⋯⋯⋯⋯⋯⋯⋯⋯⋯⋯⋯⋯⋯⋯⋯⋯⋯⋯⋯⋯⋯ 376

图2-55那查纳-库塔拉 帕尔沃蒂神庙。遗存现状 ⋯⋯⋯⋯⋯⋯⋯⋯⋯⋯⋯⋯⋯⋯⋯⋯⋯⋯⋯⋯⋯⋯ 377

图2-56那查纳-库塔拉 帕尔沃蒂神庙。窗饰细部 ⋯⋯⋯⋯⋯⋯⋯⋯⋯⋯⋯⋯⋯⋯⋯⋯⋯⋯⋯⋯⋯⋯ 377

图2-57那查纳-库塔拉 帕尔沃蒂神庙。门边雕饰 ⋯⋯⋯⋯⋯⋯⋯⋯⋯⋯⋯⋯⋯⋯⋯⋯⋯⋯⋯⋯⋯⋯ 378

图2-58那查纳-库塔拉 四面湿婆大天庙。四面湿婆林伽像（9世纪） ⋯⋯⋯⋯⋯⋯⋯⋯⋯⋯⋯⋯⋯⋯ 378

图2-59温切拉（中央邦）布马拉湿婆庙（5世纪后期）。20世纪初景色（老照片，1920年） ⋯⋯⋯⋯ 378

图2-60温切拉 布马拉湿婆庙。支提窗（5世纪后期，加尔各答印度博物馆藏品） ⋯⋯⋯⋯⋯⋯⋯⋯ 378

图2-61温切拉 布马拉湿婆庙。狮头滴水口（约11世纪，加尔各答印度博物馆藏品） ⋯⋯⋯⋯⋯⋯ 378

图2-62德奥加尔 毗湿奴十大化身庙（池边神庙，公元500年左右）。平面（角上祠堂系推测，现已缺失，内祠
周围最初可能有凉廊） ⋯⋯⋯⋯⋯⋯⋯⋯⋯⋯⋯⋯⋯⋯⋯⋯⋯⋯⋯⋯⋯⋯⋯⋯⋯⋯⋯⋯⋯⋯⋯ 380

图2-63德奥加尔 毗湿奴十大化身庙。残迹现状 ⋯⋯⋯⋯⋯⋯⋯⋯⋯⋯⋯⋯⋯⋯⋯⋯⋯⋯⋯⋯⋯⋯ 380

图2-64德奥加尔 毗湿奴十大化身庙。地段环境整修前后景况 ⋯⋯⋯⋯⋯⋯⋯⋯⋯⋯⋯⋯⋯⋯⋯⋯ 381

图2-65德奥加尔 毗湿奴十大化身庙。立面近景及上部结构基座复原图 ⋯⋯⋯⋯⋯⋯⋯⋯⋯⋯⋯⋯ 383

图2-66德奥加尔 毗湿奴十大化身庙。西入口雕饰细部 ⋯⋯⋯⋯⋯⋯⋯⋯⋯⋯⋯⋯⋯⋯⋯⋯⋯⋯⋯ 383

图2-67德奥加尔 毗湿奴十大化身庙。南侧组雕细部（睡在多头巨蛇阿南塔身上的毗湿奴） ⋯⋯⋯ 384

图2-68凯穆尔县（比哈尔邦）蒙德什沃里神庙（636年）。平面（取自MICHELL G. Hindu Art and Architecture，
2000年） ⋯⋯⋯⋯⋯⋯⋯⋯⋯⋯⋯⋯⋯⋯⋯⋯⋯⋯⋯⋯⋯⋯⋯⋯⋯⋯⋯⋯⋯⋯⋯⋯⋯⋯⋯⋯ 384

图2-69凯穆尔县 蒙德什沃里神庙。地段形势 ⋯⋯⋯⋯⋯⋯⋯⋯⋯⋯⋯⋯⋯⋯⋯⋯⋯⋯⋯⋯⋯⋯⋯ 384

图2-70凯穆尔县 蒙德什沃里神庙。近景 ⋯⋯⋯⋯⋯⋯⋯⋯⋯⋯⋯⋯⋯⋯⋯⋯⋯⋯⋯⋯⋯⋯⋯⋯⋯ 386

图2-71比塔尔加翁（皮德尔冈）神庙（5世纪后期）。19世纪状态（老照片，正面及背面景色，分别摄于1897
及1875年，拍摄者可能是Joseph David Beglar） ⋯⋯⋯⋯⋯⋯⋯⋯⋯⋯⋯⋯⋯⋯⋯⋯⋯⋯⋯⋯ 386

图2-72比塔尔加翁 神庙。入口立面，现状（经修复） ⋯⋯⋯⋯⋯⋯⋯⋯⋯⋯⋯⋯⋯⋯⋯⋯⋯⋯⋯ 387

图2-73比塔尔加翁 神庙。背面（北侧）景色 ⋯⋯⋯⋯⋯⋯⋯⋯⋯⋯⋯⋯⋯⋯⋯⋯⋯⋯⋯⋯⋯⋯⋯ 387

图2-74阿希奇奇哈特拉 砖构神庙（城堡神庙）。现状 ⋯⋯⋯⋯⋯⋯⋯⋯⋯⋯⋯⋯⋯⋯⋯⋯⋯⋯⋯ 388

图2-75阿希奇奇哈特拉 砖构神庙。河流女神塑像（5~6世纪，陶土，高1.47米） ⋯⋯⋯⋯⋯⋯⋯⋯ 388

图2-76阿旃陀（马哈拉施特拉邦奥郎加巴德）石窟群（公元前2世纪~公元7世纪）。各窟位置示意及主要石窟
平面简图 ⋯⋯⋯⋯⋯⋯⋯⋯⋯⋯⋯⋯⋯⋯⋯⋯⋯⋯⋯⋯⋯⋯⋯⋯⋯⋯⋯⋯⋯⋯⋯⋯⋯⋯⋯⋯ 389

图2-77阿旃陀 石窟群。遗址总平面 ⋯⋯⋯⋯⋯⋯⋯⋯⋯⋯⋯⋯⋯⋯⋯⋯⋯⋯⋯⋯⋯⋯⋯⋯⋯⋯⋯ 389

图2-78阿旃陀 石窟群。遗址全景（自南面望去的景色） ⋯⋯⋯⋯⋯⋯⋯⋯⋯⋯⋯⋯⋯⋯⋯⋯⋯⋯ 391

图2-79阿旃陀 石窟群。遗址全景（自窟区北端向南望去的景观） ⋯⋯⋯⋯⋯⋯⋯⋯⋯⋯⋯⋯⋯⋯ 391

图2-80阿旃陀 石窟群。各窟编号 ⋯⋯⋯⋯⋯⋯⋯⋯⋯⋯⋯⋯⋯⋯⋯⋯⋯⋯⋯⋯⋯⋯⋯⋯⋯⋯⋯⋯ 391

图2-81阿旃陀 石窟群。分段景观：1~11窟（自西南方向望去的景色） ⋯⋯⋯⋯⋯⋯⋯⋯⋯⋯⋯⋯ 393

图2-82阿旃陀 石窟群。分段景观：6~20窟（自东南方向望去的景色）·············· 391

图2-83阿旃陀 石窟群。分段景观：7~18窟（自东南方向望去的景色）·············· 393

图2-84阿旃陀 石窟群。分段景观：17~28窟（自东南方向望去的景色）············· 393

图2-85印度 垫式柱子和壁柱（取自HARDY A. The Temple Architecture of India, 2007年）······ 393

图2-86舍卫城 奇迹佛陀像（公元100~200年）···································· 393

图2-87阿旃陀 1号窟。平面 ·· 393

图2-88阿旃陀 1号窟。中央大厅部分，室内平面及立面（取自BUSSAGLI M. Oriental Architecture/1, 1981年）

·· 394

图2-89阿旃陀 1号窟。前廊立面（北头，作者James Burgess，1880年）············· 394

图2-90阿旃陀 1号窟。柱子立面（作者James Fergusson，1880年）················· 394

图2-91阿旃陀 1号窟。19世纪状态（老照片，1869年，罗伯特·吉尔摄）············ 394

图2-92阿旃陀 1号窟。前廊现状 ·· 395

图2-93阿旃陀 1号窟。前廊及北侧廊（自西南方向望去的景色）··················· 395

图2-94阿旃陀 1号窟。主入口及前廊近景·· 395

图2-95阿旃陀 1号窟。立面北端，前廊及侧廊（侧面祠堂）近景··················· 396

图2-96阿旃陀 1号窟。北端，檐壁近景·· 396

图2-97阿旃陀 1号窟。柱头及楣梁细部·· 397

图2-98阿旃陀 1号窟。大厅，东侧内景（主祠堂面）····························· 397

图2-99阿旃陀 1号窟。大厅，东南侧内景·· 399

图2-100阿旃陀 1号窟。大厅，柱头近景··· 399

图2-101阿旃陀 1号窟。北墙壁画，全景及细部（6或7世纪，表现佛本生故事）······ 399

图2-102阿旃陀 1号窟。东墙北区壁画（佛本生故事）···························· 401

图2-103阿旃陀 1号窟。东墙北区壁画（莲花手菩萨，可能为5世纪后期）··········· 401

图2-104阿旃陀 1号窟。东墙南区壁画（金刚手菩萨，约475年）·················· 401

图2-105阿旃陀 1号窟。东墙南区壁画（线条图，作者James Burgess，1880年）······ 402

图2-106阿旃陀 1号窟。西墙（入口墙）南侧壁画（表现外国人的场景）············· 402

图2-107阿旃陀 1号窟。天棚壁画 ··· 402

图2-108阿旃陀 2号窟（5世纪60年代）。平面（作者James Fergusson，1880年）····· 402

图2-109阿旃陀 2号窟。中央大厅部分，室内平面及立面（取自BUSSAGLI M. Oriental Architecture/1, 1981年）

·· 402

图2-110阿旃陀 2号窟。外廊近景··· 404

图2-111阿旃陀 2号窟。外廊南侧嵌板雕刻·· 404

图2-112阿旃陀 2号窟。室内（朝主祠方向望去的情景）·························· 404

图2-113阿旃陀 2号窟。主祠入口··· 407

图2-114阿旃陀 2号窟。祠堂龛室护卫夜叉雕像···································· 407

图2-115阿旃陀 2号窟。柱墩近景··· 407

图2-116阿旃陀 2号窟。柱头细部··· 407

图2-117阿旃陀 2号窟。莲花天棚，现状及复原···································· 409

图2-118阿旃陀 2号窟。大厅壁画，残迹现状······································ 409

图2-119阿旃陀 2号窟。大厅壁画··· 409

图2-120阿旃陀 2号窟。大厅壁画（佛陀降生）···································· 411

图2-121阿旃陀2号窟。大厅壁画（奇迹佛像） ································ 411

图2-122阿旃陀3号窟。内景（后期开凿，未完成） ······················ 411

图2-123阿旃陀4号窟。平面（作者James Fergusson，1880年） ············ 411

图2-124阿旃陀4号窟。平面（图版，作者Robert Gill，约1850年） ········· 411

图2-125阿旃陀4号窟。厅堂大门立面 ································· 412

图2-126阿旃陀4号窟。厅堂后廊左中柱墩，正面及侧面 ················· 412

图2-127阿旃陀4号窟。现状外景 ······························· 412

图2-128阿旃陀4号窟。厅堂内景 ······························· 412

图2-129阿旃陀4号窟。厅堂东南角景色 ·························· 412

图2-130阿旃陀4号窟。厅堂边廊 ······························· 414

图2-131阿旃陀4号窟。自前室望祠堂坐佛像 ······················ 414

图2-132阿旃陀4号窟。前室立佛像 ···························· 414

图2-133阿旃陀5号窟（未完成）。入口近景 ······················ 416

图2-134阿旃陀6号窟。底层及上层平面（作者James Fergusson，1880年） ···· 416

图2-135阿旃陀6号窟。中央主体部分平面及部分内立面（取自BUSSAGLI M. Oriental Architecture/1，1981年）
······························· 416

图2-136阿旃陀6号窟。底层，祠堂入口立面（图版，1878年） ············ 416

图2-137阿旃陀6号窟。外观 ································· 417

图2-138阿旃陀6号窟。西北侧景色 ···························· 417

图2-139阿旃陀6号窟。底层，厅堂内景 ·························· 417

图2-140阿旃陀6号窟。底层，祠堂入口 ·························· 419

图2-141阿旃陀6号窟。上层，厅堂东北角内景 ······················ 419

图2-142阿旃陀6号窟。上层，厅堂北廊景色 ······················· 419

图2-143阿旃陀6号窟。上层，祠堂前室北墙佛像 ···················· 419

图2-144阿旃陀6号窟。上层，祠堂佛像 ·························· 419

图2-145阿旃陀6号窟。壁画残段：持说法印（转法轮印）的佛陀 ·········· 420

图2-146阿旃陀7号窟。平面[图版，1850年，作者Robert Gill（约1824~1875年）] ····· 420

图2-147阿旃陀7号窟。遗存初始状态（绘画，作者不明） ··············· 420

图2-148阿旃陀7号窟。现状外景 ······························· 421

图2-149阿旃陀7号窟。主祠堂入口及前室浮雕 ····················· 421

图2-150阿旃陀7号窟。祠堂前室侧墙佛像：左侧墙面（图稿作者James Burgess，1880年）及右侧墙面 ··· 422

图2-151阿旃陀8号窟及25号窟。平面（图版，作者Robert Gill，1850年） ······ 422

图2-152阿旃陀8号窟。外景 ································· 422

图2-153阿旃陀9号窟。平面及剖面（作者James Fergusson，1880年） ········ 423

图2-154阿旃陀9号窟。平面及内立面（取自BUSSAGLI M. Oriental Architecture/1，1981年） ··· 423

图2-155阿旃陀9号窟。入口立面[1878年图版，作者James Burgess（1832~1916年）] ···· 423

图2-156阿旃陀9号窟。外景 ································· 423

图2-157阿旃陀9号窟。立面现状 ······························· 424

图2-158阿旃陀9号窟。立面拱券近景 ···························· 424

图2-159阿旃陀9号窟。立面雕饰细部 ···························· 425

图2-160阿旃陀9号窟。内景 ································· 426

图2-161阿旃陀 9号窟。窣堵坡及支提堂端部近景 ⋯⋯⋯⋯⋯⋯⋯⋯⋯⋯⋯⋯⋯⋯⋯⋯⋯⋯⋯⋯ 426

图2-162阿旃陀 9号窟。散布在柱墩和檐壁上的壁画 ⋯⋯⋯⋯⋯⋯⋯⋯⋯⋯⋯⋯⋯⋯⋯⋯⋯⋯⋯⋯ 426

图2-163阿旃陀 9号窟。壁画（立在华丽伞盖下的佛陀） ⋯⋯⋯⋯⋯⋯⋯⋯⋯⋯⋯⋯⋯⋯⋯⋯⋯⋯ 428

图2-164阿旃陀 10号窟（可能为公元前1世纪）。平面及剖面（作者James Fergusson，1880年） ⋯⋯ 428

图2-165阿旃陀 10号窟。平面及内立面（取自BUSSAGLI M. Oriental Architecture/1，1981年） ⋯⋯⋯⋯ 428

图2-166阿旃陀 10号窟。外景 ⋯⋯⋯⋯⋯⋯⋯⋯⋯⋯⋯⋯⋯⋯⋯⋯⋯⋯⋯⋯⋯⋯⋯⋯⋯⋯⋯⋯⋯⋯ 428

图2-167阿旃陀 10号窟。内景（版画，1839年） ⋯⋯⋯⋯⋯⋯⋯⋯⋯⋯⋯⋯⋯⋯⋯⋯⋯⋯⋯⋯⋯⋯ 428

图2-168阿旃陀 10号窟。内景，现状 ⋯⋯⋯⋯⋯⋯⋯⋯⋯⋯⋯⋯⋯⋯⋯⋯⋯⋯⋯⋯⋯⋯⋯⋯⋯⋯⋯ 429

图2-169阿旃陀 10号窟。壁画中的人物形象（线条画，作者James Fergusson，1880年） ⋯⋯⋯⋯⋯ 429

图2-170阿旃陀 10号窟。带肋券的侧廊半拱顶 ⋯⋯⋯⋯⋯⋯⋯⋯⋯⋯⋯⋯⋯⋯⋯⋯⋯⋯⋯⋯⋯⋯⋯ 430

图2-171阿旃陀 10号窟。柱子上的佛像（约公元前2世纪） ⋯⋯⋯⋯⋯⋯⋯⋯⋯⋯⋯⋯⋯⋯⋯⋯⋯⋯ 430

图2-172阿旃陀 10号窟。柱墩上约翰·史密斯的签名（1819年4月28日） ⋯⋯⋯⋯⋯⋯⋯⋯⋯⋯⋯⋯ 432

图2-173阿旃陀 11号窟（5世纪后期）。外景 ⋯⋯⋯⋯⋯⋯⋯⋯⋯⋯⋯⋯⋯⋯⋯⋯⋯⋯⋯⋯⋯⋯⋯ 432

图2-174阿旃陀 11号窟。内景 ⋯⋯⋯⋯⋯⋯⋯⋯⋯⋯⋯⋯⋯⋯⋯⋯⋯⋯⋯⋯⋯⋯⋯⋯⋯⋯⋯⋯⋯⋯ 432

图2-175阿旃陀 11号窟。祠堂坐佛像 ⋯⋯⋯⋯⋯⋯⋯⋯⋯⋯⋯⋯⋯⋯⋯⋯⋯⋯⋯⋯⋯⋯⋯⋯⋯⋯⋯ 432

图2-176阿旃陀 12号窟（公元前2~前1世纪）。平面（作者James Fergusson，1880年） ⋯⋯⋯⋯⋯⋯ 434

图2-177阿旃陀 12号窟。剖面 ⋯⋯⋯⋯⋯⋯⋯⋯⋯⋯⋯⋯⋯⋯⋯⋯⋯⋯⋯⋯⋯⋯⋯⋯⋯⋯⋯⋯⋯⋯ 434

图2-178阿旃陀 12号窟。现状景观 ⋯⋯⋯⋯⋯⋯⋯⋯⋯⋯⋯⋯⋯⋯⋯⋯⋯⋯⋯⋯⋯⋯⋯⋯⋯⋯⋯⋯ 434

图2-179阿旃陀 12号窟。雕饰细部 ⋯⋯⋯⋯⋯⋯⋯⋯⋯⋯⋯⋯⋯⋯⋯⋯⋯⋯⋯⋯⋯⋯⋯⋯⋯⋯⋯⋯ 435

图2-180阿旃陀 13号窟（可能为公元1~2世纪）。平面（作者Robert Gill，1850年） ⋯⋯⋯⋯⋯⋯⋯ 435

图2-181阿旃陀 14号窟（未完成）。平面（作者Robert Gill，约1850年） ⋯⋯⋯⋯⋯⋯⋯⋯⋯⋯⋯⋯ 437

图2-182阿旃陀 15号窟。平面（作者Robert Gill，1850年） ⋯⋯⋯⋯⋯⋯⋯⋯⋯⋯⋯⋯⋯⋯⋯⋯⋯⋯ 435

图2-183阿旃陀 15号窟。祠堂佛像 ⋯⋯⋯⋯⋯⋯⋯⋯⋯⋯⋯⋯⋯⋯⋯⋯⋯⋯⋯⋯⋯⋯⋯⋯⋯⋯⋯⋯ 437

图2-184阿旃陀 16号窟。平面（作者James Fergusson，1880年） ⋯⋯⋯⋯⋯⋯⋯⋯⋯⋯⋯⋯⋯⋯⋯⋯ 437

图2-185阿旃陀 16号窟。外景 ⋯⋯⋯⋯⋯⋯⋯⋯⋯⋯⋯⋯⋯⋯⋯⋯⋯⋯⋯⋯⋯⋯⋯⋯⋯⋯⋯⋯⋯⋯ 437

图2-186阿旃陀 16号窟下方窟区入口台阶两侧的石象 ⋯⋯⋯⋯⋯⋯⋯⋯⋯⋯⋯⋯⋯⋯⋯⋯⋯⋯⋯⋯ 437

图2-187阿旃陀 16号窟。前廊内景（版画，作者James Fergusson，1880年） ⋯⋯⋯⋯⋯⋯⋯⋯⋯⋯ 438

图2-188阿旃陀 16号窟。大厅西北角内景 ⋯⋯⋯⋯⋯⋯⋯⋯⋯⋯⋯⋯⋯⋯⋯⋯⋯⋯⋯⋯⋯⋯⋯⋯⋯ 438

图2-189阿旃陀 16号窟。外侧廊道柱头 ⋯⋯⋯⋯⋯⋯⋯⋯⋯⋯⋯⋯⋯⋯⋯⋯⋯⋯⋯⋯⋯⋯⋯⋯⋯⋯ 438

图2-190阿旃陀 16号窟。内侧廊道及祠堂坐佛像 ⋯⋯⋯⋯⋯⋯⋯⋯⋯⋯⋯⋯⋯⋯⋯⋯⋯⋯⋯⋯⋯⋯ 438

图2-191阿旃陀 16号窟。壁画：国王拜佛图（线条画） ⋯⋯⋯⋯⋯⋯⋯⋯⋯⋯⋯⋯⋯⋯⋯⋯⋯⋯⋯ 438

图2-192阿旃陀 16号窟。壁画：佛祖讲经布道图（线条画） ⋯⋯⋯⋯⋯⋯⋯⋯⋯⋯⋯⋯⋯⋯⋯⋯⋯ 438

图2-193阿旃陀 16号窟。壁画残段 ⋯⋯⋯⋯⋯⋯⋯⋯⋯⋯⋯⋯⋯⋯⋯⋯⋯⋯⋯⋯⋯⋯⋯⋯⋯⋯⋯⋯ 440

图2-194阿旃陀 16号窟。东廊顶棚彩画 ⋯⋯⋯⋯⋯⋯⋯⋯⋯⋯⋯⋯⋯⋯⋯⋯⋯⋯⋯⋯⋯⋯⋯⋯⋯⋯ 442

图2-195戈托特卡恰 石窟群。外景 ⋯⋯⋯⋯⋯⋯⋯⋯⋯⋯⋯⋯⋯⋯⋯⋯⋯⋯⋯⋯⋯⋯⋯⋯⋯⋯⋯⋯ 442

图2-196阿旃陀 17号窟。平面（两图作者分别为：James Fergusson，1880年；Robert Gill，约1850年） ⋯ 442

图2-197阿旃陀 17号窟。主祠堂及北廊柱 ⋯⋯⋯⋯⋯⋯⋯⋯⋯⋯⋯⋯⋯⋯⋯⋯⋯⋯⋯⋯⋯⋯⋯⋯⋯ 442

图2-198阿旃陀 17号窟。外廊墙面及天棚壁画 ⋯⋯⋯⋯⋯⋯⋯⋯⋯⋯⋯⋯⋯⋯⋯⋯⋯⋯⋯⋯⋯⋯⋯ 442

图2-199阿旃陀 17号窟。外廊西区壁画（公元5世纪，表现须达拿本生故事） ⋯⋯⋯⋯⋯⋯⋯⋯⋯ 444

图2-200阿旃陀 17号窟。东廊北区壁画 ⋯⋯⋯⋯⋯⋯⋯⋯⋯⋯⋯⋯⋯⋯⋯⋯⋯⋯⋯⋯⋯⋯⋯⋯⋯⋯ 444

图2-201阿旃陀 17号窟。东廊中区壁画（僧伽罗的归来） ⋯⋯⋯⋯⋯⋯⋯⋯⋯⋯⋯⋯⋯⋯⋯⋯⋯⋯ 444

图2-202阿旃陀17号窟。南廊主入口西侧壁画（白象）·························· 447

图2-203阿旃陀17号窟。南廊西端墙壁画（表现佛陀前生故事）·········· 447

图2-204阿旃陀17号窟。南廊东端壁柱壁画（黑王妃）······················ 449

图2-205阿旃陀17号窟。祠堂坐佛（图稿作者James Burgess，1880年）·· 449

图2-206阿旃陀19号窟（大支提窟，5世纪）。平面（作者James Fergusson，1880年）·· 449

图2-207阿旃陀19号窟。纵剖面（作者James Fergusson，1880年）·········· 449

图2-208阿旃陀19号窟。剖析图（取自SCARRE C. The Seventy Wonders of the Ancient World, 1999年）··· 450

图2-209阿旃陀19号窟。19世纪状态（版画，作者James Fergusson，1880年··· 450

图2-210阿旃陀19号窟。20世纪初状态（老照片，1910年代）············· 450

图2-211阿旃陀19号窟。立面现状····················· 450

图2-212阿旃陀19号窟。立面东区近景···················· 453

图2-213阿旃陀19号窟。立面东北角雕饰细部·················· 453

图2-214阿旃陀19号窟。立面西北角雕饰细部·················· 453

图2-215阿旃陀19号窟。立面西翼浮雕（蛇王与蛇后，5世纪后期）······ 453

图2-216阿旃陀19号窟。窟内柱墩立面（图版，作者James Fergusson，1880年）·· 454

图2-217阿旃陀19号窟。内景（19世纪景观，图版，作者James Fergusson）··· 454

图2-218阿旃陀19号窟。内景[老照片，取自MACKENZIE D A（1873~1936年）. Indian Myth and Legend, 1913年]

··· 454

图2-219阿旃陀19号窟。内景，现状···················· 454

图2-220阿旃陀19号窟。北端及窣堵坡近景················· 457

图2-221阿旃陀19号窟。柱头及檐壁嵌板雕刻细部·············· 457

图2-222阿旃陀19号窟。边廊壁画（佛像）················· 457

图2-223阿旃陀20号窟（5世纪）。外景··················· 457

图2-224阿旃陀20号窟。主祠及前室···················· 458

图2-225阿旃陀20号窟。浮雕（坐在狮子宝座上的佛陀）··········· 458

图2-226阿旃陀20号窟。浮雕（夫妇）··················· 459

图2-227阿旃陀21号窟。平面（图版，作者Robert Gill，1850年）······· 459

图2-228阿旃陀21号窟。外景······················· 461

图2-229阿旃陀21号窟。内景······················· 461

图2-230阿旃陀21号窟。带前室的小室··················· 461

图2-231阿旃陀21号窟。自祠堂前室望内祠················· 462

图2-232阿旃陀21号窟。内祠佛像····················· 462

图2-233阿旃陀22号窟。内景······················· 462

图2-234阿旃陀22号窟。内祠佛像····················· 464

图2-235阿旃陀23号窟（7世纪）。外景·················· 465

图2-236阿旃陀23号窟。大厅，朝祠堂方向望去的景色············ 465

图2-237阿旃陀23号窟。大厅，朝西南角望去的景色············· 466

图2-238阿旃陀23号窟。侧面私用小祠堂·················· 466

图2-239阿旃陀23号窟。柱头细部····················· 466

图2-240阿旃陀23号窟。浮雕：国王及王后················· 466

图2-241阿旃陀24号窟。平面（作者Robert Gill，1850年）·········· 468

图2-242阿旃陀 24号窟。外景 ··· 468

图2-243阿旃陀 24号窟。内景（工程未完成） ··· 468

图2-244阿旃陀 24号窟。柱墩细部 ··· 468

图2-245阿旃陀 26号窟（7世纪）。平面（作者James Fergusson，1880年） ······························· 471

图2-246阿旃陀 26号窟。东南侧外景 ··· 471

图2-247阿旃陀 26号窟。正面（东侧）景观 ··· 471

图2-248阿旃陀 26号窟。支提窗及雕饰近景 ··· 471

图2-249阿旃陀 26号窟。北面侧翼祠堂 ··· 471

图2-250阿旃陀 26号窟。内景（老照片，Robert Gill摄，约1868年） ·· 472

图2-251阿旃陀 26号窟。现状内景 ··· 472

图2-252阿旃陀 26号窟。窣堵坡立面及近观（图版作者James Burgess，1880年） ······················ 472

图2-253阿旃陀 26号窟。窣堵坡正面佛像 ··· 474

图2-254阿旃陀 26号窟。窣堵坡背面近观 ··· 474

图2-255阿旃陀 26号窟。窣堵坡坐佛像及南侧柱廊近景 ·· 474

图2-256阿旃陀 26号窟。南廊柱列及卧佛像 ··· 474

图2-257阿旃陀 26号窟。南廊卧佛立面（19世纪图版及现状） ·· 477

图2-258阿旃陀 26号窟。南廊墙面雕刻（19世纪图版及现状） ·· 477

图2-259阿旃陀 26号窟。北廊西望景观 ··· 478

图2-260阿旃陀 26号窟。北廊龛室雕刻 ··· 478

图2-261阿旃陀 26号窟。柱头及檐壁嵌板雕刻细部 ··· 479

图2-262阿旃陀 27号及28号窟。外景 ··· 480

·中册·

第三章 印度 后笈多时期

图3-1马马拉普拉姆（马哈巴利普拉姆）瓦拉哈石窟寺（7世纪后期）。外景 ····························· 485

图3-2马马拉普拉姆 克里希纳（黑天）柱厅。地段全景 ·· 486

图3-3马马拉普拉姆 克里希纳柱厅。立面近景 ·· 486

图3-4马马拉普拉姆 克里希纳柱厅。内景 ·· 486

图3-5马马拉普拉姆 克里希纳柱厅。浮雕：克里希纳（黑天）手擎牛增山（Govardhan Hill） ········· 486

图3-6马马拉普拉姆 克里希纳柱厅。浮雕：克里希纳与童年伙伴一起挤牛奶 ······························ 488

图3-7维杰亚瓦达（贝茨瓦达，安得拉邦）阿肯纳-马达纳石窟。外景 ·· 488

图3-8印度典型塔庙平面及立面（据Volwahsen和Stierlin，1994年） ·· 489

图3-9印度祠堂的外廊形式（取自HARDY A. The Temple Architecture of India，2007年） ··········· 489

图3-10带门廊的祠堂，平面基本类型（取自HARDY A. The Temple Architecture of India，2007年） ········· 490

图3-11印度，采用封闭式柱厅（前厅）的各种祠堂（取自HARDY A. The Temple Architecture of India，2007年）

··· 490

图3-12印度祠堂天棚结构 ·· 490

图3-13库姆巴里亚（古吉拉特邦）商底那陀耆那教神庙（11世纪）。平面（取自HARDY A. The Temple Architecture of India，2007年） ··· 490

图3-14迪尔瓦拉（阿布山，拉贾斯坦邦）耆那教神庙建筑群。总平面（1：1000，取自STIERLIN H. Comprendre l'Architecture Universelle, II，1977年） ·············· 490

图3-15苏迪（卡纳塔克邦）水池（11世纪早期）。现状 ·············· 492

图3-16早期纳迦罗式亭阁立面（取自HARDY A. The Temple Architecture of India，2007年） ·············· 493

图3-17印度祠庙表现动态的方式（取自HARDY A. The Temple Architecture of India，2007年） ·············· 492

图3-18印度北方及南方寺庙简图（取自STOKSTAD M. Art History, vol.1，2002年） ·············· 493

图3-19采用8×8网格布局的祠庙（据Michael Meister） ·············· 493

图3-20乌姆里 太阳神庙（约825~850年）。地段外景 ·············· 495

图3-21乌姆里 太阳神庙。近景（中央龛室内安置坐在战车上的太阳神像） ·············· 495

图3-22默德凯达 太阳神庙（825~875年）。主塔立面及细部（取自HARDY A. The Temple Architecture of India，2007年） ·············· 495

图3-23纳迦罗式寺庙的各种类型（取自CRUICKSHANK D. Sir Banister Fletcher's a History of Architecture，1996年） ·············· 495

图3-24奥里萨邦典型纳迦罗式寺庙平面、立面及各部名称图（据Volwahsen，1969年） ·············· 496

图3-25纳迦罗式线脚的各种表现（取自HARDY A. The Temple Architecture of India，2007年） ·············· 496

图3-26基拉杜（拉贾斯坦邦）湿婆祠庙1（约11世纪中叶）。外景 ·············· 497

图3-27基拉杜 湿婆祠庙1。柱亭的纳迦罗式线脚（取自CRUICKSHANK D. Sir Banister Fletcher's a History of Architecture，1996年） ·············· 497

图3-28基拉杜 湿婆祠庙2。遗存现状 ·············· 498

图3-29基拉杜 湿婆祠庙3。外景 ·············· 498

图3-30基拉杜 索姆庙。19世纪状态（老照片，1897年） ·············· 498

图3-31基拉杜 索姆庙。现状 ·············· 498

图3-32基拉杜 索姆庙。柱厅内景 ·············· 498

图3-33基拉杜 索姆庙。柱厅近景 ·············· 498

图3-34基拉杜 索姆庙。柱子细部 ·············· 501

图3-35乔德加 摩诃提婆（湿婆三面相）祠庙（12世纪）。外景 ·············· 501

图3-36印度 罐叶饰柱子（Ghata-pallava pillars，取自HARDY A. The Temple Architecture of India，2007年） ·············· 501

图3-37自早期简单的纳迦罗式祠堂向拉蒂纳式祠庙的演进（取自HARDY A. The Temple Architecture of India，2007年） ·············· 501

图3-38拉蒂纳式庙塔类型（取自HARDY A. The Temple Architecture of India，2007年） ·············· 501

图3-39拉蒂纳式祠庙顶塔基部构造（图版取自HARDY A. The Temple Architecture of India，2007年） ········· 501

图3-40早期牛眼拱（取自HARDY A. The Temple Architecture of India，2007年） ·············· 503

图3-41各时期牛眼拱的组合（取自HARDY A. The Temple Architecture of India，2007年） ·············· 503

图3-42各时期牛眼拱实例：那烂陀2号庙（已残毁，约7世纪后期）及罗达神庙（8世纪后期） ·············· 503

图3-43布米贾式祠庙牛眼拱（取自HARDY A. The Temple Architecture of India，2007年） ·············· 503

图3-44帕拉时期牛眼拱（约10世纪，取自HARDY A. The Temple Architecture of India，2007年） ·············· 503

图3-45奥里萨式牛眼拱（取自HARDY A. The Temple Architecture of India，2007年） ·············· 503

图3-46卡纳塔克邦及泰米尔纳德邦达罗毗荼式牛眼拱（取自HARDY A. The Temple Architecture of India，2007年） ·············· 504

图3-47牛眼拱的各种变体形式（约公元600年，取自HARDY A. The Temple Architecture of India，2007年） ······

······ 504

图3-48纳雷沙拉 默塔卡神庙（约8世纪早期）。端立面（上部据推测复原，取自HARDY A. The Temple Architecture of India, 2007年） ······ 505

图3-49贾盖什沃拉 神庙建筑群（约8世纪）。外景 ······ 505

图3-50原始谢卡里式祠庙（取自HARDY A. The Temple Architecture of India, 2007年） ······ 505

图3-51谢卡里式祠庙构成要素的分解图（取自HARDY A. The Temple Architecture of India, 2007年） ······ 507

图3-52谢卡里式祠庙屋顶的五种典型平面形式（取自HARDY A. The Temple Architecture of India, 2007年） ······ 507

图3-53谢卡里式祠庙的五种类型（取自HARDY A. The Temple Architecture of India, 2007年） ······ 507

图3-54后期纳迦罗神庙柱亭的构成（取自HARDY A. The Temple Architecture of India, 2007年） ······ 507

图3-55杰加特（拉贾斯坦邦） 阿姆巴马塔祠庙（公元960年）。主塔立面及细部（取自HARDY A. The Temple Architecture of India, 2007年） ······ 508

图3-56杰加特 阿姆巴马塔祠庙。天棚图案 ······ 508

图3-57杰加特 阿姆巴马塔祠庙。东南侧外景 ······ 508

图3-58杰加特 阿姆巴马塔祠庙。南侧景观 ······ 509

图3-59杰加特 阿姆巴马塔祠庙。厅堂内景 ······ 509

图3-60阿索达（古吉拉特邦） 贾斯马尔纳特大自在天庙（12世纪）。立面及柱亭细部（图版取自HARDY A. The Temple Architecture of India, 2007年） ······ 509

图3-61阿索达 贾斯马尔纳特大自在天庙。侧面全景 ······ 511

图3-62阿索达 贾斯马尔纳特大自在天庙。柱厅入口近景 ······ 511

图3-63布米贾式祠庙类型（取自HARDY A. The Temple Architecture of India, 2007年） ······ 511

图3-64萨凯加翁（马哈拉施特拉邦） 布米贾式祠庙（约12世纪）。外景 ······ 512

图3-65乌恩 马哈卡莱什神庙（约11世纪后期）。主塔立面及中央部分细部（取自HARDY A. The Temple Architecture of India, 2007年） ······ 513

图3-66阿利拉杰普尔 马拉瓦伊神庙（12世纪）。主塔外景 ······ 513

图3-67萨梅尔 加拉泰什神庙（约12世纪后期）。主塔外景 ······ 513

图3-68恰尔勒巴登 太阳神庙（约12世纪，后期增建）。主塔外景 ······ 514

图3-69星形平面的形成（通过方形平面的多次旋转而得，据Adam Hardy） ······ 514

图3-70尼米亚凯达 砖构神庙（约8世纪后期）。星形平面的形成及现状外景 ······ 514

图3-71辛讷尔 贡德斯沃拉祠庙（12世纪）。平面（取自HARDY A. The Temple Architecture of India, 2007年） ······ 515

图3-72辛讷尔 贡德斯沃拉祠庙。剖面 ······ 515

图3-73辛讷尔 贡德斯沃拉祠庙。南侧全景 ······ 515

图3-74辛讷尔 贡德斯沃拉祠庙。东南侧全景 ······ 517

图3-75辛讷尔 贡德斯沃拉祠庙。东北侧景观 ······ 517

图3-76辛讷尔 贡德斯沃拉祠庙。主祠东南侧现状 ······ 517

图3-77梅纳尔（拉贾斯坦邦） 马哈纳莱什沃拉祠庙（11世纪后期）。现状全景 ······ 517

图3-78梅纳尔 马哈纳莱什沃拉祠庙。主立面及南迪亭 ······ 519

图3-79卡纳塔克邦达罗毗荼式线脚 ······ 519

图3-80三种顶塔风格的比较：1、达罗毗荼式（穆鲁德什沃拉神庙）；2、纳迦罗风格（布巴内斯瓦尔的拉梅什沃尔神庙）；3、韦萨拉模式（索姆纳特普尔的凯沙瓦祠庙） ······ 519

图3-81艾霍莱（卡纳塔克邦）拉沃纳-珀蒂石窟寺小祠堂（约7世纪初）。现状外景 ……………………… 520

图3-82切扎尔拉 卡珀特祠庙。外景 ………………………………………………………………………… 520

图3-83切扎尔拉 卡珀特祠庙。后殿近景 …………………………………………………………………… 520

图3-84多层小祠堂的构成及演化（取自HARDY A. The Temple Architecture of India, 2007年）…………… 520

图3-85大型结构顶层或"上神庙"（upper temple）采用的各种小祠堂造型（取自HARDY A. The Temple Architecture of India, 2007年）………………………………………………………………………………… 521

图3-86科杜姆巴卢尔 穆沃尔科维尔庙（三祠堂，9世纪末~10世纪初）。立面及中央部分细部（取自HARDY A. The Temple Architecture of India, 2007年）…………………………………………………………………… 521

图3-87科杜姆巴卢尔 穆沃尔科维尔庙。地段全景 ………………………………………………………… 523

图3-88科杜姆巴卢尔 穆沃尔科维尔庙。中祠堂及南祠堂现状 …………………………………………… 523

图3-89科杜姆巴卢尔 穆沃尔科维尔庙。南祠堂近景 ……………………………………………………… 523

图3-90达罗毗荼式亭阁构成要素（取自CRUICKSHANK D. Sir Banister Fletcher's a History of Architecture, 1996年）…… 524

图3-91达罗毗荼式亭阁构成要素（取自HARDY A. The Temple Architecture of India, 2007年）………… 524

图3-92达罗毗荼式祠庙类型及构成（取自CRUICKSHANK D. Sir Banister Fletcher's a History of Architecture, 1996年）…… 524

图3-93拉迪加姆 尼拉肯泰什沃拉庙（10世纪后期）。东门塔，现状 …………………………………… 524

图3-94祠庙形制的演变（取自HARDY A. The Temple Architecture of India, 2007年）………………… 526

图3-95贝尔加韦（贝利加维，卡纳塔克邦） 凯达雷什沃拉庙（11世纪后期）。东面全景 …………… 526

图3-96贝尔加韦 凯达雷什沃拉庙。东南侧全景 …………………………………………………………… 526

图3-97贝尔加韦 凯达雷什沃拉庙。东立面 ………………………………………………………………… 529

图3-98贝尔加韦 凯达雷什沃拉庙。背面（西侧）…………………………………………………………… 529

图3-99索姆纳特普尔（卡纳塔克邦） 凯沙瓦祠庙（1268年）。总平面、主体建筑立面及廊道剖面（取自STIERLIN H. Comprendre l'Architecture Universelle, II, 1977年）………………………………………………… 529

图3-100索姆纳特普尔 凯沙瓦祠庙。立面细部（取自HARDY A. The Temple Architecture of India, 2007年）……
……… 530

图3-101索姆纳特普尔 凯沙瓦祠庙。大院入口（东侧），现状 ………………………………………… 530

图3-102索姆纳特普尔 凯沙瓦祠庙。主祠，东侧全景 …………………………………………………… 530

图3-103索姆纳特普尔 凯沙瓦祠庙。主祠，东南侧景观 ………………………………………………… 530

图3-104索姆纳特普尔 凯沙瓦祠庙。主祠，西南侧景色 ………………………………………………… 532

图3-105索姆纳特普尔 凯沙瓦祠庙。主祠，墙面近景 …………………………………………………… 532

图3-106索姆纳特普尔 凯沙瓦祠庙。主祠，基座近景 …………………………………………………… 535

图3-107索姆纳特普尔 凯沙瓦祠庙。主祠，雕饰近景 …………………………………………………… 535

图3-108索姆纳特普尔 凯沙瓦祠庙。主祠，微缩建筑细部 ……………………………………………… 536

图3-109索姆纳特普尔 凯沙瓦祠庙。主祠，顶塔近景 …………………………………………………… 536

图3-110索姆纳特普尔 凯沙瓦祠庙。主祠，女神像 ……………………………………………………… 536

图3-111索姆纳特普尔 凯沙瓦祠庙。室内天棚雕饰 ……………………………………………………… 538

图3-112索姆纳特普尔 凯沙瓦祠庙。院落廊道内景 ……………………………………………………… 540

图3-113珀德拉沃蒂（卡纳塔克邦） 拉克什米-那罗希摩神庙。平面几何分析（取自HARDY A. The Temple Architecture of India, 2007年）…………………………………………………………………………………… 540

图3-114阿拉拉古佩（卡纳塔克邦） 琴纳克神庙（约13世纪初）。主塔外景…………………………… 540

图3-115构成后期卡纳塔克-达罗毗荼式亭阁的要素（取自HARDY A. The Temple Architecture of India, 2007年） ……………………………………………………………………………… 540

图3-116拉克什梅什沃拉 索梅什沃拉神庙（12世纪上半叶）。主塔，屋顶平面及立面（取自HARDY A. The Temple Architecture of India, 2007年） …………………………………………… 542

图3-117拉克什梅什沃拉 索梅什沃拉神庙。外景 ……………………………………………… 542

图3-118帕姆萨纳模式的各种表现（取自HARDY A. The Temple Architecture of India, 2007年） …………… 542

图3-119比莱什瓦尔（古吉拉特邦） 摩诃提婆祠庙（7世纪早期），帕姆萨纳式祠堂立面及构成（取自HARDY A. The Temple Architecture of India, 2007年） ……………………………………………………………… 543

图3-120多达加达瓦利（卡纳塔克邦） 拉克什米祠庙（1112/1117年）。现状 ………………… 543

图3-121维瑟沃达 老神庙（7世纪）。外景 …………………………………………………… 543

图3-122后期帕姆萨纳形式（取自HARDY A. The Temple Architecture of India, 2007年） ……… 543

图3-123奥瓦（拉贾斯坦邦） 湿婆庙（约9世纪初）。外景（与原始谢卡里式祠庙相对应的复合帕姆萨纳类型） …………………………………………………………………………………… 545

图3-124萨姆沃拉纳式厅堂（取自HARDY A. The Temple Architecture of India, 2007年） …… 545

图3-125万加特 祠庙群。现状 ………………………………………………………………… 545

图3-126万加特 祠庙群。残迹近景 …………………………………………………………… 545

图3-127潘德雷坦 湿婆神庙（10世纪）。平面、立面及剖面（取自BUSSAGLI M. Oriental Architecture/2, 1981年） ……………………………………………………………………………………… 547

图3-128潘德雷坦 湿婆神庙。地段全景 ……………………………………………………… 547

图3-129潘德雷坦 湿婆神庙。立面现状 ……………………………………………………… 547

图3-130内马姆（喀拉拉邦） 尼拉曼卡拉庙（约1050~1100年）。外景 …………………… 547

图3-131特里丘县 沃达昆纳特祠庙（9/10世纪）。总平面 ………………………………… 547

图3-132特里丘县 沃达昆纳特祠庙。东北侧外景 …………………………………………… 547

图3-133特里丘县 沃达昆纳特祠庙。南门（11世纪），现状 ……………………………… 549

图3-134昌巴（喜玛偕尔邦） 切尔加翁祠庙。外景（绘画，取自CRUICKSHANK D. Sir Banister Fletcher's a History of Architecture, 1996年） …………………………………………………………… 549

图3-135贝纳（喜玛偕尔邦） 摩诃提婆祠庙（16~17世纪）。现状 ……………………… 549

图3-136贝纳 摩诃提婆祠庙。屋顶近景 ……………………………………………………… 549

图3-137毗湿奴布尔（西孟加拉邦） 什亚马-拉马神庙（1643年）。现状 ………………… 551

图3-138毗湿奴布尔 什亚马-拉马神庙。墙面装饰陶板 ……………………………………… 551

图3-139班斯贝里亚 福天庙（1679年）。东南侧全景 ……………………………………… 551

图3-140班斯贝里亚 福天庙。北侧景观 ……………………………………………………… 551

图3-141班斯贝里亚 福天庙。入口近景 ……………………………………………………… 552

图3-142比什奴普尔 什亚姆罗伊庙（1643年）。南侧全景 ………………………………… 552

图3-143比什奴普尔 什亚姆罗伊庙。西侧现状 ……………………………………………… 552

图3-144比什奴普尔 什亚姆罗伊庙。北侧景观 ……………………………………………… 552

图3-145比什奴普尔 什亚姆罗伊庙。门廊陶饰细部 ………………………………………… 554

图3-146比什奴普尔 马东莫汉庙。外景现状 ………………………………………………… 554

图3-147比什奴普尔 杰尔邦格拉庙（1655年）。东南侧外景 ……………………………… 555

图3-148比什奴普尔 杰尔邦格拉庙。西侧景观 ……………………………………………… 555

图3-149比什奴普尔 杰尔邦格拉庙。陶饰细部 ……………………………………………… 557

图3-150佛林达文（北方邦） 戈温达提婆神庙（1591年）。透视剖析图（取自MICHELL G. Hindu Art and Architecture，2000年） ……………… 557

图3-151佛林达文 马达纳-摩哈纳神庙（16世纪末，莫卧儿时期）。建筑群现状 ……………… 557

图3-152佛林达文 马达纳-摩哈纳神庙。祠塔近景 ……………… 557

图3-153竹结构祠塔的想象复原图（据Grover，1980年） ……………… 558

图3-154顶塔外廓曲线（据Grover，1980年） ……………… 558

图3-155萨特伦贾亚山 帕利塔纳耆那教建筑群（创建于1194年，16和17世纪全面重建）。总平面图[1931年，作者Henry Cousens（1854~1933年）] ……………… 558

图3-156萨特伦贾亚山 帕利塔纳耆那教建筑群。19世纪景色（版画，1866年） ……………… 558

图3-157萨特伦贾亚山 帕利塔纳耆那教建筑群。全景（前景为南山庙宇） ……………… 558

图3-158萨特伦贾亚山 帕利塔纳耆那教建筑群。自南山东区沃拉拜神庙北望景色 ……………… 560

图3-159萨特伦贾亚山 帕利塔纳耆那教建筑群。沃拉拜神庙近景 ……………… 563

图3-160萨特伦贾亚山 帕利塔纳耆那教建筑群。北山阿底那陀庙 ……………… 563

图3-161萨特伦贾亚山 帕利塔纳耆那教建筑群。谢特莫蒂沙庙 ……………… 563

图3-162阿拉姆普尔 帕帕纳西神庙。现状外景 ……………… 564

图3-163阿拉姆普尔 桑加梅什沃拉神庙。远景 ……………… 565

图3-164阿拉姆普尔 桑加梅什沃拉神庙。近景 ……………… 565

图3-165马斯鲁尔 岩凿庙（8世纪）。平面、屋顶平面及剖面（作者H. Hargreaves，1915年） ……………… 566

图3-166马斯鲁尔 岩凿庙。设计意图分析（据Michael Meister） ……………… 567

图3-167马斯鲁尔 岩凿庙。西侧俯视景色 ……………… 567

图3-168马斯鲁尔 岩凿庙。东侧全景 ……………… 567

图3-169象岛（马哈拉施特拉邦） 1号窟（湿婆窟，6世纪中叶）。平面 ……………… 568

图3-170象岛 1号窟。主厅，湿婆祠堂西北侧，19世纪景观（老照片，约1875年） ……………… 568

图3-171象岛 1号窟。内景（19世纪景色，约1860年图版，取自MARTIN R M. The Indian Empire, vol 3） … 569

图3-172象岛 1号窟。东院西南角现状 ……………… 569

图3-173象岛 1号窟。自西翼祠堂东望西院及柱厅西入口 ……………… 569

图3-174象岛 1号窟。主厅，东廊全景 ……………… 569

图3-175象岛 1号窟。主厅，北廊外景 ……………… 570

图3-176象岛 1号窟。主厅，柱列近观 ……………… 570

图3-177象岛 1号窟。主厅，沿东西轴线望湿婆祠堂 ……………… 571

图3-178象岛 1号窟。主厅，南北轴线，南望景色 ……………… 571

图3-179象岛 1号窟。主厅，湿婆祠堂北侧现状 ……………… 571

图3-180象岛 1号窟。主厅，湿婆祠堂东侧及西侧入口近景 ……………… 572

图3-181象岛 1号窟。主厅，湿婆祠堂内景 ……………… 572

图3-182象岛 1号窟。主厅，南壁三相湿婆像（高约3.4米） ……………… 572

图3-183象岛 1号窟。主厅，南壁三相湿婆像近观 ……………… 574

图3-184象岛 1号窟。主厅，南壁半女湿婆群雕 ……………… 574

图3-185象岛 1号窟。主厅，南壁恒河之主湿婆群雕 ……………… 574

图3-186象岛 1号窟。主厅，北入口门廊西侧浮雕：舞王湿婆 ……………… 574

图3-187象岛 1号窟。主厅，北入口门廊东侧浮雕：权杖之主湿婆 ……………… 576

图3-188象岛 1号窟。主厅，东廊北侧浮雕：湿婆囚禁恶魔罗波那 ……………… 577

图3-189象岛1号窟。主厅，西廊南侧浮雕：湿婆与雪山神女大婚 ·· 577

图3-190象岛1号窟。东翼祠堂，外景 ·· 577

图3-191象岛1号窟。东翼祠堂，内景 ·· 578

图3-192象岛1号窟。东翼祠堂，雕刻：守门天 ·· 578

图3-193象岛2号窟。外景 ·· 578

图3-194象岛3号窟。平面（1871年图版，作者James Burgess） ·· 578

图3-195象岛3号窟。外景 ·· 579

图3-196象岛3号窟。内景 ·· 579

图3-197象岛4号窟。平面（1871年图版，作者James Burgess） ·· 579

图3-198象岛4号窟。外景 ·· 579

图3-199象岛6号窟（西塔拜石窟寺）。平面（1871年图版，作者James Burgess） ·· 581

图3-200象岛6号窟。祠堂门，平面及立面（1871年图版，作者James Burgess） ·· 581

图3-201肯赫里（"黑山"）石窟群（公元前1~公元10世纪）。总平面（1881年图版） ·· 581

图3-202肯赫里1号窟。外景 ·· 581

图3-203肯赫里2号窟。内景 ·· 581

图3-204肯赫里2号窟。墙面龛室及雕刻 ·· 581

图3-205肯赫里2号窟。窣堵坡及墙面雕饰 ·· 581

图3-206肯赫里4号窟。现状 ·· 582

图3-207肯赫里11号窟（"觐见堂"，可能为5~6世纪）。平面（图版作者James Fergusson，James Burgess，1880年） ·· 582

图3-208肯赫里11号窟。外景 ·· 582

图3-209肯赫里11号窟。大厅内景 ·· 582

图3-210肯赫里34号窟。现状外景 ·· 582

图3-211肯赫里34号窟。室内未完成的壁画 ·· 582

图3-212肯赫里41号窟。现状外景 ·· 582

图3-213肯赫里41号窟。十面圣观音（Avalokiteśvara）造像 ·· 584

图3-214肯赫里90号窟。大厅左墙浮雕 ·· 584

图3-215肯赫里90号窟。大厅右墙及后期浮雕 ·· 584

图3-216肯赫里90号窟。大厅浮雕：坐在莲花宝座上的佛陀和众门徒（图版作者James Fergusson，James Burgess，1880年） ·· 586

图3-217埃洛拉 石窟群（6世纪中叶~1300年）。总平面 ·· 586

图3-218埃洛拉 石窟群。上游小窟平面（取自CRUICKSHANK D. Sir Banister Fletcher's a History of Architecture，1996年） ·· 586

图3-219埃洛拉 石窟群。自29窟望去的窟区景色 ·· 587

图3-220埃洛拉 石窟群。部分石窟外景 ·· 587

图3-221埃洛拉 16号窟（凯拉萨神庙，8世纪下半叶）。平面（1892年图版，作者不明） ·· 589

图3-222埃洛拉 16号窟。平面（图版，取自《A Handbook for Travellers in India，Burma，and Ceylon》，1911年） ·· 589

图3-223埃洛拉 16号窟。剖面（局部，图版作者James Burgess，1883年） ·· 589

图3-224埃洛拉 16号窟。柱墩立面（图版作者James Burgess，1876年） ·· 589

图3-225埃洛拉 16号窟。院落，"旗柱"立面（1：100，取自STIERLIN H. Comprendre l'Architecture Universelle，

II，1977年） ································· 589

图3-226埃洛拉16号窟。浮雕细部（图版作者James Burgess，1876年） ··············· 589

图3-227埃洛拉16号窟。平面、立面及剖面（1：1000，取自STIERLIN H. Comprendre l'Architecture Universelle，II，1977年） ·········· 591

图3-228埃洛拉16号窟。南立面（渲染图作者E. B. Havell，1915年） ··············· 591

图3-229埃洛拉16号窟。层位剖析图（取自STIERLIN H. Comprendre l'Architecture Universelle，II，1977年） ··· 591

图3-230埃洛拉16号窟。19世纪初俯视景色（图版作者Thomas Daniell和James Wales，1803年） ··········· 593

图3-231埃洛拉16号窟。19世纪初景色（图版作者Thomas Daniell和James Wales，1803年） ··········· 593

图3-232埃洛拉16号窟。西南侧，19世纪上半叶景观（版画，作者Giulio Ferrario，1824年） ··········· 593

图3-233埃洛拉16号窟。西立面，19世纪上半叶景观（版画，1835年，作者不明） ·········· 593

图3-234埃洛拉16号窟。西南侧，19世纪上半叶景观（版画，作者James Fergusson和Thomas Dibdin，1839年） ········· 593

图3-235埃洛拉16号窟。西南侧，19世纪中叶景观（版画，1850年，作者不明） ·········· 593

图3-236埃洛拉16号窟。西南侧，19世纪下半叶景观（版画，取自MARTIN R M. The Indian Empire，vol.3，约1860年） ·········· 593

图3-237埃洛拉16号窟。西南侧俯视全景（版画，1876年，作者不明） ··············· 594

图3-238埃洛拉16号窟。19世纪末院内景色（版画，1887年） ··············· 594

图3-239埃洛拉16号窟。西北侧，20世纪初景色（老照片，取自《Indian Myth and Legend》，1913年） ····· 594

图3-240埃洛拉16号窟。东北侧俯视全景 ··············· 594

图3-241埃洛拉16号窟。西北侧俯视景色 ··············· 596

图3-242埃洛拉16号窟。东南侧俯视全景 ··············· 596

图3-243埃洛拉16号窟。院落，西南区现状 ··············· 596

图3-244埃洛拉16号窟。西侧远景 ··············· 596

图3-245埃洛拉16号窟。西立面（入口立面）全景 ··············· 598

图3-246埃洛拉16号窟。入口门楼，西北侧景色 ··············· 598

图3-247埃洛拉16号窟。入口门楼，近景 ··············· 598

图3-248埃洛拉16号窟。院落，自西北角望去的景色 ··············· 599

图3-249埃洛拉16号窟。院落，西北区 ··············· 599

图3-250埃洛拉16号窟。院落，西南侧现状 ··············· 600

图3-251埃洛拉16号窟。南迪阁及柱厅，南侧现状 ··············· 603

图3-252埃洛拉16号窟。南楼梯间入口 ··············· 603

图3-253埃洛拉16号窟。通向主祠楼梯间表现《罗摩衍那》典故的浮雕 ··············· 603

图3-254埃洛拉16号窟。柱厅入口，西北侧景色 ··············· 603

图3-255埃洛拉16号窟。柱厅西北角近景 ··············· 603

图3-256埃洛拉16号窟。柱厅基座南侧雕刻（罗波那撼凯拉萨山） ··············· 605

图3-257埃洛拉16号窟。主祠东北角基座及平台上的小塔 ··············· 605

图3-258埃洛拉16号窟。主祠基座象雕及院落东北角柱廊 ··············· 605

图3-259埃洛拉16号窟。主祠基座象雕，背立面（东侧）景象 ··············· 606

图3-260埃洛拉16号窟。主祠基座，象雕近景 ··············· 606

图3-261埃洛拉16号窟。主祠顶塔，西南侧景色 ··············· 606

图3-262埃洛拉16号窟。主祠顶塔，西北侧全景 ·········· 609

图3-263埃洛拉16号窟。顶塔基部平台及周围小塔 ·········· 609

图3-264埃洛拉16号窟。顶塔基部，龛室雕饰 ·········· 609

图3-265埃洛拉16号窟。雕饰上的抹灰和着色痕迹 ·········· 609

图3-266埃洛拉16号窟。柱厅内景 ·········· 609

图3-267埃洛拉16号窟。院落北廊底层内景 ·········· 611

图3-268埃洛拉16号窟。室内遭破坏的雕像 ·········· 611

图3-269埃洛拉16号窟。兰克什瓦尔窟及院落北边廊 ·········· 611

图3-270埃洛拉16号窟。河神祠堂（位于院落北侧），19世纪景色[1875年老照片，Henry Cousens（1854~1933年）摄] ·········· 611

图3-271埃洛拉16号窟。河神祠堂，现状 ·········· 611

图3-272埃洛拉16号窟。南迪阁，西北侧景色 ·········· 611

图3-273埃洛拉16号窟。南迪阁，西立面，全景及近景 ·········· 611

图3-274埃洛拉16号窟。南迪阁，南侧底层雕饰 ·········· 613

图3-275埃洛拉16号窟。"旗柱"，外景 ·········· 613

图3-276埃洛拉9号窟。地段外景 ·········· 613

图3-277埃洛拉9号窟。内景 ·········· 613

图3-278埃洛拉2号窟。柱墩近景 ·········· 613

图3-279埃洛拉3号窟。内景现状 ·········· 614

图3-280埃洛拉5号窟。平面简图 ·········· 614

图3-281埃洛拉6号窟（7世纪）。内景 ·········· 614

图3-282埃洛拉10号窟（巧妙天窟，7世纪上半叶）。现状外景 ·········· 614

图3-283埃洛拉10号窟。立面全景 ·········· 614

图3-284埃洛拉10号窟。上层近景 ·········· 615

图3-285埃洛拉10号窟。支提拱及拱肩雕饰细部 ·········· 615

图3-286埃洛拉10号窟。二层中央组窗两侧的牛眼券山墙 ·········· 616

图3-287埃洛拉10号窟。内景 ·········· 616

图3-288埃洛拉10号窟。窣堵坡近景 ·········· 616

图3-289埃洛拉11号窟（多-塔尔窟）。地段全景 ·········· 619

图3-290埃洛拉11号窟。立面近景 ·········· 619

图3-291埃洛拉12号窟（廷-塔尔窟）。各层平面（图版作者James Burgess） ·········· 619

图3-292埃洛拉12号窟。地段外景 ·········· 619

图3-293埃洛拉12号窟。立面及近景 ·········· 619

图3-294埃洛拉12号窟。顶层（三层）廊道端部雕像 ·········· 619

图3-295埃洛拉12号窟。顶层内景 ·········· 621

图3-296埃洛拉12号窟。顶层佛像 ·········· 621

图3-297埃洛拉12号窟。顶层女神像 ·········· 621

图3-298埃洛拉12号窟。着色菩萨像 ·········· 621

图3-299埃洛拉14号窟（拉瓦纳-基凯窟，6世纪后期）。平面 ·········· 621

图3-300埃洛拉14号窟。内景 ·········· 621

图3-301埃洛拉15号窟（毗湿奴十化身窟）。平面（图版作者James Burgess） ·········· 623

图3-302埃洛拉15号窟。19世纪初景色（作者Thomas Daniell和James Wales，1803年） ·············· 623

图3-303埃洛拉15号窟。内景雕饰（图版，取自MARTIN R M. The Indian Empire, vol.3，约1860年） ······ 623

图3-304埃洛拉15号窟。柱厅，现状 ····················· 623

图3-305埃洛拉15号窟。上层内景 ····················· 623

图3-306埃洛拉15号窟。雕饰细部 ····················· 625

图3-307埃洛拉15号窟。毗湿奴雕像（表现毗湿奴十化身之一） ············· 625

图3-308埃洛拉21号窟（印度教石窟，6世纪中叶或下半叶）。平面（取自CRUICKSHANK D. Sir Banister Fletcher's a History of Architecture, 1996年） ·············· 625

图3-309埃洛拉21号窟。20世纪初景色（根据照片制作的版画，取自WRIGHT J H. A History of All Nations from the Earliest Times, 1905年） ·············· 625

图3-310埃洛拉21号窟。现状外景 ····················· 625

图3-311埃洛拉21号窟。石门立面（图版，1877年，作者James Burgess） ·············· 627

图3-312埃洛拉21号窟。石门现状 ····················· 627

图3-313埃洛拉21号窟。内景 ······················· 627

图3-314埃洛拉21号窟。入口处恒河女神雕像 ················· 627

图3-315埃洛拉21号窟。雕刻：舞神湿婆（6世纪后半叶） ············· 628

图3-316埃洛拉21号窟。雕刻：杜尔伽杀牛魔 ················· 628

图3-317埃洛拉29号窟（杜梅-莱纳祠庙，7世纪中叶）。平面 ··········· 628

图3-318埃洛拉29号窟。内景 ······················· 628

图3-319埃洛拉30号窟（小凯拉萨庙，可能为9世纪初）。俯视全景 ········· 628

图3-320埃洛拉30号窟。入口近景 ····················· 630

图3-321埃洛拉31号窟（未完成）。雕饰细部 ················· 630

图3-322埃洛拉32号窟（因陀罗窟，9~10世纪）。底层、上层平面及萨尔瓦托巴陀罗祠堂屋顶俯视图 ······ 630

图3-323埃洛拉32号窟。萨尔瓦托巴陀罗祠堂，俯视景色 ············· 630

图3-324埃洛拉32号窟。阿育王柱及萨尔瓦托巴陀罗祠堂入口 ··········· 630

图3-325埃洛拉32号窟。院落石象 ····················· 633

图3-326埃洛拉32号窟。萨尔瓦托巴陀罗祠堂，入口立面 ············· 633

图3-327埃洛拉32号窟。萨尔瓦托巴陀罗祠堂，顶塔侧面近景 ··········· 633

图3-328埃洛拉32号窟。萨尔瓦托巴陀罗祠堂，顶塔背面 ············· 633

图3-329埃洛拉32号窟。主祠外廊近景 ···················· 633

图3-330埃洛拉32号窟。侧面厅堂 ····················· 634

图3-331埃洛拉32号窟。上层厅堂，19世纪初景色（图版，作者Thomas Daniell和James Wales，1803年） ······

·········· 634

图3-332埃洛拉32号窟。上层廊道北端，19世纪中叶景况及现状（老照片为Henry Mack Nepean摄，1868年） ···

·········· 634

图3-333埃洛拉32号窟。上层厅堂，现状内景 ················· 635

图3-334埃洛拉32号窟。上层厅堂，后墙高浮雕 ················ 635

图3-335埃洛拉32号窟。上层廊道，带垫式柱头的柱墩和女神安碧卡（Ambika）组雕 ······ 635

图3-336埃洛拉32号窟。柱墩细部 ····················· 636

图3-337埃洛拉32号窟。柱墩细部 ····················· 637

图3-338埃洛拉32号窟。雕刻：耆那教祖师大雄（筏驮摩那）坐像 ········· 637

图3-339埃洛拉 32号窟。雕刻：马坦贾像 ································· 637

图3-340埃洛拉 32号窟。雕刻：希代卡像 ································· 637

图3-341埃洛拉 32号窟。壁画残迹 ······································· 638

图3-342埃洛拉 33号窟。19世纪初景观（版画，作者Thomas Daniell和James Wales，1803年）·········· 638

图3-343埃洛拉 33号窟。柱墩立面[图版，1876年，作者James Burgess（1832~1916年）] ·············· 639

图3-344埃洛拉 33号窟。地段全景 ······································· 639

图3-345埃洛拉 33号窟。外景 ··· 639

图3-346埃洛拉 33号窟。前廊内景 ······································· 641

图3-347埃洛拉 33号窟。柱厅内景 ······································· 641

图3-348埃洛拉 33号窟。柱厅，朝内祠望去的景色 ························· 641

图3-349埃洛拉 34号窟。雕刻：祖师像 ··································· 641

图3-350奥朗加巴德 石窟群。窟群外景 ··································· 643

图3-351奥朗加巴德 石窟群。"西组"，1号窟，平面（图版，1876年，作者Ganpat Purshotam）········ 643

图3-352奥朗加巴德 石窟群。"西组"，1号窟，西端外景 ··················· 643

图3-353奥朗加巴德 石窟群。"西组"，1号窟，外廊近景 ··················· 645

图3-354奥朗加巴德 石窟群。"西组"，2号窟，平面（图版，作者Ganpat Purshotam，1876年）········ 645

图3-355奥朗加巴德 石窟群。"西组"，4号窟，外景 ······················· 645

图3-356奥朗加巴德 石窟群。"西组"，4号窟，支提堂，内景 ················· 645

图3-357奥朗加巴德 石窟群。"西组"，4号窟，窣堵坡，顶塔近景 ············· 646

图3-358奥朗加巴德 石窟群。"东组"，6号窟，平面（图版，1876年，作者Ganpat Purshotam）········ 646

图3-359奥朗加巴德 石窟群。"东组"，6号窟，地段外景 ··················· 646

图3-360奥朗加巴德 石窟群。"东组"，6号窟，门廊近景 ··················· 646

图3-361奥朗加巴德 石窟群。"东组"，7号窟（6世纪下半叶），外景 ··········· 646

图3-362奥朗加巴德 石窟群。"东组"，7号窟，门边雕刻：圣观音像 ··········· 648

图3-363奥朗加巴德 石窟群。"东组"，7号窟，雕刻：舞女和乐师 ············· 648

图3-364奥朗加巴德 石窟群。"东组"，8号窟，外景 ······················· 649

图3-365奥朗加巴德 石窟群。"东组"，9号窟，外景 ······················· 649

图3-366奥朗加巴德 石窟群。"东组"，9号窟，内景 ······················· 651

图3-367库卡努尔 卡莱斯沃拉神庙。外景 ································· 651

图3-368巴达米 城市全景 ··· 651

图3-369巴达米 1号窟（575~585年）。入口门廊现状 ····················· 651

图3-370巴达米 1号窟。舞王湿婆像 ····································· 651

图3-371巴达米 1号窟。柱廊内景 ······································· 653

图3-372巴达米 1号窟。大厅内景 ······································· 653

图3-373巴达米 2号窟（6世纪末或7世纪初）。地段形势 ··················· 653

图3-374巴达米 2号窟。入口全景 ······································· 654

图3-375巴达米 2号窟。柱列近景 ······································· 654

图3-376巴达米 2号窟。组雕：筏罗诃（人形猪头毗湿奴）和土地女神普米 ······· 654

图3-377巴达米 2号窟。毗湿奴群雕 ····································· 657

图3-378巴达米 3号窟（578年）。平面 ··································· 657

图3-379巴达米 3号窟。入口近景 ······································· 657

图3-380巴达米 3号窟。记录石窟开凿年代的铭刻 ·································· 658

图3-381巴达米 3号窟。柱廊内景 ··· 658

图3-382巴达米 3号窟。柱列近景 ··· 658

图3-383巴达米 3号窟。柱廊端头组雕：坐在千头大蛇阿南塔身上的毗湿奴 ···· 660

图3-384巴达米 3号窟。柱顶挑台爱侣群雕 ··· 660

图3-385巴达米 3号窟。内祠门道雕刻：寺院两层亭阁（线条图，取自HARDY A. The Temple Architecture of India, 2007年） ·· 660

图3-386巴达米 3号窟。天棚雕刻（表现湿婆、帕尔瓦蒂和南迪） ··············· 662

图3-387巴达米 4号窟（耆那教石窟，7世纪后期或8世纪）。外景 ·············· 662

图3-388巴达米 4号窟。廊道内景 ··· 662

图3-389巴达米 4号窟。雕刻：耆那教第23代祖师巴湿伐那陀像 ·················· 665

图3-390巴达米 下西瓦拉亚庙（7世纪早期）。俯视全景 ····························· 665

图3-391巴达米 下西瓦拉亚庙。主塔外景 ··· 665

图3-392巴达米 上西瓦拉亚庙（7世纪早期）。自下西瓦拉亚庙望去的景观 ···· 665

图3-393巴达米 上西瓦拉亚庙。地段全景 ··· 667

图3-394巴达米 上西瓦拉亚庙。主塔近景 ··· 667

图3-395巴达米 上西瓦拉亚庙。主塔，背面现状 ··· 667

图3-396巴达米 上西瓦拉亚庙。主塔构图组成（图版取自HARDY A. The Temple Architecture of India, 2007年） ··· 667

图3-397巴达米 上西瓦拉亚庙。基座雕饰细部 ··· 667

图3-398巴达米 马莱吉蒂-西瓦拉亚庙（约公元600年）。平面（取自CRUICKSHANK D. Sir Banister Fletcher's a History of Architecture, 1996年） ·············· 669

图3-399巴达米 马莱吉蒂-西瓦拉亚庙。外景 ·· 669

图3-400巴达米 马莱吉蒂-西瓦拉亚庙。主塔近景 ··· 669

图3-401巴达米 马莱吉蒂-西瓦拉亚庙。屋顶结构近景及雕饰细部 ··············· 669

图3-402巴达米 马莱吉蒂-西瓦拉亚庙。雕饰细部：湿婆组群 ····················· 669

图3-403纳格拉尔 纳加纳塔神庙。东南侧现状 ··· 670

图3-404纳格拉尔 纳加纳塔神庙。东北侧外景 ··· 670

图3-405纳格拉尔 纳加纳塔神庙。门廊爱侣雕刻 ··· 670

图3-406巴达米 布塔纳塔寺庙组群。1号庙（内祠和柱厅为7世纪后期，外柱厅为11世纪），平面和剖面（据George Mitchell） ··· 670

图3-407巴达米 布塔纳塔寺庙组群。1号庙，顶塔构成分析图（取自HARDY A. The Temple Architecture of India, 2007年） ··· 670

图3-408巴达米 布塔纳塔寺庙组群。1号庙，19世纪下半叶景色（老照片，19世纪80年代，Henry Cousens摄） ·· 672

图3-409巴达米 布塔纳塔寺庙组群。1号庙，西北侧远景 ································ 672

图3-410巴达米 布塔纳塔寺庙组群。1号庙，西北侧全景 ································ 672

图3-411巴达米 布塔纳塔寺庙组群。1号庙，西南侧俯视景色 ························ 673

图3-412巴达米 布塔纳塔寺庙组群。1号庙，北侧全景 ··································· 673

图3-413巴达米 布塔纳塔寺庙组群。1号庙，西侧全景 ··································· 673

图3-414巴达米 布塔纳塔寺庙组群。1号庙，东北侧近景 ································ 673

图3-415巴达米 布塔纳塔寺庙组群。1号庙，外柱厅，西北侧近景 ……………………………………… 674

图3-416巴达米 布塔纳塔寺庙组群。1号庙，柱厅，内景 ……………………………………………… 674

图3-417巴达米 布塔纳塔寺庙组群。2号庙（马利卡久纳祠庙，13世纪），俯视全景 ……………… 675

图3-418巴达米 布塔纳塔寺庙组群。2号庙，柱厅近景 ………………………………………………… 675

图3-419巴达米 瓦伊什纳维祠堂（578年）。外景 …………………………………………………… 676

图3-420巴达米 瓦伊什纳维祠堂。内景 ………………………………………………………………… 676

图3-421巴达米 达塔特雷亚庙。现状全景 ……………………………………………………………… 676

图3-422巴达米 达塔特雷业庙。主塔近景 ……………………………………………………………… 677

图3-423巴达米 耶拉马祠庙（约11世纪初）。外景 …………………………………………………… 677

图3-424巴达米 耶拉马祠庙。主祠局部立面（取自HARDY A. The Temple Architecture of India, 2007年） … 677

图3-425巴达米 阿加斯蒂亚湖边某窟。内景 …………………………………………………………… 679

图3-426巴达米 多层挑出的屋檐和下部平素墙面的对比效果 ………………………………………… 679

图3-427巴达米 小型亭阁的藻井天棚（约12世纪） …………………………………………………… 679

图3-428艾霍莱 遗址总平面（取自HARLE J C. The Art and Architecture of the Indian Subcontinent, 1994年） ……
…… 679

图3-429艾霍莱 拉沃纳-珀蒂石窟寺（6世纪）。地段外景 …………………………………………… 679

图3-430艾霍莱 拉沃纳-珀蒂石窟寺。前厅端廊景观 ………………………………………………… 681

图3-431艾霍莱 拉沃纳-珀蒂石窟寺。内祠入口 ……………………………………………………… 681

图3-432艾霍莱 拉德汗神庙（6世纪后期或7世纪）。平面及剖面（取自HARLE J C. The Art and Architecture of the
Indian Subcontinent, 1994年，经补充） ……………………………………………………………… 681

图3-433艾霍莱 拉德汗神庙。东南侧全景 ……………………………………………………………… 683

图3-434艾霍莱 拉德汗神庙。东北侧现状 ……………………………………………………………… 683

图3-435艾霍莱 拉德汗神庙。东立面（入口立面） …………………………………………………… 683

图3-436艾霍莱 拉德汗神庙。南立面（窗户装镂空的石板） ………………………………………… 683

图3-437艾霍莱 拉德汗神庙。东面入口 ………………………………………………………………… 683

图3-438艾霍莱 拉德汗神庙。入口门廊近景 …………………………………………………………… 684

图3-439艾霍莱 拉德汗神庙。窗棂及入口柱墩雕饰细部 ……………………………………………… 684

图3-440艾霍莱 拉德汗神庙。内景 ……………………………………………………………………… 684

图3-441艾霍莱 拉德汗神庙。内景 ……………………………………………………………………… 685

图3-442艾霍莱 13号庙（高达尔庙，6世纪后期/7世纪初）。现状外景 …………………………… 685

图3-443艾霍莱 杜尔伽神庙（675~725年）。平面、立面及剖面（取自MICHELL G. Hindu Art and Architecture,
2000年） ………………………………………………………………………………………………… 687

图3-444艾霍莱 杜尔伽神庙。19世纪中叶景色（老照片，1855年，Thomas Biggs摄） ……………… 687

图3-445艾霍莱 杜尔伽神庙。19世纪下半叶状态（老照片，1874年，James Burgess摄） …………… 687

图3-446艾霍莱 杜尔伽神庙。20世纪初景色（图版，取自WRIGHT J H. A History of All Nations from the Earliest
Times, 1905年） ………………………………………………………………………………………… 687

图3-447艾霍莱 杜尔伽神庙。东南侧远景 ……………………………………………………………… 687

图3-448艾霍莱 杜尔伽神庙。西北侧远景 ……………………………………………………………… 689

图3-449艾霍莱 杜尔伽神庙。东南侧现状 ……………………………………………………………… 689

图3-450艾霍莱 杜尔伽神庙。西南侧全景 ……………………………………………………………… 691

图3-451艾霍莱 杜尔伽神庙。东北侧景观 ……………………………………………………………… 691

图3-452艾霍莱 杜尔伽神庙。东面（入口面）景色 ·· 691

图3-453艾霍莱 杜尔伽神庙。西侧现状 ·· 691

图3-454艾霍莱 杜尔伽神庙。门廊，东南侧近景 ··· 691

图3-455艾霍莱 杜尔伽神庙。门廊，柱子及栏板近观 ·· 692

图3-456艾霍莱 杜尔伽神庙。门廊，柱子雕饰细部 ·· 692

图3-457艾霍莱 杜尔伽神庙。祠堂顶塔近景 ·· 695

图3-458艾霍莱 杜尔伽神庙。环廊内墙龛室雕刻 ·· 695

图3-459艾霍莱 杜尔伽神庙。南侧及北侧回廊内景 ·· 695

图3-460艾霍莱 杜尔伽神庙。主厅门廊，柱墩雕刻：爱侣 ·· 695

图3-461艾霍莱 杜尔伽神庙。主厅门廊，仰视细部 ·· 695

图3-462艾霍莱 杜尔伽神庙。主厅门廊，天棚雕饰 ·· 696

图3-463艾霍莱 杜尔伽神庙。通向主厅的入口 ·· 696

图3-464艾霍莱 杜尔伽神庙。主厅入口楣梁雕刻：天堂景色 ·· 696

图3-465艾霍莱 阿姆比盖组群。现状外景（位于低处的两座祠庙，西北侧景色，6~8世纪） ········· 696

图3-466艾霍莱 阿姆比盖组群。东南侧现状 ·· 696

图3-467艾霍莱 阿姆比盖组群。东头祠庙（低处小庙），西南侧景色 ·· 697

图3-468艾霍莱 阿姆比盖组群。高处祠庙（11世纪），东南侧现状 ·· 697

图3-469艾霍莱 昆蒂组群（约700~750年）。建筑群北望景色 ·· 697

图3-470艾霍莱 昆蒂组群。建筑群南望景色 ·· 698

图3-471艾霍莱 昆蒂组群。建筑群，自东南方向望去的景色 ·· 698

图3-472艾霍莱 胡恰皮亚寺院（可能属7世纪后期）。组群现状 ··· 698

图3-473艾霍莱 胡恰皮亚寺院。湿婆庙，现状 ··· 698

图3-474艾霍莱 胡恰皮亚寺院。湿婆庙，角柱及雕饰细部 ··· 701

图3-475艾霍莱 胡恰皮亚寺院。湿婆庙，内景 ··· 701

图3-476艾霍莱 14号庙（胡奇马利神庙，7/8世纪）。主庙，19世纪景色（老照片，Henry Cousens摄，1885年）

··· 701

图3-477艾霍莱 14号庙。主庙，现状全景 ·· 701

图3-478艾霍莱 14号庙。主庙，顶塔近景 ·· 703

图3-479艾霍莱 14号庙。北祠堂 ··· 703

图3-480艾霍莱 梅古蒂耆那教神庙（634年及以后）。西北侧地段全景 ······································ 703

图3-481艾霍莱 梅古蒂耆那教神庙。东北侧现状 ·· 703

图3-482艾霍莱 73号庙（马利卡久纳庙）。组群现状 ··· 703

图3-483马哈库塔 圣池（"毗湿奴之莲花池"）。现状 ··· 705

图3-484马哈库塔 马哈库泰斯沃拉庙（7世纪后期）。立面及中央凸出部分细部（取自HARDY A. The Temple Architecture of India，2007年） ··· 705

图3-485马哈库塔 马哈库泰斯沃拉庙。顶塔近景 ·· 705

图3-486马哈库塔 马利卡久纳庙。现状 ·· 705

图3-487马哈库塔 湿婆庙。残迹近景 ··· 705

图3-488马哈库塔 湿婆庙。浮雕嵌板 ··· 705

图3-489马哈库塔 桑加梅什沃拉神庙。现状 ·· 705

图3-490马哈库塔 毗湿奴神庙。地段形势 ··· 706

图3-491马哈库塔 毗湿奴神庙。现状全景 ·· 706

图3-492马哈库塔 毗湿奴神庙。祠堂墙面龛室雕刻（野猪造型的毗湿奴）·················· 706

图3-493马哈库塔 毗湿奴神庙。门廊栏板雕饰 ·· 706

图3-494帕塔达卡尔 古城。主要建筑群，自西南方向望去的景色 ···························· 706

图3-495帕塔达卡尔 古城。主要建筑群，自西北方向望去的全景 ···························· 708

图3-496帕塔达卡尔 古城。主要建筑群，自北侧望去的景观 ································ 708

图3-497帕塔达卡尔 维杰耶什沃拉神庙（桑加梅什沃拉神庙，720~733年）。立面及细部（取自HARDY A. The Temple Architecture of India，2007年）······················ 711

图3-498帕塔达卡尔 维杰耶什沃拉神庙。西南侧地段全景 ··································· 711

图3-499帕塔达卡尔 维杰耶什沃拉神庙。西北侧远景 ·· 711

图3-500帕塔达卡尔 维杰耶什沃拉神庙。西南侧现状 ·· 711

图3-501帕塔达卡尔 维杰耶什沃拉神庙。西北侧近景 ·· 712

图3-502帕塔达卡尔 维杰耶什沃拉神庙。东北侧外景 ·· 713

图3-503帕塔达卡尔 维杰耶什沃拉神庙。西侧全景 ·· 713

图3-504帕塔达卡尔 维杰耶什沃拉神庙。南侧景观 ·· 714

图3-505帕塔达卡尔 维杰耶什沃拉神庙。西南角近景 ·· 714

图3-506帕塔达卡尔 维鲁帕科萨神庙（8世纪中叶，约745年）。总平面及主祠剖面简图（取自STIERLIN H. Hindu India，From Khajuraho to the Temple City of Madurai，1998年）···· 715

图3-507帕塔达卡尔 维鲁帕科萨神庙。主祠，半平面及南立面（取自HARLE J C. The Art and Architecture of the Indian Subcontinent，1994年；原图作者Henry Cousens）·········· 715

图3-508帕塔达卡尔 维鲁帕科萨神庙。东北侧远景 ·· 717

图3-509帕塔达卡尔 维鲁帕科萨神庙。西南侧景观 ·· 717

图3-510帕塔达卡尔 维鲁帕科萨神庙。东南侧全景 ·· 717

图3-511帕塔达卡尔 维鲁帕科萨神庙。西端近景 ·· 717

图3-512帕塔达卡尔 维鲁帕科萨神庙。柱厅内景 ·· 718

图3-513帕塔达卡尔 维鲁帕科萨神庙。南迪厅（730~740年），西北侧景色 ··············· 718

图3-514帕塔达卡尔 维鲁帕科萨神庙。南迪厅，南侧景色 ··································· 718

图3-515帕塔达卡尔 马利卡久纳神庙（8世纪中叶）。东北侧地段形势 ····················· 718

图3-516帕塔达卡尔 马利卡久纳神庙。主祠，东南侧景观 ··································· 721

图3-517帕塔达卡尔 马利卡久纳神庙。主祠，西立面全景 ··································· 721

图3-518帕塔达卡尔 马利卡久纳神庙。主祠，西北侧现状 ··································· 722

图3-519帕塔达卡尔 马利卡久纳神庙。采用达罗毗荼式线脚的顶窗式亭阁（立面，取自CRUICKSHANK D. Sir Banister Fletcher's a History of Architecture，1996年）·········· 722

图3-520帕塔达卡尔 马利卡久纳神庙。外墙浮雕：仙女 ····································· 722

图3-521帕塔达卡尔 马利卡久纳神庙。柱厅内景 ·· 722

图3-522帕塔达卡尔 马利卡久纳神庙。柱墩雕饰 ·· 722

图3-523帕塔达卡尔 马利卡久纳神庙。雕刻：湿婆 ·· 725

图3-524帕塔达卡尔 卡希维什沃纳特神庙（约公元700年）。东北侧现状 ··················· 725

图3-525帕塔达卡尔 卡希维什沃纳特神庙。东侧，远观和近景 ······························ 727

图3-526帕塔达卡尔 卡希维什沃纳特神庙。南侧近景 ·· 727

图3-527帕塔达卡尔 卡达西德什沃拉神庙（7世纪中叶或8世纪初）。东北侧景观 ··········· 727

图3-528帕塔达卡尔 卡达西德什沃拉神庙。西南侧全景 ·· 727

图3-529帕塔达卡尔 卡达西德什沃拉神庙。祠堂，北侧现状 ··· 728

图3-530帕塔达卡尔 卡达西德什沃拉神庙。祠堂，西侧全景 ··· 728

图3-531帕塔达卡尔 卡达西德什沃拉神庙。北侧，龛室雕刻（半女湿婆像）·············· 728

图3-532帕塔达卡尔 杰姆布林伽神庙（7世纪中叶或8世纪初）。东北侧全景 ·············· 728

图3-533帕塔达卡尔 杰姆布林伽神庙。西南侧现状 ··· 731

图3-534帕塔达卡尔 杰姆布林伽神庙。内祠，入口及湿婆林伽 ······································· 731

图3-535帕塔达卡尔 加尔加纳特神庙（7世纪后期或8世纪中叶）。顶塔下部立面（取自HARDY A. The Temple Architecture of India，2007年）··· 731

图3-536帕塔达卡尔 加尔加纳特神庙。顶塔中央凸出部分构图元素解析（取自HARDY A. The Temple Architecture of India，2007年）··· 731

图3-537帕塔达卡尔 加尔加纳特神庙。西侧全景 ··· 733

图3-538帕塔达卡尔 加尔加纳特神庙。西南侧现状 ··· 733

图3-539帕塔达卡尔 加尔加纳特神庙。东南侧景色 ··· 733

图3-540帕塔达卡尔 加尔加纳特神庙。顶塔近景 ··· 735

图3-541带巡回廊道的祠庙，平面及形制的演进 ··· 735

图3-542帕塔达卡尔 耆那教纳拉亚纳神庙（9世纪）。东南侧全景 ··································· 735

图3-543帕塔达卡尔 耆那教纳拉亚纳神庙。东北侧近景 ··· 735

图3-544帕塔达卡尔 帕珀纳特神庙（696~750年）。南侧，19世纪中叶景色（老照片，1855年，Thomas Biggs 摄）·· 735

图3-545帕塔达卡尔 帕珀纳特神庙。西南侧全景 ··· 735

图3-546帕塔达卡尔 帕珀纳特神庙。南侧现状 ··· 736

图3-547帕塔达卡尔 帕珀纳特神庙。南侧近景 ··· 736

图3-548森杜尔 帕尔沃蒂（雪山神女）神庙（7世纪后期）。现状全景 ··························· 736

图3-549森杜尔 帕尔沃蒂神庙。立面景色 ·· 737

图3-550森杜尔 帕尔沃蒂神庙。上部结构，近景 ·· 737

图3-551索加尔 索梅斯沃拉神庙。现状 ··· 737

图3-552库卡努尔 纳瓦林伽神庙。立面及局部详图（取自HARDY A. The Temple Architecture of India，2007年）·· 737

图3-553库卡努尔 纳瓦林伽神庙。19世纪末状态（老照片，1897年）···························· 738

图3-554库卡努尔 纳瓦林伽神庙。现状 ··· 738

图3-555加达格 特里库泰什沃拉神庙。组群现状 ··· 738

图3-556加达格 特里库泰什沃拉神庙。萨拉斯沃提祠堂，背面景色 ································· 741

图3-557加达格 特里库泰什沃拉神庙。萨拉斯沃提祠堂，栏墙近景 ································· 741

图3-558加达格 特里库泰什沃拉神庙。开敞柱厅内景 ··· 741

图3-559加达格 特里库泰什沃拉神庙。萨拉斯沃提祠堂，柱墩雕饰细部 ·························· 743

图3-560希雷赫德格利 卡莱什神庙（1057年）。立面部件详图（拱顶亭阁，取自HARDY A. The Temple Architecture of India，2007年）··· 743

图3-561希雷赫德格利 卡莱什神庙。现状全景 ··· 743

图3-562希雷赫德格利 卡莱什神庙。祠堂及主塔近景 ··· 744

图3-563希雷赫德格利 卡莱什神庙。祠堂墙面雕饰 ··· 744

图3-564希雷赫德格利 卡莱什神庙。墙面微缩祠庙，雕刻造型及其平面、立面和细部复原图 ·············· 744

图3-565希雷赫德格利 卡莱什神庙。祠堂入口门廊 ·· 746

图3-566希雷赫德格利 卡莱什神庙。面对内祠的封闭柱厅 ··· 746

图3-567伊塔吉 摩诃提婆神庙（可能为1112年）。柱亭立面（取自HARDY A. The Temple Architecture of India,
2007年） ··· 746

图3-568伊塔吉 摩诃提婆神庙。东北侧全景 ··· 747

图3-569伊塔吉 摩诃提婆神庙。东南侧现状 ··· 747

图3-570伊塔吉 摩诃提婆神庙。西南侧景观 ··· 748

图3-571伊塔吉 摩诃提婆神庙。西侧全景 ··· 748

图3-572伊塔吉 摩诃提婆神庙。祠堂主塔，东南侧景色 ·· 751

图3-573伊塔吉 摩诃提婆神庙。祠堂主塔，南侧现状 ·· 751

图3-574伊塔吉 摩诃提婆神庙。祠堂主塔，北侧景观 ·· 752

图3-575伊塔吉 摩诃提婆神庙。开敞柱厅，内景 ··· 752

图3-576伊塔吉 摩诃提婆神庙。自开敞柱厅通向封闭厅堂的入口 ·· 753

图3-577伊塔吉 摩诃提婆神庙。图3-576入口楣梁细部 ·· 755

图3-578伊塔吉 摩诃提婆神庙。厅堂柱墩基座雕饰 ·· 755

图3-579伊塔吉 摩诃提婆神庙。天棚浮雕细部 ··· 755

图3-580伊塔吉 摩诃提婆神庙。厅堂内小祠堂 ··· 757

图3-581伊塔吉 摩诃提婆神庙。内祠，入口大门雕饰 ·· 757

图3-582伊塔吉 摩诃提婆神庙。侧面入口，门柱及楣梁雕饰 ··· 757

图3-583伊塔吉 摩诃提婆神庙。侧面入口，穹顶仰视 ·· 758

图3-584拉昆迪 卡西维斯韦斯沃拉神庙（11世纪，1087年前）。19世纪末状态（老照片，1897年） ·········· 758

图3-585拉昆迪 卡西维斯韦斯沃拉神庙。西南侧全景 ·· 758

图3-586拉昆迪 卡西维斯韦斯沃拉神庙。西祠（湿婆祠庙），主塔南侧近景及细部 ······················· 759

图3-587拉昆迪 卡西维斯韦斯沃拉神庙。东祠（太阳神祠堂），顶塔南侧细部 ··························· 759

图3-588拉昆迪 卡西维斯韦斯沃拉神庙。楣梁雕饰细部 ·· 759

图3-589库鲁沃蒂 马利卡久纳神庙（11世纪）。侧面现状 ·· 761

图3-590库鲁沃蒂 马利卡久纳神庙。自柱厅入口望祠塔景色 ··· 761

图3-591库鲁沃蒂 马利卡久纳神庙。祠堂，墙面龛室及雕饰近景 ··· 761

图3-592库鲁沃蒂 马利卡久纳神庙。柱厅，柱子近景 ·· 761

图3-593库鲁沃蒂 马利卡久纳神庙。挑腿人物雕刻 ·· 762

图3-594库鲁沃蒂 马利卡久纳神庙。祠堂，入口门柱雕饰 ··· 762

图3-595巴加利 卡莱斯沃拉神庙。地段形势 ··· 762

图3-596巴加利 卡莱斯沃拉神庙。俯视全景 ··· 762

图3-597巴加利 卡莱斯沃拉神庙。侧面景观 ··· 765

图3-598巴加利 卡莱斯沃拉神庙。入口近景 ··· 765

图3-599巴加利 卡莱斯沃拉神庙。开敞柱廊，内景 ··· 765

图3-600巴加利 卡莱斯沃拉神庙。开敞柱廊，自南迪雕像望祠堂入口 ····································· 766

图3-601哈韦里 西德斯沃拉神庙（11世纪中叶）。平面（取自HARLE J C. The Art and Architecture of the Indian
Subcontinent, 1994年） ··· 766

图3-602哈韦里 西德斯沃拉神庙。现状全景，柱厅一侧景色 ··· 766

图3-603哈韦里 西德斯沃拉神庙。祠堂及主塔，侧立面 ································ 766

图3-604哈韦里 西德斯沃拉神庙。祠堂及主塔，近景 ································ 768

图3-605哈韦里 西德斯沃拉神庙。墙面壁柱及浮雕细部 ······························ 770

图3-606安尼盖里 阿姆泰斯沃拉神庙（11世纪后期）。现状全景 ······················· 770

图3-607安尼盖里 阿姆泰斯沃拉神庙。墙面近景 ··································· 771

图3-608安尼盖里 阿姆泰斯沃拉神庙。雕饰细部 ··································· 771

图3-609阿瓦尼村 拉梅斯沃拉神庙（约10世纪）。通向祠堂的入口 ······················· 771

图3-610阿瓦尼村 拉梅斯沃拉神庙。并列三祠西北侧（背面）景观 ······················· 772

图3-611阿瓦尼村 拉梅斯沃拉神庙。中祠，西南侧近景 ······························· 772

图3-612阿瓦尼村 拉梅斯沃拉神庙。会厅内景 ······································· 773

图3-613阿瓦尼村 拉梅斯沃拉神庙。天棚雕饰 ······································· 773

图3-614阿瓦尼村 拉梅斯沃拉神庙。萨特鲁格斯沃拉祠堂，现状外景 ······················· 774

图3-615阿瓦尼村 拉梅斯沃拉神庙。萨特鲁格斯沃拉祠堂，南迪亭，近景 ······················· 774

图3-616南迪山 双祠堂（可能为9世纪）。组群现状 ································· 775

图3-617南迪山 双祠堂。阿鲁纳卡莱斯沃拉祠（北祠），带舞者和乐师雕饰的石窗 ······················· 775

图3-618斯拉瓦纳-贝尔戈拉 卡蒙达拉亚神庙（980年）。东南侧全景 ······················· 775

图3-619斯拉瓦纳-贝尔戈拉 卡蒙达拉亚神庙。东北侧（入口面）景色 ······················· 776

图3-620斯拉瓦纳-贝尔戈拉 卡蒙达拉亚神庙。西南侧（背面）现状 ······················· 776

图3-621卡姆巴达哈利村 五祠堂神庙。组群现状 ····································· 776

图3-622卡姆巴达哈利村 五祠堂神庙。祠堂近景 ····································· 777

图3-623纳拉萨曼加拉姆 拉马林盖斯沃拉庙（约公元800年或以后）。西北侧现状 ····················· 777

图3-624戈普 神庙。平面、北侧屋顶及下部基座细部（1876年图版，作者James Burgess） ············· 778

图3-625戈普 神庙。19世纪下半叶景色（老照片，1874年） ··························· 778

图3-626戈普 神庙。东北侧，现状 ·· 779

图3-627朱纳格特 乌帕尔科特石窟。底层及上层平面[原作者James Burgess（1832~1916年）和John Faithfull Fleet（1847~1917年），1876年，经改绘] ······································ 779

图3-628朱纳格特 乌帕尔科特石窟。顶部现状 ······································· 779

图3-629朱纳格特 乌帕尔科特石窟。入口，俯视景色 ··································· 780

图3-630朱纳格特 乌帕尔科特石窟。底层，内景 ····································· 780

图3-631朱纳格特 乌帕尔科特石窟。厅堂，内景 ····································· 781

图3-632朱纳格特 乌帕尔科特石窟。墙面龛室 ······································· 783

图3-633朱纳格特 乌帕尔科特石窟。柱子近景 ······································· 783

图3-634朱纳格特 乌帕尔科特石窟。柱础及柱头 ····································· 783

图3-635贾尔拉帕坦 西塔莱斯沃拉神庙（7世纪，可能为689年）。现状 ······················· 784

图3-636奥西安 诃利诃罗1号庙（约725~750年）。南侧现状 ··························· 784

图3-637奥西安 诃利诃罗1号庙。东北侧景观 ······································· 785

图3-638奥西安 诃利诃罗1号庙。南侧近景 ··· 785

图3-639奥西安 诃利诃罗1号庙。主塔近景 ··· 785

图3-640奥西安 诃利诃罗1号庙。主塔细部 ··· 786

图3-641奥西安 诃利诃罗1号庙。东南角小祠，北侧景观 ······························· 786

图3-642奥西安 诃利诃罗1号庙。西南角小祠，东北侧景色 ······························· 786

图3-643奥西安 诃利诃罗2号庙（8世纪）。东南侧，修复前后状态 …………………………………………… 788

图3-644奥西安 诃利诃罗2号庙。西侧近景 …………………………………………………………………… 789

图3-645奥西安 诃利诃罗2号庙。主塔南侧，毗湿奴雕像 …………………………………………………… 789

图3-646奥西安 诃利诃罗3号庙（8世纪后期或9世纪）。近景 …………………………………………… 791

图3-647奥西安 诃利诃罗3号庙。雕饰细部 …………………………………………………………………… 791

图3-648奥西安 诃利诃罗3号庙。开敞柱厅，内景 ………………………………………………………… 791

图3-649奥西安 太阳神庙（7号庙，8世纪）。19世纪末景观（老照片，1897年） …………………… 791

图3-650奥西安 太阳神庙。现状 ………………………………………………………………………………… 791

图3-651奥西安 太阳神庙。龛室雕刻：太阳神像 …………………………………………………………… 792

图3-652奥西安 耆那教大雄庙（摩诃毗罗庙，783年及以后）。平面（取自HARLE J C. The Art and Architecture of the Indian Subcontinent，1994年） …………………………………………………………… 792

图3-653奥西安 耆那教大雄庙。主塔近景 …………………………………………………………………… 792

图3-654奥西安 萨奇娅庙（母神庙，8世纪后期）。19世纪末景观（老照片，1897年） ……………… 792

图3-655奥西安 皮普拉庙（9号庙，约800~825年）。外景 ……………………………………………… 793

图3-656奥西安 毗湿奴神庙1（约775年）。外景 …………………………………………………………… 793

图3-657巴瓦尼普拉 纳克蒂神庙（9世纪）。立面及中央凸出部位详图 ………………………………… 793

图3-658巴瓦尼普拉 纳克蒂神庙。现状 ……………………………………………………………………… 793

图3-659奇托尔 卡利卡神庙（8世纪50~70年代）。现状 ………………………………………………… 794

图3-660罗达（古吉拉特邦）1号庙（湿婆庙，8世纪后期）。地段形势 ……………………………… 794

图3-661罗达 1号庙。立面现状 ………………………………………………………………………………… 794

图3-662罗达 1号庙。内景 ……………………………………………………………………………………… 794

图3-663罗达 2号庙（鸟庙）。现状全景 …………………………………………………………………… 794

图3-664罗达 2号庙。侧立面近景 ……………………………………………………………………………… 796

图3-665罗达 2号庙。祠堂内墙上表现鸟的浮雕 …………………………………………………………… 796

图3-666罗达 3号庙（湿婆庙）。立面及角上凸出部分细部（取自HARDY A. The Temple Architecture of India，2007年） …………………………………………………………………………………………… 796

图3-667罗达 3号庙。现状外景 ………………………………………………………………………………… 796

图3-668罗达 3号庙。通向祠堂的大门雕饰 ………………………………………………………………… 796

图3-669罗达 5号庙（毗湿奴庙）。现状景观 ……………………………………………………………… 796

图3-670罗达 5号庙。主塔，背面景色 ……………………………………………………………………… 796

图3-671罗达 6号庙（九曜庙）。侧立面 …………………………………………………………………… 799

图3-672罗达 6号庙。通向祠堂的大门 ……………………………………………………………………… 799

图3-673罗达 7号庙（迦内沙/湿婆庙，8世纪后期）。残迹现状 ……………………………………… 799

图3-674罗达 7号庙。侧立面 …………………………………………………………………………………… 799

图3-675祠堂及顶塔的平面形式（取自STIERLIN H. Hindu India，From Khajuraho to the Temple City of Madurai，1998年） ……………………………………………………………………………………… 799

图3-676阿巴内里 赫尔瑟特祠庙。外景及细部 …………………………………………………………… 801

图3-677阿巴内里 赫尔瑟特祠庙。龛室雕刻（9世纪） …………………………………………………… 801

图3-678巴多利（巴罗利）格泰斯沃拉神庙（10世纪上半叶）。平面（图版，作者James Burgess） … 801

图3-679巴多利 格泰斯沃拉神庙。20世纪初景色（版画，作者James Burgess，1910年） ………… 801

图3-680巴多利 格泰斯沃拉神庙。东南侧全景 …………………………………………………………… 801

图3-681巴多利 格泰斯沃拉神庙。南立面景色 ························· 802

图3-682巴多利 格泰斯沃拉神庙。东北侧现状 ························· 802

图3-683巴多利 格泰斯沃拉神庙。舞厅近景 ························· 802

图3-684巴多利 格泰斯沃拉神庙。雕刻：门卫及河神 ························· 802

图3-685巴多利 格泰斯沃拉神庙。圣池（已干涸）和池中的小祠堂 ························· 802

图3-686伯泰斯沃尔 印度教祠庙组群（8~10世纪）。典型组群平面（作者Alexander Cunningham，1885年） ······
··········· 805

图3-687伯泰斯沃尔 印度教祠庙组群。现场景观 ························· 805

图3-688马华 2号湿婆庙（约675年）。立面及中央凸出部分细部（取自HARDY A. The Temple Architecture of India，2007年） ························· 805

图3-689拉道勒 摩诃提婆庙（7世纪）。外景 ························· 805

图3-690瓜廖尔 城堡。泰利卡神庙（约700~750年），平面 ························· 805

图3-691瓜廖尔 城堡。泰利卡神庙，祠堂立面构图解析（纳迦罗式祠庙，伐腊毗式构图，图版取自HARDY A. The Temple Architecture of India，2007年） ························· 806

图3-692瓜廖尔 城堡。泰利卡神庙，19世纪下半叶修复前状态（东南侧，老照片，摄于1869年） ······ 806

图3-693瓜廖尔 城堡。泰利卡神庙，19世纪后期景观（东北侧，老照片，摄于1885年） ············· 806

图3-694瓜廖尔 城堡。泰利卡神庙，东立面全景 ························· 807

图3-695瓜廖尔 城堡。泰利卡神庙，南侧现状 ························· 808

图3-696瓜廖尔 城堡。泰利卡神庙，墙面龛室雕刻近景 ························· 808

图3-697巴多 加达马尔神庙。西侧全景 ························· 808

图3-698巴多 加达马尔神庙。西北侧近景 ························· 808

图3-699伯尔瓦-萨格尔 杰赖卡神庙（9世纪）。立面外景 ························· 811

图3-700吉亚勒斯布尔（中央邦） 马拉德维神庙（9世纪下半叶）。东北侧现状 ············· 811

图3-701吉亚勒斯布尔 马拉德维神庙。东南侧近景 ························· 811

图3-702吉亚勒斯布尔 马拉德维神庙。顶塔，西北侧近观 ························· 812

图3-703吉亚勒斯布尔 马拉德维神庙。入口门廊近景及柱头细部 ························· 812

图3-704巴多利 三相神庙（神庙4，10世纪）。被毁的三相湿婆雕像 ························· 812

图3-705吉亚勒斯布尔 伯杰拉-默特神庙（10世纪）。遗存现状 ························· 815

图3-706吉亚勒斯布尔 因多拉门。地段形势 ························· 815

图3-707吉亚勒斯布尔 因多拉门。立面全景 ························· 815

图3-708吉亚勒斯布尔 因多拉门。上部结构及雕饰近景 ························· 817

图3-709吉亚勒斯布尔 因多拉门。柱子及雕饰细部 ························· 817

图3-710吉亚勒斯布尔 四柱庙。现状全景 ························· 817

图3-711吉亚勒斯布尔 四柱庙。雕饰细部 ························· 818

图3-712吉亚勒斯布尔 八柱庙。现状外景 ························· 817

图3-713吉亚勒斯布尔 八柱庙。柱头细部 ························· 819

图3-714吉亚勒斯布尔 八柱庙。檐口雕饰 ························· 819

图3-715贝拉加特 六十四瑜伽女祠堂（10世纪及以后）。平面及线脚细部（图版，作者Alexander Cunningham，1879年） ························· 820

图3-716贝拉加特 六十四瑜伽女祠堂。围墙外景观 ························· 820

图3-717贝拉加特 六十四瑜伽女祠堂。院内，主祠及平台亭阁（东北侧景色） ············· 820

图3-718贝拉加特 六十四瑜伽女祠堂。主祠，西北侧现状 ··· 821

图3-719贝拉加特 六十四瑜伽女祠堂。周边祠堂景观 ·· 821

图3-720贝拉加特 六十四瑜伽女祠堂。周边祠堂内景及雕刻 ·· 823

图3-721布巴内斯瓦尔 瑟特鲁格内斯沃拉组群（6世纪后期或7世纪初）。祠堂顶塔近景 ············· 823

图3-722布巴内斯瓦尔 珀勒苏拉梅斯瓦拉寺庙（6世纪后期~7世纪初）。主塔下部雕饰立面（局部，取自HARDY A. The Temple Architecture of India, 2007年） ··· 825

图3-723布巴内斯瓦尔 珀勒苏拉梅斯瓦拉寺庙。西南侧景观 ·· 825

图3-724布巴内斯瓦尔 珀勒苏拉梅斯瓦拉寺庙。东南侧全景 ·· 825

图3-725布巴内斯瓦尔 珀勒苏拉梅斯瓦拉寺庙。西北侧现状 ·· 825

图3-726布巴内斯瓦尔 珀勒苏拉梅斯瓦拉寺庙。主塔近景 ·· 826

图3-727布巴内斯瓦尔 珀勒苏拉梅斯瓦拉寺庙。主塔南侧雕饰细部 ····································· 826

图3-728布巴内斯瓦尔 珀勒苏拉梅斯瓦拉寺庙。墙面雕饰细部 ·· 829

图3-729布巴内斯瓦尔 珀勒苏拉梅斯瓦拉寺庙。会堂（或舞乐厅），内景 ······························ 829

图3-730库厄洛 神庙。组群现状 ·· 829

图3-731穆克林伽姆（安得拉邦） 默杜凯斯沃拉神庙。现状外景 ··· 829

图3-732布巴内斯瓦尔 西西雷斯沃拉神庙（约750年）。立面及角上凸出部分细部（取自HARDY A. The Temple Architecture of India, 2007年） ··· 829

图3-733布巴内斯瓦尔 西西雷斯沃拉神庙。主塔近景 ··· 830

图3-734布巴内斯瓦尔 瓦伊塔拉神庙（8世纪后期）。组群东南侧现状 ··································· 830

图3-735布巴内斯瓦尔 瓦伊塔拉神庙。主祠，西南侧立面 ·· 830

图3-736布巴内斯瓦尔 瓦伊塔拉神庙。主祠，西墙（背面）近景 ·· 830

图3-737布巴内斯瓦尔 瓦伊塔拉神庙。东北侧近景 ·· 832

图3-738布巴内斯瓦尔 瓦伊塔拉神庙。主塔，近景 ·· 832

图3-739布巴内斯瓦尔 瓦伊塔拉神庙。龛室雕刻（护卫仙女） ·· 832

图3-740伐腊毗式祠堂形制的演进（取自HARDY A. The Temple Architecture of India, 2007年） ············· 832

图3-741勒德纳吉里 1号寺院（毗诃罗，8世纪后期）。门廊遗存 ··· 832

图3-742乔拉西 筏罗诃祠庙（约930年）。平面、立面及剖面（取自STIERLIN H. Comprendre l'Architecture Universelle, II，1977年） ·· 834

图3-743乔拉西 筏罗诃祠庙。端立面及中央构图单元详图（取自HARDY A. The Temple Architecture of India, 2007年） ··· 834

图3-744乔拉西 筏罗诃祠庙。西南侧全景 ·· 834

图3-745乔拉西 筏罗诃祠庙。东南侧，远景及近景 ··· 835

图3-746乔拉西 筏罗诃祠庙。南侧全景 ··· 837

图3-747乔拉西 筏罗诃祠庙。主祠，南侧景色 ·· 837

图3-748乔拉西 筏罗诃祠庙。会堂，南侧景色 ·· 838

图3-749乔拉西 筏罗诃祠庙。背面（西侧）花岗石太阳神像 ·· 838

图3-750阿拉姆普尔 斯沃加梵天祠庙（7世纪中后期）。平面及几何分析 ································· 838

图3-751阿拉姆普尔 斯沃加梵天祠庙。东侧现状 ··· 838

图3-752阿拉姆普尔 斯沃加梵天祠庙。南侧景色 ··· 840

图3-753阿拉姆普尔 斯沃加梵天祠庙。主塔，东南侧近景 ·· 840

图3-754阿拉姆普尔 斯沃加梵天祠庙。窗饰及雕刻细部 ·· 840

图3-755阿拉姆普尔 伯勒梵天祠庙。母神像（Mātṛkās） ··· 843

图3-756迦腻色伽一世雕像（公元2世纪，马图拉出土，现存马图拉博物馆） ···················· 843

图3-757乌什库尔（古代胡维斯卡普拉） 窣堵坡。19世纪下半叶状态（老照片，1868年，John Burke摄） ······
··· 843

图3-758佛陀头像（陶制，7~8世纪，可能来自乌什库尔，现存大英博物馆） ···················· 843

图3-759珀里哈瑟普勒 坎库纳窣堵坡。正面大台阶，现状 ··· 844

图3-760珀里哈瑟普勒 坎库纳窣堵坡。大台阶边侧遗存状态 ··· 844

图3-761珀里哈瑟普勒 坎库纳窣堵坡。遗址背面，残迹景色 ··· 844

图3-762珀里哈瑟普勒 坎库纳窣堵坡。大台阶栏墙端头雕饰 ··· 844

图3-763珀里哈瑟普勒 商羯罗神庙（公元前220年左右，现状结构可能属9世纪）。19世纪下半叶状态（老照片，
1868年，John Burke摄） ··· 844

图3-764珀里哈瑟普勒 商羯罗神庙。现状 ··· 844

图3-765马尔坦 太阳大庙（8世纪中叶，可能为725~756年）。平面（取自HARLE J C. The Art and Architecture of
the Indian Subcontinent，1994年） ··· 844

图3-766马尔坦 太阳大庙。想象复原图（取自DUGUID J. Letters from India and Kashmir，1870年） ········· 846

图3-767马尔坦 太阳大庙。19世纪下半叶景色（老照片，1868年，John Burke摄） ············· 846

图3-768马尔坦 太阳大庙。遗址现状 ··· 846

图3-769马尔坦 太阳大庙。中央祠堂，西侧全景 ·· 846

图3-770马尔坦 太阳大庙。中央祠堂，西南侧现状 ··· 848

图3-771马尔坦 太阳大庙。中央祠堂，东北侧（背面）景观 ··· 848

图3-772马尔坦 太阳大庙。围墙柱廊及小室残迹 ·· 849

图3-773马尔坦 太阳大庙。围院西南角，内侧现状 ··· 850

图3-774马尔坦 太阳大庙。围院外墙残迹 ·· 851

图3-775马尔坦 太阳大庙。墙面雕饰近景 ·· 851

图3-776哈尔万 寺院。遗址现状 ··· 852

图3-777阿万蒂普尔 阿万蒂斯沃米神庙（9世纪下半叶）。平面及局部立面（取自BUSSAGLI M. Oriental Archi-
tecture/2，1981年） ··· 852

图3-778阿万蒂普尔 阿万蒂斯沃米神庙。西侧，遗址全貌 ··· 852

图3-779阿万蒂普尔 阿万蒂斯沃米神庙。围院入口大门 ·· 855

图3-780阿万蒂普尔 阿万蒂斯沃米神庙。围院柱廊及小室，残迹现状 ······························ 855

图3-781阿万蒂普尔 阿万蒂斯沃米神庙。门道雕饰细部 ·· 857

图3-782阿万蒂普尔 阿万蒂斯沃米神庙。主祠，台阶栏墙端头雕饰细部 ··························· 857

图3-783马洛特 神庙（8/9世纪）。地段形势 ·· 857

图3-784马洛特 神庙。遗存现状 ··· 858

图3-785马洛特 神庙。近景及雕饰细部 ·· 858

图3-786德拉伊斯梅尔汗（县） 北卡菲尔-科茨庙。组群全景 ·· 861

图3-787德拉伊斯梅尔汗（县） 北卡菲尔-科茨庙。2号祠，近景 ···································· 861

图3-788德拉伊斯梅尔汗（县） 北卡菲尔-科茨庙。2号祠，上层内景 ······························ 861

图3-789德拉伊斯梅尔汗（县） 北卡菲尔-科茨庙。3号祠，近景 ···································· 861

图3-790德拉伊斯梅尔汗（县） 北卡菲尔-科茨庙。5号祠 ·· 862

图3-791阿塔克县 卡拉尔神庙。遗存现状 ·· 862

图3-792阿塔克县 卡拉尔神庙。侧面景观 ·· 863

图3-793阿塔克县 卡拉尔神庙。近景及墙面雕饰细部 ··· 863

图3-794帕坦（桑卡拉普拉帕塔纳，拉利特普尔）苏根德萨神庙。19世纪下半叶状态（老照片，1868年，John Burke摄）··· 864

图3-795帕坦 苏根德萨神庙。现状 ··· 864

图3-796帕坦 桑卡拉高里神庙。19世纪下半叶景况（老照片，1868年，John Burke摄）····· 864

图3-797帕坦 桑卡拉高里神庙。立面现状 ··· 864

图3-798斯皮提谷地 塔布寺。总平面（图版取自BUSSAGLI M. Oriental Architecture/2, 1981年）····· 864

图3-799斯皮提谷地 塔布寺（位于同名村落处）。寺院及窣堵坡，现状 ····················· 866

图3-800斯皮提谷地 凯伊寺。远景 ··· 866

图3-801斯皮提谷地 凯伊寺。现状近观 ··· 868

图3-802佛陀说法像（鹿野苑出土，笈多时期，公元5世纪，高1.6米，现存鹿野苑考古博物馆）···· 868

图3-803立佛像（鹿野苑出土，笈多时期，公元474年，高1.93米，现存鹿野苑考古博物馆）········ 868

图3-804菩提伽耶（佛陀伽耶）摩诃菩提寺（"大正觉寺"，金刚宝座塔，舍利堂，创建于5~6世纪）。大塔，南立面，19世纪下半叶状态（老照片，1878年）····················· 868

图3-805菩提伽耶 摩诃菩提寺。现状，东南侧全景 ··· 870

图3-806菩提伽耶 摩诃菩提寺。东侧景观及上层结构立面（基部，半立面，取自HARDY A. The Temple Architecture of India, 2007年）··· 870

图3-807菩提伽耶 摩诃菩提寺。西南侧景色 ··· 873

图3-808菩提伽耶 摩诃菩提寺。塔顶近景 ··· 873

图3-809菩提伽耶 摩诃菩提寺。大塔，基座近景 ··· 873

图3-810菩提伽耶 摩诃菩提寺。大塔，基座及涂金佛像近景 ··································· 874

图3-811菩提伽耶 摩诃菩提寺。大塔基座及外部石栏 ··· 874

图3-812菩提伽耶 摩诃菩提寺。石栏雕饰细部 ··· 874

图3-813菩提伽耶 摩诃菩提寺。主塔西侧的菩提树 ··· 876

图3-814那烂陀（那罗）寺院。寺院及周围地区古建遗址图[取自1861~1862年印度考古调研所（ASI）调查报告，主持人Alexander Cunningham]····························· 876

图3-815那烂陀 寺院。遗址总平面 ··· 876

图3-816那烂陀 寺院。出土文物：文殊菩萨像（约750年，新德里国家博物馆藏品）··········· 876

图3-817那烂陀 寺院。出土文物：手持莲花的观世音菩萨（9世纪，高1.4米，新德里国家博物馆藏品）··· 876

图3-818那烂陀 寺院。舍利佛塔（3号庙，5/6世纪，经修复），东北侧现状 ··················· 879

图3-819那烂陀 寺院。舍利佛塔，南侧景观 ··· 879

图3-820那烂陀 寺院。舍利佛塔，西侧现状 ··· 879

图3-821那烂陀 寺院。舍利佛塔，西南侧全景 ··· 879

图3-822那烂陀 寺院。舍利佛塔，北侧景色 ··· 880

图3-823那烂陀 寺院。舍利佛塔，北侧梯道及雕饰近景 ······································· 880

图3-824那烂陀 寺院。舍利佛塔，东北角塔，东南侧近景 ····································· 881

图3-825那烂陀 寺院。舍利佛塔，东南角塔，东侧景观 ······································· 882

图3-826那烂陀 寺院。12号庙，东南侧全景 ··· 882

图3-827那烂陀 寺院。12号庙，东南角围墙外侧及窣堵坡 ····································· 882

图3-828那烂陀 寺院。12号庙，围墙南侧景观及砖饰 ··· 884

图3-829那烂陀 寺院。12号庙,带大量佛像雕饰的还愿窣堵坡 ························ 885

图3-830那烂陀 寺院。13号庙,东南侧远景 ·································· 885

图3-831那烂陀 寺院。14号庙,东侧现状 ···································· 886

图3-832那烂陀 寺院。14号庙,南墙局部 ···································· 886

图3-833那烂陀 寺院。2号庙,遗址全景 ····································· 887

图3-834那烂陀 寺院。2号庙,西侧南角基部雕饰板块 ·························· 887

图3-835那烂陀 寺院。2号庙,基部雕板细部 ································· 888

图3-836那烂陀 寺院。4号寺,遗址北望景色 ································· 888

图3-837那烂陀 寺院。6号寺,遗址东北侧全景 ······························ 888

图3-838那烂陀 寺院。6号寺,北望景色 ····································· 888

图3-839那烂陀 寺院。6号寺,自寺院东区北望情景 ··························· 890

图3-840那烂陀 寺院。6号寺,自西南方向望去的景色 ························· 890

图3-841那烂陀 寺院。7号寺,俯视景色 ····································· 891

图3-842安蒂恰克(村) 超戒寺(超行寺、超岩寺)。主体结构现状 ··············· 891

图3-843安蒂恰克(村) 超戒寺。院落入口处,残迹现状 ························ 891

图3-844巴哈尔布尔 大寺(索马普拉寺,8世纪后期/9世纪初)。总平面(取自HARLE J C. The Art and Architecture of the Indian Subcontinent,1994年) ·························· 891

图3-845巴哈尔布尔 大寺。主祠,复原模型 ·································· 891

图3-846巴哈尔布尔 大寺。西侧地段全景 ····································· 893

图3-847巴哈尔布尔 大寺。主祠,东南侧景观 ································· 893

图3-848巴哈尔布尔 大寺。主祠,西南侧现状 ································· 893

图3-849巴哈尔布尔 大寺。主祠,西北侧景色 ································· 893

图3-850巴哈尔布尔 大寺。主祠,前室内景 ·································· 893

图3-851巴哈尔布尔 大寺。主祠,西北侧基台近景 ···························· 895

图3-852巴哈尔布尔 大寺。主祠,东北角基台近景 ···························· 895

图3-853巴哈尔布尔 大寺。主祠,基台雕饰细部 ······························ 895

图3-854巴哈尔布尔 大寺。周边建筑残迹 ····································· 895

图3-855迈纳默蒂 瑟尔本(萨拉沃纳)寺院(6世纪)。遗址现状 ················· 896

图3-856塔拉 提婆拉尼祠庙。现状 ··· 897

图3-857锡尔布尔(中央邦) 罗什曼那祠庙(7世纪早期)。立面(局部)及构图要素解析(取自HARDY A. The Temple Architecture of India,2007年) ·························· 897

图3-858锡尔布尔 罗什曼那祠庙。东南侧全景 ································· 899

图3-859锡尔布尔 罗什曼那祠庙。东侧(入口侧)现状 ························· 899

图3-860锡尔布尔 罗什曼那祠庙。西北侧景色 ································· 901

图3-861锡尔布尔 罗什曼那祠庙。西侧现状 ·································· 901

图3-862锡尔布尔 罗什曼那祠庙。西南侧景观 ································· 901

图3-863锡尔布尔 罗什曼那祠庙。南侧景色 ·································· 901

图3-864锡尔布尔 罗什曼那祠庙。主塔,雕饰近景 ···························· 902

图3-865拉吉姆 拉吉沃-洛卡纳神庙(7世纪中叶)。主祠轴测复原图(取自HARDY A. The Temple Architecture of India,2007年) ·································· 902

图3-866拉吉姆 拉吉沃-洛卡纳神庙。东南侧俯视全景 ························· 902

图3-867拉吉姆 拉吉沃-洛卡纳神庙。西北侧现状 ……………………………………………………… 902

图3-868拉吉姆 拉吉沃-洛卡纳神庙。雕饰细部 ………………………………………………………… 902

图3-869伯拉卡尔 贝古尼亚组群。1号及2号庙，现状 ………………………………………………… 905

图3-870伯拉卡尔 贝古尼亚组群。1号及2号庙，近景 ………………………………………………… 905

图3-871伯拉卡尔 贝古尼亚组群。1号庙，墙面雕饰细部 ……………………………………………… 905

图3-872伯拉卡尔 贝古尼亚组群。2号庙，雕饰细部 …………………………………………………… 905

图3-873伯拉卡尔 贝古尼亚组群。4号及5号庙，外景 ………………………………………………… 905

图3-874伯拉卡尔 贝古尼亚组群。4号庙，雕饰细部 …………………………………………………… 905

图3-875伯拉卡尔 贝古尼亚组群。5号庙，入口上方湿婆雕像 ………………………………………… 905

图3-876伯胡拉拉 西德斯沃拉神庙。外景 ……………………………………………………………… 906

图3-877孙德尔本斯 杰塔尔神庙。地段全景 …………………………………………………………… 906

图3-878孙德尔本斯 杰塔尔神庙。近景 ………………………………………………………………… 906

图3-879迪赫尔 双祠庙。现状 …………………………………………………………………………… 906

第四章 印度 拉其普特时期

图4-1苏纳克 尼拉肯特庙（10世纪，另说约1075年）。立面（部分复原，图版取自HARLE J C. The Art and Archi-tecture of the Indian Subcontinent, 1994年） ………………………………………………………… 909

图4-2苏纳克 尼拉肯特庙。19世纪下半叶景色（老照片，1885年，Henry Cousens摄） ……………… 909

图4-3苏纳克 尼拉肯特庙。现状 ………………………………………………………………………… 910

图4-4格内勒奥 摩诃毗罗（大雄）神庙（10世纪中叶）。现状外景 ………………………………… 910

图4-5格内勒奥 摩诃毗罗神庙。主塔近景 ……………………………………………………………… 910

图4-6格内勒奥 摩诃毗罗神庙。柱厅近景 ……………………………………………………………… 910

图4-7纳格达（拉贾斯坦邦）千臂毗湿奴庙（10世纪后期）。主庙祠塔构成解析图（取自CRUICKSHANK D. Sir Banister Fletcher's a History of Architecture, 1996年） ………………………………………… 910

图4-8纳格达 千臂毗湿奴庙（萨斯-伯胡庙）。建筑群全景 …………………………………………… 911

图4-9纳格达 千臂毗湿奴庙。主庙，东南侧外景（整修前） ………………………………………… 911

图4-10纳格达 千臂毗湿奴庙。瓦马纳祠堂 …………………………………………………………… 911

图4-11纳格达 千臂毗湿奴庙。主庙，顶塔近景（整修后） ………………………………………… 913

图4-12纳格达 千臂毗湿奴庙。主庙，柱厅南入口及栏墙近景 ……………………………………… 913

图4-13纳格达 千臂毗湿奴庙。栏墙雕饰细部 ………………………………………………………… 913

图4-14纳格达 千臂毗湿奴庙。南祠庙，大厅墙面雕饰近景 ………………………………………… 913

图4-15纳格达 千臂毗湿奴庙。南祠庙，大厅墙面雕饰细部 ………………………………………… 914

图4-16塞杰克普尔 纳沃拉卡神庙（12世纪早期）。平面（取自HARLE J C. The Art and Architecture of the Indian Subcontinent, 1994年） …………………………………………………………………………… 914

图4-17塞杰克普尔 纳沃拉卡神庙。平面及和其他带开敞式柱厅祠庙的比较（取自HARDY A. The Temple Architecture of India, 2007年） …………………………………………………………………… 914

图4-18塞杰克普尔 纳沃拉卡神庙。远景 ……………………………………………………………… 916

图4-19塞杰克普尔 纳沃拉卡神庙。现状全景 ………………………………………………………… 916

图4-20塞杰克普尔 纳沃拉卡神庙。柱厅立面 ………………………………………………………… 916

图4-21莫德拉 太阳神庙（苏利耶神庙，1026年）。总平面（取自HARLE J C. The Art and Architecture of the

Indian Subcontinent, 1994年） ·· 916

图4-22莫德拉 太阳神庙。立面及局部详图（取自HARDY A. The Temple Architecture of India, 2007年） ··· 916

图4-23莫德拉 太阳神庙。主祠，东南侧全景 ·· 916

图4-24莫德拉 太阳神庙。主祠，西北侧现状 ·· 919

图4-25莫德拉 太阳神庙。主祠，雕饰及线脚近景 ·· 919

图4-26莫德拉 太阳神庙。主祠，东侧雕饰细部 ··· 919

图4-27莫德拉 太阳神庙。主祠，内景 ··· 919

图4-28莫德拉 太阳神庙。主祠，柱厅角跨仰视景色 ··· 920

图4-29莫德拉 太阳神庙。演艺厅，东侧景观 ·· 920

图4-30莫德拉 太阳神庙。演艺厅，东南侧景色 ··· 920

图4-31莫德拉 太阳神庙。演艺厅，南侧全景 ·· 920

图4-32莫德拉 太阳神庙。演艺厅，西南侧景观 ··· 923

图4-33莫德拉 太阳神庙。演艺厅，西北侧雕饰细部 ··· 923

图4-34莫德拉 太阳神庙。演艺厅，内景 ·· 923

图4-35莫德拉 太阳神庙。演艺厅，穹顶仰视 ·· 925

图4-36基拉杜 毗湿奴祠堂。现状 ··· 925

图4-37莫德拉 太阳神庙。圣池，东侧全景（远景为舞艺厅） ···································· 925

图4-38莫德拉 太阳神庙。圣池，东南侧全景 ·· 925

图4-39莫德拉 太阳神庙。圣池，自西侧向东望去的景色 ·· 925

图4-40莫德拉 太阳神庙。圣池，向西北及北向望去的景色 ······································· 927

图4-41莫德拉 太阳神庙。圣池，池边台地近景 ··· 927

图4-42巴拉纳式柱（图版取自HARDY A. The Temple Architecture of India, 2007年） ············· 927

图4-43萨德里 巴湿伐那陀神庙（约公元1000年）。屋顶平面（取自HARDY A. The Temple Architecture of India, 2007年） ·· 927

图4-44萨德里 巴湿伐那陀神庙。主塔近景 ·· 929

图4-45库姆巴里亚 摩诃毗罗（大雄）神庙（约1062年）。柱厅内景 ··························· 929

图4-46库姆巴里亚 摩诃毗罗神庙。天棚，仰视景观 ··· 929

图4-47奇托尔 瑟米德斯沃拉神庙（12世纪中后期）。外景 ······································ 931

图4-48奇托尔 瑟米德斯沃拉神庙。内景 ··· 931

图4-49希德普尔（古吉拉特邦）鲁德勒默哈拉亚神庙（12世纪）。总平面（复原图，作者A. K. Forbes，1856年） ·· 931

图4-50希德普尔 鲁德勒默哈拉亚神庙。门楣立面（图版，作者A. K. Forbes，1856年） ············· 931

图4-51希德普尔 鲁德勒默哈拉亚神庙。柱头及楣梁细部[取自BURGESS J. Original Drawings（of）Architecture of Northern Gujarat , 1856年] ·· 931

图4-52希德普尔 鲁德勒默哈拉亚神庙。19世纪末部分残迹状态（老照片，1885年，Henry Cousens摄） ··· 933

图4-53希德普尔 鲁德勒默哈拉亚神庙。塔门，20世纪初景观[版画，1905年，作者John Henry Wright（1852~1908年）] ·· 933

图4-54希德普尔 鲁德勒默哈拉亚神庙。塔门，现状 ··· 933

图4-55希德普尔 鲁德勒默哈拉亚神庙。门柱，现状 ··· 933

图4-56希德普尔 鲁德勒默哈拉亚神庙。大厅，外景 ··· 934

图4-57希德普尔 鲁德勒默哈拉亚神庙。大厅，内景 ··· 934

图4-58希德普尔 鲁德勒默哈拉亚神庙。大厅，檐壁雕饰及天棚 ························· 934

图4-59希德普尔 鲁德勒默哈拉亚神庙。大厅，天棚雕饰 ·························· 934

图4-60德博伊 金刚门。现状景观 ······································· 936

图4-61厄纳希尔瓦德-帕坦 "王后井"（11世纪）。自入口台阶处望去的景色 ·············· 936

图4-62厄纳希尔瓦德-帕坦 "王后井"。向入口方向望去的全景 ····················· 936

图4-63厄纳希尔瓦德-帕坦 "王后井"。阶台状墙面、平台及廊道近景 ················· 938

图4-64厄纳希尔瓦德-帕坦 "王后井"。墙面雕饰及细部 ························ 938

图4-65厄纳希尔瓦德-帕坦 "王后井"。廊道近景 ····························· 941

图4-66厄纳希尔瓦德-帕坦 "王后井"。柱列细部 ···························· 941

图4-67苏伦德拉讷格尔（古吉拉特邦） 马德瓦井（13世纪）。平面及剖面[图版，1931年，作者Henry Cousens
（1854~1933年）] ··· 943

图4-68苏伦德拉讷格尔 马德瓦井。立面细部（图版，1931年，作者Henry Cousens） ········· 943

图4-69苏伦德拉讷格尔 马德瓦井。外景 ································· 943

图4-70苏伦德拉讷格尔 马德瓦井。内景 ································· 943

图4-71厄纳希尔瓦德-帕坦 水池及渠道遗迹 ······························ 943

图4-72迪尔瓦拉（阿布山） 维马拉神庙（1031/1032年）。门廊，现状 ················· 943

图4-73迪尔瓦拉 维马拉神庙。入口柱厅及藻井 ···························· 945

图4-74迪尔瓦拉 维马拉神庙。柱厅，柱头及挑腿细部 ························· 945

图4-75迪尔瓦拉 维马拉神庙。柱厅，穹式顶棚仰视 ·························· 945

图4-76迪尔瓦拉 维马拉神庙。女神雕像 ································· 946

图4-77迪尔瓦拉 卢纳祠庙（1232~1248年）。柱厅，内景[绘画，19世纪50年代，作者William Carpenter（1818~
1899年）] ··· 946

图4-78迪尔瓦拉 卢纳祠庙。柱厅，现状 ································· 946

图4-79迪尔瓦拉 卢纳祠庙。穹式顶棚仰视 ······························ 946

图4-80德伦加（古吉拉特邦） 斯韦塔姆巴拉祠庙组群。东南侧全景 ·················· 946

图4-81德伦加 斯韦塔姆巴拉祠庙组群。南侧俯视景色 ························· 946

图4-82德伦加 阿耆达那陀耆那教神庙（1165年）。西南侧景色 ···················· 946

图4-83德伦加 阿耆达那陀耆那教神庙。北侧全景 ··························· 949

图4-84德伦加 阿耆达那陀耆那教神庙。东南侧现状 ·························· 949

图4-85德伦加 阿耆达那陀耆那教神庙。主塔近景 ··························· 949

图4-86乌代布尔（中央邦） 乌代斯沃拉神庙（1059~1080年）。西南侧现状 ·············· 951

图4-87乌代布尔 乌代斯沃拉神庙。仰视近景 ······························ 951

图4-88贾尔拉帕坦 太阳神庙。现状全景 ································· 951

图4-89贾尔拉帕坦 太阳神庙。门廊及柱厅近景 ···························· 951

图4-90贾尔拉帕坦 太阳神庙。顶塔近景 ································· 951

图4-91贾尔拉帕坦 太阳神庙。太阳神雕像 ······························ 953

图4-92拉姆格尔 本德-德奥拉神庙。主塔近景 ···························· 953

图4-93拉姆格尔 本德-德奥拉神庙。柱厅内景 ···························· 953

图4-94拉姆格尔 帕尔瓦蒂神庙（12世纪）。残迹现状 ························· 953

图4-95内默沃尔 西德斯沃拉神庙。入口立面全景 ··························· 953

图4-96内默沃尔 西德斯沃拉神庙。侧面景色 ····························· 954

图4-97比乔利亚（拉贾斯坦邦） 马哈卡尔神庙。地段全景 ・・ 953

图4-98比乔利亚 马哈卡尔神庙。侧面现状 ・・・ 954

图4-99阿姆巴尔纳特（马哈拉施特拉邦） 神庙（1060年）。19世纪下半叶景况（老照片，约1855~1862年） ・・・
・・ 954

图4-100阿姆巴尔纳特 神庙。现状 ・・ 955

图4-101阿姆巴尔纳特 神庙。雕饰细部 ・・ 957

图4-102乔德加 曼克斯沃拉祠庙。19世纪下半叶景色（老照片，Henry Cousens摄，1885年） ・・・・・・・ 957

图4-103瓜廖尔 城堡。萨斯-伯胡神庙组群，平面（作者Ms Sarah Welch，1871年） ・・・・・・・・・・・・・ 957

图4-104瓜廖尔 城堡。萨斯-伯胡神庙组群，现状（东侧景观） ・・・・・・・・・・・・・・・・・・・・・・・・・・・・・・ 957

图4-105瓜廖尔 城堡。萨斯-伯胡神庙组群，西北侧景色 ・・・・・・・・・・・・・・・・・・・・・・・・・・・・・・・・・・・・・ 958

图4-106瓜廖尔 城堡。萨斯-伯胡神庙组群，萨斯庙（大庙），19世纪下半叶，东侧景色（老照片，George Edward
摄，1869年） ・・・ 958

图4-107瓜廖尔 城堡。萨斯-伯胡神庙组群，萨斯庙，西北侧现状 ・・・・・・・・・・・・・・・・・・・・・・・・・・・ 958

图4-108瓜廖尔 城堡。萨斯-伯胡神庙组群，萨斯庙，东侧，现状全景 ・・・・・・・・・・・・・・・・・・・・・・ 959

图4-109瓜廖尔 城堡。萨斯-伯胡神庙组群，萨斯庙，西侧基座及门廊近景 ・・・・・・・・・・・・・・・ 959

图4-110瓜廖尔 城堡。萨斯-伯胡神庙组群，萨斯庙，东侧门廊近景 ・・・・・・・・・・・・・・・・・・・・・・ 961

图4-111瓜廖尔 城堡。萨斯-伯胡神庙组群，萨斯庙，栏板雕饰 ・・・・・・・・・・・・・・・・・・・・・・・・・・・ 961

图4-112瓜廖尔 城堡。萨斯-伯胡神庙组群，伯胡庙（小庙），19世纪下半叶，西北侧景色（老照片，1885年）
・・ 961

图4-113瓜廖尔 城堡。萨斯-伯胡神庙组群，伯胡庙，东北侧现状 ・・・・・・・・・・・・・・・・・・・・・・・・・ 961

图4-114瓜廖尔 城堡。萨斯-伯胡神庙组群，伯胡庙，西侧全景 ・・・・・・・・・・・・・・・・・・・・・・・・・・・ 961

图4-115克久拉霍 寺庙组群分布图 ・・ 961

图4-116克久拉霍 阿底那陀庙（950年）。东南侧现状 ・・・・・・・・・・・・・・・・・・・・・・・・・・・・・・・・・・・・ 962

图4-117克久拉霍 阿底那陀庙。南面景观 ・・ 962

图4-118克久拉霍 阿底那陀庙。主塔近景 ・・ 962

图4-119克久拉霍 阿底那陀庙。雕饰细部 ・・ 962

图4-120克久拉霍 六十四瑜伽女祠庙（9世纪后期）。遗址全景 ・・・・・・・・・・・・・・・・・・・・・・・・・・・ 962

图4-121克久拉霍 六十四瑜伽女祠庙。院落现状 ・・ 965

图4-122克久拉霍 六十四瑜伽女祠庙。小室近景 ・・ 965

图4-123克久拉霍 马坦盖斯沃拉神庙。地段全景 ・・ 965

图4-124克久拉霍 罗什曼那（拉克什曼那）祠庙（约930~950年）。平面及剖面（取自STIERLIN H. Hindu India,
From Khajuraho to the Temple City of Madurai, 1998年） ・・・・・・・・・・・・・・・・・・・・・・・・・・・・・・・・・・・・ 965

图4-125克久拉霍 罗什曼那祠庙。主要结构立面及角上雕饰详图（取自HARDY A. The Temple Architecture of
India, 2007年） ・・・ 965

图4-126克久拉霍 罗什曼那祠庙。东北侧远景 ・・・ 967

图4-127克久拉霍 罗什曼那祠庙。西北侧全景 ・・・ 967

图4-128克久拉霍 罗什曼那祠庙。北侧景观 ・・ 967

图4-129克久拉霍 罗什曼那祠庙。东侧现状 ・・ 967

图4-130克久拉霍 罗什曼那祠庙。主祠，南侧景色 ・・・ 969

图4-131克久拉霍 罗什曼那祠庙。东侧，入口面景色 ・・・・・・・・・・・・・・・・・・・・・・・・・・・・・・・・・・・・・・ 969

图4-132克久拉霍 罗什曼那祠庙。基台近景 ・・ 969

图4-133克久拉霍 罗什曼那祠庙。南侧，廊台及前厅近景 ·················· 969

图4-134克久拉霍 罗什曼那祠庙。墙面雕饰：婚礼仪仗队 ·················· 971

图4-135克久拉霍 罗什曼那祠庙。墙面雕饰：爱侣 ························ 971

图4-136克久拉霍 罗什曼那祠庙。墙面雕饰：闺蜜生活 ·················· 973

图4-137克久拉霍 罗什曼那祠庙。雕刻：那迦尼像 ······················ 973

图4-138克久拉霍 罗什曼那祠庙。龛室雕刻：象神 ······················ 973

图4-139克久拉霍 罗什曼那祠庙。雕刻：照镜妇女（挑台雕像，约公元1000年，现存加尔各答印度博物馆内）
·························· 973

图4-140克久拉霍 罗什曼那祠庙。基座檐壁雕刻：坐在亭阁里的统治者及其属臣 ······ 973

图4-141克久拉霍 罗什曼那祠庙。由柱厅望内祠景色 ······················ 973

图4-142克久拉霍 罗什曼那祠庙。内祠毗湿奴像 ························ 974

图4-143克久拉霍 罗什曼那祠庙。围绕内祠的巡回廊道 ·················· 974

图4-144克久拉霍 维什瓦拉塔神庙（约公元1000年）。总平面（图版取自CRUICKSHANK D. Sir Banister Fletcher's
a History of Architecture, 1996年） ·························· 974

图4-145克久拉霍 维什瓦拉塔神庙。组群，南侧全景 ······················ 974

图4-146克久拉霍 维什瓦拉塔神庙。组群，东南侧景观 ·················· 974

图4-147克久拉霍 维什瓦拉塔神庙。主祠，东南侧 ······················ 976

图4-148克久拉霍 维什瓦拉塔神庙。南迪祠堂，西南侧景色 ·················· 976

图4-149克久拉霍 维什瓦拉塔神庙。南墙浮雕及细部 ······················ 977

图4-150克久拉霍 肯达里亚大自在天庙（约1030年）。平面（取自STIERLIN H. Comprendre l'Architecture Universelle,
II, 1977年） ·························· 977

图4-151克久拉霍 肯达里亚大自在天庙。立面及剖面（取自STIERLIN H. Hindu India, From Khajuraho to the
Temple City of Madurai, 1998年） ·························· 978

图4-152克久拉霍 肯达里亚大自在天庙。主塔，立面及局部详图（取自HARDY A. The Temple Architecture of
India, 2007年） ·························· 978

图4-153克久拉霍 塔庙形式的演进（取自STIERLIN H. Comprendre l'Architecture Universelle, II, 1977年） ······
·························· 978

图4-154克久拉霍 肯达里亚大自在天庙。顶塔的组合方式（取自HARDY A. The Temple Architecture of India, 2007
年） ·························· 978

图4-155克久拉霍 肯达里亚大自在天庙。地段形势（东南侧景观） ·················· 981

图4-156克久拉霍 肯达里亚大自在天庙。南侧全景 ······················ 981

图4-157克久拉霍 肯达里亚大自在天庙。东南侧现状 ······················ 981

图4-158克久拉霍 肯达里亚大自在天庙。东北侧全景 ······················ 981

图4-159克久拉霍 肯达里亚大自在天庙。北侧景观 ······················ 983

图4-160克久拉霍 肯达里亚大自在天庙。东侧入口近景 ·················· 983

图4-161克久拉霍 肯达里亚大自在天庙。墙面及阳台近景 ·················· 983

图4-162克久拉霍 肯达里亚大自在天庙。西端阳台及外墙雕饰 ·················· 983

图4-163克久拉霍 肯达里亚大自在天庙。主塔近景（高40米） ·················· 985

图4-164克久拉霍 肯达里亚大自在天庙。主塔下部近观 ·················· 985

图4-165克久拉霍 肯达里亚大自在天庙。主塔与会堂结合部近景 ·················· 987

图4-166克久拉霍 肯达里亚大自在天庙。雕饰条带细部 ·················· 987

图4-167克久拉霍 肯达里亚大自在天庙。前室南侧外墙处表现《爱经》题材的雕刻 ……………………… 989

图4-168克久拉霍 肯达里亚大自在天庙。《爱经》雕刻细部 …………………………………………………… 989

图4-169克久拉霍 肯达里亚大自在天庙。雕饰细部：毗湿奴像 …………………………………………… 989

图4-170克久拉霍 肯达里亚大自在天庙。雕饰细部：手持莲花的飞天仙女 …………………………… 989

图4-171克久拉霍 肯达里亚大自在天庙。内景（自封闭柱厅望内祠） ……………………………………… 990

图4-172克久拉霍 肯达里亚大自在天庙。封闭柱厅仰视 ………………………………………………………… 990

图4-173克久拉霍 肯达里亚大自在天庙。内祠入口近景 ………………………………………………………… 990

图4-174克久拉霍 巴湿伐那陀神庙（950年）。东南侧全景 …………………………………………………… 990

图4-175克久拉霍 巴湿伐那陀神庙。西南侧现状 ………………………………………………………………… 992

图4-176克久拉霍 巴湿伐那陀神庙。墙面雕刻细部（毗湿奴和拉克希米） ……………………………… 992

图4-177克久拉霍 巴湿伐那陀神庙。墙面雕刻细部（神力使者、美少女苏罗苏陀利） ………………… 992

图4-178克久拉霍 巴湿伐那陀神庙。自柱厅望内祠（黑石雕像属后期） ………………………………… 995

图4-179克久拉霍 齐德拉笈多神庙（约公元1000年）。南侧全景 ………………………………………… 995

图4-180克久拉霍 齐德拉笈多神庙。东南侧景色 ………………………………………………………………… 995

图4-181克久拉霍 齐德拉笈多神庙。近景 ………………………………………………………………………… 995

图4-182克久拉霍 齐德拉笈多神庙。雕饰细部 …………………………………………………………………… 995

图4-183克久拉霍 杰格德姆比神庙。东北侧地段全景 ………………………………………………………… 997

图4-184克久拉霍 杰格德姆比神庙。东南侧景观 ………………………………………………………………… 997

图4-185克久拉霍 杰格德姆比神庙。西南侧现状 ………………………………………………………………… 999

图4-186克久拉霍 杰格德姆比神庙。主塔，南侧近景 ………………………………………………………… 997

图4-187克久拉霍 杰格德姆比神庙。墙面雕饰细部 …………………………………………………………… 999

图4-188克久拉霍 切图尔布杰神庙（约公元1050年）。西北侧外景 …………………………………… 999

图4-189克久拉霍 切图尔布杰神庙。东南侧景色 ………………………………………………………………… 999

图4-190克久拉霍 切图尔布杰神庙。西侧全景 …………………………………………………………………… 1000

图4-191克久拉霍 切图尔布杰神庙。西南侧近景 ………………………………………………………………… 1000

图4-192克久拉霍 切图尔布杰神庙。墙面雕饰细部 …………………………………………………………… 1000

图4-193克久拉霍 切图尔布杰神庙。毗湿奴雕像（高2.74米，独石制作） ……………………………… 1003

图4-194克久拉霍 筏摩那神庙（约11世纪）。半平面及剖面（据DEVA K. Temples of Khajuraho, 1990年） … 1003

图4-195克久拉霍 筏摩那神庙。东南侧现状 ……………………………………………………………………… 1003

图4-196克久拉霍 筏摩那神庙。东侧景观 ………………………………………………………………………… 1003

图4-197克久拉霍 筏摩那神庙。东北侧景色 ……………………………………………………………………… 1004

图4-198克久拉霍 杜拉德奥神庙。东南侧景色 …………………………………………………………………… 1004

图4-199克久拉霍 杜拉德奥神庙。南侧全景 ……………………………………………………………………… 1005

图4-200克久拉霍 杜拉德奥神庙。主塔，西侧近景 …………………………………………………………… 1005

图4-201克久拉霍 筏罗诃祠庙。地段形势 ………………………………………………………………………… 1006

图4-202克久拉霍 筏罗诃祠庙。室内的筏罗诃雕像 …………………………………………………………… 1006

图4-203克久拉霍 狮子庙。门廊内的狮雕 ………………………………………………………………………… 1006

图4-204奇托尔 基尔蒂斯坦巴神庙（15世纪40年代）。现状全景 ……………………………………… 1006

图4-205奇托尔 基尔蒂斯坦巴神庙。塔楼，近景及仰视 ……………………………………………………… 1009

图4-206吉尔纳尔 城市及庙区俯视全景 …………………………………………………………………………… 1010

图4-207吉尔纳尔 耆那教寺庙建筑群全景 ………………………………………………………………………… 1010

图4-208吉尔纳尔 内密那陀寺。总平面（作者James Burgess）…………………………………… 1011

图4-209吉尔纳尔 内密那陀寺。主祠近景 ………………………………………………………… 1011

图4-210吉尔纳尔 三联神庙。平面 ………………………………………………………………… 1011

图4-211阿迪什沃拉图克（古吉拉特邦） 阿底那陀庙（始建于1155~1157年，上部结构1585年增建）。屋顶平面及几何图式（取自HARDY A. The Temple Architecture of India, 2007年） ………………………………… 1012

图4-212阿迪什沃拉图克 阿底那陀庙。主塔组合方式（取自HARDY A. The Temple Architecture of India, 2007年） …… 1012

图4-213阿迪什沃拉图克 阿底那陀庙。现状外景 ………………………………………………… 1012

图4-214沃尔卡纳 巴湿伐那陀神庙。外景 ………………………………………………………… 1012

图4-215拉纳克普尔 祖师庙（1439年）。平面（中央主庙周围布置4个次级祠堂，整个建筑共有20个叠涩拱顶；图版取自HARLE J C. The Art and Architecture of the Indian Subcontinent, 1994年） ……………………… 1013

图4-216拉纳克普尔 祖师庙。主立面（西立面）全景 …………………………………………… 1013

图4-217拉纳克普尔 祖师庙。西北侧现状 ………………………………………………………… 1015

图4-218拉纳克普尔 祖师庙。西南侧景观 ………………………………………………………… 1015

图4-219拉纳克普尔 祖师庙。西南侧近景 ………………………………………………………… 1015

图4-220拉纳克普尔 祖师庙。附墙小塔近景 ……………………………………………………… 1015

图4-221拉纳克普尔 祖师庙。内院及主塔 ………………………………………………………… 1017

图4-222拉纳克普尔 祖师庙。单层柱厅内景 ……………………………………………………… 1017

图4-223拉纳克普尔 祖师庙。自柱厅望穹顶厅堂及内院 ………………………………………… 1017

图4-224拉纳克普尔 祖师庙。穹顶厅堂内景（高两层） ………………………………………… 1017

图4-225拉纳克普尔 祖师庙。大厅仰视效果 ……………………………………………………… 1019

图4-226拉纳克普尔 祖师庙。穹顶仰视 …………………………………………………………… 1019

图4-227拉纳克普尔 祖师庙。墙面雕饰细部 ……………………………………………………… 1019

图4-228拉纳克普尔 太阳神庙（可能始建于13世纪，被伊斯兰入侵者破坏后于15世纪修复）。西南侧外景 …… 1021

图4-229拉纳克普尔 太阳神庙。端部的太阳神雕刻组群 ………………………………………… 1021

图4-230拉纳克普尔 太阳神庙。通向内祠堂入口的柱墩雕饰 …………………………………… 1021

图4-231拉纳克普尔 内米纳塔神庙（15世纪）。现状 …………………………………………… 1022

图4-232拉纳克普尔 内米纳塔神庙。近景和雕饰细部（乐师和舞者） ………………………… 1022

图4-233奇托尔 胜利塔楼。大塔（1440~1448年），19世纪末景色[老照片，1885年，Lala Deen Dayal（1844~1905年）摄] ………………………………………………………………………………………………… 1022

图4-234奇托尔 胜利塔楼。大塔，现状 …………………………………………………………… 1025

图4-235奇托尔 胜利塔楼。大塔，近景 …………………………………………………………… 1025

图4-236乌代布尔 杰格迪什神庙（1651年）。现状 ……………………………………………… 1025

图4-237乌代布尔 杰格迪什神庙。门廊及柱厅近景 ……………………………………………… 1027

图4-238乌代布尔 杰格迪什神庙。墙面雕饰 ……………………………………………………… 1027

图4-239乌代布尔 杰格迪什神庙。檐壁，雕刻细部 ……………………………………………… 1029

图4-240奇托尔 城堡。19世纪下半叶景色[油画，1878年，作者Marianne North（1830~1890年）] ……… 1030

图4-241奇托尔 城堡。现状一角 …………………………………………………………………… 1030

图4-242奇托尔 城堡。内部景色 …………………………………………………………………… 1030

图4-243奇托尔 城堡。围墙近景 …………………………………………………………………… 1032

图4-244雷森 城堡。主体结构，现状 ·································· 1032

图4-245雷森 城堡。后区景象 ······································· 1033

图4-246雷森 城堡。主入口内景 ····································· 1033

图4-247雷森 城堡。廊道内景 ··· 1034

图4-248卡伦杰尔 城堡。19世纪初景色（油画，1814年） ············· 1034

图4-249卡伦杰尔 城堡。围墙、平台及阶梯景观 ······················· 1034

图4-250卡伦杰尔 城堡。尼尔肯特神庙，现状 ························· 1034

图4-251卡伦杰尔 城堡。拉尼宫，大院内景 ··························· 1035

图4-252伦滕波尔 城堡（母虎堡）。远景 ····························· 1035

图4-253伦滕波尔 城堡。围墙及入口景观 ····························· 1036

图4-254伦滕波尔 城堡。主城门，外侧 ······························· 1036

图4-255伦滕波尔 城堡。外门组群 ··································· 1037

图4-256伦滕波尔 城堡。老王侯区，巴达尔宫，残迹现状 ··············· 1037

图4-257阿姆利则 金庙（"神邸""圣院"，1589~1601年，1766及1830年重修）。远景 ·········· 1039

图4-258阿姆利则 金庙。立面全景 ··································· 1039

图4-259阿姆利则 金庙。入口立面近景 ······························· 1039

图4-260阿姆利则 金庙。通向庙宇的堤道 ····························· 1040

图4-261阿姆利则 金庙。内景 ··· 1040

图4-262布巴内斯瓦尔 穆克泰斯沃拉神庙（约960年）。立面及中央区段详图（取自HARDY A. The Temple Architecture of India, 2007年） ·········· 1041

图4-263布巴内斯瓦尔 穆克泰斯沃拉神庙。会堂（舞厅）屋顶山墙，立面详图（取自HARDY A. The Temple Architecture of India, 2007年） ·········· 1041

图4-264布巴内斯瓦尔 穆克泰斯沃拉神庙。组群，东北侧全景 ············· 1043

图4-265布巴内斯瓦尔 穆克泰斯沃拉神庙。组群，东南侧全景 ············· 1043

图4-266布巴内斯瓦尔 穆克泰斯沃拉神庙。主祠，东北侧现状 ············· 1043

图4-267布巴内斯瓦尔 穆克泰斯沃拉神庙。主祠，西南侧景观 ············· 1043

图4-268布巴内斯瓦尔 穆克泰斯沃拉神庙。主祠，西侧入口大门 ··········· 1044

图4-269布巴内斯瓦尔 穆克泰斯沃拉神庙。主祠，西北侧景观 ············· 1044

图4-270布巴内斯瓦尔 穆克泰斯沃拉神庙。主祠，东南侧现状 ············· 1044

图4-271布巴内斯瓦尔 穆克泰斯沃拉神庙。主祠，北侧近景 ··············· 1044

图4-272布巴内斯瓦尔 穆克泰斯沃拉神庙。主祠周边的小塔群 ············· 1046

图4-273布巴内斯瓦尔 穆克泰斯沃拉神庙。主祠，顶塔中央垂直板块雕饰细部 ········· 1046

图4-274布巴内斯瓦尔 穆克泰斯沃拉神庙。墙面雕饰 ··················· 1047

图4-275布巴内斯瓦尔 穆克泰斯沃拉神庙。浮雕细部 ··················· 1049

图4-276布巴内斯瓦尔 穆克泰斯沃拉神庙。会堂（舞厅），顶棚仰视全景及雕饰细部 ········· 1049

图4-277布巴内斯瓦尔 印度教祠庙厅堂屋顶结构的演进（取自STIERLIN H. Hindu India, From Khajuraho to the Temple City of Madurai, 1998年） ·········· 1049

图4-278布巴内斯瓦尔 林伽罗阇寺庙（约1100年）。平面（取自HARLE J C. The Art and Architecture of the Indian Subcontinent, 1994年） ·········· 1049

图4-279布巴内斯瓦尔 林伽罗阇寺庙。剖面（取自MANSELL G. Anatomie de l'Architecture, 1979年） ····· 1049

图4-280布巴内斯瓦尔 林伽罗阇寺庙。立面（取自STIERLIN H. Hindu India, From Khajuraho to the Temple City

of Madurai, 1998年） ·· 1050

图4-281布巴内斯瓦尔 林伽罗阇寺庙。主祠及前厅立面示意（据Debala Mitra，1961年）·········· 1050

图4-282布巴内斯瓦尔 林伽罗阇寺庙。圣区，现状俯视景色 ·· 1050

图4-283布巴内斯瓦尔 林伽罗阇寺庙。北侧全景（自圣区外望去的情景）·························· 1050

图4-284布巴内斯瓦尔 林伽罗阇寺庙。圣区内现状（自北面望去的景色）·························· 1052

图4-285布巴内斯瓦尔 林伽罗阇寺庙。主祠及前厅，北侧景观 ······································ 1052

图4-286布巴内斯瓦尔 林伽罗阇寺庙。主祠及前厅，东北侧近景 ···································· 1053

图4-287布巴内斯瓦尔 梵天庙（布勒赫梅斯沃拉神庙，约1061年）。平面、立面及剖面（取自STIERLIN H.
Comprendre l' Architecture Universelle, II，1977年）··································· 1054

图4-288布巴内斯瓦尔 梵天庙。次级祠堂平面的几何构成（据Volwahsen和Stierlin，1994年） ·········· 1054

图4-289布巴内斯瓦尔 梵天庙。主塔立面及中央凸出部分详图（取自HARDY A. The Temple Architecture of
India, 2007年） ·· 1054

图4-290布巴内斯瓦尔 梵天庙。俯视复原图（取自STIERLIN H. Comprendre l'Architecture Universelle, II, 1977
年；原作者Volwahsen，1969年）··· 1054

图4-291布巴内斯瓦尔 梵天庙。轴测剖析图（取自HARDY A. The Temple Architecture of India, 2007年） ··· 1054

图4-292布巴内斯瓦尔 梵天庙。南侧全景 ·· 1056

图4-293布巴内斯瓦尔 梵天庙。北侧景观 ·· 1056

图4-294布巴内斯瓦尔 梵天庙。主塔基部近景 ·· 1057

图4-295布巴内斯瓦尔 梅盖斯沃拉神庙（1170~1198年）。入口面现状 ······························ 1057

图4-296布巴内斯瓦尔 梅盖斯沃拉神庙。主塔近景 ·· 1057

图4-297布巴内斯瓦尔 阿难塔-瓦苏提婆神庙（1275年）。主塔现状 ································· 1058

图4-298布巴内斯瓦尔 阿难塔-瓦苏提婆神庙。主塔仰视近景 ··· 1058

图4-299布巴内斯瓦尔 阿难塔-瓦苏提婆神庙。龛室雕刻：筏罗诃（猪头毗湿奴） ················· 1058

图4-300布巴内斯瓦尔 拉贾拉尼神庙（11/12世纪）。祠堂，平面（取自STIERLIN H. Comprendre l'Architecture
Universelle, II，1977年）··· 1058

图4-301布巴内斯瓦尔 拉贾拉尼神庙。庙塔构图组成（取自HARDY A. The Temple Architecture of India, 2007
年）·· 1060

图4-302布巴内斯瓦尔 拉贾拉尼神庙。北侧远景 ·· 1060

图4-303布巴内斯瓦尔 拉贾拉尼神庙。西南侧全景 ·· 1060

图4-304布巴内斯瓦尔 拉贾拉尼神庙。东侧现状 ·· 1062

图4-305布巴内斯瓦尔 拉贾拉尼神庙。东北侧近景 ·· 1062

图4-306布巴内斯瓦尔 拉贾拉尼神庙。龛室雕刻：仙女像（Surasundari）···························· 1062

图4-307布巴内斯瓦尔 拉贾拉尼神庙。前厅（会堂）内景 ·· 1062

图4-308布巴内斯瓦尔 拉贾拉尼神庙。自前厅通向内祠的入口 ·· 1064

图4-309布巴内斯瓦尔 巴斯克雷斯沃拉神庙。南侧全景 ·· 1064

图4-310布巴内斯瓦尔 巴斯克雷斯沃拉神庙。西北侧近景 ·· 1064

图4-311希拉布尔 六十四瑜伽女祠堂（约10世纪）。现状外景 ······································ 1064

图4-312希拉布尔 六十四瑜伽女祠堂。院内景色 ·· 1065

图4-313希拉布尔 六十四瑜伽女祠堂。院内方形祠堂上部的拱券结构 ································ 1065

图4-314希拉布尔 六十四瑜伽女祠堂。院周围龛室内的瑜伽女雕像 ·································· 1067

图4-315希拉布尔 六十四瑜伽女祠堂。雕像细部 ·· 1067

图4-316普里 扎格纳特寺（11~12世纪，大祠堂1136年）。总平面 ··· 1067

图4-317普里 扎格纳特寺。20世纪初景色（约1915年图版，作者不明） ·· 1068

图4-318普里 扎格纳特寺。现状远景 ··· 1068

图4-319普里 扎格纳特寺。主祠，顶塔西侧近景 ·· 1068

图4-320科纳拉克 太阳神庙（1255年）。总平面 ·· 1068

图4-321科纳拉克 太阳神庙。平面、立面及会堂剖面（1：800，取自STIERLIN H. Comprendre l'Architecture Universelle, II，1977年） ··· 1068

图4-322科纳拉克 太阳神庙。立面 ··· 1071

图4-323科纳拉克 太阳神庙。透视复原图（13世纪中叶状态，取自STIERLIN H. Comprendre l'Architecture Universelle, II，1977年） ··· 1071

图4-324科纳拉克 太阳神庙。19世纪初残迹状态[两个欧洲人在部分残毁的室内，版画，1812年，作者William George Stephen（1792~1823年）] ··· 1071

图4-325科纳拉克 太阳神庙。19世纪中叶景观（版画，取自FERGUSSON J. Ancient Architecture in Hindoostan, 1847年） ·· 1071

图4-326科纳拉克 太阳神庙。遗址，东南侧全景 ·· 1071

图4-327科纳拉克 太阳神庙。遗址，东北侧景观 ·· 1071

图4-328科纳拉克 太阳神庙。主祠及会堂，西南侧景色 ··· 1072

图4-329科纳拉克 太阳神庙。主祠及会堂，西侧景色 ·· 1072

图4-330科纳拉克 太阳神庙。会堂，东侧全景 ··· 1072

图4-331科纳拉克 太阳神庙。会堂，东南侧现状 ·· 1075

图4-332科纳拉克 太阳神庙。舞厅，东南侧现状 ·· 1075

图4-333科纳拉克 太阳神庙。舞厅，西南侧景色 ·· 1075

图4-334科纳拉克 太阳神庙。舞厅，东侧近景 ··· 1075

图4-335科纳拉克 太阳神庙。舞厅，西侧景观（自会堂望去的情景） ·· 1076

图4-336科纳拉克 太阳神庙。舞厅，基台近景 ··· 1076

图4-337科纳拉克 太阳神庙。舞厅，残迹内景（向会堂方向望去的景色） ·· 1076

图4-338科纳拉克 太阳神庙。主祠台地，石轮近观 ·· 1076

图4-339科纳拉克 太阳神庙。主祠台地，石轮雕刻细部 ··· 1078

图4-340科纳拉克 太阳神庙。基台雕饰细部：建筑造型（庙宇及亭阁） ·· 1078

图4-341科纳拉克 太阳神庙。基台雕饰细部：《爱经》系列 ·· 1080

图4-342科纳拉克 太阳神庙。墙面及基台表现人物及日常生活场景的雕饰 ·· 1080

图4-343科纳拉克 太阳神庙。太阳神雕像 ·· 1082

图4-344科纳拉克 太阳神庙。会堂，屋顶平台上的音乐天女像 ·· 1083

图4-345科纳拉克 太阳神庙。舞厅，东侧台阶端头的石狮 ··· 1083

图4-346科纳拉克 太阳神庙。摩耶提毗祠庙（11世纪后期），遗址现状 ·· 1084

图4-347科纳拉克 太阳神庙。摩耶提毗祠庙，雕饰细部（鳄鱼头） ··· 1084

图4-348科纳拉克 太阳神庙。毗湿奴祠庙，遗址，东北侧现状 ·· 1085

图4-349杭格尔 特勒凯斯沃拉神庙组群。迦内沙神庙，建筑现状 ··· 1085

图4-350杭格尔 特勒凯斯沃拉神庙组群。迦内沙神庙，主祠及顶塔近景 ·· 1086

图4-351杭格尔 特勒凯斯沃拉神庙。19世纪末状态（老照片，1897年） ··· 1086

图4-352杭格尔 特勒凯斯沃拉神庙。主祠及顶塔，现状 ··· 1086

图4-353杭格尔 特勒凯斯沃拉神庙。护栏及墙面雕饰 ⋯⋯⋯⋯⋯⋯⋯⋯⋯⋯⋯⋯⋯⋯⋯⋯⋯⋯ 1086

图4-354杭格尔 特勒凯斯沃拉神庙。开敞柱厅，内景 ⋯⋯⋯⋯⋯⋯⋯⋯⋯⋯⋯⋯⋯⋯⋯⋯⋯⋯ 1086

图4-355杭格尔 特勒凯斯沃拉神庙。开敞柱厅，穹式顶棚仰视 ⋯⋯⋯⋯⋯⋯⋯⋯⋯⋯⋯⋯⋯⋯ 1088

图4-356拉昆迪 嫩斯沃拉神庙（11世纪中叶）。东北侧现状 ⋯⋯⋯⋯⋯⋯⋯⋯⋯⋯⋯⋯⋯⋯⋯ 1088

图4-357拉昆迪 嫩斯沃拉神庙。柱厅近景 ⋯⋯⋯⋯⋯⋯⋯⋯⋯⋯⋯⋯⋯⋯⋯⋯⋯⋯⋯⋯⋯⋯⋯ 1089

图4-358伯拉加姆韦 凯达雷斯沃拉神庙（11世纪后期）。现状全景 ⋯⋯⋯⋯⋯⋯⋯⋯⋯⋯⋯⋯ 1089

图4-359伯拉加姆韦 凯达雷斯沃拉神庙。东侧，柱厅入口立面 ⋯⋯⋯⋯⋯⋯⋯⋯⋯⋯⋯⋯⋯⋯ 1091

图4-360伯拉加姆韦 凯达雷斯沃拉神庙。东南侧全景 ⋯⋯⋯⋯⋯⋯⋯⋯⋯⋯⋯⋯⋯⋯⋯⋯⋯⋯ 1091

图4-361伯拉加姆韦 凯达雷斯沃拉神庙。西侧（背面）祠堂景色 ⋯⋯⋯⋯⋯⋯⋯⋯⋯⋯⋯⋯⋯ 1091

图4-362伯拉加姆韦 凯达雷斯沃拉神庙。西南侧现状 ⋯⋯⋯⋯⋯⋯⋯⋯⋯⋯⋯⋯⋯⋯⋯⋯⋯⋯ 1091

图4-363伯拉加姆韦 凯达雷斯沃拉神庙。墙面雕饰细部 ⋯⋯⋯⋯⋯⋯⋯⋯⋯⋯⋯⋯⋯⋯⋯⋯⋯ 1092

图4-364加达格 索梅斯沃拉神庙（12/13世纪）。立面局部详图（取自HARDY A. The Temple Architecture of India, 2007年）⋯⋯⋯⋯⋯⋯⋯⋯⋯⋯⋯⋯⋯⋯⋯⋯⋯⋯⋯⋯⋯⋯⋯⋯⋯⋯⋯⋯⋯⋯⋯⋯ 1092

图4-365加达格 索梅斯沃拉神庙。立面现状 ⋯⋯⋯⋯⋯⋯⋯⋯⋯⋯⋯⋯⋯⋯⋯⋯⋯⋯⋯⋯⋯⋯ 1092

图4-366德姆伯尔 多德-伯瑟帕神庙。东侧，入口景色 ⋯⋯⋯⋯⋯⋯⋯⋯⋯⋯⋯⋯⋯⋯⋯⋯⋯⋯ 1093

图4-367德姆伯尔 多德-伯瑟帕神庙（12世纪后期）。南侧全景 ⋯⋯⋯⋯⋯⋯⋯⋯⋯⋯⋯⋯⋯⋯ 1093

图4-368德姆伯尔 多德-伯瑟帕神庙。主祠及顶塔，南侧近景 ⋯⋯⋯⋯⋯⋯⋯⋯⋯⋯⋯⋯⋯⋯ 1095

图4-369德姆伯尔 多德-伯瑟帕神庙。主祠及顶塔，西南侧景观 ⋯⋯⋯⋯⋯⋯⋯⋯⋯⋯⋯⋯⋯ 1095

图4-370德姆伯尔 多德-伯瑟帕神庙。顶塔仰视 ⋯⋯⋯⋯⋯⋯⋯⋯⋯⋯⋯⋯⋯⋯⋯⋯⋯⋯⋯⋯ 1095

图4-371迈索尔城 恰蒙达（杜尔伽）神庙。门塔现状 ⋯⋯⋯⋯⋯⋯⋯⋯⋯⋯⋯⋯⋯⋯⋯⋯⋯⋯ 1095

图4-372曷萨拉风格的象神雕像（赫莱比德神庙出土）⋯⋯⋯⋯⋯⋯⋯⋯⋯⋯⋯⋯⋯⋯⋯⋯⋯⋯ 1095

图4-373曷萨拉风格柱型：星式柱及环式柱 ⋯⋯⋯⋯⋯⋯⋯⋯⋯⋯⋯⋯⋯⋯⋯⋯⋯⋯⋯⋯⋯⋯ 1097

图4-374贝卢尔 契纳-凯沙瓦神庙（约1117年）。组群总平面（图版，1902年，作者B. L. Rice）⋯⋯ 1097

图4-375贝卢尔 契纳-凯沙瓦神庙。主祠庙，平面（取自STIERLIN H. Hindu India，From Khajuraho to the Temple City of Madurai, 1998年）⋯⋯⋯⋯⋯⋯⋯⋯⋯⋯⋯⋯⋯⋯⋯⋯⋯⋯⋯⋯⋯⋯⋯⋯⋯⋯⋯⋯⋯⋯⋯⋯ 1097

图4-376贝卢尔 契纳-凯沙瓦神庙。东门塔（1397年），远景 ⋯⋯⋯⋯⋯⋯⋯⋯⋯⋯⋯⋯⋯⋯ 1098

图4-377贝卢尔 契纳-凯沙瓦神庙。东门塔，近景 ⋯⋯⋯⋯⋯⋯⋯⋯⋯⋯⋯⋯⋯⋯⋯⋯⋯⋯⋯ 1098

图4-378贝卢尔 契纳-凯沙瓦神庙。东门塔，塔顶近景及细部 ⋯⋯⋯⋯⋯⋯⋯⋯⋯⋯⋯⋯⋯⋯ 1098

图4-379贝卢尔 契纳-凯沙瓦神庙。主祠庙，现状 ⋯⋯⋯⋯⋯⋯⋯⋯⋯⋯⋯⋯⋯⋯⋯⋯⋯⋯⋯ 1100

图4-380贝卢尔 契纳-凯沙瓦神庙。主祠庙，背立面景色 ⋯⋯⋯⋯⋯⋯⋯⋯⋯⋯⋯⋯⋯⋯⋯⋯ 1101

图4-381贝卢尔 契纳-凯沙瓦神庙。侧门近景 ⋯⋯⋯⋯⋯⋯⋯⋯⋯⋯⋯⋯⋯⋯⋯⋯⋯⋯⋯⋯⋯ 1101

图4-382贝卢尔 契纳-凯沙瓦神庙。主祠庙，基座条带雕饰 ⋯⋯⋯⋯⋯⋯⋯⋯⋯⋯⋯⋯⋯⋯⋯ 1103

图4-383贝卢尔 契纳-凯沙瓦神庙。主祠庙，入口守门天雕像 ⋯⋯⋯⋯⋯⋯⋯⋯⋯⋯⋯⋯⋯⋯ 1103

图4-384贝卢尔 契纳-凯沙瓦神庙。主祠庙，墙面雕饰 ⋯⋯⋯⋯⋯⋯⋯⋯⋯⋯⋯⋯⋯⋯⋯⋯⋯ 1103

图4-385贝卢尔 契纳-凯沙瓦神庙。雕刻：与狮怪搏斗的武士 ⋯⋯⋯⋯⋯⋯⋯⋯⋯⋯⋯⋯⋯⋯ 1103

图4-386贝卢尔 契纳-凯沙瓦神庙。柱头上的人像挑腿 ⋯⋯⋯⋯⋯⋯⋯⋯⋯⋯⋯⋯⋯⋯⋯⋯⋯ 1105

图4-387贝卢尔 契纳-凯沙瓦神庙。室内，穹顶仰视 ⋯⋯⋯⋯⋯⋯⋯⋯⋯⋯⋯⋯⋯⋯⋯⋯⋯⋯ 1105

图4-388赫莱比德 帕什纳特耆那教神庙。八角形穹式顶棚，雕饰细部 ⋯⋯⋯⋯⋯⋯⋯⋯⋯⋯ 1105

图4-389赫莱比德 霍伊瑟莱斯沃拉神庙。平面 ⋯⋯⋯⋯⋯⋯⋯⋯⋯⋯⋯⋯⋯⋯⋯⋯⋯⋯⋯⋯ 1105

图4-390赫莱比德 霍伊瑟莱斯沃拉神庙。北侧全景 ⋯⋯⋯⋯⋯⋯⋯⋯⋯⋯⋯⋯⋯⋯⋯⋯⋯⋯ 1105

图4-391赫莱比德 霍伊瑟莱斯沃拉神庙。西南侧全景（双祠庙背面）⋯⋯⋯⋯⋯⋯⋯⋯⋯⋯ 1107

图4-392赫莱比德 霍伊瑟莱斯沃拉神庙。东侧景观 ···1107

图4-393赫莱比德 霍伊瑟莱斯沃拉神庙。东北侧全景 ···1107

图4-394赫莱比德 霍伊瑟莱斯沃拉神庙。北祠庙主祠，西南侧景色 ······························1107

图4-395赫莱比德 霍伊瑟莱斯沃拉神庙。北祠庙主祠，西侧近景 ·································1108

图4-396赫莱比德 霍伊瑟莱斯沃拉神庙。北祠庙，大柱厅，东北侧景色 ······················1108

图4-397赫莱比德 霍伊瑟莱斯沃拉神庙。北祠庙，北侧入口 ·······································1108

图4-398赫莱比德 霍伊瑟莱斯沃拉神庙。南祠庙，南侧入口 ·······································1108

图4-399赫莱比德 霍伊瑟莱斯沃拉神庙。主祠外墙大型龛室周围的雕饰 ······················1111

图4-400赫莱比德 霍伊瑟莱斯沃拉神庙。入口小亭近景 ···1111

图4-401赫莱比德 霍伊瑟莱斯沃拉神庙。墙面近景 ···1111

图4-402赫莱比德 霍伊瑟莱斯沃拉神庙。墙面雕饰：基座部分 ·····································1113

图4-403赫莱比德 霍伊瑟莱斯沃拉神庙。墙面雕饰：神祇系列 ·····································1113

图4-404赫莱比德 霍伊瑟莱斯沃拉神庙。墙面雕饰：舞神湿婆和用手指擎起牛增山的黑天神克里希那······1115

图4-405赫莱比德 霍伊瑟莱斯沃拉神庙。墙面雕饰：象头神 ·······································1115

图4-406赫莱比德 霍伊瑟莱斯沃拉神庙。内祠，室内现状 ···1115

图4-407赫莱比德 霍伊瑟莱斯沃拉神庙。大柱厅（会堂），内景 ··································1116

图4-408赫莱比德 霍伊瑟莱斯沃拉神庙。大柱厅间通道，现状 ·····································1117

图4-409赫莱比德 霍伊瑟莱斯沃拉神庙。北祠庙南迪柱厅，西南侧景观 ························1117

图4-410赫莱比德 霍伊瑟莱斯沃拉神庙。北祠庙南迪柱厅，南侧现状 ···························1118

图4-411赫莱比德 霍伊瑟莱斯沃拉神庙。南祠庙南迪柱厅，西北侧景色 ························1118

图4-412赫莱比德 霍伊瑟莱斯沃拉神庙。南祠庙南迪柱厅，东南侧现状 ························1119

图4-413赫莱比德 霍伊瑟莱斯沃拉神庙。南祠庙南迪柱厅，内景 ·································1119

图4-414努吉纳利 拉克斯米纳勒西姆赫神庙。西北侧全景 ··1119

图4-415努吉纳利 拉克斯米纳勒西姆赫神庙。西南侧现状 ··1120

图4-416努吉纳利 拉克斯米纳勒西姆赫神庙。西侧全景 ···1120

图4-417努吉纳利 拉克斯米纳勒西姆赫神庙。西侧近景 ···1120

图4-418努吉纳利 拉克斯米纳勒西姆赫神庙。侧墙近景 ···1122

图4-419努吉纳利 拉克斯米纳勒西姆赫神庙。祠堂外墙雕饰条带 ·································1123

图4-420努吉纳利 拉克斯米纳勒西姆赫神庙。外墙雕饰 ···1124

图4-421努吉纳利 拉克斯米纳勒西姆赫神庙。室内顶棚仰视 ·······································1123

图4-422伯斯拉尔 马利卡久纳神庙（1234年）。现状全景 ···1124

图4-423伯斯拉尔 马利卡久纳神庙。侧面景色 ···1124

图4-424伯斯拉尔 马利卡久纳神庙。主祠各面近景 ···1127

图4-425伯斯拉尔 马利卡久纳神庙。外墙龛室雕刻 ···1128

图4-426伯斯拉尔 马利卡久纳神庙。入口柱厅雕刻：象头神 ·······································1127

图4-427贝拉瓦迪 韦拉纳拉亚纳神庙（12世纪后期）。东侧景观 ·································1128

图4-428贝拉瓦迪 韦拉纳拉亚纳神庙。西北侧全景 ···1128

图4-429贝拉瓦迪 韦拉纳拉亚纳神庙。东北侧现状 ···1131

图4-430贝拉瓦迪 韦拉纳拉亚纳神庙。外柱厅及东北祠堂，西北侧景色 ······················1131

图4-431贝拉瓦迪 韦拉纳拉亚纳神庙。东北祠堂，俯视景色 ·······································1131

图4-432贝拉瓦迪 韦拉纳拉亚纳神庙。东北祠堂，东侧近景 ·······································1131

图4-433贝拉瓦迪 韦拉纳拉亚纳神庙。东南祠堂，顶塔近景 ······························· 1131

图4-434贝拉瓦迪 韦拉纳拉亚纳神庙。西区，东南侧景观 ······························· 1132

图4-435贝拉瓦迪 韦拉纳拉亚纳神庙。后祠堂，东北侧景色 ··························· 1132

图4-436贝拉瓦迪 韦拉纳拉亚纳神庙。外柱厅，穹顶跨间仰视 ······················· 1132

图4-437贝拉瓦迪 韦拉纳拉亚纳神庙。内柱厅，主廊道内景 ··························· 1132

图4-438贝拉瓦迪 韦拉纳拉亚纳神庙。联系柱厅，内景 ······························· 1134

图4-439多内祠神庙平面的各种形式（取自HARDY A. The Temple Architecture of India, 2007年） ············ 1134

图4-440科勒文格勒姆 布泰斯沃拉神庙（1173年）。东北侧全景 ······················· 1135

图4-441科勒文格勒姆 布泰斯沃拉神庙。西北侧现状 ··································· 1135

图4-442科勒文格勒姆 布泰斯沃拉神庙。西南侧景色 ··································· 1135

图4-443科勒文格勒姆 布泰斯沃拉神庙。北侧主入口近景 ····························· 1136

图4-444蒂利沃利 森泰斯沃拉神庙（1238年）。入口立面，现状 ······················· 1136

图4-445蒂利沃利 森泰斯沃拉神庙。东北侧全景 ····································· 1136

图4-446蒂利沃利 森泰斯沃拉神庙。外墙雕刻细部（爱侣） ··························· 1136

图4-447蒂利沃利 森泰斯沃拉神庙。柱厅内景 ······································· 1136

图4-448蒂利沃利 森泰斯沃拉神庙。檐壁及穹顶雕饰 ································· 1137

图4-449多达加达瓦利 拉克什米祠庙（1112/1117年）。西北侧，地段全景 ················· 1137

图4-450多达加达瓦利 拉克什米祠庙。圣区围墙，西南角外侧景观 ····················· 1137

图4-451多达加达瓦利 拉克什米祠庙。西侧入口门廊 ································· 1138

图4-452多达加达瓦利 拉克什米祠庙。东侧，围墙及入口 ····························· 1138

图4-453多达加达瓦利 拉克什米祠庙。祠庙近景 ····································· 1139

图4-454多达加达瓦利 拉克什米祠庙。祠庙近景 ····································· 1139

图4-455多达加达瓦利 拉克什米祠庙。组群内配置羯陵伽-纳迦罗式顶塔的祠庙 ············· 1140

图4-456多达加达瓦利 拉克什米祠庙。入口雕饰细部：大象 ··························· 1140

图4-457多达加达瓦利 拉克什米祠庙。护卫内祠的魔鬼雕像 ··························· 1140

图4-458库鲁杜默莱 索梅斯沃拉神庙。现状外景 ····································· 1142

图4-459帕勒姆佩特 拉玛帕神庙（1213年）。北侧现状 ······························· 1142

图4-460帕勒姆佩特 拉玛帕神庙。西侧全景 ··· 1142

图4-461帕勒姆佩特 拉玛帕神庙。西南侧景色 ······································· 1142

图4-462帕勒姆佩特 拉玛帕神庙。西北侧景观 ······································· 1143

图4-463帕勒姆佩特 拉玛帕神庙。北入口，西北侧近景 ······························· 1143

图4-464帕勒姆佩特 拉玛帕神庙。女体托架（舞女及鼓手） ··························· 1145

图4-465塔德珀特里 钦塔拉拉亚神庙。门塔，现状 ··································· 1145

图4-466辛赫切勒姆 筏罗诃-那罗希摩神庙。俯视全景 ······························· 1145

图4-467辛赫切勒姆 筏罗诃-那罗希摩神庙。祠庙主塔近景 ····························· 1145

图4-468辛赫切勒姆 筏罗诃-那罗希摩神庙。门塔景观 ······························· 1146

图4-469毗奢耶那伽罗（"胜利之城"，亨比村，创建于14世纪末）古城。遗址总平面（取自MICHELL G. Architecture and Art of Southern India, 1995年） ······················· 1149

图4-470毗奢耶那伽罗 古城。圣区（宗教中心），现状 ······························· 1149

图4-471毗奢耶那伽罗 古城。市场遗址 ··· 1149

图4-472毗奢耶那伽罗 古城。城墙（总长31公里，部分墙体高达10米） ················· 1149

图4-473毗奢耶那伽罗 王区（王室中心）。府邸（15~16世纪），遗址平面、立面及剖面（取自MICHELL G. Architecture and Art of Southern India, 1995年） ······ 1150

图4-474毗奢耶那伽罗 王区。宫殿，遗址现状 ······ 1150

图4-475毗奢耶那伽罗 王区。府邸，残迹现状 ······ 1150

图4-476毗奢耶那伽罗 王区。后宫区，王后宫，基座残迹 ······ 1151

图4-477毗奢耶那伽罗 王区。后宫区，北瞭望塔 ······ 1151

图4-478毗奢耶那伽罗 王区。后宫区，东南瞭望塔 ······ 1151

图4-479毗奢耶那伽罗 王区。卫室，南立面景色 ······ 1152

图4-480毗奢耶那伽罗 王区。卫室，内院景色 ······ 1152

图4-481毗奢耶那伽罗 王区。卫室，廊道内景 ······ 1153

图4-482毗奢耶那伽罗 王区。阶台水池（公共浴池），现状 ······ 1154

图4-483毗奢耶那伽罗 王区。王后浴室（16世纪，位于王区东南角，供王室女眷使用），外景 ······ 1154

图4-484毗奢耶那伽罗 王区。王后浴室，内景 ······ 1154

图4-485毗奢耶那伽罗 王区。王后浴室，浴池周边廊道，内景 ······ 1154

图4-486毗奢耶那伽罗 王区。王后浴室，穹顶仰视 ······ 1154

图4-487毗奢耶那伽罗 王区。八角浴池，现状 ······ 1156

图4-488毗奢耶那伽罗 王区。马哈纳沃米王台（庙台、御座台，16世纪初），遗址现状 ······ 1156

图4-489毗奢耶那伽罗 王区。马哈纳沃米王台，正面全景 ······ 1156

图4-490毗奢耶那伽罗 王区。马哈纳沃米王台，基台雕饰，近景 ······ 1156

图4-491毗奢耶那伽罗 王区。马哈纳沃米王台，基台雕饰，细部 ······ 1158

图4-492斋浦尔（拉贾斯坦邦）古城。总平面 ······ 1158

图4-493斋浦尔 古城。太阳门，现状 ······ 1158

图4-494斋浦尔 古城。月亮门，现状 ······ 1158

图4-495马杜赖 蒂鲁马莱宫（1636年）。平面（取自MICHELL G. Architecture and Art of Southern India, 1995年） ······ 1159

图4-496马杜赖 蒂鲁马莱宫。18世纪末残迹景色（版画，作者Thomas Daniell，1797年） ······ 1159

图4-497马杜赖 蒂鲁马莱宫。现状外景 ······ 1159

图4-498马杜赖 蒂鲁马莱宫。拱廊院，现状 ······ 1159

图4-499马杜赖 蒂鲁马莱宫。拱廊院，柱子及廊券细部 ······ 1160

图4-500马杜赖 蒂鲁马莱宫。觐见厅，内景 ······ 1160

图4-501珀德默纳伯普勒姆（喀拉拉邦）王宫（18世纪）。院落景观 ······ 1160

图4-502珀德默纳伯普勒姆 王宫。近景 ······ 1161

图4-503奇托尔（安得拉邦）勒纳·库姆伯宫（1433~1468年）。遗址现状 ······ 1162

图4-504奇托尔 勒纳·库姆伯宫。北区，残迹现状 ······ 1162

图4-505瓜廖尔（中央邦）拉贾·基尔蒂·辛格宫（1454~1479年）。现状 ······ 1164

图4-506瓜廖尔 曼·辛格·托马尔宫（1486~1516年）。外侧景观 ······ 1164

图4-507瓜廖尔 曼·辛格·托马尔宫。内院景色 ······ 1165

图4-508乌代布尔（拉贾斯坦邦）市宫（1567~1572年及以后）。现状景观 ······ 1165

图4-509乌代布尔 市宫。近景及细部 ······ 1167

图4-510安伯（拉贾斯坦邦）宫殿（城堡，17~18世纪）。俯视全景 ······ 1167

图4-511安伯 宫殿。陶饰细部 ······ 1167

图4-512安伯 杰加特-希罗马尼寺（1599年）。现状 ···································· 1169

图4-513斋浦尔 宫殿。"风宫"（1799年）。东侧现状 ······························· 1169

图4-514斋浦尔 宫殿。"风宫"，西立面景色 ·· 1169

图4-515斋浦尔 宫殿。"风宫"，西北侧景观 ·· 1169

图4-516贾伊萨梅尔（杰伊瑟尔梅尔）珀图亚宅邸建筑群（19世纪早期）。外墙及窗饰近景 ··············· 1171

·下册·

第五章 印度南部

图5-1古迪默勒姆 石雕林伽（公元前2或前1世纪） ································· 1176

图5-2德勒瓦努尔 石窟（7世纪早期）。现状 ······································· 1176

图5-3德勒瓦努尔 石窟。立面近景 ··· 1176

图5-4乌赖尤尔（蒂鲁吉拉帕利）上窟寺。湿婆群雕（7/8世纪） ······················· 1176

图5-5马马拉普拉姆 筏罗诃石窟寺（柱厅，7/8世纪）。立面（局部） ···················· 1176

图5-6马马拉普拉姆 筏罗诃石窟寺。现状外景 ······································ 1177

图5-7马马拉普拉姆 筏罗诃石窟寺。内景 ·· 1177

图5-8马马拉普拉姆 筏罗诃石窟寺。浮雕组群 ······································ 1179

图5-9马马拉普拉姆 三联神庙（8世纪早期）。外部现状 ······························ 1179

图5-10马马拉普拉姆 三联神庙。内景 ··· 1179

图5-11马马拉普拉姆 天后堂（摩什哂摩达诃尼窟，7世纪中叶）。现状外景 ················· 1180

图5-12马马拉普拉姆 天后堂。廊柱近景 ··· 1180

图5-13马马拉普拉姆 天后堂。组雕：躺在巨蛇阿南塔身上的毗湿奴 ····················· 1181

图5-14马马拉普拉姆 天后堂。组雕（高约2.7米）：杜尔伽追杀牛魔 ···················· 1182

图5-15马马拉普拉姆 阿迪筏罗诃石窟。组雕：国王和两位王后（或公主） ················· 1182

图5-16马马拉普拉姆 "五车"组群（约7世纪下半叶）。西北侧全景 ····················· 1182

图5-17马马拉普拉姆 "五车"组群。东北侧全景 ····································· 1182

图5-18马马拉普拉姆 "五车"组群。东侧景观 ······································ 1185

图5-19马马拉普拉姆 "五车"组群。东南侧景色 ····································· 1185

图5-20马马拉普拉姆 "五车"组群。西南侧现状 ····································· 1185

图5-21马马拉普拉姆 "五车"组群。怖军祠，平面（图版，作者R. Chisholm） ·············· 1185

图5-22马马拉普拉姆 "五车"组群。怖军祠，立面（取自STIERLIN H. Hindu India，From Khajuraho to the Temple City of Madurai，1998年） ·· 1185

图5-23马马拉普拉姆 "五车"组群。怖军祠，西南侧外景 ····························· 1186

图5-24马马拉普拉姆 "五车"组群。怖军祠，西侧现状 ······························· 1186

图5-25马马拉普拉姆 "五车"组群。怖军祠，西北侧景观 ····························· 1186

图5-26马马拉普拉姆 "五车"组群。怖军祠，东南侧景色 ····························· 1186

图5-27马马拉普拉姆 "五车"组群。怖军祠，山墙近景 ······························· 1188

图5-28马马拉普拉姆 "五车"组群。怖军祠，柱廊近景 ······························· 1188

图5-29马马拉普拉姆 "五车"组群。杜尔伽祠，立面（取自STIERLIN H. Hindu India，From Khajuraho to the Temple City of Madurai，1998年） ·· 1189

图5-30马马拉普拉姆 "五车" 组群。杜尔伽祠，西北侧景色 ················· 1189

图5-31马马拉普拉姆 "五车" 组群。杜尔伽祠，东南侧景色 ················· 1191

图5-32马马拉普拉姆 "五车" 组群。杜尔伽祠，西侧，入口立面 ············· 1191

图5-33马马拉普拉姆 "五车" 组群。杜尔伽祠，入口两侧龛室内的杜尔伽雕像 ········· 1191

图5-34马马拉普拉姆 "五车" 组群。杜尔伽祠，室内，雕刻组群 ············· 1192

图5-35马马拉普拉姆 "五车" 组群。法王祠（7世纪，约650年），平面（图版，1880年，作者R. Chisholm） ··· ·· 1192

图5-36马马拉普拉姆 "五车" 组群。法王祠，立面及剖面（图版，1880年，作者R. Chisholm） ·········· 1193

图5-37马马拉普拉姆 "五车" 组群。法王祠，平面、立面、剖面及轴测图（1：200，取自STIERLIN H. Hindu India，From Khajuraho to the Temple City of Madurai, 1998年） ··· 1193

图5-38马马拉普拉姆 "五车" 组群。法王祠，西侧外景 ················· 1194

图5-39马马拉普拉姆 "五车" 组群。法王祠，西南侧景观 ················· 1194

图5-40马马拉普拉姆 "五车" 组群。法王祠，南侧现状 ················· 1194

图5-41马马拉普拉姆 "五车" 组群。法王祠，东北侧全景 ················· 1196

图5-42马马拉普拉姆 "五车" 组群。法王祠，西北侧状态 ················· 1196

图5-43马马拉普拉姆 "五车" 组群。法王祠，东南侧近景 ················· 1197

图5-44马马拉普拉姆 "五车" 组群。法王祠，东侧近景 ················· 1197

图5-45马马拉普拉姆 "五车" 组群。法王祠，西南角雕饰细部 ·············· 1199

图5-46马马拉普拉姆 "五车" 组群。法王祠，南侧微缩建筑细部 ············· 1199

图5-47马马拉普拉姆 "五车" 组群。法王祠，顶塔细部 ················· 1199

图5-48马马拉普拉姆 "五车" 组群。阿周那祠，立面及穹式亭阁部件详图（取自HARDY A. The Temple Architecture of India, 2007年） ··· 1199

图5-49马马拉普拉姆 "五车" 组群。阿周那祠，地段景色 ················· 1199

图5-50马马拉普拉姆 "五车" 组群。阿周那祠，西南侧近景 ················ 1200

图5-51马马拉普拉姆 "五车" 组群。阿周那祠，南侧近观 ················· 1200

图5-52马马拉普拉姆 "五车" 组群。阿周那祠，东南侧景观 ················ 1200

图5-53马马拉普拉姆 "五车" 组群。阿周那祠，西北侧现状 ················ 1202

图5-54马马拉普拉姆 "五车" 组群。阿周那祠，立面及雕刻细部 ············· 1202

图5-55马马拉普拉姆 "五车" 组群。无种与偕天祠（7世纪），平面（图版，1880年，作者R. Chisholm） ····· 1202

图5-56马马拉普拉姆 "五车" 组群。无种与偕天祠，立面（图版取自STIERLIN H. Hindu India，From Khajuraho to the Temple City of Madurai, 1998年） ································· 1203

图5-57马马拉普拉姆 "五车" 组群。无种与偕天祠，地段形势（西南侧景色） ········· 1203

图5-58马马拉普拉姆 "五车" 组群。无种与偕天祠，南侧景观 ·············· 1203

图5-59马马拉普拉姆 "五车" 组群。无种与偕天祠，东南侧现状 ············· 1204

图5-60马马拉普拉姆 "五车" 组群。无种与偕天祠，北面（半圆室立面） ·········· 1204

图5-61马马拉普拉姆 "五车" 组群。无种与偕天祠，西北侧全景 ············· 1204

图5-62马马拉普拉姆 "五车" 组群。无种与偕天祠，西南侧近景 ············· 1204

图5-63马马拉普拉姆 浮雕组群《恒河降凡》（7世纪中叶）。19世纪初景色（绘画，作者John Gantz，约1825年） ··· 1206

图5-64马马拉普拉姆 浮雕组群《恒河降凡》。现状全景 ················· 1206

图5-65马马拉普拉姆 浮雕组群《恒河降凡》。自东北方向望去的景观 ··········· 1209

图5-66马马拉普拉姆 浮雕组群《恒河降凡》。自东南方向望去的全景 ⋯⋯⋯⋯⋯⋯⋯⋯⋯⋯⋯⋯⋯⋯⋯⋯ 1209

图5-67马马拉普拉姆 浮雕组群《恒河降凡》。浮雕细部：四臂湿婆和幸车王 ⋯⋯⋯⋯⋯⋯⋯⋯⋯⋯⋯⋯⋯ 1209

图5-68马马拉普拉姆 浮雕组群《恒河降凡》。浮雕细部：逆流而上的蛇王 ⋯⋯⋯⋯⋯⋯⋯⋯⋯⋯⋯⋯⋯⋯ 1211

图5-69马马拉普拉姆 浮雕组群《恒河降凡》。浮雕细部：象群 ⋯⋯⋯⋯⋯⋯⋯⋯⋯⋯⋯⋯⋯⋯⋯⋯⋯⋯⋯ 1211

图5-70马马拉普拉姆 迦内沙祠（7世纪下半叶）。远景 ⋯⋯⋯⋯⋯⋯⋯⋯⋯⋯⋯⋯⋯⋯⋯⋯⋯⋯⋯⋯⋯⋯ 1211

图5-71马马拉普拉姆 迦内沙祠。东南侧景观（背立面）⋯⋯⋯⋯⋯⋯⋯⋯⋯⋯⋯⋯⋯⋯⋯⋯⋯⋯⋯⋯⋯⋯ 1211

图5-72马马拉普拉姆 迦内沙祠。入口立面（朝西北方向）及柱墩狮雕细部 ⋯⋯⋯⋯⋯⋯⋯⋯⋯⋯⋯⋯⋯ 1212

图5-73马马拉普拉姆 岸边神庙（约公元700年）。平面及剖面（取自STIERLIN H. Hindu India，From Khajuraho to the Temple City of Madurai, 1998年）⋯⋯⋯⋯⋯⋯⋯⋯⋯⋯⋯⋯⋯⋯⋯⋯⋯⋯⋯⋯⋯⋯⋯⋯⋯⋯⋯⋯ 1212

图5-74马马拉普拉姆 岸边神庙。俯视全景 ⋯⋯⋯⋯⋯⋯⋯⋯⋯⋯⋯⋯⋯⋯⋯⋯⋯⋯⋯⋯⋯⋯⋯⋯⋯⋯⋯⋯ 1213

图5-75马马拉普拉姆 岸边神庙。南侧远景 ⋯⋯⋯⋯⋯⋯⋯⋯⋯⋯⋯⋯⋯⋯⋯⋯⋯⋯⋯⋯⋯⋯⋯⋯⋯⋯⋯⋯ 1213

图5-76马马拉普拉姆 岸边神庙。西侧远景 ⋯⋯⋯⋯⋯⋯⋯⋯⋯⋯⋯⋯⋯⋯⋯⋯⋯⋯⋯⋯⋯⋯⋯⋯⋯⋯⋯⋯ 1214

图5-77马马拉普拉姆 岸边神庙。西南侧远景 ⋯⋯⋯⋯⋯⋯⋯⋯⋯⋯⋯⋯⋯⋯⋯⋯⋯⋯⋯⋯⋯⋯⋯⋯⋯⋯⋯ 1214

图5-78马马拉普拉姆 岸边神庙。西侧现状 ⋯⋯⋯⋯⋯⋯⋯⋯⋯⋯⋯⋯⋯⋯⋯⋯⋯⋯⋯⋯⋯⋯⋯⋯⋯⋯⋯⋯ 1214

图5-79马马拉普拉姆 岸边神庙。西南侧景观（早期摄）⋯⋯⋯⋯⋯⋯⋯⋯⋯⋯⋯⋯⋯⋯⋯⋯⋯⋯⋯⋯⋯⋯ 1217

图5-80马马拉普拉姆 岸边神庙。北侧景色 ⋯⋯⋯⋯⋯⋯⋯⋯⋯⋯⋯⋯⋯⋯⋯⋯⋯⋯⋯⋯⋯⋯⋯⋯⋯⋯⋯⋯ 1217

图5-81马马拉普拉姆 岸边神庙。南侧景色（不同时期的照片）⋯⋯⋯⋯⋯⋯⋯⋯⋯⋯⋯⋯⋯⋯⋯⋯⋯⋯⋯ 1217

图5-82马马拉普拉姆 岸边神庙。东侧现状 ⋯⋯⋯⋯⋯⋯⋯⋯⋯⋯⋯⋯⋯⋯⋯⋯⋯⋯⋯⋯⋯⋯⋯⋯⋯⋯⋯⋯ 1218

图5-83马马拉普拉姆 岸边神庙。西北侧，全景和近景 ⋯⋯⋯⋯⋯⋯⋯⋯⋯⋯⋯⋯⋯⋯⋯⋯⋯⋯⋯⋯⋯⋯⋯ 1218

图5-84马马拉普拉姆 岸边神庙。主塔，近景 ⋯⋯⋯⋯⋯⋯⋯⋯⋯⋯⋯⋯⋯⋯⋯⋯⋯⋯⋯⋯⋯⋯⋯⋯⋯⋯⋯ 1218

图5-85马马拉普拉姆 岸边神庙。主塔，塔顶近观 ⋯⋯⋯⋯⋯⋯⋯⋯⋯⋯⋯⋯⋯⋯⋯⋯⋯⋯⋯⋯⋯⋯⋯⋯⋯ 1220

图5-86马马拉普拉姆 岸边神庙。内景，组雕：湿婆、雪山神女和他们的孩子（所谓Somāskanda Group）⋯ 1220

图5-87建志（甘吉普拉姆） 凯拉萨大庙（拉杰辛哈，685~705年）。总平面（取自HARLE J C. The Art and Architecture of the Indian Subcontinent, 1994年）⋯⋯⋯⋯⋯⋯⋯⋯⋯⋯⋯⋯⋯⋯⋯⋯⋯⋯⋯⋯⋯⋯⋯⋯ 1220

图5-88建志 凯拉萨大庙。主塔立面及局部详图（取自HARDY A. The Temple Architecture of India, 2007年）⋯ ⋯⋯ 1220

图5-89建志 凯拉萨大庙。透视全景图（取自HARDY A. The Temple Architecture of India, 2007年）⋯⋯⋯ 1220

图5-90建志 凯拉萨大庙。东侧全景 ⋯⋯⋯⋯⋯⋯⋯⋯⋯⋯⋯⋯⋯⋯⋯⋯⋯⋯⋯⋯⋯⋯⋯⋯⋯⋯⋯⋯⋯⋯ 1223

图5-91建志 凯拉萨大庙。东南侧远景 ⋯⋯⋯⋯⋯⋯⋯⋯⋯⋯⋯⋯⋯⋯⋯⋯⋯⋯⋯⋯⋯⋯⋯⋯⋯⋯⋯⋯⋯ 1223

图5-92建志 凯拉萨大庙。东侧，入口全景 ⋯⋯⋯⋯⋯⋯⋯⋯⋯⋯⋯⋯⋯⋯⋯⋯⋯⋯⋯⋯⋯⋯⋯⋯⋯⋯⋯ 1223

图5-93建志 凯拉萨大庙。东侧，入口门楼及边侧小祠堂近景 ⋯⋯⋯⋯⋯⋯⋯⋯⋯⋯⋯⋯⋯⋯⋯⋯⋯⋯ 1224

图5-94建志 凯拉萨大庙。围墙外侧景观 ⋯⋯⋯⋯⋯⋯⋯⋯⋯⋯⋯⋯⋯⋯⋯⋯⋯⋯⋯⋯⋯⋯⋯⋯⋯⋯⋯⋯ 1224

图5-95建志 凯拉萨大庙。入口门楼，西侧（朝院内一侧）现状 ⋯⋯⋯⋯⋯⋯⋯⋯⋯⋯⋯⋯⋯⋯⋯⋯⋯ 1224

图5-96建志 凯拉萨大庙。主祠庙，东北侧现状 ⋯⋯⋯⋯⋯⋯⋯⋯⋯⋯⋯⋯⋯⋯⋯⋯⋯⋯⋯⋯⋯⋯⋯⋯⋯ 1224

图5-97建志 凯拉萨大庙。主塔，西南侧景色 ⋯⋯⋯⋯⋯⋯⋯⋯⋯⋯⋯⋯⋯⋯⋯⋯⋯⋯⋯⋯⋯⋯⋯⋯⋯⋯ 1226

图5-98建志 凯拉萨大庙。主塔，俯视近景 ⋯⋯⋯⋯⋯⋯⋯⋯⋯⋯⋯⋯⋯⋯⋯⋯⋯⋯⋯⋯⋯⋯⋯⋯⋯⋯⋯ 1226

图5-99建志 凯拉萨大庙。主塔，仰视近景 ⋯⋯⋯⋯⋯⋯⋯⋯⋯⋯⋯⋯⋯⋯⋯⋯⋯⋯⋯⋯⋯⋯⋯⋯⋯⋯⋯ 1226

图5-100建志 凯拉萨大庙。大院南侧通道，向东望去的景色 ⋯⋯⋯⋯⋯⋯⋯⋯⋯⋯⋯⋯⋯⋯⋯⋯⋯⋯⋯ 1229

图5-101建志 凯拉萨大庙。大院北侧通道，西望景色 ⋯⋯⋯⋯⋯⋯⋯⋯⋯⋯⋯⋯⋯⋯⋯⋯⋯⋯⋯⋯⋯⋯ 1229

图5-102建志 凯拉萨大庙。大院东南角现状 ⋯⋯⋯⋯⋯⋯⋯⋯⋯⋯⋯⋯⋯⋯⋯⋯⋯⋯⋯⋯⋯⋯⋯⋯⋯⋯ 1229

图5-103建志 凯拉萨大庙。大院东北角远观 ⋯⋯⋯⋯⋯⋯⋯⋯⋯⋯⋯⋯⋯⋯⋯⋯⋯⋯⋯⋯⋯⋯⋯⋯⋯⋯ 1229

图5-104 建志 凯拉萨大庙。大院西南角景色 ·· 1229

图5-105 建志 凯拉萨大庙。大院北侧小神堂，向西望去的景色 ······················· 1231

图5-106 建志 凯拉萨大庙。主祠庙，墙面雕饰细部 ································· 1231

图5-107 建志 凯拉萨大庙。围墙内小神堂的雕饰 ··································· 1231

图5-108 建志 凯拉萨大庙。祠堂内的石雕约尼-林伽和入口处的护卫神亚利 ·········· 1232

图5-109 建志 沃伊昆特佩鲁马尔神庙（8世纪下半叶）。西南侧外景 ················· 1232

图5-110 建志 沃伊昆特佩鲁马尔神庙。东北侧景观 ································· 1233

图5-111 建志 沃伊昆特佩鲁马尔神庙。围墙东南角现状 ····························· 1233

图5-112 建志 沃伊昆特佩鲁马尔神庙。西南侧近景 ································· 1235

图5-113 建志 沃伊昆特佩鲁马尔神庙。祠堂近景 ··································· 1235

图5-114 建志 沃伊昆特佩鲁马尔神庙。墙面雕饰细部 ······························· 1235

图5-115 建志 沃伊昆特佩鲁马尔神庙。廊道内景 ··································· 1235

图5-116 珀纳默莱（南阿尔乔特） 特勒吉里斯沃拉神庙。远观及顶塔近景 ·········· 1235

图5-117 建志 穆克泰斯沃拉神庙。外景 ·· 1236

图5-118 建志 马坦盖斯沃拉神庙。外景 ·· 1236

图5-119 建志 埃克姆伯雷神庙（始建于公元600年，现存结构属1532~1673年）。遗址全景（卫星图） ····· 1236

图5-120 建志 埃克姆伯雷神庙。千柱厅及外围墙南门塔（自水池向南望去的景色） ········· 1236

图5-121 建志 埃克姆伯雷神庙。水池及亭阁 ······································· 1236

图5-122 建志 埃克姆伯雷神庙。水池西侧祠庙及内院东门塔 ························· 1236

图5-123 建志 埃克姆伯雷神庙。外院南门塔，南侧现状（高55米） ··················· 1238

图5-124 建志 埃克姆伯雷神庙。外院南门塔，仰视近景 ····························· 1238

图5-125 建志 埃克姆伯雷神庙。第二道围墙南门塔，现状 ··························· 1238

图5-126 建志 埃克姆伯雷神庙。千柱厅，内景 ······································ 1241

图5-127 建志 埃克姆伯雷神庙。雕饰细部 ·· 1241

图5-128 建志 伊拉瓦塔祠庙（8世纪早期）。立面外景 ····························· 1241

图5-129 纳尔塔默莱 维阁亚·朱罗神庙（9世纪下半叶）。西南侧全景 ··············· 1243

图5-130 纳尔塔默莱 维阁亚·朱罗神庙。主祠庙，西侧现状 ························· 1243

图5-131 纳尔塔默莱 维阁亚·朱罗神庙。主祠庙，西南侧景色 ······················· 1243

图5-132 纳尔塔默莱 维阁亚·朱罗神庙。主祠庙，北侧景观 ························· 1243

图5-133 纳尔塔默莱 维阁亚·朱罗神庙。主祠庙，东北侧近景 ······················· 1244

图5-134 维拉卢尔 布米斯沃拉神庙（9世纪下半叶）。西南侧景色 ··················· 1244

图5-135 基莱尤尔 阿加斯蒂什庙（约884年）。立面现状 ··························· 1244

图5-136 库姆巴科纳姆 纳盖斯沃拉神庙（约910年）。现状外景 ····················· 1245

图5-137 库姆巴科纳姆 纳盖斯沃拉神庙。檐部近景 ································· 1245

图5-138 库姆巴科纳姆 纳盖斯沃拉神庙。主祠，龛室雕刻 ··························· 1246

图5-139 库姆巴科纳姆 萨伦加帕尼神庙组群。门塔组群，现状 ····················· 1246

图5-140 库姆巴科纳姆 萨伦加帕尼神庙组群。东门塔（17世纪），全景 ··············· 1247

图5-141 库姆巴科纳姆 萨伦加帕尼神庙组群。东门塔，仰视近景 ····················· 1248

图5-142 普拉曼盖 布勒赫马普里斯沃拉神庙（约910年）。立面及局部详图（取自HARDY A. The Temple Archi-tecture of India, 2007年） ······································· 1248

图5-143 普拉曼盖 布勒赫马普里斯沃拉神庙。现状 ································· 1248

图5-144普拉曼盖 布勒赫马普里斯沃拉神庙。近景 ⋯⋯⋯⋯⋯⋯⋯⋯⋯⋯⋯⋯⋯⋯ 1249

图5-145斯里尼瓦瑟纳卢尔 科伦格纳特神庙（10世纪上半叶）。东南侧现状 ⋯⋯⋯⋯⋯⋯ 1249

图5-146斯里尼瓦瑟纳卢尔 科伦格纳特神庙。南立面景观 ⋯⋯⋯⋯⋯⋯⋯⋯⋯⋯⋯⋯⋯⋯ 1250

图5-147斯里尼瓦瑟纳卢尔 科伦格纳特神庙。祠塔南侧雕饰：上师湿婆像（Śiva Dakṣiṇāmūrti）⋯⋯ 1250

图5-148克默勒瑟沃利 克尔科泰斯沃拉神庙。建筑现状 ⋯⋯⋯⋯⋯⋯⋯⋯⋯⋯⋯⋯⋯⋯ 1250

图5-149克默勒瑟沃利 克尔科泰斯沃拉神庙。主祠近景 ⋯⋯⋯⋯⋯⋯⋯⋯⋯⋯⋯⋯⋯⋯ 1250

图5-150朱罗时期铜像：四臂湿婆（Śiva Dakṣiṇāmūrti，12世纪，新德里印度国家博物馆藏品）⋯⋯ 1250

图5-151朱罗时期铜像：正在祈祷的罗摩（铜像现存日内瓦Musée d'Ethnographie）⋯⋯⋯⋯ 1250

图5-152朱罗时期铜像：罗摩配偶悉多（Sita，10世纪，新德里印度国家博物馆藏品）⋯⋯⋯⋯ 1250

图5-153坦贾武尔 布里哈德什沃拉寺庙（约1010年）。总平面及主祠立面（图版取自STIERLIN H. Comprendre l'Architecture Universelle, II，1977年）⋯⋯⋯⋯⋯⋯⋯⋯⋯⋯⋯⋯⋯⋯⋯⋯⋯ 1253

图5-154坦贾武尔 布里哈德什沃拉寺庙。总平面及剖面几何关系分析图（据Pichard）⋯⋯⋯⋯ 1253

图5-155坦贾武尔 布里哈德什沃拉寺庙。主祠庙平面（取自HARLE J C. The Art and Architecture of the Indian Subcontinent, 1994年）⋯⋯⋯⋯⋯⋯⋯⋯⋯⋯⋯⋯⋯⋯⋯⋯⋯⋯⋯⋯⋯ 1253

图5-156坦贾武尔 布里哈德什沃拉寺庙。主祠庙，立面及角跨详图（取自HARDY A. The Temple Architecture of India, 2007年）⋯⋯⋯⋯⋯⋯⋯⋯⋯⋯⋯⋯⋯⋯⋯⋯⋯⋯⋯⋯⋯⋯⋯⋯⋯ 1253

图5-157坦贾武尔 布里哈德什沃拉寺庙。外门塔、主祠庙区门塔及南迪柱厅，西南侧景色⋯⋯⋯ 1254

图5-158坦贾武尔 布里哈德什沃拉寺庙。外门塔（高30米，通向长宽分别为270米和140米的第一个围地），内侧景观 ⋯⋯⋯⋯⋯⋯⋯⋯⋯⋯⋯⋯⋯⋯⋯⋯⋯⋯⋯⋯⋯⋯⋯⋯⋯⋯⋯ 1254

图5-159坦贾武尔 布里哈德什沃拉寺庙。外门塔，屋顶雕饰细部 ⋯⋯⋯⋯⋯⋯⋯⋯⋯⋯⋯ 1255

图5-160坦贾武尔 布里哈德什沃拉寺庙。内门塔（1014年），外侧现状 ⋯⋯⋯⋯⋯⋯⋯⋯ 1257

图5-161坦贾武尔 布里哈德什沃拉寺庙。内门塔，内侧景色 ⋯⋯⋯⋯⋯⋯⋯⋯⋯⋯⋯⋯⋯ 1257

图5-162坦贾武尔 布里哈德什沃拉寺庙。主祠庙，东侧入口门廊 ⋯⋯⋯⋯⋯⋯⋯⋯⋯⋯⋯ 1258

图5-163坦贾武尔 布里哈德什沃拉寺庙。主祠庙，东北侧现状 ⋯⋯⋯⋯⋯⋯⋯⋯⋯⋯⋯⋯ 1258

图5-164坦贾武尔 布里哈德什沃拉寺庙。主祠庙，东南侧全景 ⋯⋯⋯⋯⋯⋯⋯⋯⋯⋯⋯⋯ 1258

图5-165坦贾武尔 布里哈德什沃拉寺庙。主祠庙，西南侧全景 ⋯⋯⋯⋯⋯⋯⋯⋯⋯⋯⋯⋯ 1258

图5-166坦贾武尔 布里哈德什沃拉寺庙。主祠庙，祠堂及顶塔，东南侧景色 ⋯⋯⋯⋯⋯⋯ 1260

图5-167坦贾武尔 布里哈德什沃拉寺庙。主祠庙，祠堂及顶塔，西北侧景色 ⋯⋯⋯⋯⋯⋯ 1260

图5-168坦贾武尔 布里哈德什沃拉寺庙。主祠庙，祠堂及顶塔，西侧（背面）景观 ⋯⋯⋯⋯ 1263

图5-169坦贾武尔 布里哈德什沃拉寺庙。主祠庙，祠堂及顶塔，西南侧景色 ⋯⋯⋯⋯⋯⋯ 1263

图5-170坦贾武尔 布里哈德什沃拉寺庙。主祠庙，北侧入口 ⋯⋯⋯⋯⋯⋯⋯⋯⋯⋯⋯⋯⋯ 1263

图5-171坦贾武尔 布里哈德什沃拉寺庙。主祠庙，南侧入口 ⋯⋯⋯⋯⋯⋯⋯⋯⋯⋯⋯⋯⋯ 1264

图5-172坦贾武尔 布里哈德什沃拉寺庙。南迪柱厅，东侧景观 ⋯⋯⋯⋯⋯⋯⋯⋯⋯⋯⋯⋯ 1264

图5-173坦贾武尔 布里哈德什沃拉寺庙。南迪柱厅，东南侧现状 ⋯⋯⋯⋯⋯⋯⋯⋯⋯⋯⋯ 1265

图5-174坦贾武尔 布里哈德什沃拉寺庙。苏布勒默尼亚祠堂（约1750年），西南侧景色 ⋯⋯ 1265

图5-175坦贾武尔 布里哈德什沃拉寺庙。苏布勒默尼亚祠堂，南立面 ⋯⋯⋯⋯⋯⋯⋯⋯⋯ 1267

图5-176坦贾武尔 布里哈德什沃拉寺庙。苏布勒默尼亚祠堂，内祠外的净化池 ⋯⋯⋯⋯⋯ 1267

图5-177坦贾武尔 布里哈德什沃拉寺庙。迦内沙祠堂（位于大院西南区），东南侧现状 ⋯⋯⋯ 1267

图5-178坦贾武尔 布里哈德什沃拉寺庙。琴德萨祠堂（位于主祠庙北侧），西侧景色 ⋯⋯⋯ 1267

图5-179坦贾武尔 布里哈德什沃拉寺庙。龛室雕刻（神祇群像）⋯⋯⋯⋯⋯⋯⋯⋯⋯⋯⋯⋯ 1269

图5-180坦贾武尔 布里哈德什沃拉寺庙。雕饰细部：狮子和大象 ⋯⋯⋯⋯⋯⋯⋯⋯⋯⋯⋯ 1269

图5-181坦贾武尔 布里哈德什沃拉寺庙。雕饰细部：罐式基座 ······························· 1271

图5-182坦贾武尔 布里哈德什沃拉寺庙。柱厅内景 ·· 1271

图5-183坦贾武尔 布里哈德什沃拉寺庙。内祠入口 ·· 1272

图5-184坦贾武尔 布里哈德什沃拉寺庙。院廊内景及壁画 ···································· 1271

图5-185坦贾武尔 布里哈德什沃拉寺庙。院廊壁画（朱罗王朝国王拉贾拉贾和他的国师） ············· 1272

图5-186坦贾武尔 布里哈德什沃拉寺庙。院廊壁画（坐在公牛南迪身上的湿婆和他的妻子雪山神女） ······ 1272

图5-187印度南方挑腿的演进（取自HARLE J C. The Art and Architecture of the Indian Subcontinent, 1994年） ···
·· 1272

图5-188根盖孔达-乔拉普拉姆 罗茶罗乍斯沃拉神庙（约1025年）。建筑群，平面及剖面（取自HARLE J C. The
Art and Architecture of the Indian Subcontinent, 1994年） ···································· 1272

图5-189根盖孔达-乔拉普拉姆 罗茶罗乍斯沃拉神庙。主祠庙，屋顶平面（取自HARDY A. The Temple Arch-
itecture of India, 2007年，经改绘） ·· 1274

图5-190根盖孔达-乔拉普拉姆 罗茶罗乍斯沃拉神庙。东北侧，远景 ····························· 1274

图5-191根盖孔达-乔拉普拉姆 罗茶罗乍斯沃拉神庙。正面（东侧）全景 ························· 1274

图5-192根盖孔达-乔拉普拉姆 罗茶罗乍斯沃拉神庙。东门塔近景 ······························· 1274

图5-193根盖孔达-乔拉普拉姆 罗茶罗乍斯沃拉神庙。自南迪雕像处望主祠庙 ····················· 1274

图5-194根盖孔达-乔拉普拉姆 罗茶罗乍斯沃拉神庙。主祠庙，东南侧全景 ······················· 1277

图5-195根盖孔达-乔拉普拉姆 罗茶罗乍斯沃拉神庙。主祠庙，西南侧景观 ······················· 1277

图5-196根盖孔达-乔拉普拉姆 罗茶罗乍斯沃拉神庙。主祠庙，西侧（背立面）现状 ················ 1277

图5-197根盖孔达-乔拉普拉姆 罗茶罗乍斯沃拉神庙。主塔，东南侧远观 ························· 1277

图5-198根盖孔达-乔拉普拉姆 罗茶罗乍斯沃拉神庙。主塔，基部近景 ··························· 1278

图5-199根盖孔达-乔拉普拉姆 罗茶罗乍斯沃拉神庙。主塔，上部结构近景 ······················· 1278

图5-200根盖孔达-乔拉普拉姆 罗茶罗乍斯沃拉神庙。主塔，雕饰近景 ··························· 1278

图5-201根盖孔达-乔拉普拉姆 罗茶罗乍斯沃拉神庙。主祠庙，浮雕（湿婆和琴德萨，约1025年） ········ 1280

图5-202根盖孔达-乔拉普拉姆 罗茶罗乍斯沃拉神庙。主祠庙，浮雕（半女湿婆像） ················ 1280

图5-203根盖孔达-乔拉普拉姆 罗茶罗乍斯沃拉神庙。南祠堂，北侧现状 ························· 1280

图5-204根盖孔达-乔拉普拉姆 罗茶罗乍斯沃拉神庙。北祠堂，南侧景色 ························· 1280

图5-205根盖孔达-乔拉普拉姆 罗茶罗乍斯沃拉神庙。杜尔伽祠堂，南侧景观 ····················· 1282

图5-206达拉苏拉姆 艾拉沃泰斯沃拉庙（12世纪下半叶）。主祠庙，立面及局部详图（取自HARDY A. The Temple
Architecture of India, 2007年） ·· 1282

图5-207达拉苏拉姆 艾拉沃泰斯沃拉庙。围墙东门塔，东侧全景 ······························· 1282

图5-208达拉苏拉姆 艾拉沃泰斯沃拉庙。围墙东门塔，东侧近景 ······························· 1282

图5-209达拉苏拉姆 艾拉沃泰斯沃拉庙。主祠庙，东南侧全景 ································· 1285

图5-210达拉苏拉姆 艾拉沃泰斯沃拉庙。开敞门廊及其入口，西南侧景色 ······················· 1285

图5-211达拉苏拉姆 艾拉沃泰斯沃拉庙。开敞门廊及其入口，东侧现状 ························· 1285

图5-212达拉苏拉姆 艾拉沃泰斯沃拉庙。祠堂及顶塔，南侧立面 ······························· 1285

图5-213达拉苏拉姆 艾拉沃泰斯沃拉庙。祠堂，顶塔近景 ···································· 1287

图5-214达拉苏拉姆 艾拉沃泰斯沃拉庙。祠堂，顶塔雕饰 ···································· 1287

图5-215达拉苏拉姆 艾拉沃泰斯沃拉庙。开敞门廊，东侧基台浮雕：马车造型 ··················· 1287

图5-216达拉苏拉姆 艾拉沃泰斯沃拉庙。开敞门廊，西侧台阶护栏浮雕：大象 ··················· 1287

图5-217达拉苏拉姆 艾拉沃泰斯沃拉庙。雕刻：舞神湿婆 ···································· 1287

图5-218达拉苏拉姆 艾拉沃泰斯沃拉庙。柱厅，内景 ·· 1289

图5-219特里布沃纳姆 克姆珀赫雷斯沃拉祠庙。组群，西南侧景观 ······························· 1289

图5-220特里布沃纳姆 克姆珀赫雷斯沃拉祠庙。外门塔，现状 ····································· 1289

图5-221特里布沃纳姆 克姆珀赫雷斯沃拉祠庙。主体建筑，东南侧景色 ·························· 1290

图5-222特里布沃纳姆 克姆珀赫雷斯沃拉祠庙。主塔，西南侧近景 ······························· 1290

图5-223梅勒克德姆布尔 厄姆特格泰斯沃拉祠庙（约1100年）。门塔及柱厅，现状 ············ 1290

图5-224梅勒克德姆布尔 厄姆特格泰斯沃拉祠庙。主祠及顶塔，近景 ·························· 1290

图5-225梅勒克德姆布尔 厄姆特格泰斯沃拉祠庙。主祠及顶塔，雕饰细部 ····················· 1290

图5-226吉登伯勒姆（泰米尔纳德邦） 纳塔罗阁（舞神湿婆）寺（10世纪创建，现存寺庙属12世纪后期和13世
纪初）。卫星全景图 ·· 1290

图5-227吉登伯勒姆 纳塔罗阁寺。历史图景：门塔（版画，作者James Fergusson，1847年） ·············· 1290

图5-228吉登伯勒姆 纳塔罗阁寺。历史图景：圣池及北门塔（版画，约19世纪70年代，作者不明）······· 1292

图5-229吉登伯勒姆 纳塔罗阁寺。历史图景：柱厅（版画，作者E. Therond，取自《Le Tour du Monde》，1869年）···
··· 1292

图5-230吉登伯勒姆 纳塔罗阁寺。历史图景：女神祠堂，柱厅内景[版画，1847年，作者Thomas Colman Dibdin
（1810~1893年），取自FERGUSSON J. Ancient Architecture in Hindoostan] ······················ 1292

图5-231吉登伯勒姆 纳塔罗阁寺。东门塔（主门塔，约1200年），内侧现状 ···················· 1292

图5-232吉登伯勒姆 纳塔罗阁寺。东门塔，上部近景 ··· 1292

图5-233吉登伯勒姆 纳塔罗阁寺。东门塔，雕饰细部 ··· 1292

图5-234吉登伯勒姆 纳塔罗阁寺。东门塔，门洞近景 ··· 1294

图5-235吉登伯勒姆 纳塔罗阁寺。东门塔，门洞浮雕（表现湿婆的108种古典舞姿，所谓Bharathanatyam）··· 1294

图5-236吉登伯勒姆 纳塔罗阁寺。东门塔，门洞浮雕（湿婆舞姿），近景及细部 ················ 1294

图5-237吉登伯勒姆 纳塔罗阁寺。北门塔，远景（由圣池望去的景色）···························· 1296

图5-238吉登伯勒姆 纳塔罗阁寺。北门塔，西南侧现状 ··· 1296

图5-239吉登伯勒姆 纳塔罗阁寺。北门塔，顶部近景 ··· 1297

图5-240吉登伯勒姆 纳塔罗阁寺。西门塔（约1175年），内侧景观 ································· 1297

图5-241吉登伯勒姆 纳塔罗阁寺。提毗祠堂（安曼祠堂），东侧现状 ···························· 1297

图5-242吉登伯勒姆 纳塔罗阁寺。提毗祠堂，柱厅内景 ··· 1298

图5-243吉登伯勒姆 纳塔罗阁寺。提毗祠堂，天棚画：化身作女神（Mohini）的毗湿奴 ········ 1298

图5-244吉登伯勒姆 纳塔罗阁寺。迦内沙祠堂，19世纪上半叶景色（老照片）·················· 1298

图5-245吉登伯勒姆 纳塔罗阁寺。千柱厅，东北侧景观 ··· 1298

图5-246吉登伯勒姆 纳塔罗阁寺。千柱厅，内景 ·· 1298

图5-247吉登伯勒姆 纳塔罗阁寺。圣池（湿婆-恒河池）··· 1298

图5-248吉登伯勒姆 纳塔罗阁寺。圣池，廊道景观 ··· 1298

图5-249吉登伯勒姆 纳塔罗阁寺。龛室雕刻 ·· 1301

图5-250阿尔西凯雷（卡纳塔克邦） 伊什神庙（1220年）。东南侧现状 ························· 1301

图5-251阿尔西凯雷 伊什神庙。西南侧全景 ·· 1303

图5-252阿尔西凯雷 伊什神庙。祠堂及封闭式柱厅，东南侧景色 ·································· 1303

图5-253阿尔西凯雷 伊什神庙。祠堂，西北侧（背面）现状 ······································· 1303

图5-254阿尔西凯雷 伊什神庙。祠堂，近景 ·· 1304

图5-255阿尔西凯雷 伊什神庙。开敞柱厅，内景（采用星形平面及穹式天棚）·················· 1304

图5-256京吉（泰米尔纳德邦）城堡组群（1190年，13世纪扩建）。总平面（取自MICHELL G. Architecture and Art of Southern India, 1995年） ································ 1304

图5-257京吉 城堡组群。遗址现状 ································ 1307

图5-258京吉 城堡组群。国王山城堡（自入口处望去的景色） ································ 1307

图5-259京吉 城堡组群。王后堡，远景（自国王山望去的景色） ································ 1307

图5-260京吉 城堡组群。王后堡，登山坡道及遗存现状 ································ 1307

图5-261京吉 城堡组群。王后堡，御座厅，19世纪末状态（老照片，1894年） ································ 1307

图5-262京吉 文卡塔拉马纳神庙组群（1540~1550年）。西北侧俯视全景 ································ 1307

图5-263京吉 文卡塔拉马纳神庙组群。主门塔（东门塔），内侧全景 ································ 1308

图5-264京吉 文卡塔拉马纳神庙组群。内门塔，西侧景色 ································ 1309

图5-265京吉 文卡塔拉马纳神庙组群。柱厅，现状 ································ 1309

图5-266毗奢耶那伽罗（"胜利之城"，亨比）维鲁帕科萨神庙（15~16世纪）。北侧远景 ································ 1310

图5-267毗奢耶那伽罗 维鲁帕科萨神庙。南侧全景 ································ 1311

图5-268毗奢耶那伽罗 维鲁帕科萨神庙。外院东门塔及内院门塔，西北侧景色 ································ 1310

图5-269毗奢耶那伽罗 维鲁帕科萨神庙。外院东门塔，外侧现状 ································ 1311

图5-270毗奢耶那伽罗 维鲁帕科萨神庙。外院北门塔，东南侧现状 ································ 1313

图5-271毗奢耶那伽罗 维鲁帕科萨神庙。外院北门塔，近景 ································ 1313

图5-272毗奢耶那伽罗 维鲁帕科萨神庙。内院东门塔，西侧景色（远处为外院东门塔） ································ 1313

图5-273毗奢耶那伽罗 维鲁帕科萨神庙。小柱厅（敞厅），现状 ································ 1315

图5-274毗奢耶那伽罗 维鲁帕科萨神庙。小柱厅，廊柱细部 ································ 1315

图5-275毗奢耶那伽罗 维鲁帕科萨神庙。大柱厅（百柱厅），外景 ································ 1315

图5-276毗奢耶那伽罗 维鲁帕科萨神庙。大柱厅，内景 ································ 1315

图5-277毗奢耶那伽罗 维鲁帕科萨神庙。东门塔，浮雕细部（花岗石，外施灰泥） ································ 1315

图5-278毗奢耶那伽罗 维鲁帕科萨神庙。柱础雕饰 ································ 1317

图5-279毗奢耶那伽罗 黑天庙（1515/1516年）。平面、立面及剖面（取自MICHELL G. Architecture and Art of Southern India, 1995年） ································ 1317

图5-280毗奢耶那伽罗 黑天庙。东南侧全景 ································ 1317

图5-281毗奢耶那伽罗 黑天庙。东立面，现状 ································ 1319

图5-282毗奢耶那伽罗 黑天庙。东北侧景色 ································ 1319

图5-283毗奢耶那伽罗 黑天庙。雕饰细部：那罗希摩雕像 ································ 1319

图5-284毗奢耶那伽罗 黑天庙。雕饰细部：湿婆林伽 ································ 1319

图5-285毗奢耶那伽罗 阿育塔拉亚神庙（1534年）。总平面（取自MICHELL G. Architecture and Art of Southern India, 1995年） ································ 1319

图5-286毗奢耶那伽罗 阿育塔拉亚神庙。西北及西南侧俯视全景 ································ 1320

图5-287毗奢耶那伽罗 阿育塔拉亚神庙。西南侧俯视景色 ································ 1321

图5-288毗奢耶那伽罗 阿育塔拉亚神庙。内院，西北侧全景 ································ 1321

图5-289毗奢耶那伽罗 阿育塔拉亚神庙。外院门塔，南侧现状 ································ 1322

图5-290毗奢耶那伽罗 阿育塔拉亚神庙。外院西北角柱厅，俯视景色 ································ 1322

图5-291毗奢耶那伽罗 阿育塔拉亚神庙。外院西北角柱厅，近景 ································ 1323

图5-292毗奢耶那伽罗 阿育塔拉亚神庙。内院门塔，北侧现状 ································ 1323

图5-293毗奢耶那伽罗 阿育塔拉亚神庙。内院门塔，西南侧景观 ································ 1324

图5-294毗奢耶那伽罗 阿育塔拉亚神庙。内院廊道及西门塔，自东北方向望去的景色 ·················· 1324

图5-295毗奢耶那伽罗 阿育塔拉亚神庙。内院廊道，内景 ···················· 1324

图5-296毗奢耶那伽罗 市场区。遗址全景 ···························· 1324

图5-297毗奢耶那伽罗 维塔拉神庙（16世纪初）。总平面（两图分别取自STIERLIN H. Hindu India, From Khajuraho to the Temple City of Madurai，1998年和MICHELL G. Architecture and Art of Southern India，1995年）··· 1327

图5-298毗奢耶那伽罗 维塔拉神庙。大院，自西侧望去的景色 ···················· 1324

图5-299毗奢耶那伽罗 维塔拉神庙。大院，白西南角望去的景色 ·················· 1327

图5-300毗奢耶那伽罗 维塔拉神庙。大院，西北侧景观 ······················ 1327

图5-301毗奢耶那伽罗 维塔拉神庙。主祠柱厅，东侧全景 ····················· 1328

图5-302毗奢耶那伽罗 维塔拉神庙。主祠西侧（背立面），现状 ················· 1328

图5-303毗奢耶那伽罗 维塔拉神庙。主祠柱厅，东入口近景 ···················· 1329

图5-304毗奢耶那伽罗 维塔拉神庙。主祠柱厅，东入口，沿主轴线西望情景 ·············· 1329

图5-305毗奢耶那伽罗 维塔拉神庙。主祠柱厅，北侧东段近景 ·················· 1330

图5-306毗奢耶那伽罗 维塔拉神庙。主祠柱厅，北侧入口近景 ·················· 1330

图5-307毗奢耶那伽罗 维塔拉神庙。主祠柱厅，内景 ······················ 1331

图5-308毗奢耶那伽罗 维塔拉神庙。主祠柱厅，天棚仰视 ···················· 1332

图5-309毗奢耶那伽罗 维塔拉神庙。主祠封闭柱厅，南侧入口（东南侧景观）············· 1332

图5-310毗奢耶那伽罗 维塔拉神庙。祭拜堂及其柱厅，南侧全景 ················· 1334

图5-311毗奢耶那伽罗 维塔拉神庙。祭拜堂及其柱厅，东南侧全景 ················ 1334

图5-312毗奢耶那伽罗 维塔拉神庙。祭拜堂、柱厅、廊柱近景 ·················· 1336

图5-313毗奢耶那伽罗 维塔拉神庙。祭拜堂、柱厅、廊柱细部 ·················· 1334

图5-314毗奢耶那伽罗 维塔拉神庙。卡尔亚纳柱厅，东北侧全景 ················· 1336

图5-315毗奢耶那伽罗 维塔拉神庙。卡尔亚纳柱厅，北立面景色 ················· 1336

图5-316毗奢耶那伽罗 维塔拉神庙。卡尔亚纳柱厅，西侧现状 ·················· 1336

图5-317毗奢耶那伽罗 维塔拉神庙。卡尔亚纳柱厅，入口及复合立柱，近景 ············· 1336

图5-318毗奢耶那伽罗 维塔拉神庙。卡尔亚纳柱厅，内景 ···················· 1338

图5-319毗奢耶那伽罗 维塔拉神庙。大院南墙西区柱厅，自东北方向望去的景色 ·········· 1339

图5-320毗奢耶那伽罗 维塔拉神庙。东门塔与迦鲁达祠堂（战车），19世纪中叶景况（老照片，1856年）······ 1339

图5-321毗奢耶那伽罗 维塔拉神庙。东门塔与迦鲁达祠堂，现状，自西南方向望去的景色 ··········· 1339

图5-322毗奢耶那伽罗 维塔拉神庙。东门塔，外侧景观（整修前）·················· 1340

图5-323毗奢耶那伽罗 维塔拉神庙。东门塔，外侧，现状 ···················· 1340

图5-324毗奢耶那伽罗 维塔拉神庙。东门塔，内侧景色 ······················ 1340

图5-325毗奢耶那伽罗 维塔拉神庙。东门塔，仰视近景（内侧）·················· 1342

图5-326毗奢耶那伽罗 维塔拉神庙。北门塔，地段形势（自东南方向望去的景色）············ 1342

图5-327毗奢耶那伽罗 维塔拉神庙。北门塔，内侧近景 ······················ 1343

图5-328毗奢耶那伽罗 维塔拉神庙。南门塔，东北侧景色 ···················· 1343

图5-329毗奢耶那伽罗 维塔拉神庙。迦鲁达祠堂（战车），西北侧现状 ················ 1344

图5-330毗奢耶那伽罗 维塔拉神庙。迦鲁达祠堂，南侧全景 ···················· 1344

图5-331毗奢耶那伽罗 伽纳吉蒂耆那教祠庙。现状（西北侧地段景观）··············· 1344

图5-332毗奢耶那伽罗 小祠堂 …… 1344

图5-333毗奢耶那伽罗 "地下"神庙。西侧，地段形势 …… 1346

图5-334毗奢耶那伽罗 "地下"神庙。门楼，现状 …… 1346

图5-335毗奢耶那伽罗 "地下"神庙。内景 …… 1346

图5-336毗奢耶那伽罗 赫泽勒-罗摩神庙（15世纪）。平面及外墙立面（取自MICHELL G. Architecture and Art of Southern India, 1995年）…… 1347

图5-337毗奢耶那伽罗 赫泽勒-罗摩神庙。建筑群，东北侧全景 …… 1347

图5-338毗奢耶那伽罗 赫泽勒-罗摩神庙。建筑群，北侧现状 …… 1347

图5-339毗奢耶那伽罗 赫泽勒-罗摩神庙。主祠，西南侧景色 …… 1349

图5-340毗奢耶那伽罗 赫泽勒-罗摩神庙。主祠，东北侧景观 …… 1349

图5-341毗奢耶那伽罗 赫泽勒-罗摩神庙。主祠，西南侧近景 …… 1349

图5-342毗奢耶那伽罗 赫泽勒-罗摩神庙。主祠，东面的开敞式柱廊（东南侧景色）…… 1349

图5-343毗奢耶那伽罗 赫泽勒-罗摩神庙。安曼祠堂，近景 …… 1349

图5-344毗奢耶那伽罗 赫泽勒-罗摩神庙。北围墙，外侧浮雕（表现节日期间的游行队列）…… 1350

图5-345毗奢耶那伽罗 "王区"（王室中心）。象舍（15~16世纪），西侧外景 …… 1350

图5-346毗奢耶那伽罗 "王区"。象舍，西南侧现状 …… 1350

图5-347毗奢耶那伽罗 "王区"。象舍，顶部柱亭，残迹现状 …… 1351

图5-348毗奢耶那伽罗 "王区"。象舍，室内穹顶仰视 …… 1351

图5-349毗奢耶那伽罗 后宫区。莲花阁（16世纪初），地段全景 …… 1351

图5-350毗奢耶那伽罗 后宫区。莲花阁，西北侧景色 …… 1353

图5-351毗奢耶那伽罗 后宫区。莲花阁，正面（西立面）现状 …… 1353

图5-352毗奢耶那伽罗 后宫区。莲花阁，背面景观 …… 1353

图5-353毗奢耶那伽罗 后宫区。莲花阁，门廊近景 …… 1353

图5-354毗奢耶那伽罗 后宫区。莲花阁，拱廊细部 …… 1354

图5-355毗奢耶那伽罗 后宫区。莲花阁，灰泥装饰细部（线条图，取自MICHELL G. Architecture and Art of Southern India, 1995年）…… 1354

图5-356毗奢耶那伽罗 黑天庙。亭阁，现状 …… 1354

图5-357毗奢耶那伽罗 "王区"（王室中心）。百柱厅（14世纪），平面（取自MICHELL G. Architecture and Art of Southern India, 1995年）…… 1354

图5-358毗奢耶那伽罗 克德莱克卢-迦内沙神庙（可能为14世纪）。南侧现状 …… 1354

图5-359毗奢耶那伽罗 克德莱克卢-迦内沙神庙。东南侧景观 …… 1354

图5-360斯里维利普图尔 安达尔神庙。门塔，现状 …… 1356

图5-361斯里维利普图尔 安达尔神庙。门塔，上部结构近景 …… 1356

图5-362拉梅斯沃勒姆 拉马纳塔寺庙组群。千柱廊（17世纪），20世纪初景色（老照片，1913年）…… 1356

图5-363拉梅斯沃勒姆 拉马纳塔寺庙组群。千柱廊，现状 …… 1356

图5-364拉梅斯沃勒姆 拉马纳塔寺庙组群。千柱廊，柱列近景 …… 1358

图5-365斯里卡拉哈斯蒂（安得拉邦）寺庙建筑群。俯视全景 …… 1358

图5-366斯里卡拉哈斯蒂 寺庙建筑群。主门塔（1516年），现状 …… 1359

图5-367蒂鲁文纳默莱 阿鲁纳切拉神庙（16世纪初）。卫星图 …… 1361

图5-368蒂鲁文纳默莱 阿鲁纳切拉神庙。俯视全景（自维鲁帕科萨石窟处望去的景色）…… 1361

图5-369蒂鲁文纳默莱 阿鲁纳切拉神庙。俯视全景（自西北方向红山上望去的景色）…… 1361

图5-370蒂鲁文纳默莱 阿鲁纳切拉神庙。俯视景色（自外院东门塔上向西望去的景色） ················ 1361

图5-371蒂鲁文纳默莱 阿鲁纳切拉神庙。外院景色（图示东门塔内场院） ··························· 1361

图5-372蒂鲁文纳默莱 阿鲁纳切拉神庙。外院景色（自外院东南池向西北方向望去的情景） ·········· 1361

图5-373蒂鲁文纳默莱 阿鲁纳切拉神庙。中院景色（向东北方向望去的情景） ····················· 1362

图5-374蒂鲁文纳默莱 阿鲁纳切拉神庙。中院景色（自中院东南角水池处向西南方向望去的景色） ····· 1362

图5-375蒂鲁文纳默莱 阿鲁纳切拉神庙。内院景色（向东南方向望去的景色） ····················· 1362

图5-376蒂鲁文纳默莱 阿鲁纳切拉神庙。外院东门塔，外侧景观 ································· 1362

图5-377蒂鲁文纳默莱 阿鲁纳切拉神庙。外院东门塔，内侧现状 ································· 1363

图5-378蒂鲁文纳默莱 阿鲁纳切拉神庙。外院东门塔，近景 ····································· 1363

图5-379蒂鲁文纳默莱 阿鲁纳切拉神庙。外院西门塔，西南侧景观 ······························· 1364

图5-380蒂鲁文纳默莱 阿鲁纳切拉神庙。外院北门塔，近景 ····································· 1364

图5-381蒂鲁文纳默莱 阿鲁纳切拉神庙。内院东门塔，西南侧景色 ······························· 1365

图5-382蒂鲁文纳默莱 阿鲁纳切拉神庙。主门塔内部楼层仰视效果 ······························· 1365

图5-383斯里伦格姆岛（蒂鲁吉拉帕利） 杰姆布凯斯沃拉神庙。卫星图 ····························· 1365

图5-384斯里伦格姆岛 杰姆布凯斯沃拉神庙（17世纪）。各门塔，现状 ························· 1366

图5-385斯里伦格姆岛 杰姆布凯斯沃拉神庙。廊院，残迹景色 ··································· 1366

图5-386斯里伦格姆岛 杰姆布凯斯沃拉神庙。廊厅内景及柱式构造 ······························· 1368

图5-387斯里伦格姆岛 杰姆布凯斯沃拉神庙。柱墩近景 ··· 1368

图5-388马杜赖 大庙（湿婆及米纳克希神庙，始建于8世纪，12~17世纪扩建）。总平面（图版，取自《A Handbook for Travellers in India，Burma，and Ceylon》，1911年） ························· 1371

图5-389马杜赖 大庙。总平面（取自MICHELL G. Architecture and Art of Southern India, 1995年）············ 1371

图5-390马杜赖 大庙。南门塔，剖面（1：500，取自STIERLIN H. Comprendre l'Architecture Universelle, II, 1977年） ··· 1371

图5-391马杜赖 大庙。模型 ··· 1371

图5-392马杜赖 大庙。西侧全景（自西向东望去的景色） ······································· 1371

图5-393马杜赖 大庙。东南区俯视（自南门塔向东北方向望去的景色） ··························· 1372

图5-394马杜赖 大庙。西侧各塔（自南门塔向西北方向望去的景色） ····························· 1372

图5-395马杜赖 大庙。西区门塔景色（自圣池东南角向西北方向望去的景色） ····················· 1372

图5-396马杜赖 大庙。南门塔，内侧景色 ··· 1375

图5-397马杜赖 大庙。南门塔，外侧，仰视近景 ··· 1375

图5-398马杜赖 大庙。西门塔，现状 ··· 1375

图5-399马杜赖 大庙。东门塔，外侧，仰视景色 ··· 1375

图5-400马杜赖 大庙。东门塔，顶部近景及雕饰细部 ··· 1376

图5-401马杜赖 大庙。门塔山墙面雕饰 ··· 1376

图5-402马杜赖 大庙。祠堂上的金顶 ··· 1379

图5-403马杜赖 大庙。圣池（金百合池），自东南角望去的景色 ································· 1379

图5-404马杜赖 大庙。圣池，周边廊道，内景 ··· 1379

图5-405马杜赖 大庙。圣池，自廊道向东北方向望去的景色 ····································· 1379

图5-406马杜赖 大庙。小廊厅，南侧外景 ··· 1379

图5-407马杜赖 大庙。大廊厅，内景 ··· 1380

图5-408马杜赖 大庙。千柱厅，内景 ··· 1380

图5-409马杜赖 大庙。千柱厅，柱列近景 ·················· 1380

图5-410马杜赖 大庙。千柱厅，柱子细部 ·················· 1382

图5-411马杜赖 大庙。米纳克希祠堂，壁画 ·················· 1382

图5-412马杜赖 库达拉加尔庙（17世纪中叶）。俯视全景 ·················· 1382

图5-413马杜赖 库达拉加尔庙。门塔，现状 ·················· 1383

图5-414马杜赖 库达拉加尔庙。主塔，近景 ·················· 1383

图5-415马杜赖 库达拉加尔庙。主塔，细部 ·················· 1384

图5-416马杜赖 库达拉加尔庙。主塔，顶部 ·················· 1384

图5-417马杜赖 阿拉加科伊尔庙。外景 ·················· 1385

图5-418马杜赖 阿拉加科伊尔庙。门塔现状 ·················· 1385

图5-419马杜赖 阿拉加科伊尔庙。柱厅内景 ·················· 1385

图5-420拉梅斯沃勒姆 拉马纳塔组群（主体18世纪）。总平面（取自MICHELL G. Architecture and Art of Southern India, 1995年） ·················· 1387

图5-421拉梅斯沃勒姆 拉马纳塔组群。西南侧俯视景色 ·················· 1387

图5-422拉梅斯沃勒姆 拉马纳塔组群。东门塔，现状 ·················· 1387

图5-423拉梅斯沃勒姆 拉马纳塔组群。西门塔，西南侧景色 ·················· 1389

图5-424韦洛尔 古城。总平面（取自MICHELL G. Architecture and Art of Southern India，1995年） ·················· 1389

图5-425韦洛尔 杰拉肯特寺庙组群（城堡寺庙，16世纪）。总平面（取自MICHELL G. Architecture and Art of Southern India, 1995年） ·················· 1389

图5-426韦洛尔 杰拉肯特寺庙组群。东南侧外景 ·················· 1389

图5-427韦洛尔 杰拉肯特寺庙组群。主门塔，东南侧景观 ·················· 1389

图5-428韦洛尔 杰拉肯特寺庙组群。主门塔，立面近景 ·················· 1391

图5-429韦洛尔 杰拉肯特寺庙组群。内院门塔 ·················· 1391

图5-430韦洛尔 杰拉肯特寺庙组群。柱厅，入口雕刻（后腿直立的战马与武士）·················· 1391

图5-431韦洛尔 杰拉肯特寺庙组群。柱厅，内景 ·················· 1391

图5-432韦洛尔 杰拉肯特寺庙组群。柱厅，顶棚石雕 ·················· 1392

图5-433斯里伦格姆岛（蒂鲁吉拉帕利） 伦加纳特寺庙。总平面（图版，取自FERGUSSON J，BURGESS J，SPIERS R P. Historyof Indian Architecture, 1910年）及卫星图 ·················· 1392

图5-434斯里伦格姆岛 伦加纳特寺庙。总平面示意及1~4号院平面（取自HARLE J C. The Art and Architecture of the Indian Subcontinent, 1994年） ·················· 1393

图5-435斯里伦格姆岛 伦加纳特寺庙。1~4号院平面（取自STIERLIN H. Hindu India, From Khajuraho to the Temple City of Madurai, 1998年，经补充） ·················· 1395

图5-436斯里伦格姆岛 伦加纳特寺庙。19世纪下半叶景色（老照片，约1870年） ·················· 1395

图5-437斯里伦格姆岛 伦加纳特寺庙。中央祠堂，金顶，远景及近观 ·················· 1395

图5-438斯里伦格姆岛 伦加纳特寺庙。门塔组群，现状 ·················· 1396

图5-439斯里伦格姆岛 伦加纳特寺庙。3号院南塔，西南侧景色 ·················· 1396

图5-440斯里伦格姆岛 伦加纳特寺庙。4号院东塔，东南侧景观 ·················· 1396

图5-441斯里伦格姆岛 伦加纳特寺庙。4号院东塔，下部近景 ·················· 1396

图5-442斯里伦格姆岛 伦加纳特寺庙。4号院东塔，上部近景（外侧） ·················· 1399

图5-443斯里伦格姆岛 伦加纳特寺庙。4号院南塔，现状全景 ·················· 1399

图5-444斯里伦格姆岛 伦加纳特寺庙。4号院南塔，近景 ·················· 1399

图5-445斯里伦格姆岛 伦加纳特寺庙。5号院南塔，现状 ··· 1399

图5-446斯里伦格姆岛 伦加纳特寺庙。6号院南塔，现状 ··· 1399

图5-447斯里伦格姆岛 伦加纳特寺庙。7号院（外院），南塔全景 ······································ 1399

图5-448斯里伦格姆岛 伦加纳特寺庙。7号院，南塔近景 ··· 1401

图5-449斯里伦格姆岛 伦加纳特寺庙。天棚画（18世纪初） ·· 1401

图5-450斯里伦格姆岛 伦加纳特寺庙。马柱厅（16世纪后期），廊柱近景 ···························· 1401

图5-451斯里伦格姆岛 伦加纳特寺庙。马柱厅，廊柱雕饰细部 ·· 1403

图5-452斯里伦格姆岛 伦加纳特寺庙。千柱厅，西南侧现状 ··· 1404

图5-453斯里伦格姆岛 伦加纳特寺庙。千柱厅，西廊景观 ··· 1404

图5-454斯里伦格姆岛 伦加纳特寺庙。千柱厅，内景 ··· 1404

图5-455斯里伦格姆岛 伦加纳特寺庙。千柱厅，柱子及雕饰细部 ······································· 1405

图5-456斯里伦格姆岛 伦加纳特寺庙。迦鲁达柱厅（17世纪），内景 ·································· 1407

图5-457斯里伦格姆岛 伦加纳特寺庙。迦鲁达柱厅，祠堂区景色 ······································· 1407

图5-458斯里伦格姆岛 伦加纳特寺庙。迦鲁达柱厅，中央通道边侧的施主、纳耶克王朝统治者雕像（17~18世纪） ·· 1407

图5-459斯里伦格姆岛 伦加纳特寺庙。克里希纳韦努戈珀勒祠堂（可能为16世纪或17世纪早期），近景··· 1407

图5-460斯里伦格姆岛 伦加纳特寺庙。克里希纳韦努戈珀勒祠堂，女性题材的雕饰细部 ··············· 1407

图5-461斯灵盖里（卡纳塔克邦） 维迪亚申卡拉神庙（16世纪）。平面（取自MICHELL G. Architecture and Art of Southern India, 1995年） ··· 1408

图5-462斯灵盖里 维迪亚申卡拉神庙。东南侧景观 ·· 1408

图5-463斯灵盖里 维迪亚申卡拉神庙。东侧，入口现状 ··· 1408

图5-464斯灵盖里 维迪亚申卡拉神庙。东北侧全景 ·· 1408

图5-465斯灵盖里 维迪亚申卡拉神庙。西南侧（背面）景色 ·· 1411

图5-466卡尔卡拉 巴胡巴利雕像。现状（立在山上，像高17米） ······································· 1411

图5-467卡尔卡拉 恰图尔穆卡寺（1586年）。平面（取自MICHELL G. Architecture and Art of Southern India, 1995年） ··· 1411

图5-468卡尔卡拉 恰图尔穆卡寺。俯视全景 ··· 1412

图5-469卡尔卡拉 恰图尔穆卡寺。立面现状 ··· 1412

图5-470卡尔卡拉 恰图尔穆卡寺。屋顶构造 ··· 1412

图5-471卡尔卡拉 恰图尔穆卡寺。柱子近景 ··· 1413

图5-472尼扎马巴德 罗摩庙（14世纪）。现状外景 ·· 1413

图5-473贝努贡达 加根宫（16世纪）。立面（取自MICHELL G. Architecture and Art of Southern India, 1995年） ··· ·· 1415

图5-474贝努贡达 加根宫。现状景色 ··· 1415

图5-475钱德拉吉里 拉贾宫（17世纪）。平面（取自MICHELL G. Architecture and Art of Southern India, 1995年） ·· 1415

图5-476钱德拉吉里 拉贾宫。东南侧全景 ·· 1415

图5-477钱德拉吉里 拉贾宫。背立面景色 ·· 1415

图5-478阿内贡迪 加根宫（17世纪）。现状外景 ··· 1416

图5-479京吉 卡尔亚纳宫（17世纪）。平面（畜舍及已发掘的宫邸部分，取自MICHELL G. Architecture and Art of Southern India, 1995年） ··· 1416

图5-480京吉 卡尔亚纳宫。俯视全景（自西南方向望去的景色） ···················· 1417

图5-481京吉 卡尔亚纳宫。塔楼近景 ·· 1417

图5-482达罗毗荼-喀拉拉式祠堂木支架 ·· 1418

图5-483克里克德-克瑟特勒姆（曼杰里）苏布勒默尼亚神庙（11世纪）。外景 ····· 1418

图5-484特里凡得琅 帕德默纳伯斯瓦米神庙。远景 ······································ 1419

图5-485特里凡得琅 帕德默纳伯斯瓦米神庙。门塔，现状 ····························· 1420

图5-486苏钦德拉姆 斯塔努纳特斯瓦米神庙。组群，现状 ····························· 1421

图5-487苏钦德拉姆 斯塔努纳特斯瓦米神庙。主门塔，近景 ·························· 1421

图5-488内杜姆普拉 湿婆神庙（9/10世纪）。外景 ······································ 1422

图5-489蒂鲁库勒塞克勒普勒姆（特里丘县）克里希纳庙（黑天庙，9世纪上半叶）。庙塔细部 ········· 1422

图5-490克维尤尔 湿婆祠庙（10世纪中叶）。平面（取自HARLE J C. The Art and Architecture of the Indian Sub-continent, 1994年） ·· 1422

图5-491克维尤尔 湿婆祠庙。俯视全景 ·· 1422

图5-492克维尤尔 湿婆祠庙。木墙雕饰（bāhya bhitti，可能为18世纪） ··········· 1423

图5-493埃图默努尔（科特塔耶姆县）摩诃提婆（"大自在天"）神庙。入口门道壁画：舞王湿婆（Naṭarāja，可能为16世纪） ·· 1424

图5-494卡耶姆库拉姆（阿勒皮县）克里希纳普勒姆宫。外景 ·························· 1425

图5-495卡耶姆库拉姆 克里希纳普勒姆宫。壁画：毗湿奴救助大象（Gajendramokṣa） ········· 1425

图5-496帕德默纳伯普勒姆（泰米尔纳德邦）宫殿。国王御用祠堂壁画：卧在卷曲的蛇王阿南塔身上的毗湿奴（18世纪中叶） ··· 1426

图5-497科钦 默滕切里宫。现状外景 ·· 1427

图5-498科钦 默滕切里宫。壁画 ·· 1427

图5-499穆德比德里 耆那教神庙（千柱庙）。现状，自北面望去的景色 ··············· 1427

图5-500穆德比德里 耆那教神庙。东侧全景 ··· 1428

图5-501穆德比德里 耆那教神庙。入口近景 ··· 1428

图5-502穆德比德里 耆那教神庙。内景 ··· 1428

第六章 次大陆其他国家

图6-1加德满都谷地 地理位置图（取自KORN W. The Traditional Architecture of the Kathmandu Valley, 2014年） ··· 1431

图6-2桑吉 窣堵坡。东门塔浮雕 ·· 1432

图6-3迦毗罗卫城 蓝毗尼园。阿育王柱（鲁明台石柱，公元前249年），发掘时照片 ········· 1432

图6-4迦毗罗卫城 蓝毗尼园。阿育王柱，现状（柱高6米，其中3米埋在地下） ········· 1432

图6-5迦毗罗卫城 蓝毗尼园。阿育王柱，柱上的婆罗米文铭刻 ······················· 1432

图6-6尼泊尔 离车时期的毗湿奴雕像 ·· 1434

图6-7次大陆北部古道图 ·· 1434

图6-8壁画（15世纪）：马拉王朝国王在巴克塔普尔王宫尊拜印度教主神因陀罗 ········· 1434

图6-9沙阿王朝国王普里特维·纳拉扬沙像 ·· 1435

图6-10布达尼坎塔 布达尼坎塔寺。毗湿奴卧像 ·· 1436

图6-11迦毗罗卫城 蓝毗尼园。大菩提树与圣池，现状 ································· 1436

图6-12迦毗罗卫城 蓝毗尼园。摩耶夫人庙及池水 ·················· 1436

图6-13迦毗罗卫城 蓝毗尼园。寺院及佛塔遗址 ·················· 1436

图6-14迦毗罗卫城 蓝毗尼园。标志王子悉达多出生地的古井 ·················· 1436

图6-15加德满都谷地 主要城市平面简图[加德满都、帕坦（今拉利特普尔）和巴克塔普尔（巴德岗）] ··· 1439

图6-16基尔蒂普尔 古城风貌 ·················· 1439

图6-17基尔蒂普尔 中心区。街景 ·················· 1439

图6-18基尔蒂普尔 巴拜拉弗庙（怒虎庙，可能为16世纪）。地段现状 ·················· 1439

图6-19基尔蒂普尔 巴拜拉弗庙。立面全景 ·················· 1441

图6-20基尔蒂普尔 巴拜拉弗庙。木雕及窗饰细部 ·················· 1441

图6-21基尔蒂普尔 奇伦乔窣堵坡。建筑群，全景 ·················· 1441

图6-22基尔蒂普尔 奇伦乔窣堵坡。中央窣堵坡，立面景色 ·················· 1441

图6-23基尔蒂普尔 迪彭卡尔庙。窣堵坡，现状 ·················· 1442

图6-24基尔蒂普尔 乌玛马赫庙（1655年）。现状景观 ·················· 1443

图6-25基尔蒂普尔 老王宫（18世纪）。沿河道一面景观 ·················· 1442

图6-26帕坦（桑卡拉普拉帕塔纳，拉利特普尔） 古城。总平面（取自KORN W. The Traditional Newar Architecture of the Kathmandu Valley，The Sikharas, 2014年） ·················· 1443

图6-27帕坦 "阿育王窣堵坡"。南阿育王窣堵坡，现状 ·················· 1444

图6-28帕坦 "阿育王窣堵坡"。北阿育王窣堵坡，现状 ·················· 1444

图6-29帕坦 王宫广场。总平面（取自KORN W. The Traditional Architecture of the Kathmandu Valley, 2014年） ·················· 1444

图6-30帕坦 王宫广场。王宫区对面各祠庙外廊形式（取自KORN W. The Traditional Architecture of the Kathmandu Valley, 2014年） ·················· 1444

图6-31帕坦 王宫广场。20世纪初景色[水彩画，1912年，作者Percy Brown（1872~1955年）] ·················· 1444

图6-32帕坦 王宫广场。现状，俯视全景（向北面望去的景色） ·················· 1447

图6-33帕坦 王宫广场。北区，东南侧景色 ·················· 1447

图6-34帕坦 王宫广场。南区，西南侧景色 ·················· 1447

图6-35帕坦 王宫广场。向北望去的景色 ·················· 1447

图6-36帕坦 王宫广场。神庙区，向北望去的景色 ·················· 1449

图6-37帕坦 王宫广场。自东北方向望去的景色 ·················· 1449

图6-38帕坦 王宫广场。北部，西望景色 ·················· 1449

图6-39帕坦 王宫广场。恰辛·德沃尔神庙，西北侧地段形势 ·················· 1449

图6-40帕坦 王宫广场。恰辛·德沃尔神庙，东南侧现状 ·················· 1450

图6-41帕坦 王宫广场。恰辛·德沃尔神庙，东侧景观 ·················· 1450

图6-42帕坦 王宫广场。哈里·申卡神庙（17世纪），东南侧，地段形势 ·················· 1450

图6-43帕坦 王宫广场。哈里·申卡神庙，东南侧，全景 ·················· 1452

图6-44帕坦 王宫广场。哈里·申卡神庙，入口基台近景 ·················· 1453

图6-45帕坦 王宫广场。哈里·申卡神庙，屋檐构造及雕饰细部 ·················· 1453

图6-46帕坦 王宫广场。那罗希摩神庙（1590年），东南侧，地段形势 ·················· 1454

图6-47帕坦 王宫广场。那罗希摩神庙，东北侧全景 ·················· 1454

图6-48帕坦 王宫广场。那罗希摩神庙，东侧（入口面），现状 ·················· 1454

图6-49帕坦 王宫广场。毗湿奴天（恰尔·纳拉扬）神庙（1564/1565年），平面（取自KORN W. The Traditional

Architecture of the Kathmandu Valley, 2014年） ·· 1457

图6-50帕坦 王宫广场。毗湿奴天神庙，立面及剖面（取自KORN W. The Traditional Architecture of the Kathmandu Valley, 2014年） ·· 1457

图6-51帕坦 王宫广场。毗湿奴天神庙，东南侧景色 ··· 1457

图6-52帕坦 王宫广场。克里希纳（黑天）神庙（1637年），东南侧，地段形势 ········· 1457

图6-53帕坦 王宫广场。克里希纳神庙，东南侧，全景 ······································ 1459

图6-54帕坦 王宫广场。克里希纳神庙，东侧全景（自对面王宫博物馆窗户处望去的景色） ····· 1459

图6-55帕坦 王宫广场。克里希纳神庙，东北侧，近景 ······································ 1460

图6-56帕坦 王宫广场。克里希纳神庙，雕饰细部 ·· 1460

图6-57帕坦 王宫广场。迦鲁达柱（位于克里希纳神庙前），柱头及迦鲁达雕像，近景 ····· 1460

图6-58帕坦 王宫广场。维什沃纳特神庙（1627年），南侧，地段全景 ··················· 1460

图6-59帕坦 王宫广场。维什沃纳特神庙，东侧现状 ·· 1460

图6-60帕坦 王宫广场。维什沃纳特神庙，西南侧景观 ······································ 1462

图6-61帕坦 王宫广场。维什沃纳特神庙，东北侧，仰视效果 ······························ 1462

图6-62帕坦 王宫广场。维什沃纳特神庙，入口近景 ·· 1463

图6-63帕坦 王宫广场。比姆森神庙（1680年），东南侧景观 ······························ 1463

图6-64帕坦 王宫广场。比姆森神庙，东立面现状 ·· 1465

图6-65帕坦 王宫广场。比姆森神庙，屋顶及挑檐，近景 ···································· 1465

图6-66帕坦 王宫广场。王宫，平面及立面（取自KORN W. The Traditional Architecture of the Kathmandu Valley, 2014年） ·· 1465

图6-67帕坦 王宫广场。王宫，凯瑟尔·纳拉扬宫院，向南望去的景色 ····················· 1465

图6-68帕坦 王宫广场。王宫，凯瑟尔·纳拉扬宫院，向北望去的景色 ····················· 1466

图6-69帕坦 王宫广场。王宫，凯瑟尔·纳拉扬宫院，向东望去的景色 ····················· 1466

图6-70帕坦 王宫广场。王宫，"金门"，全景（现为博物馆入口） ························· 1467

图6-71帕坦 王宫广场。王宫，"金门"，山面细部 ·· 1468

图6-72帕坦 王宫广场。王宫，穆尔院（1666年），自西南角望去的景色 ··················· 1468

图6-73帕坦 王宫广场。王宫，穆尔院，立面柱廊细部 ······································ 1468

图6-74帕坦 王宫广场。王宫，穆尔院，南侧，塔莱久祠堂入口及河流女神铜像 ············· 1468

图6-75帕坦 王宫广场。王宫，穆尔院，维迪娅神祠，西南侧近景 ·························· 1468

图6-76帕坦 王宫广场。王宫，孙达理院（约1670年），平面（取自KORN W. The Traditional Architecture of the Kathmandu Valley, 2014年） ·· 1471

图6-77帕坦 王宫广场。王宫，孙达理院，立面及剖面（取自KORN W. The Traditional Architecture of the Kathmandu Valley, 2014年） ·· 1471

图6-78帕坦 王宫广场。王宫，孙达理院，入口立面，外景 ································· 1471

图6-79帕坦 王宫广场。王宫，孙达理院，北望景色 ·· 1471

图6-80帕坦 王宫广场。王宫，孙达理院，南望景色 ·· 1471

图6-81帕坦 王宫广场。王宫，孙达理院，图沙池，近景（向北面望去的样式） ············· 1472

图6-82帕坦 王宫广场。王宫，塔莱久·巴瓦妮祠庙（1640年，1667年重建），南侧全景 ····· 1472

图6-83帕坦 王宫广场。王宫，塔莱久·巴瓦妮祠庙，东侧景观 ······························ 1473

图6-84帕坦 王宫广场。王宫，塔莱久·巴瓦妮祠庙，屋檐近景 ······························ 1473

图6-85帕坦 王宫广场。王宫，德古塔勒祠庙（1640年），南侧，地段形势 ················· 1475

图6-86帕坦 王宫广场。王宫，德古塔勒祠庙，西北侧，现状 ⋯⋯⋯⋯⋯⋯⋯⋯⋯⋯⋯⋯⋯⋯⋯⋯ 1475

图6-87帕坦 金庙（12世纪）。现状 ⋯⋯⋯⋯⋯⋯⋯⋯⋯⋯⋯⋯⋯⋯⋯⋯⋯⋯⋯⋯⋯⋯⋯⋯ 1475

图6-88帕坦 大觉寺（"千佛寺"，14世纪）。平面及西立面（据Gutschow） ⋯⋯⋯⋯⋯⋯⋯ 1475

图6-89帕坦 大觉寺。地段俯视景色 ⋯⋯⋯⋯⋯⋯⋯⋯⋯⋯⋯⋯⋯⋯⋯⋯⋯⋯⋯⋯⋯⋯⋯⋯⋯ 1476

图6-90帕坦 大觉寺。立面现状 ⋯⋯⋯⋯⋯⋯⋯⋯⋯⋯⋯⋯⋯⋯⋯⋯⋯⋯⋯⋯⋯⋯⋯⋯⋯⋯⋯ 1476

图6-91帕坦 大觉寺。底层近景 ⋯⋯⋯⋯⋯⋯⋯⋯⋯⋯⋯⋯⋯⋯⋯⋯⋯⋯⋯⋯⋯⋯⋯⋯⋯⋯⋯ 1476

图6-92帕坦 大觉寺。墙面雕饰细部 ⋯⋯⋯⋯⋯⋯⋯⋯⋯⋯⋯⋯⋯⋯⋯⋯⋯⋯⋯⋯⋯⋯⋯⋯⋯ 1476

图6-93加德满都 古城。总平面（取自KORN W. The Traditional Newar Architecture of the Kathmandu Valley，The Sikharas, 2014年） ⋯⋯⋯⋯⋯⋯⋯⋯⋯⋯⋯⋯⋯⋯⋯⋯⋯⋯⋯⋯⋯⋯⋯⋯⋯ 1476

图6-94加德满都 王宫广场。总平面（取自KORN W. The Traditional Architecture of the Kathmandu Valley, 2014年） ⋯⋯⋯⋯⋯⋯⋯⋯⋯⋯⋯⋯⋯⋯⋯⋯⋯⋯⋯⋯⋯⋯⋯⋯⋯⋯ 1478

图6-95加德满都 王宫广场。杰根纳特神庙（17世纪），西南侧，地段全景 ⋯⋯⋯⋯⋯⋯ 1479

图6-96加德满都 王宫广场。杰根纳特神庙，自东南方向望去的景色 ⋯⋯⋯⋯⋯⋯⋯⋯⋯ 1479

图6-97加德满都 王宫广场。杰根纳特神庙，西立面现状 ⋯⋯⋯⋯⋯⋯⋯⋯⋯⋯⋯⋯⋯⋯⋯ 1480

图6-98加德满都 王宫广场。塔莱久神庙（1564年），东北侧地段全景 ⋯⋯⋯⋯⋯⋯⋯⋯ 1481

图6-99加德满都 王宫广场。塔莱久神庙，北侧，仰视景色 ⋯⋯⋯⋯⋯⋯⋯⋯⋯⋯⋯⋯⋯⋯ 1481

图6-100加德满都 王宫广场。塔莱久神庙，南侧景色 ⋯⋯⋯⋯⋯⋯⋯⋯⋯⋯⋯⋯⋯⋯⋯⋯⋯ 1483

图6-101加德满都 王宫广场。塔莱久神庙，檐部近景 ⋯⋯⋯⋯⋯⋯⋯⋯⋯⋯⋯⋯⋯⋯⋯⋯⋯ 1483

图6-102加德满都 王宫广场。塔莱久神庙，墙面及装饰细部 ⋯⋯⋯⋯⋯⋯⋯⋯⋯⋯⋯⋯⋯ 1484

图6-103加德满都 王宫广场。德古特莱神庙，现状 ⋯⋯⋯⋯⋯⋯⋯⋯⋯⋯⋯⋯⋯⋯⋯⋯⋯⋯ 1485

图6-104加德满都 王宫广场。王宫，纳萨尔宫院，东南角景色 ⋯⋯⋯⋯⋯⋯⋯⋯⋯⋯⋯⋯ 1485

图6-105加德满都 王宫广场。王宫，纳萨尔宫院，东北角，哈奴曼神庙现状 ⋯⋯⋯⋯⋯ 1487

图6-106加德满都 王宫广场。克里希纳（黑天）神庙，东南侧景色 ⋯⋯⋯⋯⋯⋯⋯⋯⋯⋯ 1487

图6-107加德满都 王宫广场。默汉宫院，阿加马切姆神庙，西侧外观 ⋯⋯⋯⋯⋯⋯⋯⋯ 1487

图6-108加德满都 王宫广场。因陀罗补罗祠庙，西北侧景色 ⋯⋯⋯⋯⋯⋯⋯⋯⋯⋯⋯⋯⋯ 1487

图6-109加德满都 王宫广场。独木庙（木阁，约1100年），平面（取自KORN W. The Traditional Architecture of the Kathmandu Valley, 2014年） ⋯⋯⋯⋯⋯⋯⋯⋯⋯⋯⋯⋯⋯⋯⋯ 1489

图6-110加德满都 王宫广场。独木庙，正立面（取自KORN W. The Traditional Architecture of the Kathmandu Valley, 2014年） ⋯⋯⋯⋯⋯⋯⋯⋯⋯⋯⋯⋯⋯⋯⋯⋯⋯⋯⋯⋯⋯⋯⋯⋯⋯ 1489

图6-111加德满都 王宫广场。独木庙，南北向剖面（取自KORN W. The Traditional Architecture of the Kathmandu Valley, 2014年） ⋯⋯⋯⋯⋯⋯⋯⋯⋯⋯⋯⋯⋯⋯⋯⋯⋯⋯⋯⋯⋯⋯⋯ 1489

图6-112加德满都 王宫广场。独木庙，南立面（建筑毁于2015年地震） ⋯⋯⋯⋯⋯⋯⋯ 1489

图6-113加德满都 王宫广场。比纳亚克神庙（迦内沙神庙），现状，近景 ⋯⋯⋯⋯⋯⋯ 1490

图6-114加德满都 王宫广场。默久·德沃尔祠庙，平面（取自KORN W. The Traditional Architecture of the Kathmandu Valley, 2014年） ⋯⋯⋯⋯⋯⋯⋯⋯⋯⋯⋯⋯⋯⋯⋯⋯⋯⋯⋯⋯⋯ 1490

图6-115加德满都 王宫广场。默久·德沃尔祠庙，立面及剖面（取自KORN W. The Traditional Architecture of the Kathmandu Valley, 2014年） ⋯⋯⋯⋯⋯⋯⋯⋯⋯⋯⋯⋯⋯⋯⋯⋯⋯⋯ 1490

图6-116加德满都 王宫广场。默久·德沃尔祠庙，南侧，地段全景 ⋯⋯⋯⋯⋯⋯⋯⋯⋯⋯ 1490

图6-117加德满都 王宫广场。默久·德沃尔祠庙，东南侧，全景 ⋯⋯⋯⋯⋯⋯⋯⋯⋯⋯⋯⋯ 1492

图6-118加德满都 王宫广场。默久·德沃尔祠庙，东北侧景观 ⋯⋯⋯⋯⋯⋯⋯⋯⋯⋯⋯⋯ 1493

图6-119加德满都 王宫广场。默久·德沃尔祠庙，屋檐近景 ⋯⋯⋯⋯⋯⋯⋯⋯⋯⋯⋯⋯⋯ 1493

图6-120加德满都 王宫广场。默久·德沃尔祠庙，挑腿细部 ·· 1494

图6-121加德满都 王宫广场。特赖洛基亚·默汉·纳拉扬神庙，北侧全景（建筑已于2015年地震中倒塌）··· 1494

图6-122加德满都 王宫广场。特赖洛基亚·默汉·纳拉扬神庙，东北侧景色 ····························· 1495

图6-123加德满都 王宫广场。大鹏金翅鸟迦鲁达雕像（摄于2015年地震后）····························· 1495

图6-124加德满都 王宫广场。卡盖斯沃拉大自在天庙，西北侧景色 ·································· 1496

图6-125加德满都 王宫广场。卡盖斯沃拉大自在天庙，南立面景观 ·································· 1496

图6-126加德满都 王宫广场。库玛莉·巴哈尔祠庙，外景 ·· 1496

图6-127加德满都 王宫广场。库玛莉·巴哈尔祠庙，内院景色 ······································ 1496

图6-128加德满都 王宫广场。洛汉宫院，东南侧，地段俯视全景 ···································· 1496

图6-129加德满都 王宫广场。洛汉宫院，自西面加德满都塔楼上望去的景色 ························ 1498

图6-130加德满都 王宫广场。洛汉宫院，西南侧外景 ··· 1498

图6-131加德满都 王宫广场。洛汉宫院，巴克塔普尔塔楼，内景 ··································· 1498

图6-132加德满都 王宫广场。马桑宫院，西翼现状 ·· 1501

图6-133加德满都 王宫广场。湿婆-帕尔瓦蒂（雪山神女）神庙，东南侧地段形势 ················· 1501

图6-134加德满都 王宫广场。湿婆-帕尔瓦蒂神庙，南侧全景 ····································· 1501

图6-135加德满都 王宫广场。湿婆-帕尔瓦蒂神庙，西南侧俯视景色（自默久·德沃尔祠庙上望去的情景）······
·· 1502

图6-136加德满都 王宫广场。湿婆-帕尔瓦蒂神庙，雕饰细部 ····································· 1502

图6-137加德满都 王宫广场。纳拉扬塔楼，东南侧景观（已于2015年地震中坍毁）··············· 1503

图6-138加德满都 因陀罗广场。天神庙，现状 ·· 1503

图6-139加德满都 因陀罗广场。天神庙，雕饰细部 ·· 1505

图6-140巴克塔普尔 古城。总平面（取自KORN W. The Traditional Newar Architecture of the Kathmandu Valley,
The Sikharas, 2014年）·· 1505

图6-141巴克塔普尔 达特塔雷耶广场。全景 ·· 1505

图6-142巴克塔普尔 达特塔雷耶广场。现状 ·· 1505

图6-143巴克塔普尔 陶器广场。现状 ·· 1507

图6-144巴克塔普尔 王宫广场。总平面（取自KORN W. The Traditional Architecture of the Kathmandu Valley,
2014年）·· 1507

图6-145巴克塔普尔 王宫广场。19世纪中叶景色[彩画，1854年，作者Henry Ambrose Oldfield（1822~1871年）；
向东面望去的景色] ·· 1507

图6-146巴克塔普尔 王宫广场。20世纪初景色（老照片，1912年；向西面望去的景色）·············· 1507

图6-147巴克塔普尔 王宫广场。向东望去的景色 ··· 1509

图6-148巴克塔普尔 王宫广场。向东望去的景色 ··· 1509

图6-149巴克塔普尔 王宫广场。向东望去的景色 ··· 1509

图6-150巴克塔普尔 王宫广场。向北望去的情景 ··· 1509

图6-151巴克塔普尔 王宫广场。王宫，金门及55窗宫，西南侧景色（线条画，取自KORN W. The Traditional
Architecture of the Kathmandu Valley, 2014年）··· 1510

图6-152巴克塔普尔 王宫广场。王宫，金门，立面全景 ··· 1510

图6-153巴克塔普尔 王宫广场。王宫，金门，山面镀金铜饰细部 ··································· 1511

图6-154巴克塔普尔 王宫广场。王宫，西翼（国家艺术馆）全景 ··································· 1512

图6-155巴克塔普尔 王宫广场。王宫，西翼，西段立面现状 ······································· 1512

图6-156巴克塔普尔 王宫广场。王宫，西翼，东段立面现状 ················· 1512

图6-157巴克塔普尔 王宫广场。王宫，西翼，国家艺术馆入口，近景 ············· 1512

图6-158巴克塔普尔 王宫广场。王宫，55窗宫，东南侧，现状 ·············· 1512

图6-159巴克塔普尔 王宫广场。王宫，55窗宫，近景 ·················· 1514

图6-160巴克塔普尔 王宫广场。王宫，55窗宫，墙面装修细部 ············· 1514

图6-161巴克塔普尔 王宫广场。王宫，55窗宫，顶层雕饰细部 ············· 1514

图6-162巴克塔普尔 王宫广场。王宫，塔莱久宫院，入口近景 ·············· 1516

图6-163巴克塔普尔 王宫广场。布帕廷陀罗·马拉国王雕像柱，地段全景：2015年地震前后的照片 ·· 1516

图6-164巴克塔普尔 王宫广场。布帕廷陀罗·马拉国王雕像柱，柱头及雕像细部 ······ 1518

图6-165巴克塔普尔 王宫广场。帕舒珀蒂祠庙（15世纪），西北侧景色（摄于2015年震后） ···· 1518

图6-166巴克塔普尔 王宫广场。帕舒珀蒂祠庙，立面近景 ··············· 1518

图6-167巴克塔普尔 王宫广场。克里希纳神庙，东立面（入口面），外景 ········· 1518

图6-168巴克塔普尔 王宫广场。瓦查拉·杜尔伽神庙（1696年，17世纪末或18世纪初重建，毁于2015年地震），
内祠天棚结构示意（取自KORN W. The Traditional Newar Architecture of the Kathmandu Valley，The Sikharas，
2014年） ··· 1518

图6-169巴克塔普尔 王宫广场。祠堂和顶塔之间屋顶式线脚的运用（取自KORN W. The Traditional Newar
Architecture of the Kathmandu Valley，The Sikharas，2014年） ·············· 1521

图6-170巴克塔普尔 王宫广场。瓦查拉·杜尔伽神庙，西南侧全景 ············ 1521

图6-171巴克塔普尔 王宫广场。瓦查拉·杜尔伽神庙，西立面景观 ············ 1521

图6-172巴克塔普尔 王宫广场。西迪·拉克斯米神庙，南侧现状 ············· 1522

图6-173巴克塔普尔 王宫广场。西迪·拉克斯米神庙，西南侧景观 ············ 1522

图6-174巴克塔普尔 王宫广场。西迪·拉克斯米神庙，入口阶台近景 ··········· 1522

图6-175巴克塔普尔 王宫广场。凯达尔湿婆神庙（摩诃提婆神庙），东侧地段全景 ····· 1522

图6-176巴克塔普尔 王宫广场。凯达尔湿婆神庙，东侧近景 ·············· 1522

图6-177巴克塔普尔 王宫广场。凯达尔湿婆神庙，塔基砖雕细部 ············· 1522

图6-178巴克塔普尔 王宫广场。哈里尚卡尔庙堂（客栈），北翼外景 ·········· 1524

图6-179巴克塔普尔 王宫广场。法西德加庙塔，远景 ················· 1524

图6-180巴克塔普尔 王宫广场。法西德加庙塔，南侧全景 ··············· 1525

图6-181巴克塔普尔 王宫广场。切亚西林柱阁，南侧，地段形势 ············ 1525

图6-182巴克塔普尔 王宫广场。切亚西林柱阁，西北侧全景 ·············· 1526

图6-183巴克塔普尔 王宫广场。切亚西林柱阁，西北侧近景 ·············· 1527

图6-184巴克塔普尔 陶马迪广场。俯视全景（自东北方向望去的景色） ········· 1527

图6-185巴克塔普尔 陶马迪广场。俯视景色（自西南方向望去的全景） ········· 1529

图6-186巴克塔普尔 陶马迪广场。自西南方向望去的景色 ··············· 1529

图6-187巴克塔普尔 陶马迪广场。五层庙，远景 ··················· 1529

图6-188巴克塔普尔 陶马迪广场。五层庙，西南侧全景 ················ 1529

图6-189巴克塔普尔 陶马迪广场。五层庙，南立面现状 ················ 1531

图6-190巴克塔普尔 陶马迪广场。五层庙，西南侧仰视近景 ·············· 1531

图6-191巴克塔普尔 陶马迪广场。五层庙，台阶，护卫神兽群雕 ············ 1531

图6-192巴克塔普尔 陶马迪广场。拜拉瓦·纳特神庙，19世纪中叶景观（彩画，作者Henry Ambrose Oldfield，
1852年） ·· 1531

图6-193巴克塔普尔 陶马迪广场。拜拉瓦·纳特神庙，地段全景 ··· 1533

图6-194巴克塔普尔 陶马迪广场。拜拉瓦·纳特神庙，西立面，现状 ··· 1533

图6-195巴克塔普尔 陶马迪广场。拜拉瓦·纳特神庙，屋顶及檐部，近景 ································· 1533

图6-196巴克塔普尔 陶马迪广场。拜拉瓦·纳特神庙，墙面及窗饰细部 ····································· 1533

图6-197巴克塔普尔 达特塔雷耶广场。达特塔雷耶客栈，平面、立面及剖面（取自KORN W. The Traditional Architecture of the Kathmandu Valley, 2014年） ·· 1534

图6-198巴克塔普尔 达特塔雷耶广场。达特塔雷耶客栈，现状，全景 ··· 1534

图6-199巴克塔普尔 达特塔雷耶广场。达特塔雷耶客栈，近景 ··· 1535

图6-200加德满都 拉克什米-纳拉扬客栈。平面（取自KORN W. The Traditional Architecture of the Kathmandu Valley, 2014年） ··· 1535

图6-201加德满都 拉克什米-纳拉扬客栈。立面及剖面（取自KORN W. The Traditional Architecture of the Kathmandu Valley, 2014年） ··· 1536

图6-202尼泊尔 各类门的形式（取自KORN W. The Traditional Architecture of the Kathmandu Valley, 2014年） ··· ·· 1536

图6-203尼泊尔 各类窗的形式（取自KORN W. The Traditional Architecture of the Kathmandu Valley, 2014年） ··· ·· 1536

图6-204巴克塔普尔 孔雀窗 ·· 1538

图6-205帕坦 皮普勒赫沃。南寺及窣堵坡（可能为公元前3世纪），遗址现状 ·························· 1538

图6-206帕坦 皮普勒赫沃。窣堵坡，遗存近景 ·· 1539

图6-207帕坦 恰巴希尔建筑群。恰鲁玛蒂大窣堵坡，现状全景 ··· 1539

图6-208帕坦 恰巴希尔建筑群。恰鲁玛蒂大窣堵坡，近景 ·· 1540

图6-209尼泊尔 窣堵坡平台上的眼睛 ·· 1540

图6-210加德满都 布达纳特大窣堵坡。地段俯视全景 ··· 1540

图6-211加德满都 布达纳特大窣堵坡。远景 ··· 1543

图6-212加德满都 布达纳特大窣堵坡。建筑群，全景照片 ··· 1543

图6-213加德满都 布达纳特大窣堵坡。中央组群，现状（俯视） ··· 1543

图6-214加德满都 布达纳特大窣堵坡。中央组群，现状（平视） ··· 1545

图6-215加德满都 布达纳特大窣堵坡。中央大塔，近观 ·· 1545

图6-216加德满都 布达纳特大窣堵坡。中央大塔，顶塔近景 ··· 1547

图6-217加德满都 布达纳特大窣堵坡。罗萨节（Losar）期间的祝福 ··· 1547

图6-218加德满都 斯瓦扬布窣堵坡。立面（取自HARLE J C. The Art and Architecture of the Indian Subcontinent, 1994年） ·· 1548

图6-219加德满都 斯瓦扬布窣堵坡。南侧外景 ·· 1548

图6-220加德满都 斯瓦扬布窣堵坡。西北侧景色 ·· 1548

图6-221加德满都 斯瓦扬布窣堵坡。东南侧近景 ·· 1550

图6-222加德满都 斯瓦扬布窣堵坡。西北侧，夜景 ·· 1551

图6-223加德满都 斯瓦扬布窣堵坡。东侧，基部佛龛近景 ··· 1551

图6-224加德满都 斯瓦扬布窣堵坡。塔体近景 ·· 1553

图6-225加德满都 斯瓦扬布窣堵坡。西侧，上部近景 ··· 1553

图6-226加德满都 斯瓦扬布窣堵坡。顶塔细部 ·· 1554

图6-227加德满都 斯瓦扬布窣堵坡。顶塔，尖头壁板小金佛细部 ··· 1554

图6-228加德满都 斯瓦扬布窣堵坡。顶塔，佛眼细部 ·· 1554

图6-229尼泊尔 主要祠庙类型：1、窣堵坡式；2、顶塔式；3、宝塔式（取自KORN W. The Traditional Newar Architecture of the Kathmandu Valley，The Sikharas，2014年） ·· 1554

图6-230尼泊尔 采用三车及五车平面的祠堂（据Wolfgang Korn，2014年） ·················· 1556

图6-231格尔纳利河谷地带 塔庙原型平面及立面复原图（据Wolfgang Korn，2014年） ·········· 1556

图6-232尼泊尔 塔庙类型（总示意图，据Wolfgang Korn，2014年） ·························· 1556

图6-233尼泊尔 各种塔庙类型比较（剪影图，按同一比例，据Wolfgang Korn，2014年） ·········· 1559

图6-234尼泊尔 塔庙。A型实例：巴克塔普尔 迦内沙神庙，平面及立面（据Wolfgang Korn，2014年，下同） ·· 1559

图6-235尼泊尔 塔庙。B-1型，实例一：帕坦 珀德马帕尼神庙，平面及立面 ·················· 1559

图6-236尼泊尔 塔庙。B-1型，实例二：加德满都 斯瓦扬布窣堵坡平台上的阿南塔普拉神庙，平面及立面 ······ 1559

图6-237尼泊尔 塔庙。B-2型：巴克塔普尔 王宫广场，摩诃提婆（"大自在天"）神庙，平面及立面 ······ 1559

图6-238尼泊尔 塔庙。C-1型，实例一：帕坦 毗湿奴天（伊卡拉库·托尔的）神庙，平面及立面 ······ 1559

图6-239尼泊尔 塔庙。C-1型，实例二：巴克塔普尔 王宫广场，瓦查拉·杜尔伽神庙，平面 ·········· 1561

图6-240尼泊尔 塔庙。C-1型，实例二：巴克塔普尔 王宫广场，瓦查拉·杜尔伽神庙，西立面及剖面 ······ 1561

图6-241尼泊尔 塔庙。C-2型：乔巴尔 根达寺，平面及立面 ·················· 1561

图6-242尼泊尔 塔庙。D型，实例一：帕坦 王宫广场 克里希纳（黑天）神庙，平面及立面 ·········· 1561

图6-243尼泊尔 塔庙。D型，实例二：帕坦 王宫，孙达理院，图沙池微缩建筑，平面及立面 ·········· 1561

图6-244尼泊尔 塔庙。典型顶饰 ·· 1562

图6-245加德满都 帕斯帕提那寺。主庙，外景（线条画，取自KORN W. The Traditional Architecture of the Kathmandu Valley，2014年） ·· 1562

图6-246加德满都 帕斯帕提那寺。地段全景 ·················· 1562

图6-247加德满都 帕斯帕提那寺。东侧俯视 ·················· 1563

图6-248加德满都 帕斯帕提那寺。主入口，夜景 ·················· 1563

图6-249加德满都 帕斯帕提那寺。背面景色 ·················· 1564

图6-250加德满都 帕斯帕提那寺。林伽神龛 ·················· 1564

图6-251巴克塔普尔 昌古·纳拉扬神庙。入口立面 ·················· 1564

图6-252巴克塔普尔 昌古·纳拉扬神庙。全景 ·················· 1564

图6-253巴克塔普尔 昌古·纳拉扬神庙。2015年地震后景象 ·················· 1566

图6-254帕瑙蒂 祠庙群。地段景色 ·················· 1566

图6-255帕瑙蒂 祠庙群。神庙立面 ·················· 1568

图6-256帕瑙蒂 祠庙群。山墙，木雕细部 ·················· 1568

图6-257帕瑙蒂 因陀罗大自在天神庙（可能为1294年）。地段形势 ·················· 1568

图6-258帕瑙蒂 因陀罗大自在天神庙，立面全景 ·················· 1568

图6-259帕瑙蒂 因陀罗大自在天神庙，入口近景 ·················· 1570

图6-260乔巴尔 阿底那陀寺（创建于15世纪，1640年改建）。现状 ·················· 1570

图6-261廓尔喀 玛纳卡玛纳庙。外景（2015年地震前照片） ·················· 1570

图6-262尼泊尔 典型神庙窗饰 ·················· 1570

图6-263尼泊尔 寺庙门窗雕饰 ·················· 1570

图6-264钱古·纳拉扬 神庙。外景 ·················· 1573

图6-265钱古·纳拉扬 神庙。墙面及屋檐，装饰细部 ·· 1573

图6-266帕坦 库姆拜斯沃拉神庙。外景（线条画，取自KORN W. The Traditional Architecture of the Kathmandu Valley, 2014年） ·· 1573

图6-267帕坦 库姆拜斯沃拉神庙。地段环境 ·· 1573

图6-268帕坦 库姆拜斯沃拉神庙。现状全景 ·· 1575

图6-269帕坦 库姆拜斯沃拉神庙。近景仰视 ·· 1575

图6-270尼泊尔 宗教建筑的基本模式[取自意大利语版《艺术大百科全书》（Enciclopedia Universale dell'Arte）]:
1、窣堵坡式；2、宝塔式 ·· 1575

图6-271加德满都谷地 坡顶寺庙的类型（一） ·· 1575

图6-272加德满都谷地 坡顶寺庙的类型（二） ·· 1577

图6-273加德满都谷地 坡顶寺庙的类型（三） ·· 1577

图6-274加德满都谷地 坡顶寺庙的类型（四） ·· 1577

图6-275米欣特勒 坎塔卡支提。现状 ·· 1578

图6-276米欣特勒 坎塔卡支提。近景 ·· 1578

图6-277米欣特勒 玛哈窣堵坡（公元7~19年）。现状景色 ·· 1579

图6-278米欣特勒 寺院餐厅。寺院餐厅 ·· 1579

图6-279米欣特勒 窣堵坡。残迹现状 ·· 1580

图6-280米欣特勒 遗骨堂。现状 ·· 1580

图6-281米欣特勒 僧侣会堂 ·· 1580

图6-282阿努拉德普勒 图帕拉默寺院。B寺，中央殿堂，平面（取自HARLE J C. The Art and Architecture of the Indian Subcontinent, 1994年） ·· 1580

图6-283默希延格纳 窣堵坡（塔）。现状景色 ·· 1580

图6-284默希延格纳 窣堵坡，塔体近景 ·· 1581

图6-285蒂瑟默哈拉默 耶塔勒寺院。窣堵坡（公元前2或前1世纪），现状 ·· 1581

图6-286汉德萨 朗卡蒂拉卡佛堂。西侧（入口侧），现状 ·· 1583

图6-287汉德萨 朗卡蒂拉卡佛堂。北侧景色 ·· 1583

图6-288汉德萨 朗卡蒂拉卡佛堂。东南侧景观 ·· 1583

图6-289汉德萨 朗卡蒂拉卡佛堂。东南侧近景 ·· 1583

图6-290汉德萨 朗卡蒂拉卡佛堂。雕饰细部 ·· 1585

图6-291汉德萨 朗卡蒂拉卡佛堂。壁画 ·· 1585

图6-292汉德萨 朗卡蒂拉卡佛堂。顶棚图案 ·· 1585

图6-293印度 菩提祠。平面形式（据Coomaraswamy，未按统一比例尺） ·· 1585

图6-294库鲁纳格勒 尼勒克格默菩提祠（8/9世纪）。现状 ·· 1587

图6-295伦卡拉马 圆圣堂。地段全景 ·· 1587

图6-296伦卡拉马 圆圣堂。主塔近景 ·· 1587

图6-297阿特纳格拉 圆圣堂。外景 ·· 1587

图6-298拉詹加纳 圆圣堂。现状 ·· 1587

图6-299吉里坎迪 圆圣堂。遗存全景 ·· 1587

图6-300默迪里吉里 圆圣堂。俯视全景 ·· 1589

图6-301默迪里吉里 圆圣堂。入口侧现状 ·· 1589

图6-302默迪里吉里 圆圣堂。基台及柱列近景 ·· 1589

图6-303阿努拉德普勒 坐佛像（8世纪上半叶，位于城市外环路边） ························· 1589

图6-304斯里兰卡 立佛像（3/4世纪，石灰石，现存阿努拉德普勒博物馆） ············· 1589

图6-305阿武卡纳 岩雕佛陀像（8/9世纪）。全景 ·· 1589

图6-306阿武卡纳 岩雕佛陀像。近景 ··· 1590

图6-307布杜鲁瓦加拉 崖雕组群（8~10世纪）。西侧全景 ································ 1590

图6-308布杜鲁瓦加拉 崖雕组群。中央大佛，近景 ·· 1590

图6-309布杜鲁瓦加拉 崖雕组群。北组，菩萨群像 ·· 1593

图6-310布杜鲁瓦加拉 崖雕组群。北组，圣观音像近景 ··································· 1593

图6-311布杜鲁瓦加拉 崖雕组群。南组，菩萨群像 ·· 1595

图6-312布杜鲁瓦加拉 崖雕组群。南组，头像细部 ·· 1595

图6-313波隆纳鲁沃 格尔寺院。岩凿雕刻（12和13世纪），现状全景 ················· 1597

图6-314波隆纳鲁沃 格尔寺院。卧佛及立佛，现状 ·· 1597

图6-315波隆纳鲁沃 格尔寺院。卧佛，全景（两幅照片分别摄于搭建保护棚前后的景象） ·· 1597

图6-316波隆纳鲁沃 格尔寺院。卧佛，细部 ··· 1599

图6-317波隆纳鲁沃 格尔寺院。立佛，全景 ··· 1599

图6-318波隆纳鲁沃 格尔寺院。室外坐佛像，地段全景 ··································· 1599

图6-319波隆纳鲁沃 格尔寺院。室外坐佛像，近景 ·· 1600

图6-320波隆纳鲁沃 格尔寺院。室内坐佛像 ··· 1600

图6-321波隆纳鲁沃 波特古尔寺院。藏经阁及阅览室残迹 ································· 1600

图6-322波隆纳鲁沃 波特古尔寺院。珀拉克勒默巴胡一世造像（12世纪），全景 ······· 1600

图6-323波隆纳鲁沃 波特古尔寺院。珀拉克勒默巴胡一世造像，近观 ··················· 1602

图6-324阿努拉德普勒 古城。总平面（1890年图版） ···································· 1603

图6-325阿努拉德普勒 图帕拉摩窣堵坡（公元前3世纪）。远景 ························· 1603

图6-326阿努拉德普勒 图帕拉摩窣堵坡。自基台下部望去的景色 ························ 1603

图6-327阿努拉德普勒 图帕拉摩窣堵坡。基台入口，近景 ································ 1605

图6-328阿努拉德普勒 图帕拉摩窣堵坡。基台上景色 ····································· 1605

图6-329阿努拉德普勒 图帕拉摩窣堵坡。主塔近景 ·· 1605

图6-330阿努拉德普勒 德基纳窣堵坡（公元前2世纪）。遗址现状 ····················· 1605

图6-331阿努拉德普勒 努旺维利大塔。19世纪末景色（老照片，1891年） ············· 1605

图6-332阿努拉德普勒 努旺维利大塔。远景 ··· 1606

图6-333阿努拉德普勒 努旺维利大塔。西南侧全景 ·· 1606

图6-334阿努拉德普勒 努旺维利大塔。东北侧景色 ·· 1606

图6-335阿努拉德普勒 努旺维利大塔。东南侧现状 ·· 1606

图6-336阿努拉德普勒 努旺维利大塔。东侧，入口景观 ··································· 1608

图6-337阿努拉德普勒 努旺维利大塔。基座象墙 ·· 1609

图6-338阿努拉德普勒 努旺维利大塔。大塔，东北侧近景 ································ 1609

图6-339阿努拉德普勒 努旺维利大塔。大塔，西侧近景 ··································· 1611

图6-340阿努拉德普勒 努旺维利大塔。正向佛龛及近景 ··································· 1611

图6-341阿努拉德普勒 努旺维利大塔。顶塔基部 ·· 1611

图6-342阿努拉德普勒 无畏山寺（阿布哈亚吉里寺，公元前88年）。仪典厅（8/9世纪），遗址现状及卫士像 ······

··· 1611

图6-343阿努拉德普勒 无畏山寺。会堂，遗址全景 ························· 1613

图6-344阿努拉德普勒 无畏山寺。会堂，台阶前的卫士像 ················· 1613

图6-345阿努拉德普勒 无畏山寺。主居堂，遗存现状 ····················· 1613

图6-346阿努拉德普勒 无畏山寺。佛堂，月亮石（8~9世纪） ··············· 1613

图6-347阿努拉德普勒 无畏山寺。次居堂，遗址现状 ····················· 1613

图6-348阿努拉德普勒 无畏山寺。雕刻细部：加纳（Gana） ··············· 1614

图6-349阿努拉德普勒 无畏山寺。雕刻细部：石狮 ······················· 1614

图6-350阿努拉德普勒 无畏山寺。窣堵坡（无畏山塔），外景（整修前） ········ 1614

图6-351阿努拉德普勒 无畏山寺。窣堵坡，外景（照片摄于2008年整修期间） ···· 1616

图6-352阿努拉德普勒 无畏山寺。窣堵坡，现状全景 ····················· 1616

图6-353阿努拉德普勒 无畏山寺。窣堵坡，背面近景 ····················· 1616

图6-354阿努拉德普勒 祇园寺塔（4世纪，12世纪重修）。外景（整修前） ······ 1616

图6-355阿努拉德普勒 祇园寺塔。北侧全景 ····························· 1618

图6-356阿努拉德普勒 祇园寺塔。东侧现状 ····························· 1618

图6-357阿努拉德普勒 祇园寺塔。西侧景观 ····························· 1619

图6-358阿努拉德普勒 祇园寺塔。南侧景色 ····························· 1619

图6-359阿努拉德普勒 祇园寺塔。塔体近景 ····························· 1621

图6-360阿努拉德普勒 祇园寺塔。南侧，入口结构 ······················· 1621

图6-361阿努拉德普勒 祇园寺塔。南入口雕饰细部：七头蛇及石象 ··········· 1621

图6-362阿努拉德普勒 伊斯鲁穆尼亚寺（创建于公元前3世纪，5世纪期间更新）。现状全景 ···· 1621

图6-363阿努拉德普勒 伊斯鲁穆尼亚寺，入口近景 ······················· 1621

图6-364阿努拉德普勒 伊斯鲁穆尼亚寺，入口台阶雕饰及月亮石 ············· 1622

图6-365阿努拉德普勒 伊斯鲁穆尼亚寺，爱侣雕刻（4~6世纪，笈多风格） ······ 1622

图6-366阿努拉德普勒 柱厅。平台及柱子残迹 ··························· 1622

图6-367阿努拉德普勒 柱厅。护卫雕像及月亮石 ························· 1624

图6-368阿努拉德普勒 柱厅。"王后亭"（8/9世纪）。月亮石，细部 ··········· 1624

图6-369阿努拉德普勒 双浴池（3世纪）。现状（自南池向北望去的景色） ······· 1625

图6-370阿努拉德普勒 双浴池。西北侧全景 ····························· 1625

图6-371阿努拉德普勒 双浴池。北池景观（北望景色） ··················· 1626

图6-372阿努拉德普勒 双浴池。南池，台阶近景 ························· 1626

图6-373阿努拉德普勒 铜宫。残迹现状（一） ··························· 1626

图6-374阿努拉德普勒 铜宫。残迹现状（二） ··························· 1627

图6-375阿努拉德普勒 王室水园。现状外景 ····························· 1629

图6-376阿努拉德普勒 王室水园。水池现状 ····························· 1629

图6-377阿努拉德普勒 帝沙湖。现状（自东岸望去的景色） ················· 1629

图6-378波隆纳鲁沃 伦科特寺庙。遗址全景 ····························· 1629

图6-379波隆纳鲁沃 伦科特寺庙。窣堵坡，远景 ························· 1631

图6-380波隆纳鲁沃 伦科特寺庙。窣堵坡，正面全景 ····················· 1631

图6-381波隆纳鲁沃 伦科特寺庙。窣堵坡，侧面景观 ····················· 1631

图6-382波隆纳鲁沃 伦科特寺庙。窣堵坡，背面近景 ····················· 1631

图6-383波隆纳鲁沃 基里寺院。窣堵坡（大塔），远景 ··················· 1632

图6-384波隆纳鲁沃 基里寺院。窣堵坡，不同时期的景观效果 ⋯⋯⋯⋯⋯⋯⋯⋯⋯⋯⋯⋯⋯⋯⋯⋯ 1632

图6-385波隆纳鲁沃 大理石寺。窣堵坡，西侧全景 ⋯⋯⋯⋯⋯⋯⋯⋯⋯⋯⋯⋯⋯⋯⋯⋯⋯⋯⋯⋯⋯ 1635

图6-386波隆纳鲁沃 大理石寺。窣堵坡，东侧景色 ⋯⋯⋯⋯⋯⋯⋯⋯⋯⋯⋯⋯⋯⋯⋯⋯⋯⋯⋯⋯⋯ 1635

图6-387波隆纳鲁沃 大理石寺。窣堵坡，东北侧近景 ⋯⋯⋯⋯⋯⋯⋯⋯⋯⋯⋯⋯⋯⋯⋯⋯⋯⋯⋯⋯ 1635

图6-388波隆纳鲁沃 圣区。总平面（取自HARLE J C. The Art and Architecture of the Indian Subcontinent, 1994年） ⋯⋯ 1635

图6-389波隆纳鲁沃 圣区。石书（巨石长8米，宽4.25米） ⋯⋯⋯⋯⋯⋯⋯⋯⋯⋯⋯⋯⋯⋯⋯⋯⋯ 1635

图6-390波隆纳鲁沃 圣区。石书，铭文近观 ⋯⋯⋯⋯⋯⋯⋯⋯⋯⋯⋯⋯⋯⋯⋯⋯⋯⋯⋯⋯⋯⋯⋯⋯⋯ 1635

图6-391波隆纳鲁沃 圣区。菩萨雕像 ⋯⋯⋯⋯⋯⋯⋯⋯⋯⋯⋯⋯⋯⋯⋯⋯⋯⋯⋯⋯⋯⋯⋯⋯⋯⋯⋯⋯ 1635

图6-392波隆纳鲁沃 圣区。圆圣堂（12世纪），平面（据N. Chamal） ⋯⋯⋯⋯⋯⋯⋯⋯⋯⋯⋯ 1637

图6-393波隆纳鲁沃 圣区。圆圣堂，复原模型（阿努拉德普勒博物馆藏品） ⋯⋯⋯⋯⋯⋯⋯⋯⋯ 1637

图6-394波隆纳鲁沃 圣区。圆圣堂，东北侧景观 ⋯⋯⋯⋯⋯⋯⋯⋯⋯⋯⋯⋯⋯⋯⋯⋯⋯⋯⋯⋯⋯⋯⋯ 1637

图6-395波隆纳鲁沃 圣区。圆圣堂，西南侧全景 ⋯⋯⋯⋯⋯⋯⋯⋯⋯⋯⋯⋯⋯⋯⋯⋯⋯⋯⋯⋯⋯⋯⋯ 1637

图6-396波隆纳鲁沃 圣区。圆圣堂，东侧现状 ⋯⋯⋯⋯⋯⋯⋯⋯⋯⋯⋯⋯⋯⋯⋯⋯⋯⋯⋯⋯⋯⋯⋯⋯ 1638

图6-397波隆纳鲁沃 圣区。圆圣堂，南侧景色 ⋯⋯⋯⋯⋯⋯⋯⋯⋯⋯⋯⋯⋯⋯⋯⋯⋯⋯⋯⋯⋯⋯⋯⋯ 1638

图6-398波隆纳鲁沃 圣区。圆圣堂，西侧景观 ⋯⋯⋯⋯⋯⋯⋯⋯⋯⋯⋯⋯⋯⋯⋯⋯⋯⋯⋯⋯⋯⋯⋯⋯ 1638

图6-399波隆纳鲁沃 圣区。圆圣堂，北侧（主入口面），现状 ⋯⋯⋯⋯⋯⋯⋯⋯⋯⋯⋯⋯⋯⋯⋯⋯ 1638

图6-400波隆纳鲁沃 圣区。圆圣堂，南侧，入口近景 ⋯⋯⋯⋯⋯⋯⋯⋯⋯⋯⋯⋯⋯⋯⋯⋯⋯⋯⋯⋯ 1640

图6-401波隆纳鲁沃 圣区。圆圣堂，西侧，入口近景 ⋯⋯⋯⋯⋯⋯⋯⋯⋯⋯⋯⋯⋯⋯⋯⋯⋯⋯⋯⋯ 1640

图6-402波隆纳鲁沃 圣区。圆圣堂，佛像近观 ⋯⋯⋯⋯⋯⋯⋯⋯⋯⋯⋯⋯⋯⋯⋯⋯⋯⋯⋯⋯⋯⋯⋯ 1640

图6-403波隆纳鲁沃 圣区。圆圣堂，月亮石，雕饰细部 ⋯⋯⋯⋯⋯⋯⋯⋯⋯⋯⋯⋯⋯⋯⋯⋯⋯⋯⋯ 1640

图6-404波隆纳鲁沃 圣区。圣骨祠（第二佛牙祠，12世纪后期），平面（取自SENEVIRATNA A. The Temple of the Sacred Tooth Relic, Vol.1，2010年） ⋯⋯⋯⋯⋯⋯⋯⋯⋯⋯⋯⋯⋯⋯⋯⋯⋯⋯⋯⋯⋯⋯⋯⋯ 1642

图6-405波隆纳鲁沃 圣区。圣骨祠，自主入口轴线上向北望去的景色 ⋯⋯⋯⋯⋯⋯⋯⋯⋯⋯⋯⋯ 1642

图6-406波隆纳鲁沃 圣区。圣骨祠，主入口，东南侧景观 ⋯⋯⋯⋯⋯⋯⋯⋯⋯⋯⋯⋯⋯⋯⋯⋯⋯⋯ 1642

图6-407波隆纳鲁沃 圣区。圣骨祠，内祠佛像 ⋯⋯⋯⋯⋯⋯⋯⋯⋯⋯⋯⋯⋯⋯⋯⋯⋯⋯⋯⋯⋯⋯⋯ 1643

图6-408波隆纳鲁沃 圣区。圣骨祠，内祠，雕像近观 ⋯⋯⋯⋯⋯⋯⋯⋯⋯⋯⋯⋯⋯⋯⋯⋯⋯⋯⋯⋯ 1643

图6-409波隆纳鲁沃 圣区。圣骨祠，入口台阶两侧的卫士石刻 ⋯⋯⋯⋯⋯⋯⋯⋯⋯⋯⋯⋯⋯⋯⋯⋯ 1643

图6-410波隆纳鲁沃 圣区。佛牙祠（11世纪下半叶），平面（取自SENEVIRATNA A. The Temple of the Sacred Tooth Relic, Vol.1，2010年） ⋯⋯⋯⋯⋯⋯⋯⋯⋯⋯⋯⋯⋯⋯⋯⋯⋯⋯⋯⋯⋯⋯⋯⋯⋯⋯ 1644

图6-411波隆纳鲁沃 圣区。佛牙祠，遗址，南侧全景 ⋯⋯⋯⋯⋯⋯⋯⋯⋯⋯⋯⋯⋯⋯⋯⋯⋯⋯⋯⋯ 1644

图6-412波隆纳鲁沃 圣区。佛牙祠，自入口门洞望内祠 ⋯⋯⋯⋯⋯⋯⋯⋯⋯⋯⋯⋯⋯⋯⋯⋯⋯⋯ 1645

图6-413波隆纳鲁沃 圣区。佛牙祠，内祠佛像 ⋯⋯⋯⋯⋯⋯⋯⋯⋯⋯⋯⋯⋯⋯⋯⋯⋯⋯⋯⋯⋯⋯⋯ 1645

图6-414波隆纳鲁沃 圣区。佛牙祠，北侧（背面）景色 ⋯⋯⋯⋯⋯⋯⋯⋯⋯⋯⋯⋯⋯⋯⋯⋯⋯⋯⋯ 1646

图6-415波隆纳鲁沃 圣区。尼桑卡拉塔柱厅（12世纪后期），平面、立面及剖面 ⋯⋯⋯⋯⋯⋯ 1646

图6-416波隆纳鲁沃 圣区。尼桑卡拉塔柱厅，东立面全景 ⋯⋯⋯⋯⋯⋯⋯⋯⋯⋯⋯⋯⋯⋯⋯⋯⋯ 1646

图6-417波隆纳鲁沃 圣区。尼桑卡拉塔柱厅，东南侧现状 ⋯⋯⋯⋯⋯⋯⋯⋯⋯⋯⋯⋯⋯⋯⋯⋯⋯ 1646

图6-418波隆纳鲁沃 圣区。尼桑卡拉塔柱厅，南侧景观 ⋯⋯⋯⋯⋯⋯⋯⋯⋯⋯⋯⋯⋯⋯⋯⋯⋯⋯ 1646

图6-419波隆纳鲁沃 圣区。尼桑卡拉塔柱厅，柱列及中央窣堵坡近景 ⋯⋯⋯⋯⋯⋯⋯⋯⋯⋯⋯⋯ 1649

图6-420波隆纳鲁沃 圣区。萨特马哈尔庙塔，现状 ⋯⋯⋯⋯⋯⋯⋯⋯⋯⋯⋯⋯⋯⋯⋯⋯⋯⋯⋯⋯ 1649

图6-421波隆纳鲁沃 2号湿婆祠（11世纪）。远景 ⋯⋯⋯⋯⋯⋯⋯⋯⋯⋯⋯⋯⋯⋯⋯⋯⋯⋯⋯⋯ 1649

图6-422波隆纳鲁沃 2号湿婆祠。东侧（入口面）近景 ⋯⋯⋯⋯⋯⋯⋯⋯⋯⋯⋯⋯⋯⋯⋯⋯⋯ 1649

图6-423波隆纳鲁沃 1号湿婆祠（13世纪）。遗址，东南侧全景 ⋯⋯⋯⋯⋯⋯⋯⋯⋯⋯⋯⋯⋯ 1650

图6-424波隆纳鲁沃 1号湿婆祠。东立面外景 ⋯⋯⋯⋯⋯⋯⋯⋯⋯⋯⋯⋯⋯⋯⋯⋯⋯⋯⋯⋯⋯ 1650

图6-425波隆纳鲁沃 1号湿婆祠。院落西墙近景 ⋯⋯⋯⋯⋯⋯⋯⋯⋯⋯⋯⋯⋯⋯⋯⋯⋯⋯⋯⋯ 1650

图6-426波隆纳鲁沃 圣区。图帕拉默佛堂（12世纪），外观复原图（取自HARLE J C. The Art and Architecture of the Indian Subcontinent, 1994年） ⋯⋯⋯⋯⋯⋯⋯⋯⋯⋯⋯⋯⋯⋯⋯⋯⋯⋯⋯⋯ 1651

图6-427波隆纳鲁沃 圣区。图帕拉默佛堂，东北侧景观 ⋯⋯⋯⋯⋯⋯⋯⋯⋯⋯⋯⋯⋯⋯⋯⋯⋯ 1651

图6-428波隆纳鲁沃 圣区。图帕拉默佛堂，东南侧全景 ⋯⋯⋯⋯⋯⋯⋯⋯⋯⋯⋯⋯⋯⋯⋯⋯⋯ 1652

图6-429波隆纳鲁沃 圣区。图帕拉默佛堂，东侧景观（入口立面） ⋯⋯⋯⋯⋯⋯⋯⋯⋯⋯⋯⋯ 1652

图6-430波隆纳鲁沃 圣区。图帕拉默佛堂，墙面近景 ⋯⋯⋯⋯⋯⋯⋯⋯⋯⋯⋯⋯⋯⋯⋯⋯⋯⋯ 1652

图6-431波隆纳鲁沃 圣区。图帕拉默佛堂，内景 ⋯⋯⋯⋯⋯⋯⋯⋯⋯⋯⋯⋯⋯⋯⋯⋯⋯⋯⋯⋯ 1652

图6-432波隆纳鲁沃 兰卡·蒂拉卡佛堂（12世纪下半叶）。东南侧外景 ⋯⋯⋯⋯⋯⋯⋯⋯⋯⋯ 1652

图6-433波隆纳鲁沃 兰卡·蒂拉卡佛堂。东侧现状 ⋯⋯⋯⋯⋯⋯⋯⋯⋯⋯⋯⋯⋯⋯⋯⋯⋯⋯⋯ 1654

图6-434波隆纳鲁沃 兰卡·蒂拉卡佛堂。内祠及佛像，近景 ⋯⋯⋯⋯⋯⋯⋯⋯⋯⋯⋯⋯⋯⋯⋯ 1654

图6-435波隆纳鲁沃 蒂万卡佛堂。遗址现状 ⋯⋯⋯⋯⋯⋯⋯⋯⋯⋯⋯⋯⋯⋯⋯⋯⋯⋯⋯⋯⋯⋯ 1654

图6-436波隆纳鲁沃 蒂万卡佛堂。墙面浮雕 ⋯⋯⋯⋯⋯⋯⋯⋯⋯⋯⋯⋯⋯⋯⋯⋯⋯⋯⋯⋯⋯⋯ 1654

图6-437波隆纳鲁沃 蒂万卡佛堂。墙面浮雕 ⋯⋯⋯⋯⋯⋯⋯⋯⋯⋯⋯⋯⋯⋯⋯⋯⋯⋯⋯⋯⋯⋯ 1654

图6-438波隆纳鲁沃 蒂万卡佛堂。室内，佛像残段 ⋯⋯⋯⋯⋯⋯⋯⋯⋯⋯⋯⋯⋯⋯⋯⋯⋯⋯⋯ 1654

图6-439波隆纳鲁沃 蒂万卡佛堂。壁画残段 ⋯⋯⋯⋯⋯⋯⋯⋯⋯⋯⋯⋯⋯⋯⋯⋯⋯⋯⋯⋯⋯⋯ 1654

图6-440波隆纳鲁沃 梅迪里吉里亚圣堂。遗址现状 ⋯⋯⋯⋯⋯⋯⋯⋯⋯⋯⋯⋯⋯⋯⋯⋯⋯⋯⋯ 1656

图6-441波隆纳鲁沃 佛牙祠庙（?）。遗址全景 ⋯⋯⋯⋯⋯⋯⋯⋯⋯⋯⋯⋯⋯⋯⋯⋯⋯⋯⋯⋯ 1656

图6-442波隆纳鲁沃 佛牙祠庙（?）。入口面现状 ⋯⋯⋯⋯⋯⋯⋯⋯⋯⋯⋯⋯⋯⋯⋯⋯⋯⋯⋯ 1657

图6-443波隆纳鲁沃 珀拉克勒默巴胡宫（12世纪）。遗址，东侧全景 ⋯⋯⋯⋯⋯⋯⋯⋯⋯⋯ 1657

图6-444波隆纳鲁沃 珀拉克勒默巴胡宫。东北侧现状 ⋯⋯⋯⋯⋯⋯⋯⋯⋯⋯⋯⋯⋯⋯⋯⋯⋯⋯ 1658

图6-445波隆纳鲁沃 珀拉克勒默巴胡宫。东南侧景观 ⋯⋯⋯⋯⋯⋯⋯⋯⋯⋯⋯⋯⋯⋯⋯⋯⋯⋯ 1658

图6-446波隆纳鲁沃 珀拉克勒默巴胡宫。西南侧景色 ⋯⋯⋯⋯⋯⋯⋯⋯⋯⋯⋯⋯⋯⋯⋯⋯⋯⋯ 1658

图6-447波隆纳鲁沃 珀拉克勒默巴胡宫。西北角近景 ⋯⋯⋯⋯⋯⋯⋯⋯⋯⋯⋯⋯⋯⋯⋯⋯⋯⋯ 1658

图6-448波隆纳鲁沃 珀拉克勒默巴胡宫。主殿，内景（自西南方向望去的景色） ⋯⋯⋯⋯ 1661

图6-449波隆纳鲁沃 珀拉克勒默巴胡宫。主殿，西北角近景（向北望去的景况） ⋯⋯⋯⋯ 1661

图6-450波隆纳鲁沃 珀拉克勒默巴胡宫。议事堂，西南侧全景 ⋯⋯⋯⋯⋯⋯⋯⋯⋯⋯⋯⋯⋯ 1661

图6-451波隆纳鲁沃 珀拉克勒默巴胡宫。议事堂，北侧现状 ⋯⋯⋯⋯⋯⋯⋯⋯⋯⋯⋯⋯⋯⋯ 1661

图6-452波隆纳鲁沃 珀拉克勒默巴胡宫。议事堂，西北侧近景 ⋯⋯⋯⋯⋯⋯⋯⋯⋯⋯⋯⋯⋯ 1661

图6-453波隆纳鲁沃 珀拉克勒默巴胡宫。议事堂，东北侧景况 ⋯⋯⋯⋯⋯⋯⋯⋯⋯⋯⋯⋯⋯ 1662

图6-454波隆纳鲁沃 珀拉克勒默巴胡宫。议事堂，入口台阶，月亮石及护卫兽，近景 ⋯⋯ 1662

图6-455波隆纳鲁沃 珀拉克勒默巴胡宫。议事堂，内景（向北望去的情景） ⋯⋯⋯⋯⋯⋯ 1662

图6-456波隆纳鲁沃 珀拉克勒默巴胡宫。议事堂，内景（向南望去的景色） ⋯⋯⋯⋯⋯⋯ 1663

图6-457波隆纳鲁沃 尼桑卡·马拉宫（12世纪下半叶）。议事堂，东南侧全景 ⋯⋯⋯⋯⋯ 1663

图6-458波隆纳鲁沃 尼桑卡·马拉宫。议事堂，东北侧景观 ⋯⋯⋯⋯⋯⋯⋯⋯⋯⋯⋯⋯⋯⋯⋯ 1664

图6-459波隆纳鲁沃 尼桑卡·马拉宫。议事堂，内景（向北望去的景色） ⋯⋯⋯⋯⋯⋯⋯⋯ 1664

图6-460波隆纳鲁沃 尼桑卡·马拉宫。议事堂，狮子御座，残存部分 ⋯⋯⋯⋯⋯⋯⋯⋯⋯⋯ 1665

图6-461波隆纳鲁沃 王室浴池（可能为12世纪）。地段全景 ⋯⋯⋯⋯⋯⋯⋯⋯⋯⋯⋯⋯⋯⋯ 1665

图6-462波隆纳鲁沃 王室浴池。现状 ················· 1666

图6-463波隆纳鲁沃 王室浴池。台阶近景 ··············· 1666

图6-464锡吉里耶（狮岩）宫堡。总平面 ··············· 1667

图6-465锡吉里耶 宫堡。东侧，俯视全景 ··············· 1667

图6-466锡吉里耶 宫堡。南侧，俯视全景 ··············· 1669

图6-467锡吉里耶 宫堡。西侧，远景 ················· 1669

图6-468锡吉里耶 宫堡。北侧，现状 ················· 1669

图6-469锡吉里耶 宫堡。狮爪门，近景 ··············· 1669

图6-470锡吉里耶 宫堡。镜墙及通向壁画的螺旋梯道 ········· 1669

图6-471锡吉里耶 宫堡。山顶，宫殿组群及水池（西南侧景观）···· 1670

图6-472锡吉里耶 宫堡。宫殿，水池一角 ··············· 1670

图6-473锡吉里耶 宫堡。宫殿，通向御座厅的台阶及御座 ······· 1671

图6-474锡吉里耶 宫堡。位于山坡上的台地花园 ··········· 1671

图6-475锡吉里耶 宫堡。水花园，俯视全景（自山顶向西望去的景况）· 1672

图6-476锡吉里耶 宫堡。花园，水池及建筑遗迹 ··········· 1672

图6-477锡吉里耶 宫堡。镜墙壁画 ·················· 1672

图6-478锡吉里耶 宫堡。壁画细部 ·················· 1675

图6-479丹布拉 大窟群。现状（自西面望去的景色）········· 1675

图6-480丹布拉 大窟群。外景（自东南侧望去的景象）········ 1675

图6-481丹布拉 大窟群。内景 ···················· 1677

图6-482丹布拉 大窟群。坐佛及卧佛群像 ··············· 1677

图6-483米欣特勒 黑水潭石窟（寺）。遗址现状 ··········· 1678

图6-484库鲁纳格勒县 阿伦卡尔石窟。外景 ············· 1678

图6-485潘杜瓦斯努瓦拉 宫殿（12世纪下半叶）。遗址现状 ····· 1678

图6-486潘杜瓦斯努瓦拉 佛教建筑。遗迹现状 ············ 1679

图6-487亚帕胡瓦 宫堡（13~14世纪）。通向宫堡的大台阶 ····· 1681

图6-488亚帕胡瓦 宫堡。台阶和入口门楼，全景 ··········· 1681

图6-489亚帕胡瓦 宫堡。台阶和入口门楼，近景 ··········· 1681

图6-490亚帕胡瓦 宫堡。门楼，西侧景色 ··············· 1681

图6-491康提 纳塔祠（14世纪）。现状 ··············· 1681

图6-492康提 王室陵寝（17世纪初）。现状 ············· 1682

图6-493康提 佛牙寺。平面（1765年，图版，取自SENEVIRATNA A. The Temple of the Sacred Tooth Relic, Vol.1，2010年，下同）··············· 1682

图6-494康提 佛牙寺。平面（现状）················· 1682

图6-495康提 佛牙寺。主体建筑，平面 ··············· 1682

图6-496康提 佛牙寺。主体建筑，纵剖面 ··············· 1682

图6-497康提 佛牙寺。主体建筑，东立面 ··············· 1684

图6-498康提 佛牙寺。19世纪初景象（版画，1819年，作者William Lyttleton）··············· 1684

图6-499康提 佛牙寺。19世纪中叶状态[版画，取自当时的《伦敦新闻画报》（Illustrated London News）]

················· 1685

图6-500康提 佛牙寺。19世纪中叶景观（版画，作者O'Brien，1864年）··············· 1685

图6-501康提 佛牙寺。壁画：公主送佛牙[作者Walimuni Solias Mendis（1897~1975年）] ················· 1686

图6-502康提 佛牙寺。西南侧俯视景观 ················· 1687

图6-503康提 佛牙寺。西南侧全景 ················· 1687

图6-504康提 佛牙寺。西侧近景 ················· 1688

图6-505康提 佛牙寺。西北侧近景 ················· 1689

图6-506康提 佛牙寺。主入口细部 ················· 1690

图6-507康提 佛牙寺。底层，通向内祠入口的通道 ················· 1690

图6-508康提 佛牙寺。底层，入口通道壁画条带 ················· 1690

图6-509康提 佛牙寺。底层，入口通道天棚彩绘 ················· 1690

图6-510康提 佛牙寺。底层，通向内祠的主要入口 ················· 1690

图6-511康提 佛牙寺。上层，内景 ················· 1692

图6-512康提 佛牙寺。上层，梁架装修 ················· 1692

图6-513康提 佛牙寺。上层，柱子及天棚 ················· 1693

图6-514康提 佛牙寺。上层，雕饰细部 ················· 1695

图6-515康提 佛牙寺。保护圣牙的金银门 ················· 1695

图6-516康提 佛牙寺。金银门及其内的圣牙盒 ················· 1695

图6-517康提 宫殿（16~19世纪）。平面（1765年） ················· 1695

图6-518康提 宫殿。建筑群立面（含佛牙寺，19世纪初期，作者William Lyttleton） ················· 1696

图6-519康提 宫殿。现状外景 ················· 1696

图6-520康提 宫殿。觐见厅，立面（取自SENEVIRATNA A. Gateway to Kandy，Ancient Monuments in the Central Hills of Sri Lanka, 2008年） ················· 1696

图6-521康提 宫殿。觐见厅，现状 ················· 1696

图6-522康提 宫殿。带雕饰的木柱 ················· 1697

导　言

　　本卷所指印度次大陆地区系喜马拉雅山脉和喀喇昆仑山脉以南、印度河和伊朗高原以东的半岛形陆地，包括位于大陆地壳上的印度、巴基斯坦、孟加拉国、尼泊尔和不丹，以及位于大陆架上的岛国斯里兰卡。其面积约为亚洲大陆的十分之一，但人口却占到亚洲的四成。

　　这片地域的古代建筑在世界建筑史上占有独特的地位。作为文化的载体，建筑是人类物质文明的重要组成部分；印度和东南亚地区的建筑同样深刻反映了其历史、经济、文化和宗教背景。随着考古和研究工作的进展、传媒手段的进步和旅游的普及，人们对这片地区建筑的知识也在不断扩展。奇异的风格和异国情趣，尽管在近代有所异化，仍给其他地区的人们留下了深刻的印象。即使和相邻的中国及东北亚地区相比，差异仍很明显；由于历史和地理的原因，西方人对此感受得想必更为深刻。

　　作为次大陆主体的印度建筑在它繁荣的漫长期间，积累了丰富的经验，然而，令人惊异的是，它们却很少为人所知。印度的建筑，乃至它所有的艺术活动，和近代世界的美学观念和情趣大相径庭，往往被视为"异类"。其复杂的历史和宗教背景，更令当代许多评论家和艺术爱好者望而却步，但另一方面，也正是这种复杂的象征手法和神秘主义的内涵，促使许多研究者去探求印度建筑存在的缘由（即法文所谓raison d'être）。在这方面，无论是对建筑师、施主还是大众来说，宗教信仰显然是最重要的动力；集权政治则是它得以形成的另一个要素。在印度，建筑大都具有合乎逻辑的几何形体，并成为所有雕刻或其他艺术形式的载体；没有这个实体的支撑，其他艺术形式将很难存在。

　　阿拉伯人在8世纪初征服印度西北部的信德，揭开了穆斯林入侵印度的序幕。穆斯林的入侵在很大程度上改变了印度次大陆的政治格局。在这以后，除了莫卧儿帝国（Mogul Empire）外，这片广阔的地域在很长的历史时期内再也没有形成一个独立的实体。伊斯兰建筑占据了主导地位。本土的宗教尽管流派多多，但由于未能成功地改革，逐渐丧失了原有的活力。因此，从某种意义上可以说，到16世纪末，印度古代的本土建筑已开始走到尽头。尽管时不时还有一些亮点闪现，但并没有引起多少反响。它们只是孤立的存在，偶尔被一些有强烈求知愿望的专家和学者发现，或是被那些试图表达不同观点的人士重新发掘；然而这一切都不足以促成一次真正的复兴。

　　下面我们将穆斯林占领之前的印度按历史阶段大致划分为印度早期[包括印度河文明（即哈拉帕文化）及以后的吠陀文化，孔雀王朝（Maurya Dynasty）及其后的贵霜帝国]、笈多时期、后笈多时期和印度后期（因这一时期几乎所有印度北方政权均为拉其普特人创建，因此又名拉其普特时期）进行评述；印度南方的情况比较特殊，因此单列一章。这也是J. C. 哈尔在他的《印度次大陆的艺术和建筑》（*The Art and Architecture of the Indian Subcontinent*）一书所采用的分类法。伊斯兰教时期的印度建筑因已在《世界建筑史·伊斯兰卷》（下册）第九章里论及，本卷不再赘述。

第一章 印度 早期

第一节 早期城市及建筑

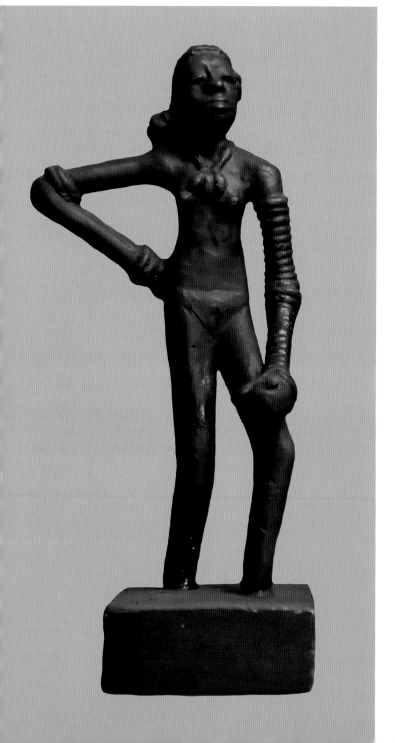

一、印度河文明及吠陀文化时期

[印度河文明的前期表现]

在印度旧石器时代和中石器时代早期，人们主要生活在洞窟、岩石庇护所和露天营地里；以后到中石器时代，在盖穆尔山的乔珀尼-门多和安得拉邦，开始出现了带石铺地和枝条抹泥墙的圆形茅舍。新石器

（左）图1-1摩亨佐-达罗 舞女像（约公元前2300~前1750年，青铜，现存新德里国家博物馆）

（右）图1-2摩亨佐-达罗 蓄须祭司-国王像（约公元前2000~前1750年，冻石，高17.5厘米，现存卡拉奇巴基斯坦国家博物馆）

（左）图1-3摩亨佐-达罗 "母神"像（约公元前2300~前1750年，赤陶，现存卡拉奇巴基斯坦国家博物馆）

（右）图1-4摩亨佐-达罗 古城遗址（约公元前2300~前1750年）。卫星图

早期进一步发展出一种用夯土和泥砖建造的矩形房屋，更为先进的砖构建筑则来自印度河流域西部、伊朗高原的边界地区。而印度河文明住宅建筑的最早表现，当在今巴基斯坦俾路支地区的梅赫尔格尔。

　　梅赫尔格尔遗址系由被称为梅赫尔格尔I（Mehrgarh I）到梅赫尔格尔VII（Mehrgarh VII）的一些小村落组成，其中每个都是在早先村落被弃置后在新址上建成。梅赫尔格尔I和II具有相当的规模且延续时间较长，村内发现了对称布置的多房间建筑和可能是谷仓的结构。梅赫尔格尔I（约公元前5000年）由平面矩形、拥有多个房间的泥砖住宅组成（面积约8米×4米，在中央通道两侧布置6~9个房间）。房屋由独特的泥砖砌筑（带圆头，上表面有手指印）。梅赫尔格尔II（约公元前4500年）以类似形式布置矩形泥砖建筑。到以梅赫尔格尔VI（约公元前3000~前2700年）和VII（约公元前2600~前1700年）为代表的最后阶段（大致与印度河早期文明同时），房屋平面变得更为复杂，有的已高达两层，上层起居房间由木托梁支撑楼板，另有高1米的地下室用作贮存间。

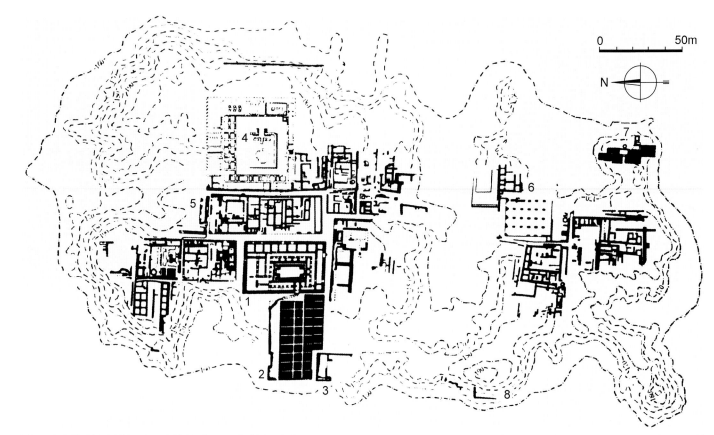

图1-5摩亨佐-达罗 城堡区（窣堵坡丘）。平面图（取自BENEVOLO L. Storia della Città，1975年），图中：1、浴室；2、谷仓；3、楼梯；4、寺庙；5、学校；6、会议厅；7、防卫工事；8、瞭望塔

图1-6摩亨佐-达罗 居住区。平面（据Volwahsen，1969年）

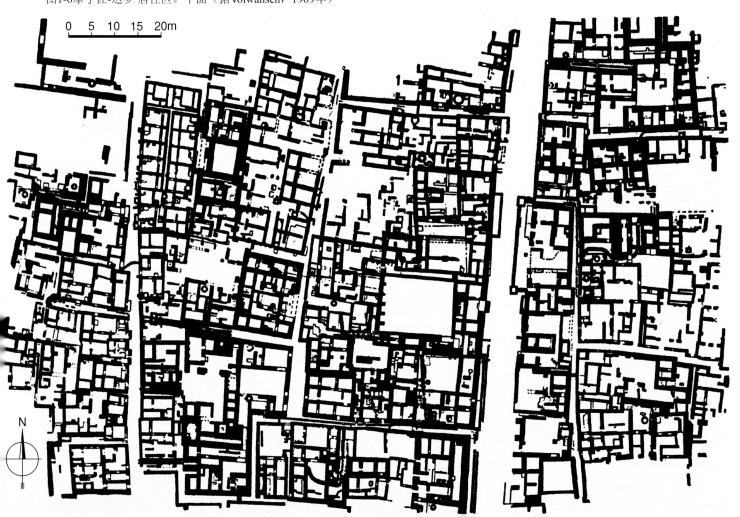

在位于阿富汗东南的蒙迪加克（约公元前2500年），发现了配有防卫城墙和泥砖砌筑的方形棱堡。类似的纪念性建筑遗存（包括一座带柱廊的宫殿和一座可能是神庙的建筑）另见于奎达谷地的丹布-萨达特。

在印度河流域相距甚远的三个哈拉帕建筑遗址下都发现了泥砖房屋。这三个遗址分别是阿姆里、卡利班甘和果德迪吉；其中阿姆里遗址属公元前2500年，房屋配合使用泥砖及石头。这些居民点周围均建有沉重的围墙，预示了哈拉帕时期的形式。已有证据表明，在印度河平原西部的拉赫曼德里（约公元前2500年），这一时期人们已开始初步尝试按哈拉帕方式进行城市规划：城墙内的城市占地550米×400米，由自西北至东南方向的主要街道分开，并按规则的格网进行划分。

就这样，在经过以果德迪吉及其他较小的古代聚居中心为标志的准备阶段后[有人将这个阶段称为"前城市"（pre-urban）时期，尽管这个命名并不十分准确]，印度河流域终于在公元前3000年代上半叶几乎是突然地涌现出一个灿烂的文明。

[印度河文明概况]

印度河文明（Indus Valley Civilisation，简称IVC，公元前3300~前1300年）为南亚西北地区青铜时代文明，又称哈拉帕文明（Harappan Civilisation，系以20世纪20年代发掘的第一个遗址哈拉帕命名），所占地域自今阿富汗东北部至巴基斯坦和印度西北地区，延伸范围至少1930公里×1130公里。

哈拉帕及随后不久摩亨佐-达罗的发现，是英国殖民统治时期（British Raj，1858~1947年）印度考古调研所（Archaeological Survey of India，简称ASI）自1861年开始的普查工作中最主要的成就。20世纪20年代初，印度考古调查局局长约翰·马歇尔（1876~1958年）撰文描述了哈拉帕遗址，这才使世人逐渐关注这个业已消失的神秘文明。遗址区的大规模发掘工作始于1920年，但直到1999年才有了突破性的进展。

按照印度德干学院瓦桑特·欣德教授的说法，印度河文明大致可分为五个阶段：1、早期哈拉帕拉维阶段（早于公元前3300~前2800年）；2、早期哈拉帕考特-迪吉阶段（公元前2800~前2600年）；3、成熟哈拉帕阶段（公元前2600~前1900年），该阶段又可以细分为A、B、C三个时期；4、晚期哈拉帕阶段（亦称晚期哈拉帕过渡阶段，公元前1900~前1800年）；5、后哈拉帕阶段（公元前1800~前1300年以

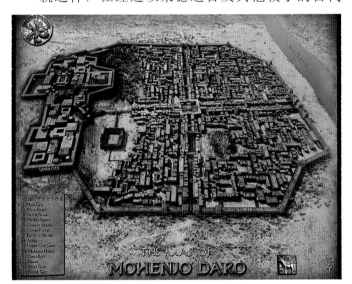

（上）图1-7摩亨佐-达罗 城市想象复原图（图中左侧为上城，右侧为下城）

（下）图1-8摩亨佐-达罗 城市想象复原图（取自《人类文明史图鉴》）

左页：
（上）图1-9摩亨佐-达罗 街区想象复原图（取自博物馆展板）

（下）图1-10摩亨佐-达罗 窣堵坡丘。自西南方向望去的景色

本页：
图1-11摩亨佐-达罗 窣堵坡丘。西侧近景

后）。

作为世界四大文明之一，印度河文明要晚于两河流域（即美索不达米亚地区）及尼罗河流域文明。和美索不达米亚地区一样，它也是一种城市文明。从遗址发现的印章可知，两种文明当时确有一定的联系。

在印度河文明的极盛时期，地区居民逾500万人。其成就主要表现在城市规划领域，也正是在这一领域处在当时世界的领先地位。两座中心城市哈拉帕和摩亨佐-达罗大小相等（周长大约4.8公里），城市人口估计有3.5万~4万。城市由位于高冈上的城堡（卫城，统治者的居住区）和较低的下城（普通居民区）两部分组成。两座城堡面积相近。这两座城市和一些较小的城镇（如昌胡-达罗、果德迪吉、卡利班甘和洛塔耳）一样，均采用了严格的规划和标准化的结构。城市街道格网按东西向和南北向规划，由街道分为矩形的街区，其内挤满了工匠的住宅。街道上布置有当时世界上最先进的供水和排水系统，为私人住宅和公共设施（井泉、厕所）服务。规整的街区内布置商店、单层或两层带院落的平顶住房，其间通过狭窄曲折的巷道相连。某些建筑组群甚至配备了小型的纪念性建筑。很少开窗的实体墙面对着主要街道。同

时期印度其他地方的建筑则延续新石器时代的早期做法，但根据地方的气候条件及材料状况予以变通。在如此久远的年代，显然人们已采用了当时唯一可行的先进手法来解决所面临的问题。

至1999年，在这一地区已发现的城市和居民点有1056处，其中已发掘的96座，主要集中在印度河中下游和沙罗室伐底河上游。除1980年被联合国教科文组织（UNESCO）列入世界文化遗产名录的哈拉帕和摩亨佐-达罗外，其他属哈拉帕文化成熟期的典型城市还有洛塔耳、卡利班甘、托拉沃拉、勒基加希和格内里沃拉。

和这些城市遗址一起，考古专家在印度河流域还发现了大量的文物和农作物遗迹。出土的重要文物主要有六大类：陶器（多于红色底面上以黑色染料描绘各种图案）、墓葬（从其形式、风格上可看出当时的社会习俗）、雕塑（其中最著名的有摩亨佐-达罗出土的青铜舞女像、蓄须祭司-国王像等，图1-1~1-3）、青铜（工具、武器等）、宝石（金银珠宝、象牙装饰）及大量的印章（上面的特殊符号尚无法释读，也不能确认是否为文字）。其他还包括计量重量的石头砝码、计算长度的介壳尺和青铜杆尺等。

图1-12摩亨佐-达罗 窣堵坡丘。街道近景

印度河文明的成熟阶段持续了约800年，衰落和终结的原因并没有完全搞清楚；目前的几种说法，包括河水泛滥、瘟疫、国内经济秩序崩溃等。看来其消亡的原因很可能还是因其自身的扩张和活动导致的生态环境的严重恶化。对烧砖和建筑木材的巨大需求促成了整个流域内林木的滥伐，由此进一步导致更加频繁且具有更大破坏力的洪水泛滥，这种威胁随着之后河床坡度的改变（沿岸地壳的缓慢运动是促成这一变化的另一个诱因）日益加剧。创造这一文明的主体——原始达罗毗荼人（Proto-Dravidians），至少在初始阶段，尚有能力和干劲在洪水泛滥之后立即重建自己的城市（摩亨佐-达罗就至少重建了七次，每次

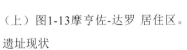

（上）图1-13摩亨佐-达罗 居住区。
遗址现状

（下）图1-14摩亨佐-达罗 富人区。
残迹景色

（上下两幅）图1-15摩
亨佐-达罗街巷及院落
近景

新城都直接建在老城顶上）。然而，这些古代的建设
者并没有意识到，他们已陷入了一个恶性循环之中。
在迅速应对自然灾害的同时，进一步导致了灾难本身
的加剧。随着人们精力的耗尽，他们所创造的这一文
明日渐式微并最终退出了历史舞台。公元前2千纪中期
雅利安人的入侵很可能是促使它消亡的另一个因素。

（上）图1-16摩亨佐-达罗 居住区。高井

（下）图1-17摩亨佐-达罗 窣堵坡。西北侧景色

[摩亨佐-达罗]

城址位于今巴基斯坦信德省拉尔卡纳县，靠近印度河右岸（总平面及卫星图：图1-4~1-6；复原图：图1-7~1-9；遗址景观：图1-10~1-16）。城市约建于公元前2500年，其创建者一般被认为是雅利安人入侵前居于古印度的达罗毗荼人。素有"印度河流域古代文明大都会"之称的这座城市，是这一文明最大和最典型的代表（其规模略大于哈拉帕，且遗迹保存良好）；也是世界上最早的古代城市之一，与古埃及、美索不达米亚、克里特岛米诺斯文明（Minoan Civili-

左页：

（上下两幅）图1-18摩亨佐-达罗 窣堵坡。东北侧现状

本页：

（上）图1-19摩亨佐-达罗 窣堵坡。东侧顶部近景

（下）图1-20摩亨佐-达罗 窣堵坡。东南侧近观

zation）及秘鲁小北文明[1]的城市差不多同时。

　　和哈拉帕一样，摩亨佐-达罗为现在的地名，意为"逝者之丘"（Mound of the Dead Men）。城市最初的名字因年代久远，已难以查考，仅印度金石学家伊拉沃特姆·马哈德万（1930年出生）根据对出土印章的分析，推测它古代可能称"斗鸡城"（Kukku-tarma，词根kukkuta-斗鸡，rma-城；斗鸡可能是当时对这座城市具有特殊意义的一种宗教仪式）。

　　摩亨佐-达罗一直存续到公元前1800年，之后随着印度河文明的衰落被弃置，此后3700年城市湮没无闻。直到1919~1920年，任职于印度考古调研所的历史学家R. D. 班纳吉（1885~1930年）在一名僧人的引导下来此造访，辨认出一座佛塔（公元150~500年）并发现了一些燧石刮刀，由此判断该地为一座古代遗址。随后印度考古学家卡希纳特·纳拉扬·迪克西特和时任印度考古调查局局长的英国学者约翰·马歇尔分别于1924~1925年和1925~1926年在这里进行了大规模的发掘。20世纪30年代，主要的考古发掘者除马歇尔外，还有D. K. 迪克西塔尔和厄尼斯特·麦凯。1945年，巴基斯坦考古学家艾哈迈德·哈桑·达尼和英国考古学家莫蒂默·惠勒又进一步进行了考察。1964~1965年在乔治·F. 戴尔博士主持下进行了最后一次系统发

（上）图1-21摩亨佐-达罗 窣堵坡。南侧全景

（中）图1-22摩亨佐-达罗 窣堵坡。西南侧近景

（下两幅）图1-23摩亨佐-达罗 大浴池（公共浴池）。平面及构造剖析图 [平面取自苏联建筑科学院《建筑通史》（*Всеобщая История Архитестуры*），第1卷，1958年；剖析图取自CRUICKSHANK D. Sir Banister Fletcher's a History of Architecture，1996年]

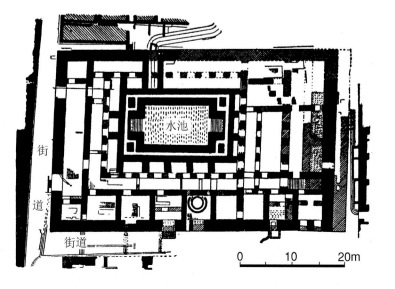

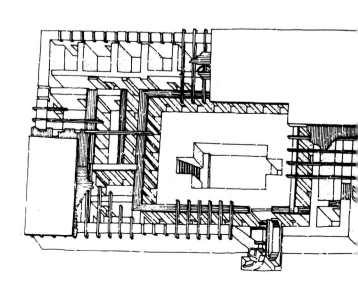

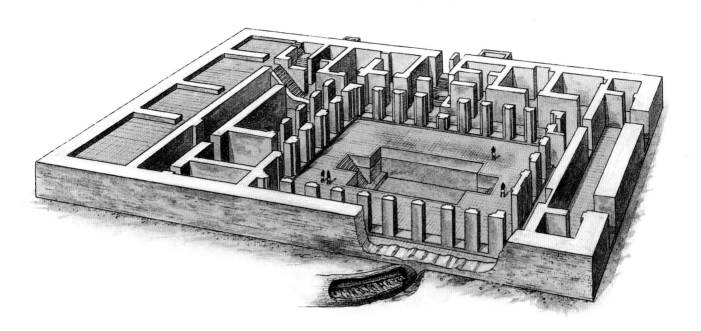

图1-24摩亨佐-达罗 大浴池。剖析复原图（取自SCARRE C. The Seventy Wonders of the Ancient World，1999年）

图1-25摩亨佐-达罗 大浴池。西南侧全景

（上下两幅）图1-26摩亨佐-
达罗 大浴池。南侧近观

（上）图1-27摩亨佐-达罗
大浴池。东北侧近景

（左下）图1-28摩亨佐-达罗
"大谷仓"。构造剖析图（取
自CRUICKSHANK D. Sir
Banister Fletcher's a History
of Architecture，1996年）

（右下）图1-29摩亨佐-达
罗 典型住宅剖析图（取
自CRUICKSHANK D. Sir
Banister Fletcher's a History
of Architecture，1996年）

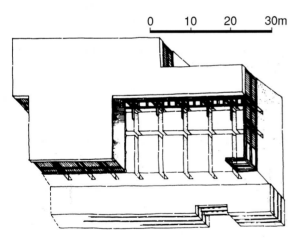

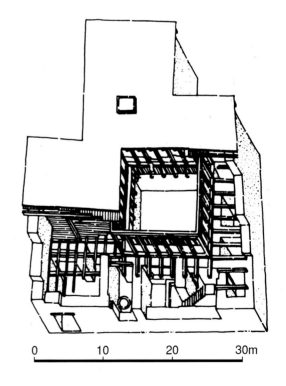

掘。之后，由于风化对出土结构的破坏，导致发掘工程遭禁。自1965年以来，考古计划仅限于对出土文物的拯救、地面勘察及遗址保护。尽管主要的考古发掘不被允许，但在20世纪80年代，为进一步探寻古印度河流域文明的线索，由米夏埃尔·扬森及毛里齐奥·托西两位博士带领的德国及意大利考察队，仍然利用先进技术进行了一些探测。2015年巴基斯坦摩亨佐-达罗国家基金会（Pakistan's National Fund for Mohenjo-daro）资助的钻探表明，遗址的实际面积要大于已发掘的地区。根据目前的估计，城市覆盖面积约300公顷。按彼得·克拉克主编的《牛津世界史城市手册》（*Oxford Handbook of Cities in World History*）

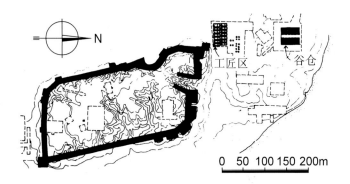

工匠区

谷仓

0　50　100　150　200m

的初步估算，盛期人口约4万[2]。

摩亨佐-达罗并没有完整的城墙，但在主要居住区西面有若干防卫塔楼，南侧有设防工事。从这些防卫工事和印度河流域其他主要城市（如哈拉帕）来

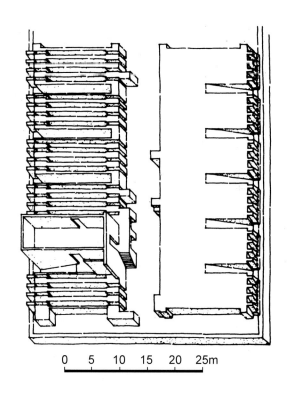

0　5　10　15　20　25m

（左上）图1-30哈拉帕 城堡。平面图（取自CRUICK-SHANK D. Sir Banister Fletcher's a History of Architecture，1996年）

（右上）图1-31哈拉帕 大谷仓。剖析图（取自CRUICK-SHANK D. Sir Banister Fletcher's a History of Architecture，1996年）

（左中）图1-32洛塔耳 古城遗址。运河砖构残迹（其上安置控制水流的器械）

（下）图1-33洛塔耳 古城遗址。卫生间及管沟工程

（上）图1-34洛塔耳 古城遗
址。上城古井及渠道

（下）图1-35洛塔耳 古城遗
址。住宅浴室及卫生间

看，摩亨佐-达罗很可能是一个行政中心。这两座城市具有类似的城市规划；和其他印度河流域遗址一样，都没有全面设防。由于所有的印度河流域城址都呈现出相近的规划，显然具有一个中央集权的政治或行政体系，只是一些细节尚不清楚。

城市的规模、公共建筑和市政设施表明，其社会

（上）图1-36洛塔耳 古城遗址。库房遗址

（中）图1-37洛塔耳 古城遗址。下城现状

（下）图1-38托拉沃拉 古城。城市总平面简图，图中：A、上城（其中：a、城堡；b、外堡场）；B、中城；C、下城；D、北门；E、水道；F、水坝；G、水池

组织已达到很高的水平。城市分为两个部分——城堡（卫城）和下城。城堡是个位于城市西北150米处用泥砖砌筑的高约12米的人工山丘，它和城市之间由一个露天场地分开（中间这块土地可能曾被洪水淹没）。城堡区（见图1-5）筑有围墙及用焙烧砖砌筑的方形防卫塔楼及棱堡，并有一个高13米的砖构平台，可能是洪水泛滥时的避难处。位于城堡东侧高地上的窣堵坡是遗址上最引人注目的建筑（图1-17~1-22）。城堡内布置外观简朴、坚实沉重的公共建筑和军事设施（位于南北向的泥砖基台上）。不过许多公共建筑的用途并不清楚，已明确鉴明的仅有大浴池和一个疑似"谷仓"的建筑（在某些城址中，还有与城市和城堡毗邻但与之分开的公共墓地）。

—— 防卫城墙
—— 带边墙的道路

位于城堡中央的大浴池（公共浴池）是一个可通过南北方向台阶下去的长12米、宽7米、深2.4米的露天浴池（以烧砖加石膏灰泥砌造，用沥青衬里密封防水，图1-23~1-27），周围布置带顶的柱廊（尚存一些断裂的石柱），形成院落；柱廊后三面设更衣室，某些更衣室还有卫生间及私人浴池。至于浴池的用

途，则各家说法不一，除了沐浴外，很可能还和某种宗教仪式（如净礼）有关。池水来自城外的河流，由位于西南角的排水孔排向一个上置叠涩拱顶的下水道。

1950年，莫蒂默·惠勒（1890~1976年）将浴池西面的一座大型建筑鉴定为"大谷仓"（图1-28）。这是一座位于层叠砖构平台上的木建筑。下层泥砖砌筑，由截面125毫米见方的木料加固；上部由27个砖

本页：

（上）图1-40托拉沃拉 古城。北门现状

（中）图1-41托拉沃拉 古城。东门残迹

（下）图1-42托拉沃拉 古城。水池现状

右页：

（左上）图1-43卡利班甘 古城。城市遗迹总平面（西侧为要塞，东侧为城市）

（右上）图1-44王舍城 芒果园寺。遗址发掘平面（1954~1955年），寺院建于佛祖在世期间，带椭圆形端头的平面是这种形式的最早表现

（中）图1-45王舍城 芒果园寺。遗址景色

（下）图1-46舍卫城（室罗伐，罗伐悉底）须达多窣堵坡（"给孤独长者"窣堵坡，故居）。遗址全景（位于城市东北郊），其中展现了2~12世纪各个时期的层位

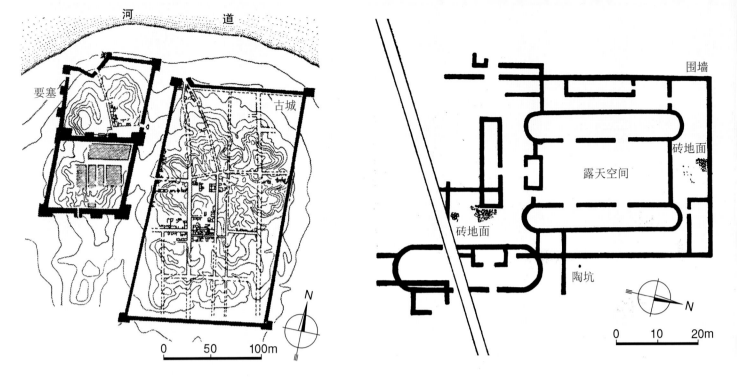

（上）图1-47舍卫城 须达多窣堵坡。正面大台阶

（下）图1-48舍卫城 须达多窣堵坡。遗存近观

（中）图1-49舍卫城 安古利马拉窣堵坡。残迹现状（位于城市东北郊，须达多窣堵坡附近）

构形体组成，其间以通风道分开。后期建筑进行了扩大和部分改建，设置了通向木构上层的砖楼梯。建筑倾斜的外墙使它具有一种好似堡垒的严峻外貌。不过，由于在这里并没有找到谷物，新一代的美国考古学家和人类学教授乔纳森·马克·克诺耶曾质疑建筑是谷仓的说法，认为它只是个用途不明的大厅。

在摩亨佐-达罗，城堡山上其他建筑的功用尚无定论，目前人们有各种说法，如集会厅、要塞和神职官员的宅邸等。所谓集会厅（柱厅）是个平面矩形的建筑，带有四排（每排五个）可能是用于支撑木柱

（上）图1-50舍卫城 祇园精舍（祇树给孤独园）。喜智菩提树（阿难菩提树），现状

（下）图1-51舍卫城 祇园精舍。香室（佛陀安居处），遗址全景

的砖构底座，地面砖铺地拼合仔细，西面各房间内有雕像和一根仪典石柱的残段。大浴池东边的一系列大型建筑，可能是培养高级僧侣的宗教学校（"学院"），内有78个房间，可能是僧人住所。东北的一座大型建筑（所谓摩亨佐-达罗宫），长70米，宽23.8米，有一个10米见方、三面设凉廊的露天院落，可能是这一地区最高统治者的居住区或官员宅邸。

下城是居住区。作为印度最古老的城市，摩亨佐-达罗按功能和居民的社会地位采用统一的直线格

（上）图1-52舍卫城 祇园精舍。香室，内室近景

（中）图1-53舍卫城 祇园精舍。F寺（佛陀说法台）

（下）图1-54舍卫城 祇园精舍。精舍残迹

（上）图1-55舍卫城 祇园精舍。寺院及水池

（左中）图1-56印度 典型精舍平面（5世纪，图中：1、入口塔门；2、中庭；3、祠堂；4、僧舍；5、井）

（下两幅）图1-57德奥科塔尔 窣堵坡。主塔及周围小塔遗存现状

（右中）图1-58桑那蒂村（卡纳塔克邦）窣堵坡。外景

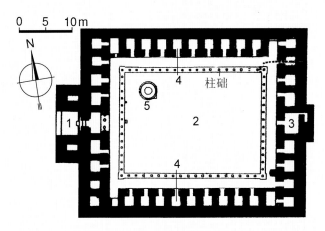

网，将城市划分成南北向矩形街区，每个街区长宽大致为365米和182米，内部进一步由小巷分划。新的街道平面均布置在早期的居民点上，主要直线街道宽约10~14米，可同时并行几辆大车；在街道上，每隔一段距离备有点灯用的路灯杆，便于行人夜间行走。

整个城市街道错落有致，显然具有周密的规划。但在已发掘的大量结构中，没有一个能确认为圣所（shrines），绝大多数都是住宅或实用建筑（如市场、作坊、储存区之类）。显然，城市基本上是按实用和聚居的功能需求布置，美学的考虑已退居次要地位。在这片广阔地域内，估计许多城镇都是按这种方式规划和建造。

住宅多为单层或两层平顶房屋，用烧砖加砂浆砌筑（用木柴烧制的土砖具有标准的尺寸，有的混合使用泥砖），木材则大量用于上部结构（图1-29）。房屋大小、高低和设备很不一致；既有简陋的茅屋、单个房间的住户，也可看到由十几个房间和多个院落组成的楼房（有的住宅还有砖砌的楼梯段通向上层或屋顶）。围绕露天院落布置的民居以毫无特色的裸露墙

（上）图1-59桑那蒂村 窣堵坡。浮雕：阿育王及王后（是目前仅有的表现阿育王的雕刻作品）

（中）图1-60塔克西拉 库纳拉窣堵坡。遗址现状

（下）图1-61塔克西拉 库纳拉窣堵坡。边上寺院遗址

（上）图1-62塔克西拉 库纳拉窣堵坡。石构残迹

（中及下）图1-63塔克西拉皮尔丘。遗址现状（经修复）

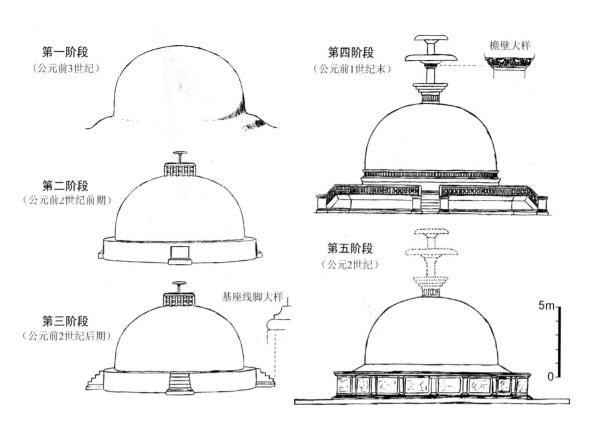

第一阶段
（公元前3世纪）

第二阶段
（公元前2世纪前期）

第三阶段
（公元前2世纪后期）

基座线脚大样

第四阶段
（公元前1世纪末）

檐壁大样

第五阶段
（公元2世纪）

5m

0

（上）图1-64斯瓦特（县）布卡拉窣堵坡（公元前3世纪~公元2世纪）。各阶段形式的演化

（下）图1-65斯瓦特（县）布卡拉窣堵坡。遗址全景

（上）图1-66斯瓦特（县）布卡拉窣堵坡。残迹近景

（右中）图1-67讷瓦布沙阿米尔鲁坎窣堵坡。现状外景

（左中）图1-68讷瓦布沙阿米尔鲁坎窣堵坡。主塔近景

（左下）图1-69讷瓦布沙阿米尔鲁坎窣堵坡。残迹细部

面朝向周围的街道。居室门窗都朝院落开启，院落与外界相通的平素大门上置木楣梁，布置在较窄的侧面街巷。因而，主要街道两边成为没有任何开口和凹进的连续实墙，仅在街道交叉口处中断。神庙或祠堂之类的建筑目前尚无法准确鉴别。在一栋可能是住宅的建筑里，有一个可通过外门进入的大型"U"形结构，可能具有某种宗教或礼仪的职能。对面一个带小室的街坊据信是僧院或警所。

在市政工程的建设上，摩亨佐-达罗同样是当时世界上最先进的城市。城市配置了一个带中心大井

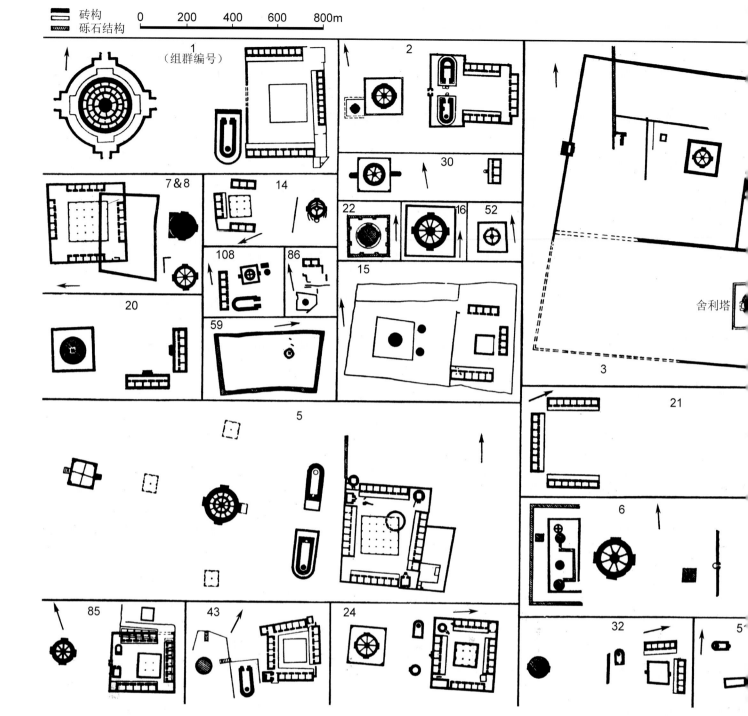

砖构
砾石结构

0 200 400 600 800m

1（组群编号）

2

30

22 16 52

7&8 14

108 86

59

15

20

舍利塔

3

21

5

6

85 43 24

32 5

的中央市场。大部分住宅均自较小的私人井泉中取水。完美的排水系统更是哈拉帕文明共有的城市建设特点。很多住宅院落里都配有厕所和浴室[有一个还发现了可能是为浴室加热而设的地下炉灶（hypocaust）]，浴室配有精细切割的砖铺地并通过排水沟及墙内的管道与主要街道的排水沟相连。后者有的露天（如中央南北向街道两侧），有的带有顶盖，大多通过斜槽收集来自浴室和厕所的污水。城市还建造了发达的废物处理系统，包括倒垃圾的斜槽。

[哈拉帕]

哈拉帕城址位于旁遮普地区拉维河（印度河的支

本页及右页：

（左上）图1-70纳格尔久尼山（安得拉邦）纳格尔久尼寺院。各组群平面（取自SARKAR H. Studies in Early Buddhist Architecture of India, 1993年）

（右上）图1-71纳格尔久尼山 纳格尔久尼寺院。图1-70遗址27所示窣堵坡平面详图（1954~1960年发掘）

（下两幅）图1-72纳格尔久尼山 纳格尔久尼寺院。各窣堵坡遗址，经发掘整理后的现状

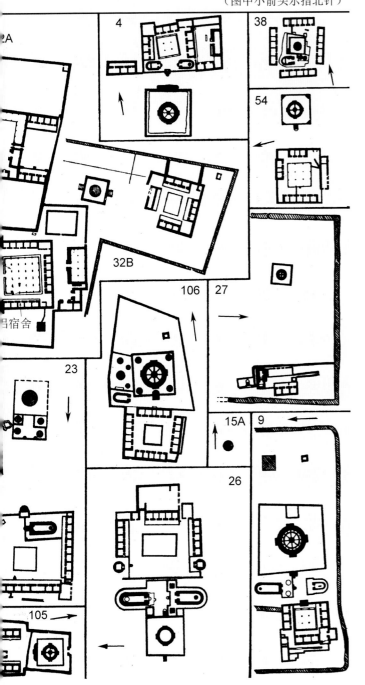

（图中小箭头示指北针）

流）左岸，当时为英属印度旁遮普省，现属巴基斯坦（图1-30）。其名来自距遗址6公里处的一个近代村庄。

遗址上尚存青铜时代设防城市的残迹，据估计城市居民有23500人，占地约150公顷。其规划可能与摩亨佐-达罗类似，可惜古城在英治时期损毁严重：1857年，遗址上的砖块被拆走用作铺设铁路的道砟。2005年，人们打算在遗址上建游乐园，由于开工时挖

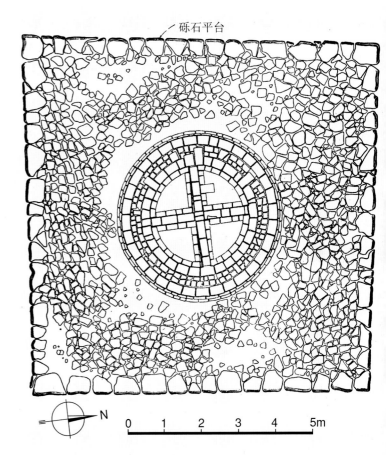

砾石平台

N

0　1　2　3　4　5m

（本页上）图1-73纳格尔久尼山 纳格尔久尼寺院。图1-70遗址32B，西北侧景色

（本页右中及右页六幅）图1-74纳格尔久尼山 纳格尔久尼寺院。图1-70遗址4各遗存现状及拍摄位置示意

（本页左下）图1-75巴拉巴尔山 苏达玛窟。平面及剖面（作者Alexander Cunningham，1871年）

（本页右下）图1-76巴拉巴尔山 苏达玛窟。空间剖析图（矩形前厅平面9.98米×5.94米）

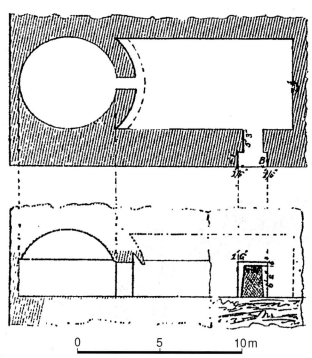

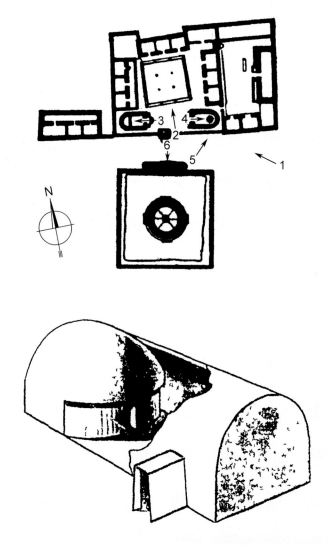

出许多古器，工程才被叫停；在巴基斯坦考古学家艾哈迈德·哈桑·达尼的提议下开始对遗址进行修复。

目前仅能从少数建筑残段中了解城堡（卫城）和住宅的总体规划及布局。泥砖砌筑的城堡围墙外部以

烧砖贴面，高15米，底部厚12米，向上逐渐缩减，显得极为宏伟坚固。城北为营房般的工匠居住区，配有一块用于碾压谷物的圆形砖铺地。两排小的矩形房屋

由约1米宽的巷道分开，整个被围在一道院墙内。据估计，这些宿舍可以容纳数百名工匠。

再往北有一座大谷仓（图1-31）。但它并不是城

本页：

（上）图1-77巴拉巴尔山 苏达玛窟。外景，远处为圣洛马斯窟入口

（中及下）图1-78巴拉巴尔山 苏达玛窟。内景（花岗岩表面磨光，可看到反射映像）

右页：

（左上）图1-79巴拉巴尔山 圣洛马斯窟（约公元前250年）。平面、立面及剖面（内部矩形房间与岩面平行，左面圆室内可能曾有窣堵坡，图版作者Alexander Cunningham，1871年）

（左下）图1-80巴拉巴尔山 圣洛马斯窟。入口立面（表现木构筒拱或带檩条的屋顶结构，取自HARDY A. The Temple Architecture of India，2007年）

（右上）图1-81巴拉巴尔山 圣洛马斯窟。空间剖析图（虚线表示全部完成后的状态）

（右下）图1-82巴拉巴尔山 圣洛马斯窟。支提拱立面及此后形式的演变（自公元前250年至公元9世纪，据Percy Brown），图中：1、巴拉巴尔山圣洛马斯窟，约公元前250年；2、巴贾石窟，约公元前150年；3、卡尔拉支提堂，约公元前50年；4、阿旃陀石窟，约公元500年；5、巴拉巴尔山维斯沃·佐普里窟，约公元600年；6、布巴内斯瓦尔石窟，8~9世纪

堡公共设施的组成部分，而是位于城堡和河道之间，在一个大约1米高的砖构平台上起建，入口设在北面。这种表现颇为不同寻常。库房总共12座，每座平面长16米，宽6米，排成两列，由一个很宽的中央通道分开。谷仓所占面积约为800平方米，与扩建前的摩亨佐-达罗谷仓大致相同。

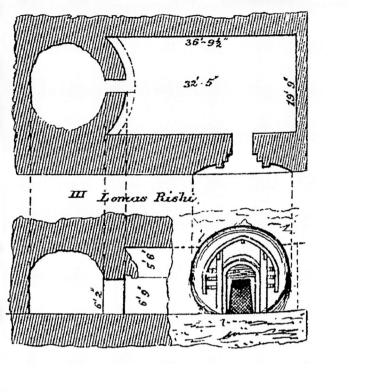

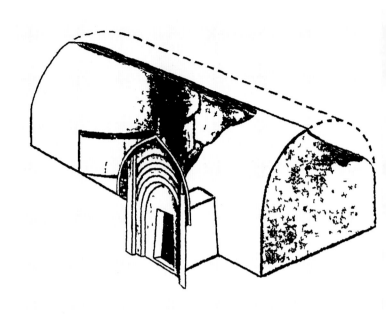

[其他印度河文明城市]

洛塔耳

与地处现巴基斯坦内陆地区的摩亨佐-达罗和哈拉帕不同，更靠南部的洛塔耳位于卡提阿瓦半岛沿海的平原地带、印度西海湾北端坎贝湾的端头。洛塔耳的发掘较晚，已发掘出包括灌溉工程、卫生设施及库房在内的许多遗迹（图1-32~1-36），在这里发现的巨大港口船坞是迄今所知哈拉帕文明遗址中唯一配有这种设施的城市。船坞平面矩形，位于城东，南北长216米、东西宽37米，如今已被淤沙掩埋。城市具有典型的哈拉帕式平面，配置了标准的城墙、城堡及下城（图1-37）。在城堡山上有一个平面尺寸48.5米×42.5米的泥砖平台，进一步划分为约3.6米见方的板块并穿有通风管道，看来很可能是类似摩亨佐-达罗那样的公共谷仓的基础。其他地区的粮食可通过河流运到洛塔耳，船坞即大码头。从这里也可看到哈拉帕文明发展的程度和水平。

托拉沃拉

与摩亨佐-达罗和洛塔耳两城相比，托拉沃拉遗址在城市布局和水系设施上又有新的变化和发展（图1-38~1-42）。其中心城区的布局与其他哈拉帕文明

（上）图1-83巴拉巴尔山 圣洛马斯窟。地段现状

（下）图1-84巴拉巴尔山 圣洛马斯窟。入口近景

（上）图1-85巴拉巴尔山 圣洛马斯窟。入口雕饰细部

（中）图1-86巴拉巴尔山 圣洛马斯窟。入口上部铭文（5世纪）

（下）图1-87巴拉巴尔山 圣洛马斯窟。内景（拱顶未能全部完成）

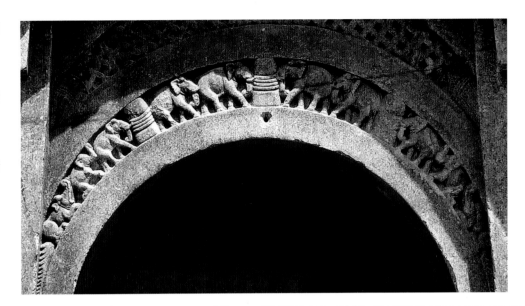

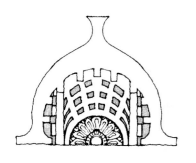
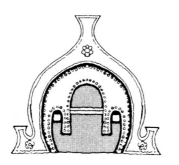

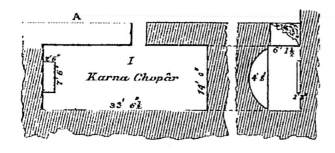

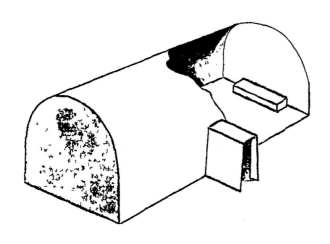

（左上）图1-88早期马蹄券山墙及窗户造型

（左中及左下）图1-89巴拉巴尔山 卡兰·乔珀尔窟。平面及剖析图（平面作者Alexander Cunningham，1871年；剖析图作者Percy Brown，1900年）

（右上）图1-90巴拉巴尔山 卡兰·乔珀尔窟。外部佛教雕刻

（右下）图1-91巴拉巴尔山 卡兰·乔珀尔窟。内景，为墙面磨光的单一房间

的城市明显不同。后者一般分为两个部分——处于高处的城堡和地势相对较低的下城，在托拉沃拉则出现了第三个城区（中城，位于城堡北面；下城在它和城堡的外围）。城堡区还发现了一扇门的遗迹（北门，其他遗址目前都没有发现门）。也就是说，不仅城市格局发生了变化，不同区域间还出现了起隔离作用的大门，表明在城市存在的这个阶段，在哈拉帕文化区域内，社会内部结构可能发生了某种变化，城市居民

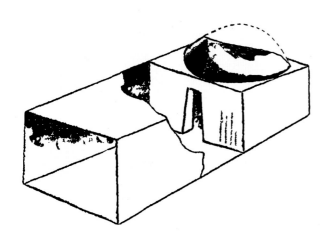

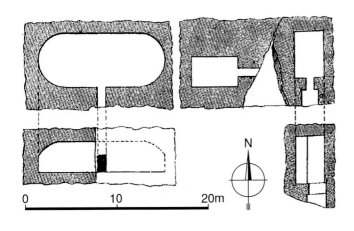

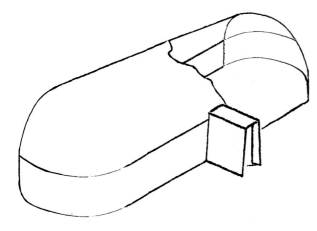

（左上）图1-92巴拉巴尔山 维斯沃·佐普里窟。空间剖析图（平面4.27米×2.54米），作者Percy Brown（1872~1955年）

（右上）图1-93巴拉巴尔山 维斯沃·佐普里窟。通向石窟的梯道（所谓阿育王台阶，Ashoka stairs）

（右下）图1-94巴拉巴尔山 维斯沃·佐普里窟。入口近景

（左中）图1-95纳格尔久尼山 石窟群。平面（取自CUNNINGHAM A. Archaeological Survey Report 1861-1862）：自左至右：戈皮石窟、沃达蒂石窟、米泽门蒂石窟（井窟）

（左下）图1-96纳格尔久尼山 戈皮石窟（公元前232年）。空间剖析图

的身份已变得更为复杂。

在水系建设上，托拉沃拉城有三个特点：1、在城市周围的重要河流上建设了堤坝，以此调节河水，防御旱涝；2、在这里发掘出哈拉帕文明中最大的水井；3、除了地面上的排水系统外，还建有地下排水通道。

卡利班甘

卡利班甘城位于哈拉帕东南，今印度拉贾斯坦邦境内俯瞰着甘加河（即《吠陀》里所说沙罗室伐底河）河谷的高地上（图1-43）。地面以上可见的遗存中包括两个作为居民点的方形土丘，每个大约宽120米。在发现的一系列泥砖平台中，有一排由七个"火祭坛"组成，它们和一个藏有动物遗骸的井坑一起，可能具有某种仪礼的功用。这些平台被围在一个带有矩形棱堡的椭圆形泥砖围墙内，外表面由泥浆抹平。南侧配置了一个用烧砖砌筑的入口。东面的土丘没有设防。

其他尚待发掘的重要城市遗址

位于今巴基斯坦旁遮普省的内里沃拉遗址面积为80公顷，它和印度北方哈里亚纳邦的勒基加希一起，均属已知面积最大的印度河文明遗址。勒基加希是哈拉帕成熟阶段的重要城市，如能发掘将有助于进一步了解哈拉帕文明。鉴于遗址已被现代居住区覆盖，有关方面正在全面考虑，采取必要的措施，制定发掘计划。

（上）图1-97纳格尔久尼山 戈皮石窟。入口及台阶

（下）图1-98纳格尔久尼山 戈皮石窟。室内梵文铭刻

图1-99鹿野苑 阿育王柱。狮子柱头
（公元前3世纪，连基座高2.15米，现
存鹿野苑博物馆）

从以上印度河文明各城市的表现可知，在这里，建筑价值最主要的表现就是城市本身；不仅形制完整，更加不可思议的是它们与近代理性主义规划的完美契合（尽管是以简单的形态）。而真正意义上属宗教方面或世俗领域的纪念性建筑，却很少发现。神庙可能原本就不存在，或已被公共浴室取代；宫殿虽然具有相当规模，但总体上还是比较朴实，完全无法展现那个时代的风采；个体建筑作品在情趣和观念上的变化也难以察觉。

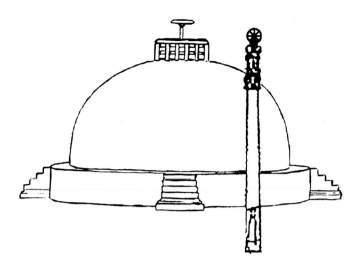

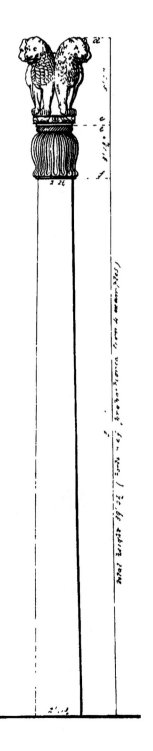

（本页右上）图1-100桑吉 阿育王柱（公元前250年）。孔雀王朝时期大窣堵坡及阿育王柱复原想象图

（本页中）图1-101桑吉 阿育王柱。立面复原图（作者F. C. Maisey，1892年）

（本页左）图1-102桑吉 阿育王柱。柱头立面（取自STIERLIN H. Comprendre l'Architecture Universelle，II，1977年）

（本页右下及右页两幅）图1-103 桑吉 阿育王柱。狮子柱头，修复前后的照片（类似鹿野苑柱头，但冠板部分改饰棕叶图案及鹅；现为桑吉考古博物馆藏品）

按1988年去世的罗马大学印度和中亚艺术史教授马里奥·布萨利的说法，在古代文明中，印度河文明是地域最广阔的一个。城市规划不仅充满活力，在合理性上也达到很高的水平。大城市均按格网规划，进行了精确和严格的控制。各种迹象表明，人们已开始按居民的专业分工划分街坊，对住宅和工作地点之间距离的考量也和近代的观念高度吻合。规划表明，已出现了一个按等级划分的社会结构，设防城堡的存在似乎也证实了这点（城堡设巨大的围墙，建在人工砌筑的高起基台上）。城堡除了在外敌入侵（这种情况似乎不多，至少是没有任何记载）和频繁的洪水泛滥期间，作为安全庇护地外，可能还是强有力的独裁统治者的驻地。严格合理的规划还体现在大量公共设施的建设上，诸如位于主要街道交叉口的商队旅社、顶部开口的贮粮筒仓、具有宗教特色的公共浴室，以及

管沟和排水系统等。城市街区的朝向可能是依照主导风向，以便不时利用自然手段清理街道。

[其他同期或稍后原始文明的表现]

与印度河文明同时，在土库曼斯坦和阿富汗也涌现出一些大城市（包括土库曼斯坦的纳马扎泰佩及其他流域中心，阿富汗希勒曼德河边的蒙迪加克和沙赫尔-索赫塔），但支撑它们的经济基础更为简单，完全无法和印度河流域的城市相比。虽说这些原始文明的活动在一定程度上可谓引人注目，有的城市也很壮观，希勒曼德河流域阿富汗城市的影响更直达阿拉伯半岛东岸；但在发展程度上它们和印度河文明的城市仍有很大差距。不仅在城市结构的合理性上相对逊色，经济上的分工和专业化程度也很有限；文献记载则更为匮乏。然而，土库曼-阿富汗（Turkmeno-Afghan）

文化的这些表现（由于新近的发现，人们对其物质文明已有了更多的了解），毕竟有助于进一步揭示印度河原始文明的起源。

在印度河平原北面克什米尔的布尔扎霍姆遗址（约公元前2920年），考古学家揭示出一批井式住宅（深4米，底部宽4米，上部缩至2.7米左右，以木柱

图1-105桑吉 26号柱。四
狮柱头（为桑吉两个四狮
柱头之一；部分损毁，现
存桑吉考古博物馆）

阿哈尔和吉伦德，也发现了一些由矩形房屋组成的居民点（约公元前2000~前1600年，用泥砖砌筑的房屋立在石构基础上）。在印度南部，同时期的村落（约公元前2500~前2000年）由采用轻质木结构的圆形或椭圆形的房舍组成，只是这些建筑很少能留存下来。

左页：

（上）图1-106瓦伊舍利（比哈尔邦）阿育王柱。地段全景（位于内藏圣骨的窣堵坡边上）

（下两幅）图1-107瓦伊舍利 阿育王柱。近景

本页：

（右上）图1-108瓦伊舍利 阿育王柱。钟形单狮柱头

（左上）图1-109昌巴兰（比哈尔邦）拉姆普瓦柱。1907年发掘带狮子柱头柱子时的情景

（左下）图1-110昌巴兰 拉姆普瓦柱。公牛柱头（公元前3世纪，现位于总督宫内）

支撑圆锥形屋顶）。它们可能是为了适应寒冷的气候条件而产生的一种地方变体形式。

　　与哈拉帕文明的城市同时，在拉贾斯坦邦南部的

在泰卡拉科塔，类似的结构立在干砌的石础上，中央炉灶和地面覆以黏土或牛粪。在阿富汗的皮拉克（约公元前1500年），带墙龛的砖构房屋一般拥有一到两个房间。

位于恒河流域的布哈加文普拉和贾凯拉为铁器时代（约公元前1000~前100年）的遗址，圆形的木架茅舍外覆泥笆墙。在恒河上游，哈斯提纳普拉（象城）的早期房舍（约公元前800~500年）同样是木构架加抹泥墙；但到后期（约公元前500~前200年），烧砖已成为普遍采用的建筑材料。

在铁器时代，印度北方在波斯人和希腊人的统治下建起了一批地方首府；有的是新建，有的是在已有的居民点上扩建而成。原来布局不规则的城镇现被按格网规划的新城取代。但位于恒河平原铁器时代的城址在先进的程度上不及印度河流域，没有宏伟的公共建筑。

在白沙瓦东北的恰尔萨达和拉瓦尔品第西北塔克西拉（呾叉始罗）进行的发掘，揭示了波斯人和希腊人占领时期位于山丘上的居住区。在恰尔萨达发现了一个早期居民点，但到公元前2世纪，城市又迁到了位于东北面的新址，并按规则的格网重新规划。在塔克西拉，城区也进行了类似的改造：在早期布局不规则的居民点被弃置后，新城按南北轴线进行规划，这

种状态一直持续到帕提亚时期（Parthian，约公元100年）。沿主要街道布置的大部分建筑是店铺，建筑稍高于街面，后面为密集的住宅。

在印度次大陆，铁器时代建筑上最值得注意的是巨石墓葬。其表现有几种形式：瓮式墓（urn burials，将放有死者遗骨的瓮置于井坑内，通常周围再绕一圈石头，上置平的石板）、岩凿墓室、井式墓（pit circle-graves，遗体平放木板上，置于露天井坑内，周围绕一圈石头）和石柜墓（stone cist graves，为一种封闭式墓葬，通常由花岗岩石板建造，周围绕一圈石头，上盖平板）。与巨石墓葬同时期的还有带立石

图1-113德里 德里-密拉特石柱。现状

（全三幅）图1-114新德里 科
特拉堡。德里-托普拉石柱
（公元前3世纪），地段全景

本页及右页：

（左）图1-115新德里 科特拉堡。德里-托普拉石柱，近景

（中上）图1-116新德里 科特拉堡。德里-托普拉石柱，柱身铭文细部

（中下）图1-117阿拉哈巴德（北方邦）城堡。侨赏弥石柱，现状

（右上）图1-118迦毗罗卫城 尼加利石柱（约公元前249年）。残段现状

（右下）图1-119盖瑟里亚（比哈尔邦）窣堵坡（约公元前250年）。日出景色，远景

的遗址，排列成方形或按对角线布置。

[吠陀时期 王舍城和舍卫城]

王舍城（罗阅祇），印度古城，曾为摩揭陀国都城，位于今比哈尔邦那兰达县，是释迦牟尼佛修行的地方，佛教八大圣地之一，同时也是耆那教圣地（耆那教创始人筏驮摩那[3]据传出生于王舍城附近的那烂陀）。

城市分为旧城和新城两部分。旧城焚毁后，摩揭陀国王阿阇世新建了豪华的宫殿，王舍城之名即由此而来。后阿阇世迁都华氏城（波吒厘子，今巴特那），王舍城逐渐荒废，现在只是位于比哈尔邦巴特那地区的一个小城。遗址位于古代佛教著名寺院那烂陀寺南面10公里，距离菩提伽耶（释迦牟尼成道处）46公里。

城市主要佛教建筑及名胜包括：竹林精舍（又称"迦兰陀竹园"），位于新旧王舍城之间，相传是迦兰陀长者皈依佛陀后献出的竹园，释迦牟尼在世时，

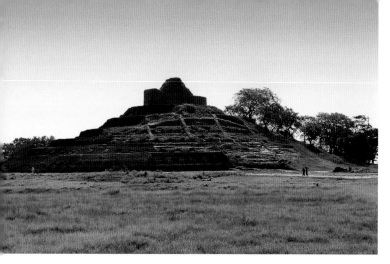

曾长期在此居住；灵鹫山，位于城东，释迦牟尼曾在此宣讲佛法，佛祖灭度后，弟子们在此举行第一次结集；温泉精舍，位于城西山上，释迦牟尼生前曾在山上以温泉洗浴。从已发掘的一些寺院的基础可知，这一时期已开始采用带椭圆形端头的厅堂，可能是这种形式的最早实例（图1-44、1-45）。

阿育王时迁都华氏城后，将王舍城布施给婆罗门

居住。5世纪中国法显来时，城已荒废。7世纪唐玄奘抵此，称城市"外郭已坏，无复遗堵。内城虽毁，基址犹峻，周二十余里，面有一门"，"城中无复凡民，唯婆罗门减千家耳"。

城墙是这时期王舍城主要的建筑遗存，它一直延续到亚历山大大帝入侵印度北部和第一个印度本民族的帝国——孔雀王朝建立之时（这时期的创作活动主

左页：

（左上）图1-120盖瑟里亚 窣堵坡。遗址全景

（左中及左下）图1-121盖瑟里亚 窣堵坡。塔体结构，不同角度的状态

（右上及右中）图1-122盖瑟里亚 窣堵坡。上部结构近景

（右下）图1-123盖瑟里亚 窣堵坡。基部近景

本页：

（上下两幅）图1-124盖瑟里亚 窣堵坡。塔基坐佛像

（左上）图1-125乌达耶吉里 乌达耶吉里-毗底沙柱头。立面

（右上）图1-126印度 带圆花饰的柱子和壁柱（取自HARDY A. The Temple Architecture of India，2007年）。图中：1、纳西克3号窟（约公元2世纪，类似早期窣堵坡的栏杆）；2、奥朗加巴德6号窟（6世纪）；3、帕塔达卡尔 维杰耶什沃拉神庙（8世纪早期）

（下）图1-127桑吉 圣区。总平面（取自BUSSAGLI M. Oriental Architecture/1，1981年），图中：1、1号窣堵坡（大窣堵坡，大塔）；2、2号窣堵坡；3、3号窣堵坡；4、17号庙；5、18号庙

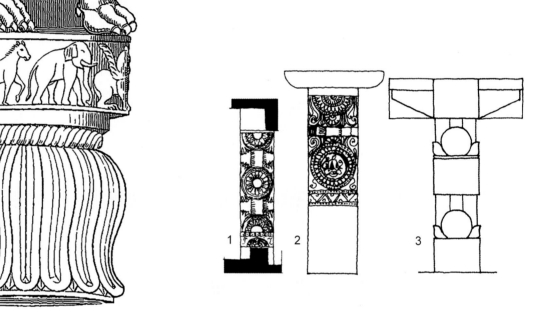

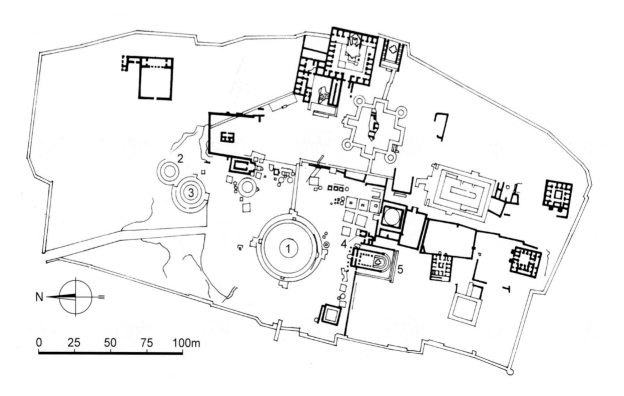

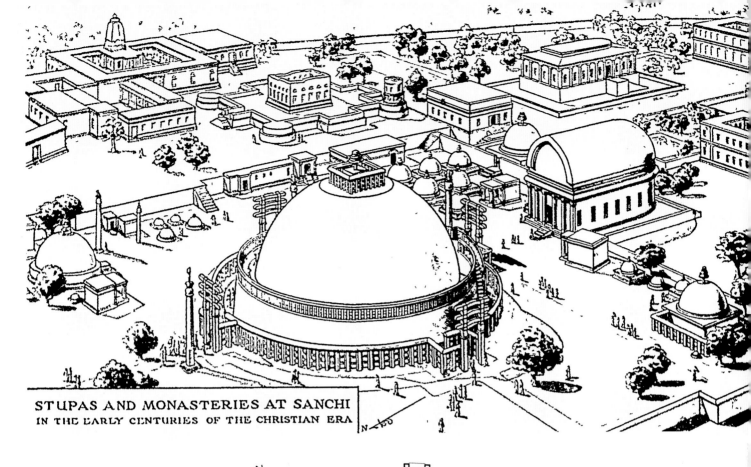

STUPAS AND MONASTERIES AT SANCHI
IN THE EARLY CENTURIES OF THE CHRISTIAN ERA

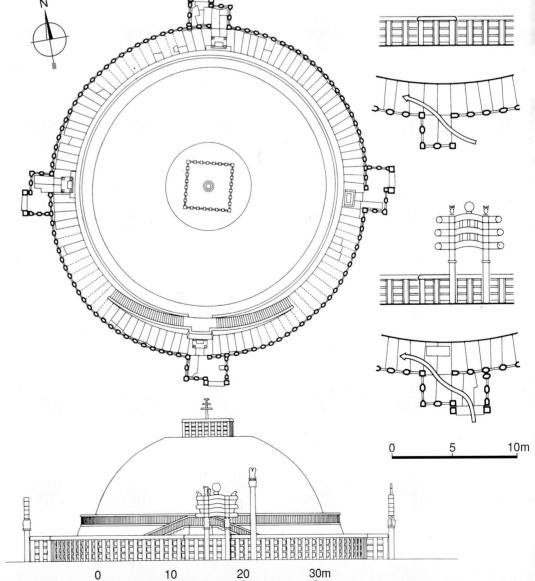

（上）图1-128桑吉 圣区。大窣堵坡及寺院鸟瞰复原图（公元初年的情景，作者Percy Brown，1900年）

（下）图1-129桑吉 大窣堵坡（1号窣堵坡，大塔，公元前273~前236年创建，公元前150~前50年扩建，门塔建于公元前25年）。平面、立面、栏杆及门塔细部（取自STIERLIN H. Comprendre l'Architecture Universelle，II，1977年；原图作者Volwahsen，1969年）

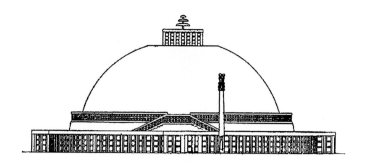

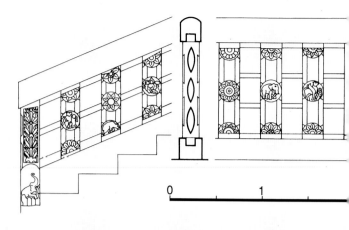

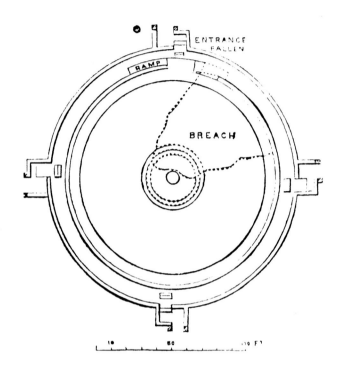

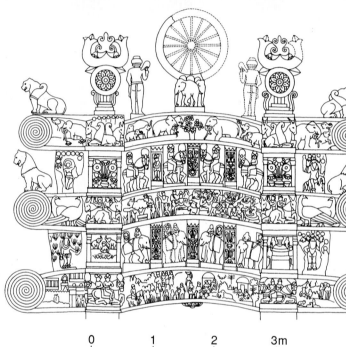

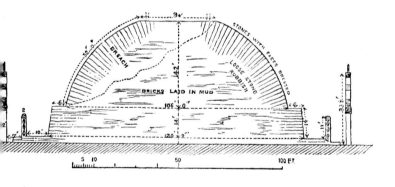

本页：

（左上）图1-130桑吉 大窣堵坡。立面（取自GARDNER H. Art Through the Ages，1926年）

（右）图1-131桑吉 大窣堵坡。栏杆及门塔立面（取自STIERLIN H. Comprendre l' Architecture Universelle，II，1977年；图示上部回旋廊道的较小栏杆，底层绕整个窣堵坡的栏杆高3.13米）

（左中及左下）图1-132桑吉 大窣堵坡。残迹平面及剖面（取自MURRAY J. A Handbook for Travellers in India，Burma，and Ceylon，1911年）

右页：

（上）图1-133桑吉 大窣堵坡。透视剖析图（想象图，中央为孔雀王朝时期的砖构核心；取自SCARRE C. The Seventy Wonders of the Ancient World，1999年）

（下）图1-134桑吉 大窣堵坡。东南侧地段全景

要集中在诗歌和宗教思想范畴，最主要的作品是构成婆罗门教和现代印度教最重要经典的《吠陀》[4]，因而这时期通常被称为吠陀时期）。

同为佛教八大圣地之一的舍卫城（亦译室罗伐，罗伐悉底）原为拘萨罗国（Kosala）都城。城市位于北方邦北部拉普蒂河南岸，距王舍城不太远的地方。位于城市南郊的祇园精舍（Jetavana，亦称祇林、祇树给孤独园，简称祇园或陀林）是释迦牟尼佛当年传

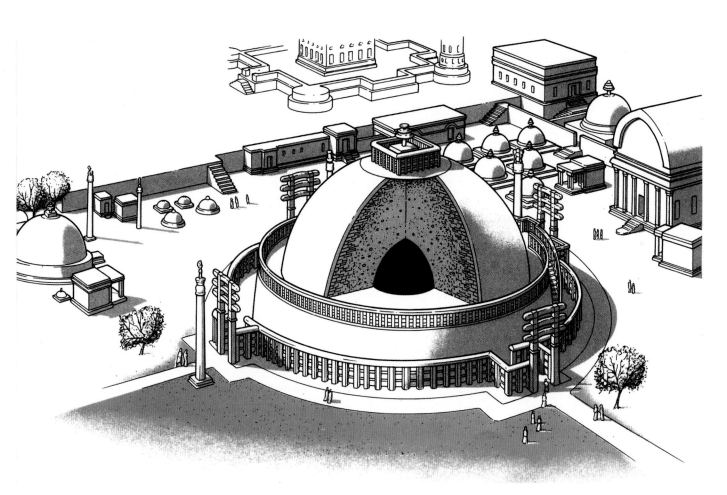

本页：

（上）图1-135桑吉 大窣堵
坡。东南侧近观

（下）图1-136桑吉 大窣堵
坡。东侧现状

右页：

图1-137桑吉 大窣堵坡。东
北侧景色

法的重要场所，虽比王舍城的竹林精舍稍晚（为佛教
史上第二栋专供佛教僧人使用的建筑），但却是佛陀
在世时规模最大的精舍，同时也是他长达二十多年的

居留说法处；因而在佛教史上具有重要的地位，闻名
遐迩。只不过到7世纪玄奘法师来此时，已是"都城
荒颓""伽蓝数百，圮坏良多"（经发掘整理后的城

市残迹现状：图1-46~1-55）。

这时期城市建筑主要为木构，但在次大陆的特定气候条件下，木料很难持久，即便在维护条件较好的北部山区也是如此。不过，值得注意的是，在某些地区，如克什米尔、尼泊尔和不丹，仍然有木建筑留存至今。因而其采用的技术和形式都引起了人们的兴趣。而在其他地方，由于很难提供足够的合宜木材，因虫蛀引起的木建筑维护问题亦难以解决，加上人们创造更为坚固耐久的宗教建筑的愿望，这一切可能都导致木建筑的数量急剧下降。不过，从现在人们掌握的文献资料来看，可能曾有过宏伟的木构建筑，只是业已消失，没有留下任何痕迹。在这方面，只需提及白沙瓦附近沙吉基-德里的迦腻色伽窣堵坡就够了（另见后文）。这座著名建筑加上上层木构后总高度达到638英尺，超过砌筑部分两倍以上，如今仅留方形基础。如果这座建筑不是因各种缘由名声远扬，如果没有中国文献称其为"整个印度最高的塔楼"，人们似乎很难相信，不同材料的组合能产生如此宏伟壮丽的效果。

由于普遍采用木材，致使这一地区的建筑史出现了一个远超过500年的空当。目前人们所掌握的唯一有价值的信息均来自孔雀王朝时期（Maurya Period）。

二、孔雀王朝时期

[历史及宗教背景]

公元前326年，马其顿亚历山大进军印度，一直抵达旁遮普邦的比亚斯河。记述这场远征的希腊文献提到塔克西拉，在杰赫勒姆河（希腊人称希达斯皮斯河）战役中败于亚历山大的国王波鲁斯[5]及一位名Candracottus（希腊语）的国王，后者据信就是以华氏城为都城的印度第一个帝国——孔雀王朝的开国君主旃陀罗笈多（又称月护王，公元前322~前298年在

位）。他攻下了亚历山大在印度河流域建立的军事要
塞，夺取了旁遮普，并获得了亚历山大后继者塞琉西
帝国的承认，奠定了孔雀王朝的大国地位。库姆拉哈

尔区附近的大柱厅可能就是其宫殿的一部分（在他孙
子阿育王任上重建）。

据传公元前298年，旃陀罗笈多皈依了耆那教，

（上）图1-140桑吉 大窣堵坡。西侧全景

（下）图1-141桑吉 大窣堵坡。西南侧现状

成为耆那教创始人筏驮摩那死后的六位教主之一、圣者跋陀罗巴睺的亲传弟子。他将王位传给儿子宾头娑罗[6]，自己则前往森林中苦行，最终绝食而死。宾头

娑罗于公元前273年逝世，其子阿育王在大臣成护的帮助下，与其兄苏深摩争夺王位取胜，成为孔雀王朝的第三任国王（约公元前269~前232年在位）。约公

元前261年阿育王征服羯陵伽国，继而统一除迈索尔地区外的印度全境。在他的统治下，古代印度达到了历史上的鼎盛时期。

根据佛教文献记载，因在争夺王位时把王族政敌全部杀死，阿育王在统治初期被认为是一个暴君。根据小摩崖法敕，阿育王之后开始接触发源于古印度属地迦毗罗卫国（属今尼泊尔）的佛教，但最初两三年并不太积极，只是在与僧团深入相处后，才于即位后第7年皈依佛教。在次年征服羯陵伽国时，由于亲眼目睹了大量屠杀的场面，幡然悔悟，从而开始虔信佛教，只希望以和平方式扩张势力。

作为一个亚洲的地区统治者，尽管阿育王之后并没和祖传的专制模式真正决裂，也没有完全放弃暴力；但总的来看，在悔悟后，再没有迫害各宗教的具体记载，对佛教、婆罗门教和耆那教都予以慷慨捐助。所以后人普遍认为阿育王强调宽容和非暴力主义，并因此得到了民众的敬仰，维持了近40年的统治。

作为一个虔诚的佛教徒，阿育王大力宣扬佛法，亲自朝拜佛陀的圣迹。他以佛教信仰作为其执政理念的基石，力图把佛教变为政治思想体系和国家的正统意识形态。随着次大陆政治上的统一，佛教信仰也占据了统治地位。在他即位的第17年，在华氏城由帝须长老[7]主持举行了第三次佛教结集，进一步把佛教推向全国。他还向周边国家派出许多传教团，使佛教开始成为世界性的宗教。特别是派人去锡兰传教，使斯里兰卡至今都是南传佛教的中心。与此同时，由于亚历山大大帝的远征和战败的波斯帝国难民的涌入，印度得以广泛接触精彩纷呈的外部世界，在和亚历山大继任者创建的希腊化帝国的交往和碰撞中，印度迎来了一个真正具有深远意义的转折点。

在阿育王将佛教作为其庞大的中央集权国家的官方宗教后，随即掀起了建造大型佛教建筑的第一次高潮。在南亚，此前采用不耐久材料——木料、竹子、茅草和砖——建成的建筑数量上一直占绝对优势；此时已发现了最早使用石材的文献证据。所用技术有的

左页：

图1-142桑吉 大窣堵坡。南侧全景

本页：

（上）图1-143桑吉 大窣堵坡。主塔砌体

（下）图1-144桑吉 大窣堵坡。塔顶近景

来自外国，有的系借鉴其他材料的做法或再次发掘民间传统；而在砖（无论是泥砖还是烧砖）的使用上，则有长期的历史，仅部分失传。据传在阿育王统治期间，共建造佛塔（窣堵坡）8.4万座，以及大量的石窟和象征性的纪念柱等。因而在次大陆，除了印度河

文明的古代遗存和在某些村落里发现的吠陀神祇的祭坛外（当公元前563年佛陀降生时，作为早期印度教的婆罗门教可能已有了上千年的历史；但吠陀时代的祭祀仪式不求建造永久性的纪念建筑，因此这些祭坛尽管具有和大型建筑作品同样的象征意义，形式都比

本页及右页：

（左及中）图1-145桑吉 大窣
堵坡。底层围栏、环道及台阶

（右两幅）图1-146桑吉 大窣
堵坡。底层环道（坐佛像为
公元450年后加）

较简单），留存下来的早期建筑作品及遗迹大多属佛教范畴。佛陀入灭之后，围绕着和他相关的遗物遗迹，以及他和门徒们的遗骨，形成了许多朝圣地。其中很多都位于商路边，作为朝拜者、香客和施主的商人在其中起到了很大的作用。这些地方往往也是佛教寺院的中心。

印度的建筑就这样和宗教的演变密切相关。它和佛教的兴起同步，之后又随着印度教某些流派的确立和耆那教地位的巩固而变化。但只有佛教使印度建筑在世界上获得了独特的地位。马里奥·布萨利甚至认为，亚洲人文主义思潮的形成，在很大程度上和佛教的传播有关。印度教本身的扩展则不仅有限，成果也不那么突出。[8]

自孔雀王朝——或更准确地说，自阿育王统治时期——开始，留存下来的建筑除独立的纪念柱（stambha）和窣堵坡（佛塔）外，还有支提（梵文caitya的音译，为一端安置纪念性窣堵坡的塔庙、祠堂、佛殿）和毗诃罗（梵文vihāra的音译，即精舍、祭拜堂、会堂、僧院、佛寺；图1-56）等。

英国殖民时期，在韦利加马·斯里苏曼加拉的监督下，修复了许多阿育王时代的建筑。其中最主要的有：印度中央邦博帕尔的桑吉建筑群，帕鲁德（巴尔胡特）窣堵坡和德奥科塔尔窣堵坡（图1-57）；北方邦鹿野苑（萨尔纳特）的昙麦克塔；比哈尔邦菩提伽耶的摩诃菩提寺（"大正觉寺"，金刚宝座塔），巴拉巴尔山石窟和那烂陀大学（某些部分，如舍利佛塔）；卡纳塔克邦的桑那蒂（村）窣堵坡（表

现阿育王的浮雕是唯一已知的这类作品，图1-58、1-59）；巴基斯坦塔克西拉的寺院[寺院大学某些部分，德尔马拉吉卡寺院的窣堵坡和库纳拉窣堵坡（图1-60~1-62）]和皮尔丘（经修复，图1-63）、斯瓦特县的布卡拉窣堵坡（图1-64~1-66）、讷瓦布沙

阿的米尔鲁坎窣堵坡（图1-67~1-69）。

[支提窟（石窟寺）]

在印度，"支提"（梵文chaitya的音译，另作chaitya hall、chaitya-griha、caitya）一词意为在圣者逝世或火葬之地建造的庙宇或祭坛，或泛指宗教建筑中的祠堂、圣所、神庙或祭拜厅。具体到"chaitya hall"则是指内部既有窣堵坡（有时是佛像），又有相应信徒聚集空间的圣所，当自山岩中凿出时可译为"支提窟"（石窟寺），以砖石砌筑时则译为"支提堂"。在山侧或悬崖边上凿出的这类初始形态的"石窟寺"早在孔雀王朝时期已经出现，主要供佛教徒使用。

支提窟可以是矩形平面上置平顶天棚，也可以是圆形上冠穹顶（如安得拉邦贡特珀利的石窟）。但最

典型的仍是后端为半圆形平面，以柱子界定上置筒拱顶的本堂和较窄的带半筒拱顶的边廊。窣堵坡位于本堂半圆室处，边廊自后面绕行形成回廊。这种端头设半圆室的形式本是来自一种早期流行的带茅草顶的木构架建筑，由于适用于从世俗到宗教的各种功能而备受青睐。从早期的叙事浮雕和有关圣地的描述上都可找到这类建筑的图像或文字记录，其中有的有边廊，有的没有。在桑吉和安得拉邦纳格尔久尼寺院（图1-70~1-74），尚存砖构支提堂的基础或下部结构；后者属3世纪后期到4世纪初，有一对这样的建筑，面对面布置，均无边廊，一个内置窣堵坡，另一个立佛像。

目前印度留存下来最早的石窟寺是位于菩提伽耶和格雅以北的巴拉巴尔石窟（属印度东北的比哈尔邦，距格雅24公里），其中大部属孔雀王朝时期（公元前322~前185年），有的还带有阿育王的铭文。

现统称为巴拉巴尔窟群的这组建筑实际上是位于两座山上：巴拉巴尔山本身有四个石窟，旁边相距不到2公里的纳格尔久尼山上有三窟。这些石窟大多由自花岗岩山体中凿出的一或两个房间组成，平面简单，几乎没有雕饰，内壁表面磨光，具有很强的回声，石窟上还配置了古代很少见的大型拱券。和后期的所有石窟寺一样，它们系以当时的建筑结构为范本。只有一点是例外，即内部厅堂长边与山崖表面平行，而不是向纵深发展（可能是因为山体较窄的缘故）。

巴拉巴尔山的这些石窟对南亚岩凿建筑产生了很大的影响。在英国小说家爱德华·摩根·福斯特（1879~1970年）的《印度之行》（*A Passage to India*）及印度作家克里斯托弗·C. 多伊尔的《摩诃婆罗多之谜》（*The Mahabharata Secret*）中均提到这些石窟（只是在E. M. 福斯特的小说中，巴拉巴尔山有了一个虚构的名称"马拉巴尔"山）。

巴拉巴尔山本身的四个石窟分别为苏达玛窟、圣洛马斯窟、卡兰·乔珀尔窟和维斯沃·佐普里

窟。其中苏达玛窟是印度最早的岩凿建筑实例（图
1-75~1-78）。据铭文记载，它创建于阿育王执政的
第12年，按目前人们普遍认可的编年史推算，当为公
元前256年。[9]这是个极为奇特的原始印度教神庙，由
矩形前厅和一个圆形穹顶房间组成。较大的矩形厅堂
为信徒聚会场所，较小的圆形房间为祭拜的处所（后
者尽管目前是空的，但当年想必有一个类似窣堵坡的
小型结构）。入口位于大厅的一个长边，厅上假拱顶
呈半圆筒形，大厅与所在山崖面平行。端头圆形后殿
与主要厅堂空间通过狭窄的洞口相连。从前厅望去，

左页：

图1-149桑吉 大窣堵坡。西门塔，背面全景

本页：

图1-150桑吉 大窣堵坡。西门塔，背面近景

后殿似为凸面而不是凹面，好似以石料模仿带外挑尖
顶的圆形棚舍（或更准确说是半个棚舍）。选用这种
几乎与神殿主体分开的后殿形式，可能是因为以枝叶
覆盖的木构圆形棚舍是在传统加冕仪式（rājasūya）
时习用的建筑样式。在这样的场合，棚舍想必是隐喻
大地之母。安置在岩石内部、以更耐久的石头仿制的
这个棚舍，正是暗示在僧侣的辅佐下，神对整个宇宙
的统治。其主要特色表明，当时的石构建筑在很大程
度上受到木结构的影响。这座石窟尚保留了许多孔雀
王朝时期制作的建筑细部，类似的实例另见马哈拉
施特拉邦发现的规模更大的佛教支提窟（如阿旃陀
和卡尔拉石窟）。

圣洛马斯窟同样可作为印度支提窟的早期实例
（图1-79~1-87）。尽管其创建日期尚难准确判定，
但在它旁边、除大门外其他各方面均相同的一个石
窟，据铭文称开凿于阿育王登位后10年，系为邪命外

本页：

图1-151桑吉 大窣堵坡。西门塔，北柱墩柱头，西侧侏儒雕刻细部

右页：

图1-152桑吉 大窣堵坡。西门塔，南柱墩，西侧浮雕

道派[10]信徒修建。估计这也大致是圣洛马斯窟的建造年代。它同样是由一个主轴与悬崖面平行的矩形房间组成，入口设在侧面，一端形成椭圆形空间，可能原打算安放一个小型窣堵坡或其他的尊崇对象。两个房间均设粗略成形的圆形顶棚。

这座石窟唯一带雕饰的部分是入口立面和大门。拱券式立面显然是模仿外覆茅草的木构拱顶（所谓车棚式屋顶）建筑的端头（见图1-80、1-84）。入口配

有马蹄券（kudu）的边框，这种形式的拱券已成为印度建筑最流行的母题之一（在其他地方，这种母题还用于窗户上部；它本是原型基本无存的木构特色，之后被移植到石构建筑中，如肯赫里、卡尔拉及早期阿旃陀的石窟，图1-88）。曲线拱门上雕出向窣堵坡的象征图形行进的成列大象。其上可清楚看到凸出的

托梁端头，它们支撑着一个近于半圆形的拱券；但由于顶端形成一个支撑顶饰的尖头，实际上已演化成尖矢拱顶。它是最早的支提拱（caitya arch，原名gavākṣa，由双曲线形成）实例，同样是印度建筑最常用的母题，在欧洲哥特建筑里被称为葱形拱（ogee arch，或内外四心桃尖拱、双曲线尖拱）。和柱子及柱头一样，这些石窟内部磨得很光滑，并被称为"孔雀王朝（Mauryan）风格"；不过，这一名称多少有点误导，因这一技术直到公元1或2世纪时仍得到应用。

左页：

（上）图1-153桑吉 大窣堵坡。西门塔，楣梁浮雕：末罗国王将佛陀圣骨送往都城拘尸那揭罗（国王骑在居中的大象上，佛骨置于头上）

（下）图1-154桑吉 大窣堵坡。北门塔，正面近景

本页：

图1-155桑吉 大窣堵坡。北门塔，背面现状

左页：

图1-156桑吉 大窣堵坡。北
门塔，西柱墩，东侧浮雕：
来窣堵坡朝拜的外国人及众
乐师

本页：

图1-157桑吉 大窣堵坡。北
门塔，柱头雕饰

巴拉巴尔山上的另两座石窟均为矩形房间。其中一座（卡兰·乔珀尔窟，图1-89~1-91）由单一房间组成，墙面磨光，上有公元前245年的铭刻；另一座（维斯沃·佐普里窟，图1-92~1-94）由两个矩形房间组成，可通过阿育王时期于山崖上凿出的梯道上去。

纳格尔久尼山上的三个石窟要比巴拉巴尔山的规模为小，建成年代也要晚50年左右（图1-95）。其中沃达蒂石窟位于一个山崖缺口内。其他两座（米泽门蒂石窟和戈皮石窟）均为阿育王之孙、国王达沙拉塔（公元前232~前224年在位）为信奉邪命外道的苦行者在雨季栖身而建。米泽门蒂窟因边上有一口枯井，又名井窟；戈皮石窟据铭文记载建于公元前232年，石窟长12.3米，宽5.8米，两端均为半圆头，拱顶高约3.2米，墙面及地面皆磨光（图1-96~1-98）。

[石柱（纪念柱）]

概况

在印度，很多地方都发现了孔雀王朝时期留存下来的独立石柱及其残段，这是一种具有隐秘的宗教功能、上置柱头和象征性雕像（动物或其他造型）的独立支柱（stambas、laths）。尽管某些学者相信，一些石柱系阿育王父亲及前任宾头娑罗时期（约公元前297~前272年）创建；但一般认为，除个别柱子残段

（如华氏城）可能年代略早，其他部分主要均属阿育王时期（公元前3世纪）。这批建于阿育王统治时期或至少是有其碑文的石柱，通称阿育王石柱（或纪念柱，Pillars of Ashoka），是已知最早的一批印度石雕遗存，在印度艺术史上起到了重要的作用。

为了推广佛教和要求人们遵守理法，阿育王在很多石柱上刻制了敕令和教谕，称为"法敕"。法敕多为一些道德方面的律令，例如孝敬父母、为人诚实等。在敕令中阿育王通常自称为"天亲仁颜大王"。事实上，刻在柱子、岩石表面及石匾上的这些阿育王敕令、教谕和正法条文可在除南端以外的印度各处看到，西边一直延伸到今属阿富汗的坎大哈。遍布全国的这类碑文使人们对他的统治留下了深刻的印象。这些碑文表明，阿育王的帝国仍然采用中央集权的统治形式，不同于印度后期那些由诸侯国组成的松散联盟。这些纪念柱很可能是象征所谓"中心"和"世界之轴"（axis mundi），构成一种神奇力量的会聚点，超自然的神力由此向外发散，将特定的宗教信仰传向四方。

构造及形式来源

早期印度建筑及结构主要使用木材，直到公元前3世纪在和波斯及希腊人交往以后，才开始在建筑

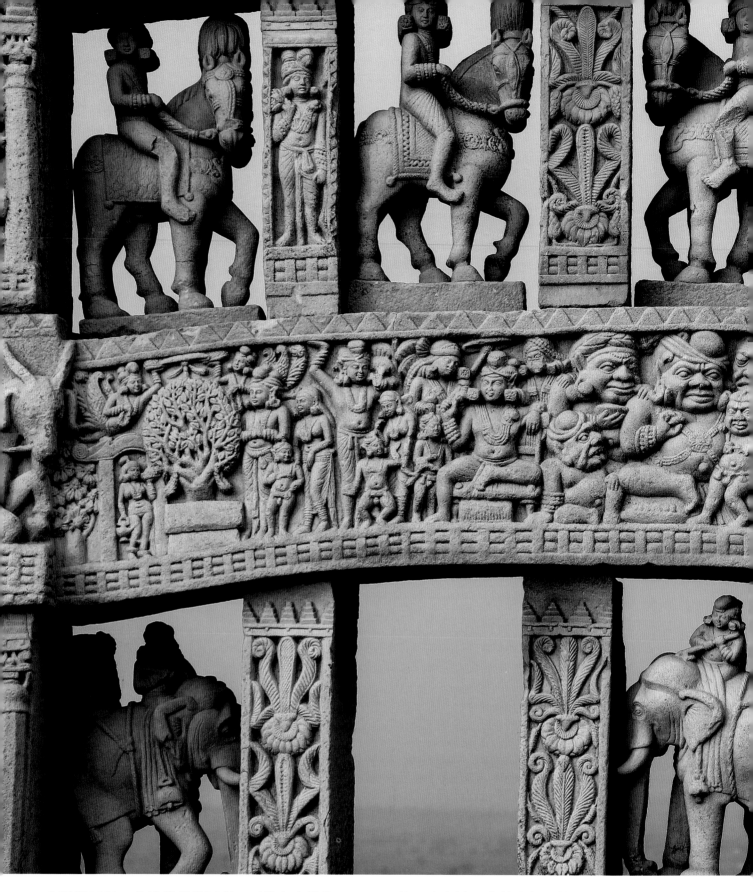

中采用石料。各地发现的阿育王石柱高度约为12~15米，每根重约50吨。独石制作的柱身平素无饰，顶上动物雕像（狮子、公牛、大象等，其中很多都是印度石雕中的精品）立在磨光的冠板上，后者由带莲花瓣的倒钟形柱头支撑。柱子所用石料有时要从位于马图拉（孔雀城）或楚纳尔（位于瓦拉纳西南面）的采石场运送几百英里到竖立的地方。

这类纪念柱和伊朗阿契美尼德王朝（Achaemenid Dynasty）柱子的关系是学界讨论得很多的话题。从造型上看，它们之间确有许多类似之处，如平素的独

石柱身（没有柱础，只有轻微的卷杀），上部带花瓣状装饰的独特钟形柱头（所谓波斯波利斯柱头），以及由整块石头雕出的莲花座和动物造型等。但在拉姆普瓦的瘤牛柱头和森卡萨的大象柱头处可看到的那种交替布置的忍冬花、程式化的棕叶饰及小的圆花饰，

本页及左页：

（左）图1-158桑吉 大窣堵坡。北门塔，中楣浮雕，表现天魔想阻挠悉达多太子圆成佛果派魔女来诱惑未遂，以及护法天神助太子将魔鬼全部驱散的典故（左侧的佛陀以其宝座造型替代）

（右）图1-159桑吉 大窣堵坡。北门塔，西柱墩顶饰背面，表现佛教三宝和护持夜叉

显然是来自希腊和西亚艺术。类似的图案尚见于阿拉哈巴德石柱的柱头。这样的图案很可能是来自相邻的塞琉西帝国（Seleucid Empire），特别是与印度紧邻的阿伊-哈努姆这样一些希腊化的城市。由于失去了一般支柱的承重功能，蜕变成仅有象征意义的纪念柱，因而可认为它们是以另外一种方式采用了波斯的建筑要素，即在完整保留其最初形态的同时，在钟形柱头顶上冠以某种神秘的象征物。

不过，这些柱子（当地人称laṭs）是否全部出自瓦拉纳西附近的楚纳尔采石场，以及是否是阿育王中央帝国官方艺术的表现，目前均无定论；甚至连它们的灵感是否主要来自国外（特别是伊朗），都还有不同的看法。尽管它们和伊朗阿契美尼德时代的建筑之间确实有诸多类似之处，但由于在印度缺乏留存下来的更早实例，人们并没有能完全厘清作品的时代背景及其所有内涵；加之对伊朗类似作品的比较过于粗略，对历史上有关这些柱子的功用及风格的说法，有人提出质疑也在情理之中。不过也应该承认，尽管大

左页：
（上下两幅）图1-160桑吉
大窣堵坡。南门塔，正面全
景及近景

本页：
（上）图1-161桑吉 大窣堵
坡。南门塔，背面现状

（下）图1-162桑吉 大窣堵
坡。南门塔，东柱墩，四狮
柱头

本页及左页：

（左上）图1-163桑吉 大窣堵坡。南门塔，楣梁浮雕：佛骨之战

（左中）图1-164桑吉 大窣堵坡。南门塔，根据上图（W35-033）浮雕制作的拘尸那揭罗主城门复原图（约公元前500年情景，据Volwahsen，1969年）

（下）图1-165桑吉 大窣堵坡。南门塔，楣梁浮雕：阿育王造访尼泊尔拉姆格拉姆窣堵坡

（右上）图1-166桑吉 大窣堵坡。东门塔，正面全景

部分柱子无疑创建于阿育王时期，年代更早的不会很多，但如果有悠久的石雕传统，理应会有其他的遗存。如此成熟的石雕作品突然出现，不大可能完全没有外国匠师的参与，至少也应和他们有所接触。从鹿野苑狮子柱头的风格上可明显看到阿契美尼德或新亚述帝国（Neo-Assyrian Empire）后期艺术的影响（图1-99）；但基座（冠板）上的母题，除一两个例外，和希腊化世界相比，确实更像是来自较早的西亚传统。

事实上，最近人们已提出一些新的看法，认为这种带柱头和顶端动物雕刻的单根立柱很可能在印度有

悠久的历史和传统（其他地方没有找到这样的例证，伊朗也很少），只是由于采用木柱（顶上安置动物铜像），未能留存下来。这一说法看来有一定道理。某些动物雕刻（特别是拉姆普瓦柱的公牛以及某些基座上的浮雕），显露出自印度河文明以来，人们对这类题材的格外关注。另一个值得注意的方面是，这类柱子不论起源何处，之后大多和佛教遗址相关。不仅许多阿育王石柱都是在佛教圣地发现的，在接下来的300多年里，其形象亦见于大量的佛教浮雕，显然此时它们已在佛教建筑中占据了重要地位，且具有了某种象征意义。

另外还要特别指出的是，类似的柱子往往用于小乘佛教阶段的岩凿支提堂和精舍，例如卡尔拉支提堂（见图1-358~1-366）前面的独石立柱就是它的一种变体形式。带流苏花饰的倒钟形部件成为瓶罐的象征，此后便被纳入各种建筑线脚和柱子部件中去。柱脚处往往布置更为逼真的罐状部件。所谓"阿育王柱式"（"Ashokan" order）的冠板，现被带肋条的垫式部件（amalaka，或曰球根式部件）取代，且常常被围在各面敞开的盒状形体里，上冠一个倒立的阶梯状金字塔。类似的柱头甚至用于造型装饰或带有叙事性质的教化雕刻。

左页：

图1-167桑吉 大窣堵坡。东门塔，背面近景

本页：

图1-168桑吉 大窣堵坡。东门塔，北柱墩，南侧（左边）浮雕表现佛母摩耶夫人之梦

遗存现状

孔雀王朝时期的石柱，有的后期因自然原因倒塌，有的则是被反偶像崇拜者推倒弃置，然后逐渐被人们重新发现。早在16世纪，英国旅行家托马斯·科

里亚特就在老德里的残迹中找到一根石柱。开始他以为是青铜制品，仔细考察才发现是由精心磨光的砂岩制作并有类似希腊文的铭文。19世纪30年代，英国东方学学者詹姆斯·普林塞普（1799~1840年）在爱德华·史密斯和乔治·特纳的帮助下开始对这些文字进行释读，确定铭文中提到一个号"仁慈之主"（巴利文Piyadasi）的国王，而这正是阿育王的别称。之后学者们在印度各地（主要在北部）找到了约150处阿育王时代的铭刻（刻在岩面或石柱上），这些铭刻均布置在靠近城市边缘的战略要地和商路上。

目前尚存的阿育王时期建造的石柱约有20根（大都带有铭文）。主要遗存如下：

鹿野苑石柱（位于北方邦瓦拉纳西附近），四狮柱头，柱上带铭文；

桑吉石柱（位于中央邦博帕尔附近），四狮柱头（部分损毁，原在桑吉大塔南门塔边），带铭文（图1-100~1-104）；

桑吉26号柱，四狮柱头（部分损毁，原在桑吉大塔北门塔边，现柱头存桑吉考古博物馆内，图1-105）；

默凯柱（位于比哈尔邦恰布拉，因相距约5公里

的默凯村而名），仅有柱子，带铭文；

瓦伊舍利石柱（位于比哈尔邦），单狮柱头，无铭文（图1-106~1-108）；

拉姆普瓦石柱（位于比哈尔邦昌巴兰，图1-109、1-110），共两根，分别为公牛（柱上无铭文）及狮子柱头（柱上带铭文）；

阿雷拉杰柱（位于比哈尔邦昌巴兰，图1-111），无柱头，柱上带铭文；

狮子柱（位于比哈尔邦劳里亚·嫩登加尔，仍在原处，图1-112），单狮柱头，柱上带铭文；

德里-密拉特石柱，柱上带铭文，1356年被土耳其穆斯林统治者、德里苏丹国（Sultanate of Delhi）图格鲁克王朝（Tughlaq Dynasty）苏丹菲鲁兹·沙·图格鲁克（1309~1388年，1351~1388年在位）自密拉特迁往德里（图1-113）；

本页：

图1-169桑吉 大窣堵坡。东门塔，柱头雕饰

右页：

图1-170桑吉 大窣堵坡。东门塔，北端，背立面近景

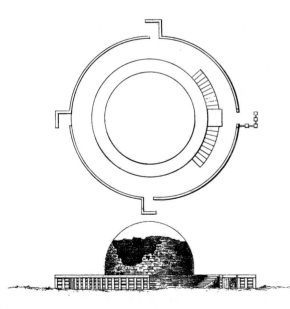

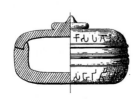

左页：

图1-171桑吉 大窣堵坡。东门塔，南端，背立面近景

本页：

（上）图1-172桑吉 大窣堵坡。东门塔，中楣，背立面雕饰：受丛林动物膜拜的佛陀

（左下）图1-173桑吉 2号窣堵坡。平面、立面及遗骨盒细部[1854年图版，作者Sir Alexander Cunningham（1814~1893年）]

（右下）图1-174桑吉 2号窣堵坡。栏杆装饰图案（1892年图版）

德里-托普拉石柱，公元前3世纪，柱上带铭文，1356年被菲鲁兹·沙·图格鲁克自哈里亚纳邦雅姆纳纳加尔县的托普拉祠庙迁往新德里的科特拉堡（图1-114~1-116）；

阿拉哈巴德石柱[位于北方邦，最初在侨赏弥，之后可能是被莫卧儿王朝第四代皇帝贾汉吉尔（1605~1627年在位）迁至阿拉哈巴德，图1-117]，

柱上有铭文及王后告示；

阿玛拉瓦蒂石柱（位于安得拉邦）；

拉尼加特石柱[位于巴基斯坦开伯尔-普赫图赫瓦省（原名西北边境省）]；

尼加利石柱（位于尼泊尔迦毗罗卫城蓝毗尼附近，约建于公元前249年），柱头已失，带铭文（图1-118）；

鲁明台石柱（位于尼泊尔迦毗罗卫城蓝毗尼附近，约公元前249年为纪念阿育王至蓝毗尼朝圣而建），柱头已失，据说雕的是马；

坎大哈石柱（位于阿富汗），仅有柱子残段，带铭文。

有的仅有柱头，未发现柱身。如在盖瑟里亚窣堵坡前找到的柱头（由于这个柱头的发现，这座庞大的

本页：

图1-175桑吉2号窣堵坡。远景

右页：

（上）图1-176桑吉2号窣堵坡。地段全景

（下）图1-177桑吉2号窣堵坡。入口近景

窣堵坡被认为是始建于阿育王时期，即公元前250年左右，图1-119~1-124）和位于乌达耶吉里石窟处的乌达耶吉里-毗底沙柱头（后者年代上是否属阿育王时期尚有争议，估计在公元前2世纪巽伽王朝至笈多时期之间，图1-125）。位于北方邦的森基塞石柱仅有残毁的大象柱头，同样未发现柱身，可能一直未立。

来自中国的法显和玄奘对这些柱子多有记述（法显提到6根，玄奘15根），其中有的现已无存，能和

被莫卧儿帝国统治者迁移，动物柱头亦被取走。

仍在原地未动的两根均在恒河与尼泊尔边境之间。包括它们在内，仅有7个完整的、雕有动物的柱头留存下来，其中5个为狮子（2个由背靠背的4只狮子组成，其余为伸直前脚的坐狮）、1个大象、1个瘤牛。

两个最华美的4狮柱头中，桑吉石柱是1851年由印度考古调研所的首任领导人、英国考古学家、陆军少将亚历山大·坎宁安爵士（1814~1893年）在发掘中发现的。中国朝圣者提到的鹿野苑石柱后来在地面上已无迹可寻。1904~1905年冬天，供职于印度民事局（Indian Civil Service）的一位未受过考古学训练的工程师F. O. 厄特尔被允许在这里进行发掘。他首先发现了位于主要窣堵坡西面笈多时期祠庙的遗迹（压在阿育王时期结构的上面）。在其西面发现了位于更低层位上的一截仍然直立但在靠近地面处已断裂的柱子，接着在附近又找到了大部分其他的柱子残段，其中就有这个最著名的由莲花瓣基座、带法轮及动物（象、狮、牛和马）形象的座板及顶上的4个狮子造型组成的柱头，它无论在制作还是保存状态上都要胜过桑吉的同类作品。为保存它建了印度第一座现场博物馆（是当时世界上为数不多的这类博物馆之一）。目前柱子仍在原处，移到博物馆内的柱头则成为印度共和国的象征（国徽造型），座板上的轮饰（所谓"阿育王脉轮"，Ashoka Chakra）已被用作印度国旗中央的图案。

[窣堵坡（佛塔）]
功能及象征意义

窣堵坡是最具有代表性，也是最神圣的佛教建筑类型。有关它的起源（或者说其初始功能）更是众说纷纭。但归纳起来无非是两个方面：

首先它是个墓葬、陵寝，是埋藏圣骨的处所（或衣冠冢、纪念塔）。据说佛陀的遗骨被（阿育王）分为许多份，在各地以砖砌窣堵坡来保存它们；在接下来的几个世纪里，在与佛陀一生相联系的许多地方都建造了这类窣堵坡；早期窣堵坡内不仅藏有佛陀本人，也包括其门徒、圣人或著名高僧的遗骨。其中有

上列清单对上号的仅有5根。

清单中的5根阿育王柱（其中两根位于拉姆普瓦，瓦伊舍利、阿雷拉杰和纳纳登加特各一根）系从华氏城沿古代国王大道迁至尼泊尔谷地。有的以后又

本页及左页：

（左）图1-178桑吉2号窣堵坡。栏杆雕饰细部

（右）图1-179桑吉2号窣堵坡。栏杆及墩柱近景

的一直留存下来，成为后期窣堵坡的核心。

第二是其造型的多重象征意义。一般认为，窣堵坡的出现要早于佛教的传播。这些佛教或耆那教窣堵坡的半球形外廓有别于自然堆积的土丘，从外部看去，它既可代表圣山乃至整个宇宙，表现一个位于大地上的半球形或钟形的天穹（按佛教徒和印度人的宇宙观，大地呈圆盘状）；同时，位于其基座上的垂直轴线亦可代表世界之轴（axis mundi，或宇宙之轴、神奇中心）。有证据表明，许多早期窣堵坡实际上都有贯通整个高度、直达顶部支撑伞盖的木柱。为佛陀遮阴的伞盖见于许多绘画或叙事浮雕，与很早就放弃了王子优裕生活的佛陀相关的这一圣迹很快演变成其

象征并受到尊崇。窣堵坡同样代表所谓"维护宇宙法规之王"（即dharmachakravartin，也有人将其理解为"转动佛法之轮的帝王"）。为此，还配备了一些象征飞升的其他部件。

无论是作为真正收藏遗骨的墓葬，还是作为信仰和启迪的象征及标志，窣堵坡都是佛教徒的主要尊崇

本页：
图1-180桑吉2号窣堵坡。栏杆浮雕细部
右页：
（上）图1-181桑吉3号窣堵坡。南侧全景
（下）图1-182桑吉3号窣堵坡。东侧地段形势

本页：

（上）图1-183桑吉 3号窣堵坡。西北侧全景

（下）图1-184桑吉 3号窣堵坡。西侧现状

右页：

（上）图1-185桑吉 3号窣堵坡。门塔近景

（左下）图1-186桑吉 3号窣堵坡。门塔背面及入口台阶

（右下）图1-187桑吉 3号窣堵坡。门塔柱头（侏儒神迦那）

对象（斯里兰卡和缅甸的某些大型窣堵坡直到今日仍然起到这样的作用）。在这里，它实际上具有祭坛的意义，被视为法力无边的佛陀的建筑化身。这样的圣地或寺院内往往还布满了无数小型还愿或奉献窣堵坡（大都采用微缩的形式）。

基本结构及构图

作为一种基本上没有内部空间的实体结构，窣堵坡实际上可视为一个大型雕塑作品。其最基本的形式是一个上置伞盖、状如穹顶的覆钵。作为一种独特的宗教建筑，在印度本土的演进及向亚洲其他佛教地区

扩散的过程中，在大小和形式上可有很大的变化，从只有几英寸高的微缩品（尽管具有同样的重要性和意义），直到像爪哇婆罗浮屠那样，将整座山改造成一个象征性建筑。

阿育王时期建造的众多窣堵坡均为砖砌，其中有的构成后期扩建时石结构的核心。窣堵坡本身系于圆筒形基座上起接近半球形的穹顶（覆钵，来自梵文anda，即"卵、蛋"），顶上为一小平台（harmikā，亦译宝匣）；其中心立一带系列伞盖（相轮，直径向上逐渐缩小）的立柱，代表宇宙之轴和佛陀。

在窣堵坡的演进过程中，上置圆柱形鼓座（其上建覆钵）的方形或矩形的基座通过四面布置陡峭的台阶成为垂向构图的重要组成部分（台阶向下直达窣堵坡本身中央形体基部）。即便在基础平面更为复杂时（如十字形或星形），人们仍然通过连续叠加、逐层缩减的方式突出跨间的垂向构图。在总体构思上，全方位视角（即从各个角度均能欣赏到主体建筑）是最重要的考虑。基部是静态的，但圆锥形的上部结构则充满活力。

和大多数早期作品一样，除铭文外，窣堵坡的年代主要通过砖的尺寸判断（早期的较大）。在阿育王时期，覆钵较低，不足半球形，立在一个不高的圆柱形基座（或称鼓座）上，整个结构周围设置了形式独

（上）图1-188桑吉 4号窣堵坡。西侧景观（右前方为3号窣堵坡基座）

（下）图1-189桑吉 7号窣堵坡。现状

特的木围栏（vedikā，可能是效法环绕吠陀时期祭坛的围栏）；入口通常布置在围栏各个主要方位上，大门有时还有精美的雕饰。尽管这种木构围栏或大门未能留存下来，但100多年后的石造围栏从形式上看，无疑是来自木构原型（所展现的接头和木建筑完全一样，其沉重的样式显然是模仿大型原木制作的栏杆，交叉横杆采用的双凸状断面，亦非石结构的固有形态）。尽管这种做法并不合理（不仅花费更多的劳力，还要克服许多技术难题），可能只是出自某种意识形态的需求，或是情趣使然；当然，也可能仅仅是

因为模仿的本能。垂向柱墩（立墩）和水平部件（横杆）上往往布置装饰性的浮雕（多为圆花饰，莲花是最常用的母题，有的还带人物造型，主要来自印度早期的装饰母题；这种带圆花饰的柱墩形式在印度一直得到应用，图1-126），精确地布置在木结构中起钉子作用的锥形和楔形部件的插入处。大门亦按木结构旧制，安置在四个正向上，只是改由垂直柱墩和水平石梁组成宏伟的门塔（toranas，"陀兰那"，亦称"天门"），且雕饰更为精美。从围栏及门塔雕刻的人物和场景上，不仅可以了解当时人们的日常生活，同时也能洞悉这些早期石雕匠师的艺术观念和技术能力。装饰有时还采用了石材以外其他材料的加工技术，如在建造桑吉的一座窣堵坡时，参与工作的就有制作象牙产品的匠师。当然，这也是为了使这些用耐久材料建成的建筑具有更持久的神圣和宣教的品性（在桑吉及其他大部分地区，窣堵坡雕饰要靠地方居民捐资，有的边上还刻有施主的名字）。窣堵坡和围栏之间的空间（称pradakshinapatha）随后以石铺地，用作围绕祠庙顺时针方向的巡拜通道，这一仪式自古代一直延续到今天。

桑吉窣堵坡组群

今印度中央邦为古代阿槃提王国（Avanti）所在地[11]，其西部毗底沙一带为佛教主要中心之一，留有许多自阿育王以来的考古遗迹。在今中央邦首府东北46公里桑吉城一座低矮的山头上，尚存约50座建筑，包括三座主要窣堵坡[分别编为1~3号，其中最著名的是1号窣堵坡（又称大窣堵坡或大塔）]和若干神庙（桑吉其他早期作品中还包括一个孔雀王朝时期的石伞盖和狮子柱头，以及附近另外二三座窣堵坡）。1989年桑吉遗迹被列入联合国教科文组织世界文化遗产名录（图1-127、1-128）。

关于桑吉各窣堵坡的建造时间，目前学术界尚有争议。就现在所知，主体部分很可能建于公元前2或前1世纪，大窣堵坡（1号窣堵坡）核心部分还要更早。

随着佛教在印度日渐式微，桑吉建筑组群一度处于荒弃失修状态。1818年，孟加拉骑兵部队的英国军官泰勒造访桑吉并作了记录。他是第一个以文字记录

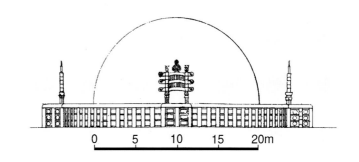

0   5   10   15   20m

（上）图1-190帕鲁德窣堵坡。立面（初始状态复原图，1879年图版，作者Alexander Cunningham）

（下）图1-191帕鲁德窣堵坡。遗址现状

（上）图1-192帕鲁德 窣堵坡。东门及围栏（约公元前2~前1世纪，加尔各答印度博物馆藏品，下同）

（下）图1-193帕鲁德 窣堵坡。围栏近景（红砂石制作，高约2.15米）

图1-194帕鲁德 窣堵坡。围
栏墩柱近景

桑吉窣堵坡的西方人。此时建筑尚保存完好，未遭破坏。此后业余考古爱好者及盗取文物的人对遗址造成了很大的破坏。1850年，英国考古学家、陆军少将亚历山大·坎宁安[12]按玄奘的描述（按：19世纪40~50年代，中国僧人法显的《佛国记》和玄奘的《大唐西域记》已相继在英国出版）在桑吉进行了部分发掘。遗

址的正式修复工作始于1881年。1912~1919年，在约翰·马歇尔的主持下整修到目前的状态。

大窣堵坡（即1号窣堵坡，又称桑吉大塔；平面、立面、剖面及剖析图：图1-129~1-133；总观：图1-134~1-144；围栏及回廊：图1-145~1-147；西门塔：图1-148~1-153；北门塔：图1-154~1-159；南门

塔：图1-160~1-165；东门塔：图1-166~1-172）。作为位于城外几英里处这个宗教组群最重要的作品，大窣堵坡是印度最古老的石建筑之一。虽在英国人发掘后又进行了整修，但仍不失为这类早期纪念性窣堵坡最完整的表现和目前保存得最好的窣堵坡式佛塔。

大窣堵坡创建于孔雀王朝阿育王时代（公元前273~前236年），巽伽王朝和百乘王朝期间均进行了扩建，现存建筑主要属百乘王朝时期（约公元1世纪）。

现场有一根由精细磨光的砂岩制作的阿育王柱（见图1-103、1-104），其下部目前还立在那里，上部现存于附近的桑吉考古博物馆（Sanchi Archaeological Museum）内。从柱上阿育王和笈多时期的铭文可知，很早这里已有宗教活动，阿育王可能还造访过附近山区里的一个佛教社团并表敬意（他的妻子提毗是附近毗底沙一名商人的女儿，桑吉既是她的出生地，也是她和阿育王结婚的地方）。公元前3世纪由阿育王督造的最初结构核心为建在佛祖舍利之上的一个简单的半球形砖构，其上立刹杆和表示尊崇的伞盖（chatra）。

公元前185年，原孔雀王朝一名部将普西耶弥陀罗·巽伽刺杀了王朝最后一任帝王布里哈达拉萨后自立为王，创立了巽伽王朝。[13]据传他蓄意破坏了最初的窣堵坡，但他的儿子阿耆尼密陀罗（火友王）进行了重建，在最初的砖构窣堵坡外加了石砌面层。之后的巽伽王朝统治者进一步用石板进行了扩建，令窣堵坡的尺寸几乎扩大了一倍（直径36.6米，覆钵高12.8米，立在高4.3米的基台上）。覆钵顶部形成平台，于方形围栏内立三重伞盖结构，分别代表佛、法、僧三宝。覆钵位于供绕行的圆形高台上，后者可通过双跑台阶上去。底层的铺石通道外围石栏和朝向四个主要方位的塔门（或译门塔，toranas）。

自公元前1世纪开始，百乘王朝[14]君主们又增建

本页：

图1-195帕鲁德 窣堵坡。围栏墩柱及横梁圆盘雕饰

右页：

图1-196帕鲁德 窣堵坡。围栏浮雕：遗骨葬礼仪式

本页及右页：

（左及中）图1-197帕鲁德 窣堵坡。围栏浮雕：药叉女

（右）图1-198帕鲁德 窣堵坡。围栏浮雕：财神俱毗罗

了围着整座建筑的围栏和四座雕饰精美的塔门。现一般均认为塔门建于公元1世纪末或2世纪初；但亦有人根据最新的研究认为，桑吉的塔门和围栏有可能属更早的公元前180~前160年。

　　始建于公元前3~前2世纪的这座大窣堵坡以后险些被早期的发掘者破坏，经修复后的现存建筑主体为一个半球形的穹顶覆钵（anda），立在一个直径约40米、可通过双跑台阶（sopanas）上去的圆形平台（medhi）上。覆钵顶部是一个同样带围栏（vedikā）的方形平台（harmikā），围栏内轴心栒杆（chhatrayashti、yashti）上安置三重伞盖（chhatrava-li）。覆钵基部圆形平台边及地面上的两道围栏分别界定出上下两条绕行仪式的通道（pradakshina）。下层围栏尺度较大，自地面至顶部（usnīsa）高3.2米。

由于完全没有装饰，突出了其纪念品性。围栏正向方位设塔门，门高8.5米，满覆浮雕，与充满力度且平素无饰的围栏及窣堵坡本身形成了鲜明的对比。

　　围栏及塔门尽管为石造，但结构及雕刻均依木构

方式。四个满覆浮雕的入口塔门保存完好，是所有留存下来的这类印度实例中最大、最宏伟的一组，充分体现了建筑和造型艺术的结合。在这里，整个建筑真正成为佛陀的化身（或更准确说是佛的显灵），并象征其统治宇宙的法力（但值得注意的是，在这些石雕画面中，佛祖本人从不现身，均以象征物替代）。表现佛祖前生和今生故事的叙事浮雕板面及檐壁雕刻盖满了门塔正面及背面的全部空间。饰带表现游行场

景，城市及拥挤的人群，以及各种象征符号及华丽的
动植物纹样。坐在战车上的国王，连同行进的队列和
战斗场景，和圣人的村舍交替出现，构成反映纪元初
年印度社会生活及自然环境的宝贵图像信息；北塔门
的大象饰带在综合表现自然环境上更是堪称杰作（见
图1-155）。浮雕上还可看到各类宗教建筑（祠庙、
祭坛和露天祠堂）以及木构架外覆茅草的房舍形象。
某些板面成排的人物上下叠置，重现帕鲁德窣堵坡
（见下文）的构图。人物之间没有透视远近之分，有
时甚至连背景也没有。横楣上的小立像及作为挑腿向
外伸出的夜叉女造型尤为精美。这些带着手环和脚环

几乎全裸的女体形象应属百乘后期的作品。

规模较小的2号窣堵坡埋藏着十位阿育王时期上
座长老的舍利。和大窣堵坡的底层围栏及石构面层一
样，建于巽伽时期（图1-173~1-180）。虽主体结构
年代稍晚，但建筑装饰却是最早的一批（圆形花饰浮
雕完成于公元前115年，柱墩雕刻属公元前80年）。
建筑形制和1号窣堵坡类似，但仅有一个装饰华丽属
百乘王朝时期的门塔。3号窣堵坡中埋藏着佛陀的两
位得意门生、先他而故的摩诃目犍连与舍利佛的遗骨
（1851年发现，遗骨与水晶、珍珠与天青石等放在一
起，遗物现存大英博物馆）。3号窣堵坡没有平台，

本页及左页：

（左）图1-199帕鲁德 窣堵坡。围栏浮雕：摩诃菩提庙及祭拜仪式

（中）图1-200帕鲁德 窣堵坡。围栏浮雕：印度教神宫里的圣骨迎庆仪式

（右）图1-201帕鲁德 窣堵坡。围栏浮雕：法轮崇拜

本页：
图1-202帕鲁德 窣堵坡。围
栏浮雕：印度教诸神庆贺
佛陀降生（佛陀以其足印
作为象征）

右页：
图1-203帕鲁德 窣堵坡。围
栏浮雕：蛇王礼佛

但围着巡行道路的石栏按早期风格饰有圆花饰及半圆花饰（图1-181~1-187），颇似帕鲁德窣堵坡的做法。少数角上的立柱满覆浮雕，但只是表现单个的人物、动物、神话角色和装饰母题而非综合场景。围栏

上的浮雕要稍晚于2号窣堵坡，主体结构、围栏及台阶均建于巽伽时期；但从铭文可知，其朝南的唯一门塔年代要更为晚近，已属百乘王朝时期（约公元前50年）。在桑吉组群中，4号和7号窣堵坡是另两座经过

系统整修的这类建筑（图1-188、1-189）。

其他地区的窣堵坡

桑吉只是建有许多窣堵坡的一个地区的中心。在

我们考察的这段时期，在附近地区，尚可看到一系列著名的窣堵坡。在距桑吉仅17公里的萨德拉有40座窣堵坡，位于一个设防山头上的莫雷尔丘有60座，其他如安德尔、马沃斯和索纳里等地，都在差不多距离的

范围内。

位于中央邦东部帕鲁德的窣堵坡现场仅留基础，但尚存最早的窣堵坡围栏及大门的部分残迹（图1-190~1-207）。装饰华丽的围栏高2.15米，是这种标准类型的最早遗存，完全重现了木结构的形式（水平横杆取双凸透镜式截面，与立柱之间以榫卯相接）；只因是石造，外形格外沉重。这批部件现存加尔各答印度博物馆内。其精美的雕饰属公元前2~前1世纪巽伽王朝时期。一根立柱上刻有骑在大象上的国王形象，手中抱着的圣骨盒显然是表现窣堵坡中埋藏的圣骨（见图1-196）。立柱和横梁上一些较小的浮雕则表现佛陀生活，或来自《佛说本生经》的场景。其雕刻为该流派的代表作，具有独特的魅力；但同样遵循其他窣堵坡雕饰的做法，避免以拟人的造型表现佛

本页：

（上）图1-204帕鲁德 窣堵坡。围栏浮雕：大猕猴本生

（下）图1-205帕鲁德 窣堵坡。围栏浮雕：摩耶夫人之梦

右页：

（上）图1-206帕鲁德 窣堵坡。雕刻残段：国王夫妇拜见佛陀

（下）图1-207帕鲁德 窣堵坡。雕刻残段：窣堵坡前的礼佛仪式

祖，而是通过各种象征形式（如宝座）表达对佛陀的崇拜。值得注意的是，其中留存下来的一块浮雕表现一个多层的围地，内有菩提伽耶佛祖悟道成佛的菩提树。它可能是表现阿育王在这个圣地建造的寺庙（据传阿育王于公元前250年在这里建寺，以纪念佛陀打坐四十九天后开悟的确切位置，真正成为寺院是在笈多王朝时代），这座寺庙似可视为现状摩诃菩提寺的先驱（目前的寺院主体是个极其宏伟的砖构塔楼，和印度北方神庙的形式不尽相同，现状主要是19世纪最后一次大修的结果）。

在帕鲁德，围栏立柱上各站立夜叉（yakṣas）像的身份已据铭文标签证实（其中有的为女性），从中可知早期佛教艺术吸收了相当一部分前佛教时期的要素。在印度东部和北部的大部分地区，都可以看到这

本页及右页：

（左）图1-208帕克姆 夜叉女雕像（公元前2~前1世纪，砂岩，高2.62米，现存马图拉政府博物馆）

（中两幅）图1-209迪达尔甘吉 夜叉女雕像（公元1世纪，砂岩磨光，高1.63米，现存巴特那博物馆）

（右上）图1-210根特萨拉（安得拉邦）窣堵坡。遗存平面（据Alexander Rea，取自SARKAR H. Studies in Early Buddhist Architecture of India, 1993年）

（右中及右下）图1-211根特萨拉 窣堵坡。现状外景

类独立的夜叉雕像（建造年代在公元前3世纪至公元1世纪之间）。它们构成了印度早期艺术的杰出实例（一般均为正面立像，高于正常人体，如毗底沙的一尊高2米）。马图拉附近帕克姆的夜叉像可能是所有

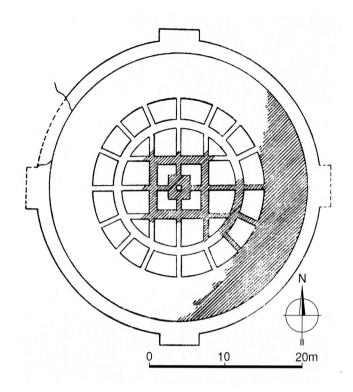

这类雕像中给人印象最深刻的一尊（图1-208）。巴特那郊区迪达尔甘吉的一尊著名的夜叉女雕像表面光洁，保存完好，长期以来被认为属孔雀王朝时期，现已确认为公元1世纪的作品（图1-209）。

在这里，和某些其他的早期窣堵坡围栏和石窟寺一样，浮雕和人物造型很多是由私人捐资刻制，在作品边上，往往刻有他们的名字及祖籍城市。其中许多都是商人，有的还是来自印度的边远地区，因而提供了早期普通佛教信徒的许多信息。此外，许多僧侣和尼姑，也都有能力胜任这件工作。

据载，阿育王时期建造的窣堵坡向南直至安得拉邦，在百乘王朝和太阳王朝[15]统治下，在克里希纳河

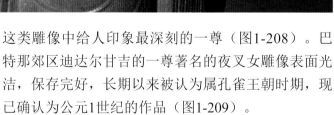

下游地区，自公元前2世纪直至公元4世纪，人们一直在那里建造饰有浮雕的宏伟窣堵坡。这些带半球形覆钵的窣堵坡被冠以安得拉（另译安达罗）学派的名称，与印度西北的犍陀罗、中部的马图拉（马土腊）

（上）图1-212根特萨拉 窣堵坡。雕刻残段（公元2世纪）：多层寺庙

（左下）图1-213阿马拉瓦蒂 窣堵坡。遗址半曲图（作者Colin Mackenzie，1816年）

（右下）图1-214阿马拉瓦蒂 窣堵坡。立面复原图（作者Walter Elliott，1845年）

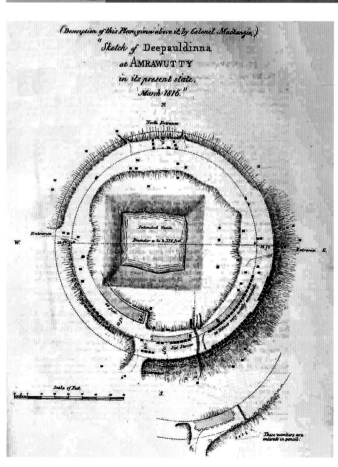

一起，构成贵霜时期印度艺术的三大流派。从表现地方窣堵坡形象的浮雕上可知，其覆钵要更为饱满，接近球体，下面的圆筒状基座也比桑吉的要高。从这些浮雕中还可以看出，在安得拉学派的窣堵坡通向圣区的入口外观上亦有很大变化。围栏开口处两边布置位于柱墩顶上面对面的狮像，在半高处绕鼓座的环路外侧面对各入口伸出挑台，挑台上并排立五根等高的柱子，柱头处连在一起。这些柱子的象征意义尚不清楚，可能是充当仪式期间挂旗的支座。环绕覆钵布置水平装饰条带，带扁平浮雕的条带和空白条带交替布置，不仅突出了光影和透视效果，同时也缓和了覆钵

（上）图1-215阿马拉瓦蒂 窣堵坡。根据浮雕形象制作的想象复原图（据P. Brown，图版取自HARLE J C. The Art and Architecture of the Indian Subcontinent，1994年）

（中）图1-216阿马拉瓦蒂窣堵坡。复原模型

（下）图1-217阿马拉瓦蒂窣堵坡。南门发掘现场（老照片，1880年）

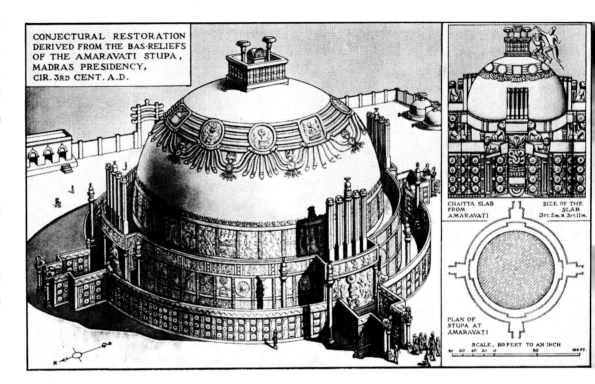

的孤立和实体感觉（如此形成的覆钵已大于半球形，类似王冠）。建筑风格就这样在安得拉地区特有的文化背景下，产生了诸多变化，并由此发展出一种更为均衡、更富有文化内涵的印度艺术。

在这一地区，最重要的窣堵坡位于阿马拉瓦蒂（约2世纪），其他建有窣堵坡的遗址尚有格尔久纳寺院、古马迪迪鲁、普罗卢、贡图帕拉、戈利、布赫蒂普罗卢、根特萨拉（可能即2世纪希腊地理学家托

本页：

（上）图1-218阿马拉瓦蒂窣堵坡。经整理后的遗址现状

（中及下）图1-219阿马拉瓦蒂 窣堵坡。遗存近景

右页：

（上下两幅）图1-220阿马拉瓦蒂 窣堵坡。表现窣堵坡形象的浮雕板：上为1897年照片，下为现存阿马拉瓦蒂考古博物馆内的实物

勒密所说的肯塔科西拉，图1-210~1-212）和加加雅
培达[后者为著名的"转轮圣王"（cakravartin）浮雕
的出处]，这些规模较小的窣堵坡上均有以珀尔纳德
石灰石（一种类似大理石的石料）制作的浮雕。在安
得拉邦，除了堪称早期印度艺术瑰宝的阿马拉瓦蒂的
浮雕作品外，其他值得一提的还有3~4世纪纳加久纳
孔达的雕刻作品。宏伟的立佛没有一个年代上早于公
元3~4世纪，它们为斯里兰卡和东南亚这类雕刻提供
了范本，其他安得拉邦的早期雕刻皆为浮雕。

　　作为安得拉邦最大窣堵坡的所在地，阿马拉瓦蒂
的圣区直径达几百米，但目前窣堵坡现场仅留存基座
残迹、部分覆钵（aṇḍa）及围栏残段（图1-213~1-224）。
不过，经专家仔细研究，人们已可大致想象出这座
亚洲最宏伟的佛教建筑3世纪期间的外观。窣堵坡
位于一个低矮的基座上，基座各主要方位向外凸出
平台（vāhalkaḍas），上承五柱组合（所谓āyaka pil-
lars）。穹顶覆钵基部近于垂直，面板浮雕表现窣堵

本页及右页：

（左）图1-221阿马拉瓦蒂 窣堵坡。图1-220细部

（中及右上）图1-222阿马拉瓦蒂 窣堵坡。表现窣堵坡形象的浮雕板：左侧为原物，现存大英博物馆；右侧为图版（1905年），作者John Henry Wright（1852~1908年）

（右下）图1-223阿马拉瓦蒂 窣堵坡。浮雕：礼佛的妇女，以宝座及足印象征佛陀（约公元140年，大理石，高40.6厘米，现存马德拉斯政府博物馆）

坡自身造型；圆顶上部可能饰浮雕花环，顶部围栏内立伞盖。绕窣堵坡的围栏直径58米，于四个正向外出形成大门。围栏立柱高约3米，之间配三根带圆花饰的横杆，立柱及横杆雕饰以圆形或半圆形莲花为主，间以人物和其他细部，有的还插入更复杂的场景（包括圆花饰内，见图1-224）。围栏顶部楣梁饰波浪状的连续花环图案。

　　这座窣堵坡拥有大量高质量的浮雕作品（主要属百乘王朝时期，约公元前2世纪~公元3世纪末），堪

称早期印度艺术的瑰宝，特别是一些叙事浮雕，不仅是印度古代最重要和最富活力的作品，也是世界上最精美的这类雕刻之一。这些浮雕作品现分藏于马德拉斯国家博物馆、伦敦大英博物馆及各地方博物馆内。

　　和阿马拉瓦蒂不同，纳加久纳孔达遗址已经系统发掘，揭示出一座大型寺院建筑群和许多窣堵坡。从铭文可确知建筑属太阳王朝时期（约3世纪末至4世纪）。浮雕仍然不乏活力，但和成熟的阿马拉瓦蒂阶段相比，衰退趋势已很明显。同样采用深刻手法的人

物组群，复杂程度已不如前期，特别表现在层叠平面
的布置上。手法主义的倾向则有所显露（如细长的人
腿和凸出的眼睛）。人体有时采用夸张的表现手法，
肢体表面亦不像早期安得拉雕刻那样圆润，而是更近
于生硬的平面。

　　马哈拉施特拉邦（旧译摩诃罗嵯，古代毗陀哩
拔）保尼的窣堵坡设双重围栏。一根立柱（stam-
bha）上有巽伽王朝后期或百乘王朝早期风格的浮
雕，包括取尊崇姿态的随从、带五头蛇靠背的宝座、

窣堵坡、轮饰及圣树等。在印度北部，像马图拉（图1-225、1-226）、鹿野苑（萨尔纳特）、阿明和拉拉布赫加特这样一些遗址，都发现了围栏和大门的遗迹。围栏同样可用于围护宗教建筑乃至圣树。在菩提伽耶，属同时期的一个直线围栏可能是用于确定佛陀开悟后行走百步的距离（后于笈多时期进行了增建）。

位于鹿野苑[16]和那烂陀的窣堵坡虽始建丁阿育王时期，但在后期增建或改建后，不仅体量更为庞大，结构也更为沉重。鹿野苑昙麦克塔现状当属7世纪（也有说始建于公元500年的，同时期建的还有其他几个纪念佛陀在此活动的建筑），系取代了公元前249年阿育王时期建的一个早期结构（图1-227~1-232）。巨大的塔基直径28.5米，高43.6米，其鼓座石砌部分

左页：

（上）图1-224阿马拉瓦蒂
窣堵坡。浮雕：佛陀驯服疯
象，已开始出现佛陀的具体
形象（约公元180~200年，
大理石，直径89厘米，现存
马德拉斯政府博物馆）

（下）图1-225马图拉 窣堵
坡。围栏（公元2世纪，砂
岩，加尔各答印度博物馆藏
品），正面

本页：

图1-226马图拉 窣堵坡。围
栏，背面

辟8个龛室，内部当初想必是安置禅定佛或耆那教祖师等雕像。它为以后几个世纪无数的奉献或还愿窣堵坡树立了样板（特别是菩提伽耶的，在那里，龛室通常仅限四个）。围绕鼓座的华丽浮雕条带饰几何或花卉图案，笈多时期用深刻手法表现的植物母题现被复杂的程式化图案取代。叠置的圆柱形体、基部的束带和扁平的顶部穹顶，都表现出一种向周围空间辐射的结构张力。在那烂陀，现位于大学遗址区的大窣堵坡最初系阿育王为纪念佛陀的得意门生、以智慧闻名的舍利佛而建（内藏他的遗骨，故又称舍利佛塔），经七次增建后，现成为一个金字塔式的结构（见图3-818~3-825）。

[世俗建筑]

在世俗建筑领域，尚存华氏城（今巴特那）阿育

王宫殿的基础。其当年的华丽程度仅见于塞琉西王国驻孔雀王朝大使、希腊人麦加斯梯尼的记载。5~7世纪期间毁于火灾的这座宫殿，很可能在一定程度上受到具有类似王权观念的波斯阿契美尼德王朝宫殿平面的启示。位于古代遗址塔克西拉（呾叉始罗[17]）的王宫很可能属同一时期。

华氏城为古印度摩揭陀国国王阿阇世（约公元前493~前461年）、孔雀王朝旃陀罗笈多（月护王，公元前322~前298年在位）和阿育王时代的都城，其最早遗存可上溯至公元前600年（图1-233~1-235）。1895年，英国探险家及学者劳伦斯·奥斯汀·沃德尔（1854~1938年）首先在现巴特那火车站北面的布伦

迪-伯格进行了发掘（图1-236、1-237）；之后美国考古学家戴维·布雷纳德·斯普纳（1879~1925年）又于1912~1913年，在附近的库姆赫拉尔（在今巴特那火车站以东5公里处），发掘出一根磨光的石柱和大量残段（图1-238、1-239），同时找到了72个立柱的洞口。之后K. P. 贾伊斯沃尔在1951~1955年的发掘中又找到了8个这样的洞口，建筑遂得名为80柱厅。这些砂岩制作的柱子高9.75米，其中2.74米位于地表以下。柱子共8列，每列10根，每根相距4.57米。由于没有发现其他的石构件，因此屋顶可能为木构；又由于没有围墙，估计是个开敞式厅堂。在柱厅南面，发掘出7座木构平台，可能是支撑通向运河供客人登岸的台阶。所有这些残迹均属孔雀王朝时期（公元前322~前185年）。但目前历史学家对其功用看法不一。由于柱厅位于华氏城木栅墙以南约350米处，并在原宋河边上，看来不可能是孔雀王朝的王宫。有人认为公元前250年阿育王时期的佛教第三次结集（Third Buddhist Council，即华氏城结集Ashokarama

in Patiliputra）可能就在这里举行。还有人认为，它很可能只是个"城外休闲娱乐的场所"[18]。戴维·布雷纳德·斯普纳最初以为没有找到的柱子是沉入了地下，但以后印度考古学家阿南特·萨达希夫·阿尔泰克尔（1898~1960年）证实，它们是被当地人取走用于其他建筑了。他还指出，大厅只是华氏城外的一座独立结构，周围没有其他建筑并于巽伽王朝时期焚毁。

三、贵霜帝国

在印度，窣堵坡往往依据地方情趣和社会环境的

左页：
（上）图1-230鹿野苑 昙麦克塔。塔体全景
（下）图1-231鹿野苑 昙麦克塔。塔基近景

本页：
图1-232鹿野苑 昙麦克塔。塔体近景（饰有植物图案）

第一章 印度 早期·223

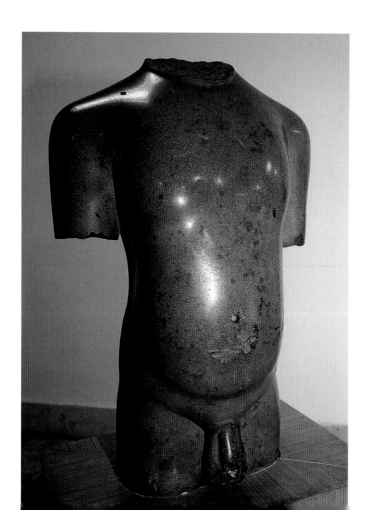

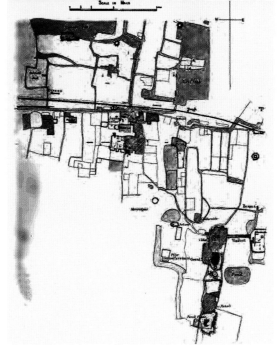

本页：

（左上）图1-236劳伦斯·奥斯汀·沃德尔（1854~1938年）像，摄于1895年

（右上）图1-237劳伦斯·奥斯汀·沃德尔发掘图（1895年）

（下两幅）图1-238华氏城 库姆赫拉尔。发掘图[发表于1912~1913年，作者戴维·布雷纳德·斯普纳（1879~1925年）]：左、孔雀王朝时期层位；右、笈多时期层位

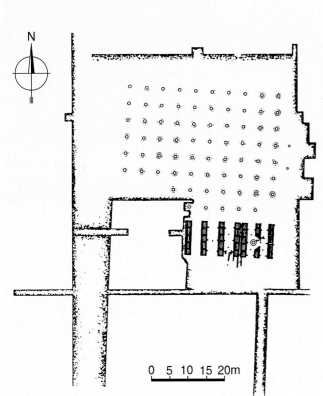

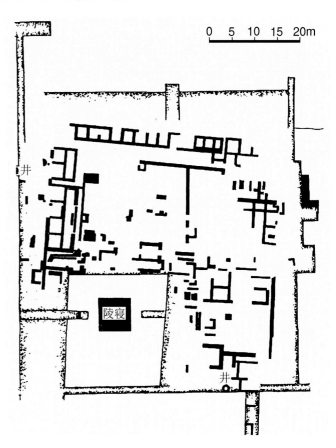

左页：

（上两幅）图1-233华氏城 孔雀王朝时期遗存：宫殿柱头（公元前3世纪，浅黄色砂石，高86.5厘米，巴特那博物馆藏品），左图示正面及反面；右侧位置复原图作者L. A. Waddell，1895年

（左下）图1-234华氏城 孔雀王朝时期遗存：耆那教祖师雕像（华氏城附近洛哈尼普尔出土，仅存磨光的躯干，公元前3世纪，浅黄色砂石，高67厘米，巴特那博物馆藏品，为目前已知最早的耆那教祖师雕像）

（右下）图1-235华氏城 阿育王宫殿。柱子残迹

变化有所改变，总的趋向是越来越强调垂向构图。目前仅存基础的迦腻色伽窣堵坡位于今巴基斯坦白沙瓦郊区的沙吉基-德里，可视为君主崇拜的见证。

贵霜帝国（Kuṣāṇa）最初的石构窣堵坡可能建于公元150~300年，迦腻色伽大帝（一世）死后。公元300年期间重建的第二个十字形的窣堵坡毁于5世纪60年代嚈哒[19]人入侵之时。重建的第三个窣堵坡具有了更加宏伟的形式。最后的这座建筑取对称格局，基台十字形，宽53米，于各面设大台阶。基底每面总尺寸

（左）图1-239华氏城 石柱残段（孔雀王朝时期）

（右）图1-240迦腻色伽圣骨盒（大英博物馆藏，复制品）

达83米。基台饰有浮雕，并于四个主要方位设壁龛，内嵌珍贵石料。在一个带雕饰的石础上起高大的木构上层建筑，上置13层铜制镀金的伞盖。

北魏时期（6世纪初），曾和惠生（亦作慧生）同赴西域求经的宋云指出，塔楼至少三次遭受雷击，每次受损后都进行了重建或修复。雷击可能是这些木构窣堵坡塔楼未能幸存的主要原因，尽管带铜顶的高塔在一定程度上似可起到避雷针的作用。

这座著名的窣堵坡于1908~1909年被一支英国考古工作队发现并进行了发掘，其领导人为美国考古学家戴维·布雷纳德·斯普纳（1879~1925年），同时在基础内发现了铜制镀金的迦腻色伽圣骨盒（Kanishka casket, Kanishka reliquary，公元127年，现存巴基斯塔白沙瓦博物馆，大英博物馆内另有一复制品，图1-240），骨盒内据信是佛陀的三根遗骨，1923年起存放在缅甸曼德勒山上一座厅堂（U Khanti Hall）里，二战后移至山下，不再展示。

东晋高僧和旅行家法显的《佛国记》和唐玄奘的《大唐西域记》都对这座建筑有所记载，法显称"凡所经见塔庙，壮丽威严都无此比"。它不仅是全印度最高的一座塔楼，可能也是古代世界最高的建筑，构成了广阔帝国的一个朝圣中心。古代旅游者称其高560英尺（170米），宋云于公元520年的记载更称其自地面起总高达700英尺。但据近代考证，塔高实际上可能是400英尺（120米）。

第二节 早期祠庙和岩凿建筑

一、早期祠庙及其渊源

在印度，人们所知最早的大型建筑形象大多数都不是寺庙而是世俗建筑。除了桑吉大塔、帕鲁德窣堵坡表现菩提伽耶菩提树祠庙的浮雕（图1-241，另见图1-199）以及其他几个描绘宗教建筑形象的早期遗址外，在早期浮雕（如桑吉和阿马拉瓦蒂窣堵坡）和岩凿建筑立面上，大部分都是表现宫殿和构造复杂的

（上）图1-241桑吉 大窣堵坡。东门塔，浮雕（公元1世纪）：阿育王时期菩提伽耶的菩提树祠庙

（下）图1-242早期浮雕中的建筑类型。图中：1~4、6、8、10来自马图拉（图版来自VOGEL. La Sculpture de Mathurā, 1930年）；5、7、9、11分别来自阿马拉瓦蒂、根特萨拉、马图拉和华氏城的库姆拉哈尔区（图版来自FRANZ. Pagoda, Turmtempel, Stupa, 1978年）

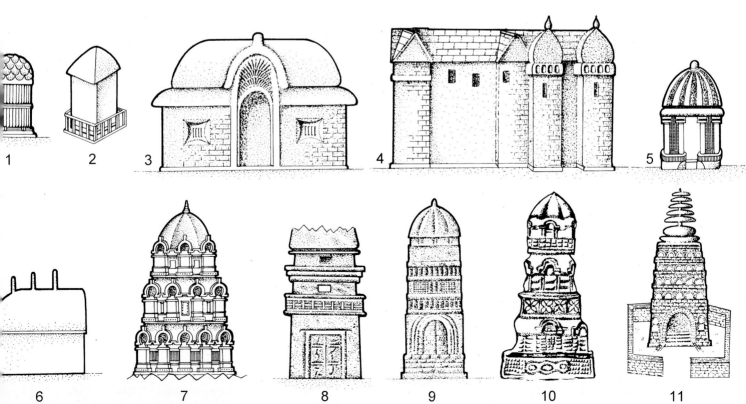

1　　2　　3　　4　　5

6　　7　　8　　9　　10　　11

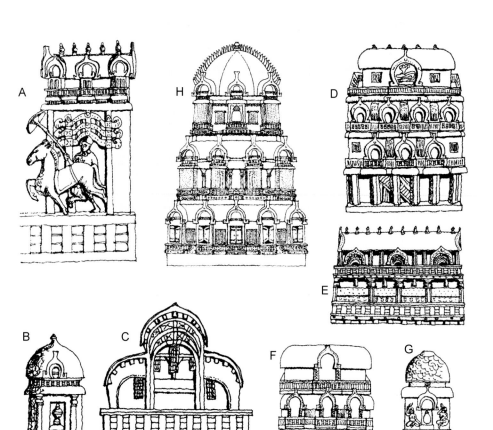

（上）图1-243浮雕中的建筑形象（自公元前2世纪至公元2世纪）。图中浮雕分别来自：A、阿马拉瓦蒂；B、肯根哈利；C、巴尔胡特；D~G、肯根哈利；H、根特萨拉

（左中及左下）图1-244西苏帕尔格（布巴内斯瓦尔附近）柱厅。遗址现状

（右下）图1-245拜拉特 圆堂（公元前3世纪）。平面（据D. R. Sahni）

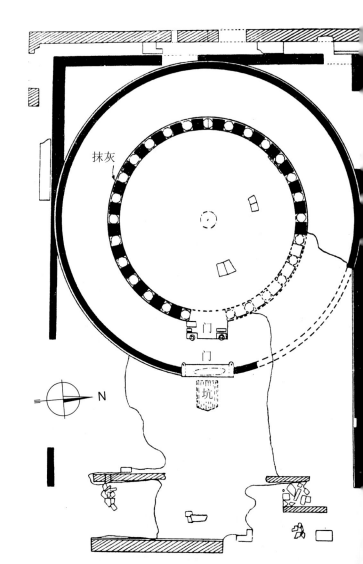

城门景色（图1-242中2、4、7~9，图1-243），文献上相关的报道也很丰富。尽管木材是主要的建筑材料，但同样有使用砖头的大量证据，甚至有时还用了石料（主要用于基础）。但出乎意料的是，迄今为止，在发掘历史悠久的大型遗址时，很少发现重要的世俗建筑遗存；已知的几个主要实例仅有前述孔雀王朝古都华氏城库姆拉哈尔区的80柱厅，奥里萨邦首府

（上）图1-246卡卢古马莱维图凡戈伊尔祠庙（"雕刻师乐园"，8~9世纪，未完成）。西南侧地段俯视全景

（中）图1-247卡卢古马莱维图凡戈伊尔祠庙。东北侧俯视景色

（下）图1-248卡卢古马莱维图凡戈伊尔祠庙。东南侧景色

（上）图1-249卡卢古马莱维图凡戈伊尔祠庙。主祠，东南侧近景

（中）图1-250卡卢古马莱维图凡戈伊尔祠庙。主祠，南侧近景

（下）图1-251卡卢古马莱维图凡戈伊尔祠庙。主祠，西南侧近景

（上下两幅）图1-252卡卢古马莱 维
图凡戈伊尔祠庙。主塔及檐部近景

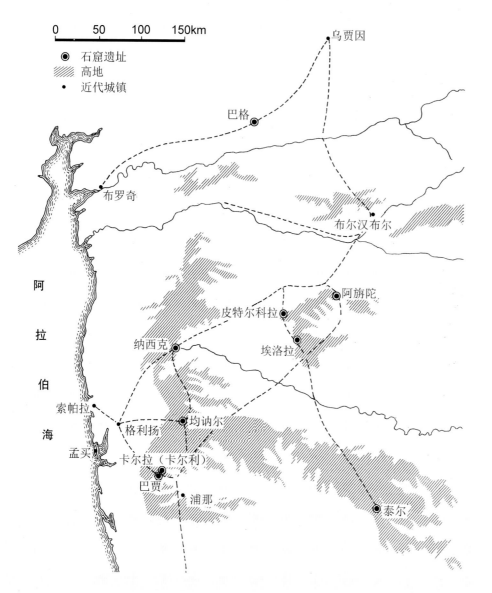

（上）图1-253卡卢古马莱 维图凡戈伊尔祠庙。立面雕饰细部

（下）图1-254印度西部古代商路及石窟寺位置图（取自HARLE J C. The Art and Architecture of the Indian Subcontinent，1994年）

布巴内斯瓦尔郊外切迪王朝都城西苏帕尔格柱厅的系列柱子（年代不明，图1-244），以及侨赏弥（又译拘尸弥、俱参毗等）的一座可能是宫殿的建筑（公元1或2世纪）。此外，尚有几个遗址保留着早期沉重的城防工程，特别是佛祖时代的都城摩揭陀[20]及稍后侨赏弥的城墙。

不过，可以肯定的是，和古希腊-罗马的表现类似，在印度，第一批具有建筑艺术价值的宗教建筑在平面和结构上都是效法自普通民居演化而来的世俗结构。在次大陆，最早的祠庙系以最原始的露天形式出现，简单的如带围栏的林伽（liṅgaṃ，即作为尊崇对象的阴茎）或圣树（如乌达耶吉里5号窟山

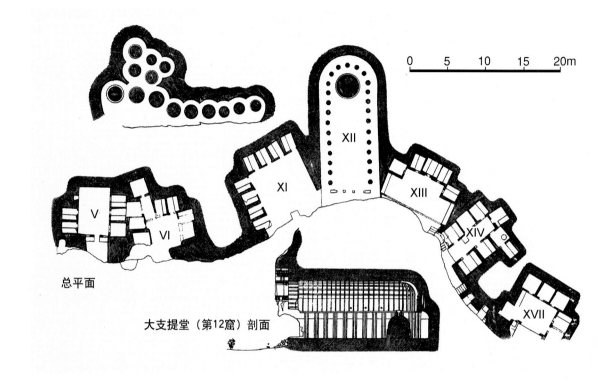

总平面

大支提堂（第12窟）剖面

（上）图1-255巴贾 石窟群（公元前2世纪中叶）。总平面及大支提堂（第12窟）剖面[据亨利·库森斯（1854~1934年）]

（下）图1-256巴贾 支提（塔）群。现状

（上）图1-257巴贾
毗诃罗。"因陀罗"
雕板（公元前2世纪
末或前1世纪初）

（下）图1-258巴贾
大支提堂（第12窟，
公元前2世纪末或前1
世纪初）。横剖面（据
Volwahsen，1969年）

墙浮雕所示），稍微复杂点的如帕鲁德浮雕上配有
柱廊的菩提树祠庙（见图1-199）。有关石祠堂的最
早记载是戈孙迪碑文[21]中提到的石围崇拜（pūjā śila
prākāra，worship stone enclosure），它可能是个带直
线侧边的露天围地，但实际上并不是采用石围栏，而
是在木围栅柱间立薄的石板。当留存下来的基础平面
为圆形[如斋浦尔附近拜拉特的小型圆堂（公元前3世
纪），最初的砖木混合结构内曾纳入了一个窣堵坡，

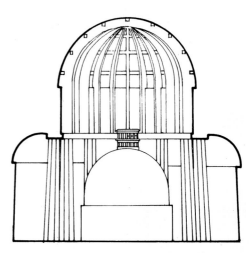

图1-245]、椭圆形（如贝斯纳加尔）或圆形端头时，则表明是个带屋顶的建筑（见图1-242中3）。一端为圆形上承象背式（hastiprṣṭha，即椭圆截面）屋顶的建筑更是人们熟知的类型，广泛见于浮雕形象（见图1-242中6）、完全仿其样式开凿的支提窟（caitya gṛhas）及一些留存下来的后期建筑。在一或两个浮雕上尚可见到带尖头瓦屋面的结构（不一定是宗教建筑），小的茅舍更是随处可见（图1-242中1、2）。在许多小型塔状寺庙里，还出现了穹顶状的顶部构件（以后演变成印度南方的所谓塔庙，śikhara），更为成熟的八角形则见于根特萨拉的一块浮雕（图1-242中7）。除了无数表现建筑部件乃至小型祠庙的浮雕

外，仅在犍陀罗一地，就提供了若干完全独立的建筑实例，尽管规模不大也比较简单。在顶部结构尚存之处，差不多都是上述平面圆形上承穹顶的类型。但和犍陀罗的大量遗存一样，没有早于4世纪的，甚至早于5世纪的都很少。

简单的独石祠庙自古至今都是用单块石板建成，这种做法有时也用于更先进的结构。用于举行吠陀仪式的露天祭坛，在结构和象征意义上均对后期的祠庙产生了深远的影响，但早期的祠庙可能还是沿着独立的道路发展演变。

早期印度建筑（窣堵坡的围栏、大门和支提堂的室内）显然是模仿木构原型。在采用砖石结构的宗教建筑中，许多形式语言实际上都是来自茅草顶的木构房舍。在以后的许多世纪里，都可以看到这种影响。不仅石结构展现出源于木建筑的接头，雕饰母题亦是来自榫卯结构和金属钉（只是尺度有所扩大）。从桑吉大窣堵坡东门塔浮雕表现佛母摩耶夫人之梦[22]的背景上，可看到繁华的城市景观及多层的宫殿

左页：

图1-260巴贾 大支提堂。入口近景

本页：

图1-261巴贾 大支提堂。中堂内景（端头安置窣堵坡）

左页：

（上下两幅）图1-262巴贾
大支提堂。拱顶及肋券仰视

本页：

（上）图1-263皮特尔科拉
石窟群。遗址现状

（下）图1-264皮特尔科拉
1号窟。入口现状

本页：

（上）图1-265皮特尔科拉 2 号窟。外景

（下）图1-266皮特尔科拉 3 号窟（支提堂）。入口近景

右页：

（上）图1-267皮特尔科拉 3 号窟。内景（可看到补砌的新柱及原有的老柱）

（下）图1-268皮特尔科拉 3 号窟。柱列（中间三根为老柱）

（harmyas，见图1-168柱墩左侧浮雕）。尽管其中可能夹带了印度史诗中有关高层宫殿的想象，但这些建筑的结构还是表现得相当清晰。最典型的是茅草顶上设一排顶饰，和支提窟一样采用类似筒拱的屋顶，端头设马蹄形山墙及支提窗，绕行上层的木构阳台带有人们熟悉的沉重围栏和上出支架的立柱。弧形的草顶

屋盖由柱子支撑，之后石建筑中的所谓"鸽头"屋檐（kapota）及其他类似檐口的线脚即由此演化而来。在这些浮雕中，除了经常可见的圆花饰外，还可看到置于圆框内的叙事雕刻。这后一种表现虽然相对较少，但在充分利用圆形空间进行构图和表现透视效果上具有很高的价值。

据信，在印度和伊朗，采用木构建筑都是来自印-欧国家的建筑传统。但在这两个国家，自木建筑向石结构的过渡时间上有所区别，原因也不完全相同。在印度，这一进程要晚近得多；部分是受到伊朗的影响（如独立的阿育王柱），部分是受到岩凿建筑的影响。

位于今巴基斯坦塔克西拉附近金迪亚尔的爱奥尼式神庙可视为印度神庙建设中的另一个特殊类型和特定阶段的代表（见图1-427~1-432）。建筑于1912~1913年在任职于印度考古调研所的约翰·马歇尔主持下进行了发掘。尽管为了适应外来的拜火教引进了一些变化，但仍可视为印度最具希腊化特色的建筑，所表现出来的希腊古典建筑的影响也持续了相当一段时日。

二、岩凿建筑

[类型综述]

基本类型

在研究印度建筑时，首先应将砌筑建筑（即所谓露天建筑，尽管这个词并不准确）和在岩石中凿出的洞窟建筑加以区分。后者是典型的印度类型，它可能是出自印度人对圣穹和地球内部之间关系的一种本能

（上）图1-269皮特尔科拉 3号窟。墙面彩绘

（中）图1-270皮特尔科拉 6号窟。现状（部分墙体已碎裂）

（卜）图1-271皮特尔科拉 9号窟。外景

的认知，特别适合印度的自然环境和人文精神。石窟寺庙冬暖夏凉，适合当地的气候条件，是先人山地穴居古风的自然延续；在印度，佛教文化与山岳林木本有不解之缘，具有自然特色的洞窟和人们返朴归真的理想正好契合；山林闲寂，远离纷扰，尤宜于静居的生活及修行方式，从而被赋予永恒和崇高的意义；因地制宜开凿石窟，造价低、施工快，构成它的另一优点。所有这些，都促成了岩凿建筑的繁荣（当然，对每个岩凿建筑来说，往往都有一些构筑物相配合，只是后者未能留存下来）。之后，随着佛教自发源地向国外传播，这种形式又从印度扩展到亚洲的许多地区，只是为了适应新的文化环境，在技术和意义的诠释上有所变化。

岩凿建筑可分为两种基本类型，即支提堂（caitya gṛhas）和精舍（毗诃罗，亦译僧伽蓝，vihāra、saṅghārāma）。

在这里要特别说明的是，这两种类型都是自近于垂直的岩面上凿出窟室，仅有室内及立面形象。随着时间的推移和岩凿技术的进步，后期又发展出一种自整个山岩或独石中凿出的室内外空间兼备的三维结构，即所谓雕凿式建筑（sculptured architecture）。显然，它们也应该被归入岩凿建筑的范畴，如埃洛拉著名的凯拉萨神庙[罗湿陀罗拘陀王朝（Rāshtrakūta

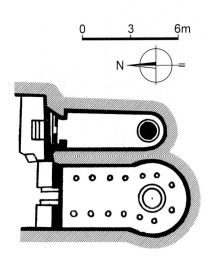

Dynasty，另作拉什特拉库塔王朝）时期，7世纪中叶~8世纪中叶]，以及印度南部卡卢古马莱附近潘地亚王朝（Pandya Dynasty）统治者建造的供奉湿婆的

印度教祠庙（维图凡戈伊尔祠庙，意为"雕刻师乐园"，8~9世纪，仅完成了上部，图1-246~1-253）。由于年代比较晚近，这后一种类型将放在后面的章节

左页：

（左上）图1-274皮特尔科拉10号窟。内景

（右上）图1-275皮特尔科拉12和13号窟。平面（取自SARKAR H. Studies in Early Buddhist Architecture of India，1993年）

（下）图1-276皮特尔科拉12和13号窟。外景（左侧12号窟，右侧13号窟）

本页：
图1-277皮特尔科拉 12号窟。内景

图1-278皮特尔科拉 13号窟。内景

里加以论述。

在印度宗教和寺庙建筑史上，支提是个用得很多的词。其原意为"堆积、聚积"，和火葬仪式及死者的骨灰相关，实际上是隐喻"丘台"，并可进一步引申为"圣地"（如圣树称caityavṛkṣa）。当支提内置窣堵坡供信众敬拜时（这种仪式构成了佛教和印度教最重要的区别），则称支提堂（或支提窟、佛堂，buddhist caitya halls）。这类洞窟因其形式的均衡和

协调具有很高的艺术价值，最后发展成一种独特的类别。除了矩形平面上置平顶的以外，最典型的是个带半圆形端部（后殿，其内安置窣堵坡）的矩形大厅，大厅上置拱顶，通过入口处设置的大型券窗采光。规模较大的内置成排柱列将内部空间分成本堂和侧廊，如西方罗曼和哥特教堂的做法（只是侧廊由于太窄，基本上没有什么功用）。在这一时期，支提堂的平面亦越来越长。在巴贾（巴迦，其窣堵坡上立一巨大的中央穹顶，表现不同寻常），宽度和长度之比为1∶2.5；在阿旃陀，遗址上所有支提窟的宽长比平均值为1∶2.7；而在卡尔拉，已是明确的1∶3。随着时间的演进，支提堂就这样变得越来越大，越来越壮

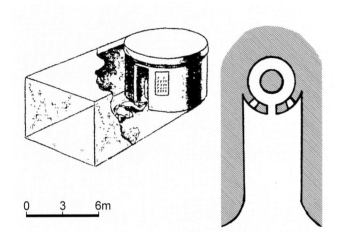

（右上）图1-279皮特尔科拉石窟群。护卫石窟的武士雕像

（下）图1-280皮特尔科拉石窟群。被毁的象雕

（左上）图1-281孔迪维特9号窟（公元前1世纪）。平面及轴测图（平面取自SARKAR H. Studies in Early Buddhist Architecture of India, 1993年）

观，越来越接近西方会堂式教堂的形式。这表明，参
与宗教仪式的人数在不断增加，参加者的社会构成也
有了深刻的变化。参加佛教仪式、注释和研究佛学经
典的人并不仅限于僧侣，亦有普通信徒和俗人；在
巴贾，供这两类人员使用的大集会厅已充分证明了
这点。

　　作为僧侣和尼姑住所的精舍（原意为隐蔽的步行
处所，或雨季为云游的僧人提供的住房，亦可引中为

（上）图1-282孔迪维特 9号
窟。内景

（中）图1-283孔迪维特 9号
窟。墙面浮雕

（下）图1-284孔达纳 石窟
群（公元前1世纪）。现状

（上）图1-285孔达纳 1号窟
（支提窟）。入口立面

（中及左下）图1-286孔达纳
1号窟。立面雕饰细部

（右下）图1-287孔达纳 1号
窟。内部，残迹现状

佛教寺院），根据其性质，无论在规模还是平面布局上都表现出更多的变化，从单一的小室到成组布置的房间（或面对柱廊，或三面朝向内部大厅）。小室配置稍稍抬高的平台作为卧床，厅堂内部常常以浮雕形式表现木建筑的母题。规模较大围着矩形或方形内院的亦称僧伽蓝[23]，一般还有花园或果园，有的还设藏经堂及学堂等。僧室前方往往配有带柱子的檐廊，既可遮挡阳光，亦便于各房间之间的往来（特别在雨

左页：

（左上）图1-288孔达纳 2号窟（精舍）。外廊近景

（右上及下）图1-289孔达纳 2号窟。内景

本页：

（上）图1-290纳西克 1号窟。外景

（下）图1-291纳西克 1号窟。内景

季）。僧伽蓝一般高两层，有的可高达三层。这类岩凿寺院以砌造工程为蓝本，劳力花费巨大，但看上去要更为工整。[24]这一时期的僧伽蓝一般都选在距人们聚居的城市既不太近也不太远的地方：不要太近是避免分心，集中意念；不要太远是便于乞讨巡游和接近俗众。有无自然洞窟可能也是一个决定因素。

立面装修及施工

由于岩体本身具有一定的稳定性和凝聚力，作为一种特殊的建筑类型，这些岩凿建筑可以不必顾及地面建筑面临的结构力学问题。由于石窟仅有内部空间和一个简单的入口立面（立面上可配置门廊，也可不配）；因而在这里，人们所关心的只是如何保留地面

本页：

（上）图1-292纳西克 2号
窟。外景

（下）图1-293纳西克 2号
窟。内景，佛陀、菩萨及提
婆群像

右页：

（左上）图1-294纳西克 3号
窟。平面

（右上）图1-295纳西克 3号
窟。大门立面雕饰（作者
Fergusson，1880年）

（下）图1-296纳西克 3号
窟。入口门廊，外景

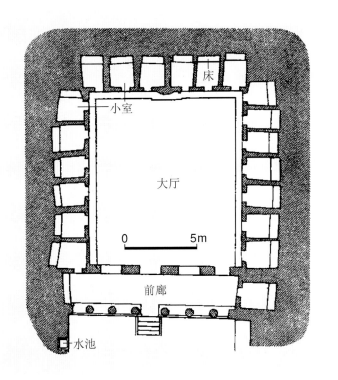

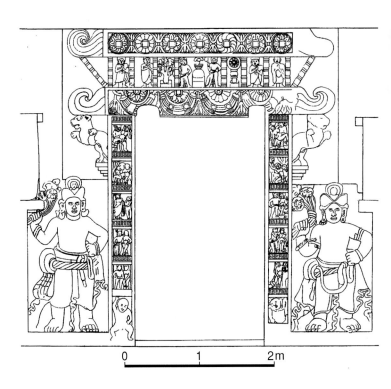

建筑那种立面及室内的造型（尽管它们已没有任何结构意义），再现当时已成为传统的一种审美情趣和象征形式。

从第一批留存下来的实例（约至纪元初年）可知，这些在悬崖基部垂面上凿出的祠堂和寺庙，同样具有立面和室内的全套建筑部件和细部。其中大部分

无疑都是来自木结构，包括内柱、挑腿、栏杆、窗户、阳台、亭阁等，所有这些部件或自岩石中凿出，或以浮雕的形式表现，忠实地模仿木构宫殿的上层结构；甚至还能在立面上看到连接真正木结构柱廊及阳台的榫口[在卡尔拉，制作门框或部分窗户的就是一位自称是木工（vṛdhaka）的匠师]。这种保守倾向还表现在用石刻再现像椽子这样一些实际上已没有任何结构意义的木构件（其中很多目前仍在原位）。

　　某些支提窟檐壁上的支撑孔洞表明，在岩凿立面前方往往还有木构屏墙。典型支提窟的天棚上具有自岩石上雕出的大型箍状曲梁和同样雕出的纵向贯通的檩条，后者一直延伸到立面巨大的马蹄形山墙的采光窗外。有时筒拱顶上的曲梁用真正的木料制作，如马哈拉施特拉邦著名的卡尔拉支提窟（约公元50~70年）。立面或直接位于崖面上，或在前方另设柱子支撑的阳台（如纳西克和阿旃陀石窟，见图1-317、图2-211）。在圣洛马斯窟里已出现的马蹄形拱券山墙的形式很快在印度宗教建筑中得到广泛

本页及左页：

（左上）图1-297纳西克 3号窟。入口门廊，柱头细部

（左下及右）图1-298纳西克3号窟。前廊内景及守门天雕像

本页及右页：

（左上及右）图1-299纳西克3号窟。内景，小室及支提浮雕

（左下）图1-300纳西克 4号窟。外景

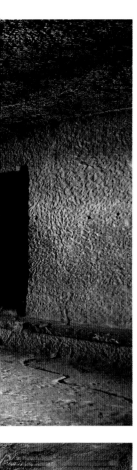

应用。按木拱顶截面形式制作的大型立面窗，被英
国学者称之为"支提拱"（caitya arch，原名gavākṣa、
gomukha或kūḍu，亦有称"支提窗"的，笈多时期名
candraśālās）。以缩小的比例尺大量复制的这种拱券，
成为印度寺庙建筑中最常用的母题。在卡尔拉，尚存
支提窗上木构镂空屏墙的遗存（见图1-360等图）。

将早期和后期支提窟的立面加以比较，不难看出
马蹄形拱券形式的演变，即越来越突出曲线外廓的优

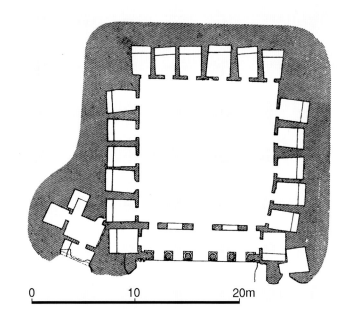

本页及左页：

（左上及中上）图1-301纳西克 4号窟。柱头细部

（左下）图1-302纳西克 6~9号窟。立面（自右至左，分别为6号、7号、8号及9号窟）

（右下）图1-303纳西克 6号窟。入口近景

（右中）图1-304纳西克 9号窟。入口近景

（右上）图1-305纳西克 10号窟。平面（1880年），作者James Fergusson（1808~1886年）

美造型，不再顾及其结构原型。这种母题的小型变体形式，和栏杆及阶梯状伞盖图案组成的条带一起，装饰着早期支提窟的立面和阳台的墙面。在纳西克的18号窟（见图1-317），立面上以浮雕形式表现整列柱廊，但栏杆条带、跨间内的山墙及窣堵坡，在结构和功能上看不出有任何联系。

由于这些石窟寺忠实地再现了当时独立木构建筑的几乎所有特征，因而可视为那个时代的真实建筑

本页：

（上）图1-306纳西克 10号窟。门廊外景

（下）图1-307纳西克 10号窟。廊道内景

右页：

（上两幅）图1-308纳西克10号窟。内景及雕饰细部

（下）图1-309纳西克 11~14号窟。外景（前景带台阶的为11号窟，往后依次为12号、13号及14号窟）

记录。类似的表现另见于中东和非洲（如埃塞俄比亚）。在印度，它最早出现在孔雀王朝时期；因而，和印度早期艺术的其他表现一样，显示出和西亚的紧密联系。

在这类工程中，尽管不存在一般的结构问题，但要面对许多新的挑战，从具体的凿岩、开挖技术（凿子和各种尺寸铁楔的采用、平行开挖廊道等）直到光影效果的把控（在室内仅有来自外部的微弱光线时，这一问题尤为突出）。

由于一些石窟是在施工的不同阶段弃置，因而人们得以探究这几百个石窟寺的开凿方式。工程一般是自上向下进行，因而无须搭建脚手架。石窟大都是成

组开凿，以便为工匠提供住处（这样的工程已非一般小僧团力所能及）。

从铭文可知，石窟寺的开凿及雕饰大多依靠僧侣、尼姑和信徒的捐赠。施主的祖籍城市大都可以考证鉴别，从地域之广可知当时佛教的传播已超出了百乘王朝的统治地域。特别是有不少施主称自己为耶槃那人，在印度历史上，这一名称系指在印度西北边境的大夏-希腊人（特别是来自爱奥尼亚的，如跟随亚历山大来印度的那批）；但他们的印度姓名表明，在很大程度上这批人已被当地文化同化。

年代及主要分布区

第一个有年代记载的岩凿建筑可上溯到孔雀王朝时期。此后自公元前2世纪后期开始，在印度开凿了上千个规模不同、质量各异的石窟，直到公元2世纪中叶，这类建设才突然中止。它们主要分布在孔坎海岸地区北部（今孟买以南海岸地区），位于海岸地区后面的西高止山脉[25]、萨希亚德里山脉，直至内地的奥朗加巴德。[26]这些都是佛教文化的主要繁荣区。通过孔坎海岸地区的港口，充满活力的商贸集团得以和印度其他地区保持频繁的商业往来；翻越西高止山脉通向北部和东部并配备了货物集散地及库房的商旅大道，不仅促进了商业活动的开展，同时也为普通信徒的来往提供了便利；一个将都城设在该地区（拜滕）的强大王朝（百乘王朝）保证了社会环境的稳定。所有这些条件和西高止山脉及向内陆延伸的山体所提供的有利自然条件和岩石结构一起，促成了石窟建设的第一个高潮，在约3个世纪之后大乘佛教兴起之前，这个被称作小乘佛教阶段（Hīnayāna Phase[27]）的艺术在当时世界上可说是独树一帜，没有哪个地区能出其右。

[实例]

今印度中西部的马哈拉施特拉邦，是支提窟最集中的处所，特别是自公元前2世纪后期至公元2世纪中

本页：

图1-310纳西克11号窟。内景及雕刻

右页：

图1-311纳西克14号窟。自窟外望内部景色

叶这段时期（即所谓"小乘佛教阶段"）。不过，在考察这些早期石窟时，要特别说明的是，其编年顺序只是大体上摸清。有些石窟上有铭文，包括百乘王朝和刹哈拉塔王朝（Kṣahārata Dynasty）国王及王子的名字，但没有具体年代。这些统治者的系谱及继承顺序自然成为最关键的问题。某些洞窟（特别是纳西克

的）虽然有国王的捐赠记录，但在系谱未搞清之前，无论是相对顺序还是绝对年代，都无法最后确定。对古文字体及其形式演变的研究[所谓古文字学（Palaeography）]并不能提供精确的定位，误差往往无法控制在一个世纪或更小的范围内。在建筑和雕刻领域，风格的演变并不是按同样的速率进行，其影响范围也

有一定的局限。此外还有许多未知因素摆在历史学家面前，有时甚至会出现类似复古这样的逆向发展，因而还有一个综合判断的问题。支提堂内窣堵坡覆钵（穹顶，aṇḍas）反复无常的处理方式就是一个例证，从半球形到超过半球形显然经过了长期的演进；同样，基座也被赋予越来越重要的意义；但这些变化并不是稳定持续地向一个方向进行，里面往往掺杂了许多其他因素。

这一时期的石窟大都和寺院建筑群相关并位于主

本页及左页：

（全三幅）图1-312纳西克14号窟。内部，坐佛及菩萨雕像

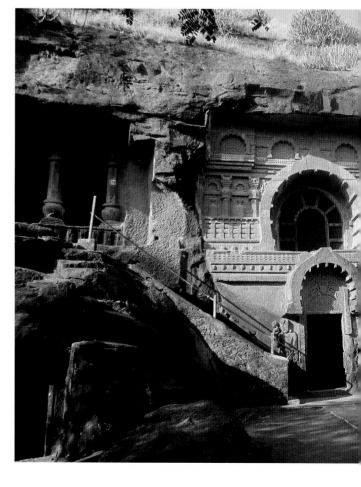

要商路上（图1-254）。早期实例中最优秀的除马哈拉施特拉邦的巴贾、皮特尔科拉、孔达纳、纳西克、均讷尔、贝德萨、卡尔拉、肯赫里及浦那各地外，还包括印度东部奥里萨邦坎达吉里和乌达耶吉里山上的耆那教寺院。

巴贾位于自阿拉伯海向东至分隔南北印度的德干

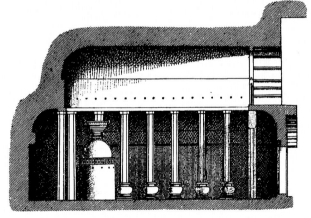

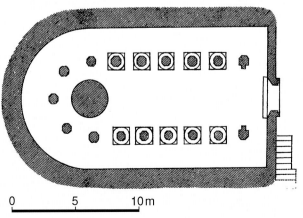

本页及左页：

（左上）图1-313纳西克 15号窟。正面景色

（左下）图1-314纳西克 17号窟。外景

（右上）图1-315纳西克 17号窟。内景

（右下）图1-316纳西克 18号窟（支提窟，公元前1世纪）。平面及剖面（1880年），作者James Fergusson（1808~1886年）

（中下）图1-317纳西克 18号窟。外景（18号窟右侧为17号窟，左侧为20号窟；19号窟位于20号窟下方）

平面　　　　内墙立面　　　0　　　　5m

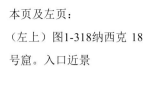

本页及左页：

（左上）图1-318纳西克18号窟。入口近景

（中）图1-319纳西克18号窟。内景

（左下）图1-320纳西克19号窟。平面及内墙立面（作者James Fergusson，1880年）

（右上）图1-321纳西克19及20号窟。外景（底层19号窟，上层20号窟）

（右下）图1-322纳西克20号窟。平面（作者James Fergusson，1880年）

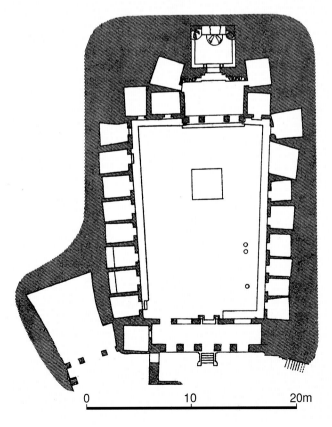

0 10 20m

本页：

（上）图1-323纳西克 20号窟。内景

（中）图1-324纳西克 20号窟。内部，坐佛及菩萨雕像

（下）图1-325纳西克 21及22号窟。外景（前景为20号窟立柱）

右页：

（上）图1-326纳西克 23号窟。内景，坐佛及菩萨雕像

（下）图1-327纳西克 23号窟。柱墩及菩萨雕像

高原的古代重要商路上。石窟寺位于比巴贾村高约120米的山崖上，由29个岩凿石窟组成，属年代最早的石窟系列之一（自公元前2世纪至公元1世纪），也是德干地区最早的佛教中心，在石窟寺建筑的发展上具有重要意义（图1-255~1-257）。

巴贾石窟建筑设计上类似后期的卡尔拉石窟。其中最重要，也是给人印象最深刻的是大支提堂（第12窟，图1-258~1-262）。这是个内设窣堵坡的支提堂，配有开敞的马蹄券入口（原有木构立面，现已无存，室内外岩石上尚存许多连接木构件的榫眼）。室内宽8.14米，长约18米。27根不带柱头的平素八角形柱稍稍向内倾斜（柱高3.45米），将大厅分为本堂及

（上）图1-328纳西克 24号窟。外檐雕饰细部

（中）图1-329纳西克 24号窟。佛陀及菩萨雕像

（下）图1-330均讷尔 伦亚德里窟群。窟区全景

（上）图1-331均讷尔 伦亚德里窟群。7号窟，外景

（左下）图1-332均讷尔 伦亚德里窟群。7号窟，内景

（右下）图1-333均讷尔 伦亚德里窟群。支提窟，外景

边廊三部分，边廊仅宽1.04米。许多部件均仿木构原型，室内马蹄形拱券天棚上配置了仅起装饰作用的木构肋券（见图1-260~1-262）。墙面按孔雀王朝的做法磨光。端头窣堵坡（舍利塔，dagoba）构图简洁，由两部分组成，于圆柱形的基座上起高高的穹顶覆钵。基座底径同柱高，亦为3.45米，塔顶以两层围栏作为结束。按印度考古调研所的说法，它不仅是石窟寺中最壮观的一个，也是这种类型最早的实例之一（从木梁上的两个铭刻可知，其建造年代属公元前2世纪，但称石窟至少有2200年历史）；内有独一无二的印度神话浮雕。窟内有佛陀造像及记载施主的铭刻。雕刻造型可能最初施有亮丽的色彩，之后为灰泥掩盖。

巴贾石窟的精舍多于前方立带柱墩的檐廊，并配具有很高艺术价值的独特浮雕。特别是位于一个门洞

两侧表现苏利耶（太阳神）和因陀罗（帝释天）[28]的两幅板块（见图1-257），后者以其丰富的细部和尺度的巨大反差而著称，表现出和帕鲁德和桑吉那类叙事浮雕全然不同的艺术风格及观念。

石窟区尚有14座窣堵坡，形成一个引人注目的组群（外部一排9座，内部一组5座），其内藏在巴贾去世的高僧遗骨。窣堵坡形制与支提窟内的相近，但雕饰更为复杂，圆柱形基座上部雕一圈围栏，顶部于两层围栏上另起外挑的支提拱造型。

距埃洛拉约40公里的皮特尔科拉为另一个古代佛教遗址，也是印度西部最早的岩凿建筑中心之一。皮特尔科拉即托勒密所说派特里加塔，位于连接内陆及港口城市的商贸要道上。石窟组群成于公元前250年至公元4世纪百乘王朝期间，14座石窟以深谷为界，分为两组，右侧为第一组（Group 1），左侧为第二组（Group 2），分别有石窟10座和4座；14座窟中，6座为支提堂（编号为3、9b、10~13，一座内部有还愿窣堵坡），其余皆为精舍（图1-263~1-280）。所有石窟均属小乘佛教流行时期，但保存完好的绘画完成于大乘佛教期间。

在皮特尔科拉的6座支提窟里，年代最早是3号

（上及中）图1-334均讷尔 伦亚德里窟群。支提窟，内景及细部

（下）图1-335均讷尔 门莫迪窟群。阿姆巴-阿姆比卡组群，外景

（左上）图1-336均讷尔 门莫
迪窟群。阿姆巴-阿姆比卡支
提窟，内景

（右上）图1-337均讷尔 门莫
迪窟群。比马桑卡组群，外景

（中及下）图1-338均讷尔 门
莫迪窟群。布塔林伽精舍，外
景及立面图版（19世纪）

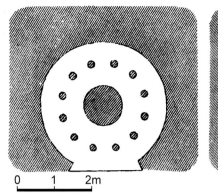

0　1　2m

窟；在印度西部早期支提窟中，它仅晚于孔迪维特石窟的9号窟（公元前1世纪，图1-281～1-283）、巴贾石窟的12号窟和阿旃陀的10号窟[29]。其平面沿袭古典模式，由一个带半圆端部的敬拜厅组成，通过与墙面

平行的列柱，将室内分为本堂和侧廊。一些柱墩铭文上还刻有捐赠者的名字。尤为值得注意的是，皮特尔科拉这批支提窟中，很多都有巨大的台地式前院（部分由大象雕刻支撑），它们成为卡尔拉类似布局的先兆，并最终导致了埃洛拉凯拉萨神庙的创建。护卫着通向台地台阶的守门天[30]，可能是古风时期的最佳实例（见图1-279）。现场还找到一些独立雕刻，其中有些显然是为了替代岩崩时损坏的部分。在这里，可以看到许多早期印度艺术的雕刻母题，如和大象在一起的繁荣女神斯里、长着鱼鳍般耳朵的夜叉、叠置的

左页：

（左上）图1-339均讷尔图尔加支提窟。平面及剖面

（左中两幅）图1-340均讷尔 图尔加支提窟。外景

（右上、右中及下）图1-341均讷尔 图尔加支提窟。支提窗细部（图版作者James Fergusson，James Burgess，1880年）

本页：

（上）图1-342均讷尔 布德莱纳支提窟（约2~3世纪）。外景

（中）图1-343贝德萨 支提窟（7号窟，公元前1世纪）。地段外景（中间可看到支提窟入口的柱头，近景为外面的窣堵坡）

（下）图1-344贝德萨 支提窟。入口现状

（上）图1-345贝德萨 支提窟。入口柱头近景

（下）图1-346贝德萨 支提窟。入口处雕饰近景

（上下两幅）图1-347贝
德萨 支提窟。柱头上
部群雕

动物造型、密特拉[31]及各种飞天形象。

　　在皮特尔科拉，精舍的平面形制比较简单，大多
于矩形厅堂侧墙布置小室，室内仅有床位和在岩石上
凿出的龛室。在精舍中，以4号窟表现最为特殊；它
由一个大厅及七个小室组成，配置了筒拱屋顶及带装

饰的立面。洞窟前面较低层面上布置了一个和1~3号
窟共享的宽阔院落。大门两侧安置和真人同高的门
神雕像，门楣上饰带象的吉祥天女[32]，侧柱饰花卉
图案。

　　孔达纳窟群位于卡尔拉石窟西北16公里的同名村

落处，共有16座佛教石窟（图1-284），成于公元前1世纪，以仿木结构而闻名。1号窟为支提窟，室内自立面柱子至半圆室长20.3米，宽8.2米，至拱顶高8.66米；本堂部分宽4.48米，窣堵坡直径2.9米；和其他早期石窟一样，最初曾有木构立面（图1-285~1-287）。2号窟为一精舍，除一端外俱毁的前廊长宽分别为5.5

和1.74米，配有5个八角形柱子和两个端墙柱，廊道端头高起的凹龛内有一高浮雕的窣堵坡，显然是作为尊崇的对象（图1-288、1-289）。大厅本身宽7米，深8.84米，高2.52米，配有15根立柱，旁边小室内凿出床位。

纳西克石窟群位于城市以南8公里处，亦称彭达

（上）图1-349贝德萨 支提窟。外廊端墙模仿建筑部件的雕饰

（下）图1-351贝德萨 支提窟。内部，模仿住房立面的墙面雕饰

沃石窟（Pandav Caves）或特里拉什米石窟（Trirash-mi Leni，来自石窟发现的铭文"Tiranhu"，即"阳光"，因自村落处望去，太阳自石窟后升起而名；Leni为马拉地语，意"石窟"）；由公元前1世纪至公元3世纪期间开凿的24座石窟组成，为小乘佛教石窟（雕刻属后期，各窟图版：1号窟：图1-290、1-291；2号窟：图1-292、1-293；3号窟：图1-294~1-299；4号窟：图1-300、1-301；6~9号窟：图1-302~1-304；10号窟：图1-305~1-308；11~14号窟：图1-309~1-312；

（上）图1-352贝德萨 精舍
（寺院，11号窟，公元前1
世纪）。入口处地段全景

（下）图1-353贝德萨 精
舍。立面全景（主厅为矩形
平面，圆头，周边布置九个
小间，另有四间在外侧）

（上）图1-356贝德萨 精舍。墙面雕刻（上下两层栏杆）

（下）图1-358卡尔拉 支提堂。平面、立面、剖面及细部（取自STIERLIN H. Comprendre l'Architecture Universelle, II, 1977年, 经改绘及补充）, 图中: 1、窣堵坡; 2、本堂; 3、边廊; 4、前檐廊

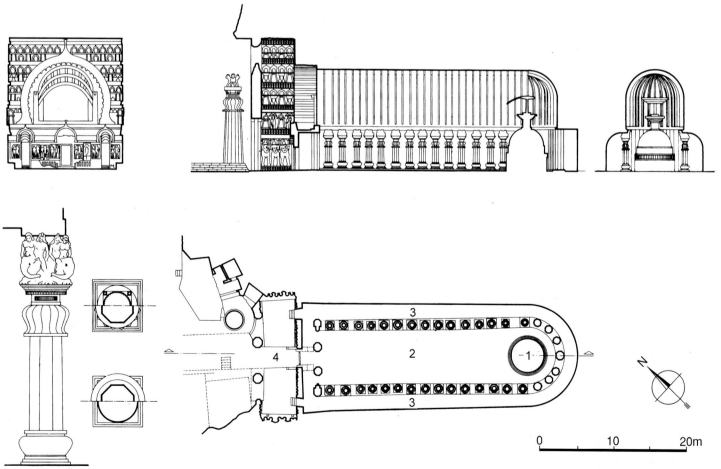

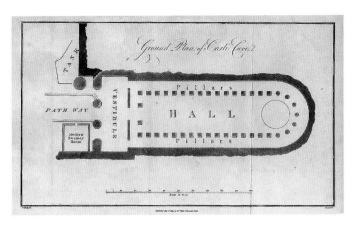

15号窟：图1-313；17号窟：图1-314、1-315；18号窟：图1-316~1-319；19及20号窟：图1-320~1-324；21及22号窟：图1-325；23号窟：图1-326、1-327；24号窟：图1-328、1-329）。除公元前1世纪完成并配有精美立面的18号窟为支提窟外，大部分均为精舍。

纳西克2世纪建成的3号窟可作为精舍布局的典型例证（见图1-294）：方形的厅堂（相当砌筑寺院的中央院落）于两侧和后部布置面向它的成排小室，正

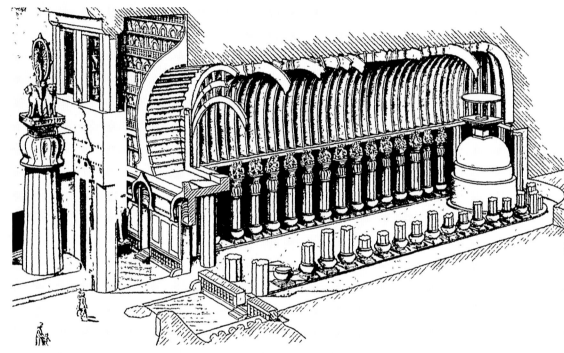

（上）图1-357卡尔拉 支提堂（8号窟，公元50~70年）。平面图版（取自VALENTIA G V. Voyages and Travels to India, Ceylon and the Red Sea, Abyssinia, and Egypt，1811年）

（中及下）图1-359卡尔拉 支提堂。透视剖析图及设想的木构原型复原图[剖析图取自BROWN P. Indian Architecture, Buddhist and Hindu，1956年；复原图取自苏联建筑科学院《建筑通史》(*Всеобщая История Архитектуры*)，第1卷，1958年]

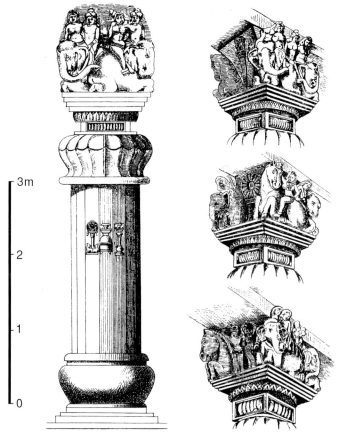

（左上）图1-360卡尔拉 支提堂。柱子立面及柱头（取自FERGUSSON J. The Cave Temples of India，1880年）

（下）图1-361卡尔拉 支提堂。19世纪立面全景（版画，取自FERGUSSON J. Illustrations of the Rock-cut Temples of India，1845年）

（右上）图1-362卡尔拉 支提堂。19世纪景色（版画，19世纪50年代，后期手绘着色）

面通长布置凉廊。其廊柱由实体栏墙处拔起，后者本身由湿婆的随从、粗壮敦实的土地神（bhūtas）雕像支撑。通往室内的入口大门周围的浮雕表现门塔的造型，为这种类型唯一的岩凿实例，惟两侧男像雕刻比较粗糙。门塔立柱嵌板内雕成对的人物，成为贵霜和笈多时期马图拉类似门柱的先兆。室内后墙上的大型雕板以浮雕形式表现窣堵坡及信众（10号窟类似的嵌板制作得更为精美，并成为大乘佛教时期石窟中大量采用的佛祖及其他雕刻形象的先兆）。

在均讷尔附近的四座山头上，有220个以上属1~3

（左上）图1-363卡尔拉 支提堂。19世纪立面全景（版画，取自MARTIN R M. The Indian Empire，第3卷，约1860年）

（左中）图1-364卡尔拉 支提堂。19世纪入口景况（版画，作者E. Therond，取自《Le Tour du Monde》，1870年）

（右上）图1-365卡尔拉 支提堂。入口立面（老照片，约1855~1862年）

（下）图1-366卡尔拉 支提堂。入口现状

世纪期间的单体石窟（伦亚德里窟群：图1-330~1-334；
门莫迪窟群：图1-335~1-338；图尔加支提窟：图
1-339~1-341）。其中最著名的伦亚德里窟群由30座
石窟组成（大部分为小乘佛教石窟）。7号窟开凿于
公元1世纪，之后（具体时间不清楚）改为供奉象头
神迦内沙的印度教石窟，为马哈拉施特拉邦8座主要
的象神祠庙之一。在以数字标示的26座石窟中，6号
和14号窟为支提窟，其他为精舍。布局及形式大体相
近，无特殊表现。组群内还包括几个岩凿水池，其中
两个带有铭文。

　　在像纳西克和均讷尔这样一些年代稍后的实例
中，"支撑"外部廊台的柱子已如后期支提堂的内柱

本页及右页：

（左上）图1-367卡尔拉 支提堂。入口立面
侧视

（中上右）图1-368卡尔拉 支提堂。入口处
爱侣雕刻

（左下）图1-369卡尔拉 支提堂。内景（版
画，1852年）

（中上左）图1-370卡尔拉 支提堂。内景，
柱列（版画，取自FERGUSSON J. Illustra-
tions of the Rock-cut Temples of India, 1845
年）

（右上及右下）图1-371卡尔拉 支提堂。内
景，现状

INTERIOR OF THE CAVE OF KARLI.

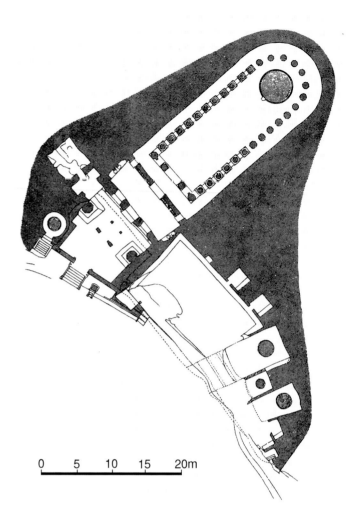

萨支提窟前方门廊的两根柱子（有时，下部为大型罐状石础）。

和早期的相比，后期石窟在形式上无疑更为成熟。模仿木建筑的结构部件逐渐消退，如均讷尔未完成的布德莱纳支提窟（图1-342），尽管下面立柱的内斜仍很明显，但立面上的支提窗已为拱券盲窗取代，上面还有微缩的窣堵坡造型。只是在装饰性的立面上，仍然保留了木结构的母题（如纳西克的18号窟）。

更早的支提窟柱廊为木构，均已无存。在这里，真正通向支提堂的入口往往位于后面；前面是个在岩石上深深凿出的宏伟山门。如贝德萨支提窟的山门。贝德萨距巴贾石窟约9公里，支提窟（7号窟，内有一个较大的窣堵坡，图1-343~1-351）是公元前1世纪百乘王朝时期该地石窟群的两座主要建筑之一[另一座是精舍（寺院，11号窟），图1-352~1-356]。除了华美的支提券外，支提窟中最引人注目的部件便是好似"支撑"着山门的两根宏伟立柱。柱下设罐状柱础，上面的钟形柱头使人们想起阿育王柱的形式，柱头上同样

那样，具有了成熟的形态（如纳西克10号窟，见图1-306）。这些柱子配有钟形的柱头，上承圆垫式顶石（āmalakas，有时外加围框）及倒金字塔式的阶梯部件，顶上立骑马或骑象的人物。其原型即支撑贝德

左页：

（左上）图1-372卡尔拉 支提堂。柱列
近景

（左下）图1-373马图拉 佛陀坐像[贵霜时
期，约公元130年，卡特拉（Katra）丘出
土，现存马图拉考古博物馆]

（右）图1-374肯赫里 3号窟（支提堂，
公元170年）。平面（含邻近石窟，作者
James Fergusson、James Burgess，取自
《The Cave Temples of India》，1880年）

本页：

（上）图1-375肯赫里 3号窟。外景

（下）图1-376肯赫里 3号窟。内景（版
画，1800年，作者Thomas Daniell、Wil-
liam Daniell）

THE INTERIOR OF AN EXCAVATED HINDOO TEMPLE, ON THE ISLAND OF SALSETTE.

（上下两幅）图1-377肯赫里
3号窟。内景

为一个围起来的带竖条的圆垫式石块（āmalakas）和倒阶梯状的冠板，冠板上为一组带骑者的动物群像。此后，这便成为支提堂和精舍室内外柱子的基本造型，只是一般尺度要更小一些（见图1-345）。

离巴贾石窟群仅8公里的卡尔拉（卡尔利，古名沃卢勒卡）是最著名的早期岩凿建筑中心之一。其石

窟组群是印度石窟建筑最精美的艺术成就之一，这已成为所有专家的共识。窟群成于公元前2世纪至公元6~7世纪期间（最早的据信属公元前160年），俯瞰着自阿拉伯海至德干高原的主要商路。石窟历史上原属佛教大众部[33]，之后属印度教。这些石窟最主要的特色是配有带拱券的入口和上置拱顶的室内。施主名

字多以婆罗米文刻在窟内柱墩上。外立面往往在岩石上刻出模仿木构建筑的复杂细部，采用得最多的母题是大型马蹄形拱券。

在卡尔拉，经考古发掘的共16座窟，其中仅一座为支提堂（8号窟），其他15座皆为精舍和列柱堂（mandapas）。

约凿于公元50~70年[34]的支提堂（8号窟）是已知百乘王朝时期全印度同类建筑中规模最大的一个，堪称早期石窟寺的最高成就（图1-357~1-372）。其室内自入口到后墙长37.87米，宽13.87米，高13.72米。石窟由配置了前檐廊和后殿的大厅组成，厅内由两排柱子分为本堂和两个边廊（本堂柱子轴线间距7.8

米，边廊仅宽3.04米）；柱子在窣堵坡后面成半圆形汇合，形成后殿。

　　本堂两边各有15根带柱头的柱子，柱子配有很高的基座和柱础、八角形的柱身和雕刻精致华美的柱头。柱头内侧雕蹲伏的双象，每头象上背驮两人（通常为一男一女，有时两个均为女性）；背面雕马和老

（上）图1-381乌达耶吉里
（奥里萨邦）王后窟（1号
窟）。平面及剖面（平面
取自STIERLIN H. Hindu
India，From Khajuraho to
the Temple City of Madurai，
1998年）

（下）图1-382乌达耶吉里
王后窟。南侧俯视全景

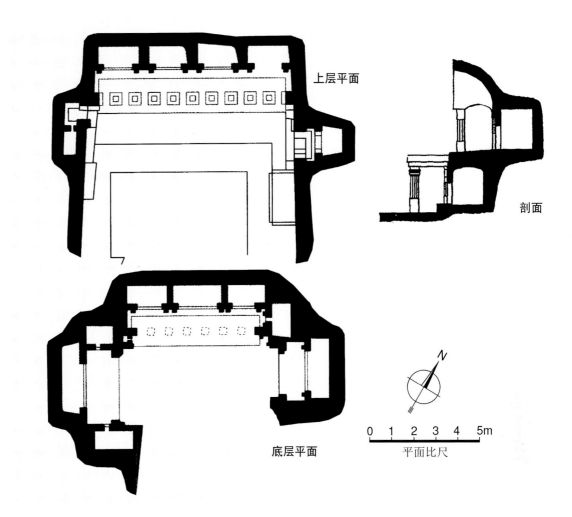

上层平面

剖面

底层平面

平面比尺

图1-383乌达耶吉里 王后窟。地段全景

图1-384乌达耶吉里 王后窟。东侧近景

图1-385乌达耶吉里 王后窟。底层北角近景

图1-386乌达耶吉里 王后窟。廊道景色

虎，上骑一人。这些柱头可说是全面反映了这一时期的雕刻成就。

本堂柱上安置楣梁，上起筒拱顶，至后殿处以半穹顶结束。顶部采用了曲线肋骨及纵向檩条等真正的木构件（见图1-371）。边廊上仅为简单平顶。

卡尔拉支提堂同样配有一个精美的立面，山门屏墙自山岩中凿出，底层三个入口，上层于岩石上开凿大窗为石窟内部采光。在这里，同样可看到安置木构廊道的榫口（这些廊道可能是为吟游艺人准备的）。在内院，侧壁上带有建筑题材的装饰，由象雕（其长牙可能是由真正的象牙制作）基座支撑（上方及其他地方岩石上的佛祖雕像可能属后期）。通向室内的门

道两侧表现密荼那爱侣（mithunas）的浮雕尤为著名（见图1-367、1-368）。如果说，皮特尔科拉的某些雕刻代表了印度古风时期艺术的最高成就；那么，卡尔拉入口处的密荼那爱侣雕刻，和桑吉门塔的雕刻及马图拉早期贵霜雕刻中的精品一起（图1-373，可能还包括肯赫里的雕刻），则是印度西半部早期雕刻风格的极致表现。在石窟前方，立有一根粗壮的纪念柱（stambha），如早期佛教浮雕里习见的样式。柱身为16边形，顶上冠以狮雕组群（由背靠背的四只狮子组成），最初顶部想必曾立脉轮（chakra）；与之对应的另一侧可能也有类似的柱子，只是已经倒塌或被移走，现位置上是后世建造的小型印度教祠堂。

在卡尔拉，带三个入口的立面形制，以及对外部空间的重视，显然都是受到类似露天作品的影响，有些表现在阿旃陀亦可见到，如属笈多时期的19号窟。

位于孟买西部萨尔塞特岛上的肯赫里（来自梵文Krishnagiri，意为"黑山"）窟群拥有自公元前1世纪到公元10世纪自玄武岩山体上凿出的109座石窟（早期的相对平素无饰，和后期及孟买象岛上的华美石窟形成鲜明的对比），其中大部分为佛教精舍。

左页：

（上下两幅）图1-387乌达耶吉里 王后窟。雕饰细部

本页：

（上）图1-388乌达耶吉里 12号窟（巴格窟）。入口（呈张嘴虎头造型）

（下）图1-389萨卢文库珀姆 虎窟。外景

（上）图1-390乌达耶吉里14号窟（象窟）。外景

（下）图1-391乌达耶吉里14号窟。门廊近景

最重要的3号窟无疑是最后一座已发掘的小乘佛教支提堂（从廊道铭文上可知约开凿于公元170年，图1-374~1-379）。其平面显然是效法卡尔拉支提堂，惟建筑细部及风格上不同。石窟长26.37米，两侧墙之间宽度12.14米；34根柱子绕行本堂及舍利塔；但一侧仅6根，另一侧也只有11根柱子有卡尔拉那样的柱础及柱头，且比例及制作上均有所区别；绕行舍利塔的仅为平素的八角柱。简朴的舍利塔直径4.88米，顶部已毁。

和卡尔拉一样，肯赫里石窟在入口屏墙上亦设柱廊，在通向大厅的入口两侧布置施主群像。但前院两根纪念柱均在原位。从各种迹象上看，肯赫里石窟都标志着一种传统的终结并成为未来的先兆。其立面很少来自木构原型。在通向院落的入口两边立两个浮雕门神（夜叉和蛇神，nāgarāja），院落实体围墙上雕出围栏的样式，和早期石窟相比，在尺度和风格上更近于贵霜时期马图拉的做法。同样，室内某些柱墩上生动的雕刻组群及场景和卡尔拉，特别是和早得多的贝德萨（约公元前50~前30年）那些宏伟庄严的组群相比，反差相当强烈。

在印度东部奥里萨邦布巴内斯瓦尔附近陶利的一则阿育王时期的岩刻告示（所谓陶利阿育王岩刻，约公元前250年）边上，有一个自同一巨石上雕出的大

象头部及前半身（图1-380）。公元前2世纪，羯陵伽（Kaliṅga）国王喀罗吠刺建造的耆那教寺院，就位于几英里以外，隔峡谷相望的坎达吉里和乌达耶吉里两座山的斜坡上。其中乌达耶吉里山有18窟，坎达吉里山15窟。

喀罗吠刺是奥里萨邦早期历史上唯一值得注意的人物。乌达耶吉里山上一个自然洞窟（当地人称gumphā）的铭文记录了公元前1世纪这位国王的征讨事迹和对他的相关颂词。从铭文中可知，这位国王是

（上）图1-392乌达耶吉里10号窟（迦内沙窟，公元前2世纪）。外景

（下）图1-393乌达耶吉里10号窟。象雕

虔诚的耆那教徒，他在山上开凿的这些石窟显然是供耆那教僧侣使用。这些部分天然部分人工开凿的洞窟大都很小，并保持了岩石的天然廓线。有的是单窟，有的在四五个小室前筑廊道。入口看上去好似自壁柱上升起的拱廊。这些洞窟在某种意义上可说是再现了木建筑的特征，但和浮雕上看到的西部地区的石窟有

图1-394乌达耶吉里 10号窟。外廊浮雕

所不同。挑腿里纳入了人物形象并和柱子连在一起，这种做法在后期建筑里变得非常流行。有些壁柱采用了人们熟悉的形式，于钟形柱头上雕卧兽，有时下面还配置了罐状形体；只是和贝德萨和纳西克寺庙的柱子相比，制作上要更为粗糙。

对比较重要的石窟来说，当山势坡度缓和无法深挖时，前方院落往往采用露天的形式。如乌达耶吉里山上的王后窟（1号窟，图1-381~1-387），这是两座山中最有名，也是规模最大、最为精美和保存得最好的石窟。在一个很大的露天院落三面配置了两层高的小室及拱廊，下层中翼设七个入口，上层立九柱，中翼上部浮雕表现国王的胜利进军。在同一座山上的12号窟（巴格窟，图1-388），入口部分雕成张开大嘴

的虎头形式[在泰米尔纳德邦马马拉普拉姆（现名马哈巴利普拉姆）北面的萨卢文库珀姆，可看到一个相应的类似作品，图1-389]。乌达耶吉里山上另两个重要作品是14号窟（象窟，图1-390、1-391）和10号窟（迦内沙窟，图1-392~1-394），两者皆因其雕刻、浮雕及历史上的重要地位而闻名。

总的看来，这些雕刻比较粗犷，在很大程度上是由于两座山体均由粗糙的砂岩组成（在这片以坚硬的铁矾土为主的地区，把窟址定在这里显然是选择的结果）。雕刻场景主要集中在拱廊上部条带处。但从雕饰母题上无法判定它们为耆那教石窟。足尺大小着希腊服饰的男女门神（守门天，dvārapāla）雕像很可能属公元前50至公元50年。

第三节 犍陀罗艺术

一、概况

[地域分布、主要都城及中心]

犍陀罗（又译健驮逻），为位于南亚次大陆西北

部地区的古国，包括今巴基斯坦西北部及阿富汗东部，自喀布尔河流域向东抵印度河并包括克什米尔的部分地区。公元前6世纪曾为印度次大陆古代十六列国之一，孔雀王朝时期传入佛教，至公元1世纪成为

贵霜帝国中心地区，5世纪后开始衰退。

随着历史的变迁，地域边界时有变动，但中心一直在今巴基斯坦北部印度河与喀布尔河交汇的白沙瓦谷地。先后作为其都城的有巴格拉姆、普什卡拉沃蒂（贾尔瑟达）、塔克西拉（呾叉始罗）、布路沙布逻（白沙瓦）和乌达班达普拉（洪德）。

位于今喀布尔西北60公里的巴格拉姆，为阿富汗境内古国迦毕试（Kāpiśa，Kapici，Kapisaya，今卡比萨省即得名于此）的中心。唐贞观年间，高僧玄奘到印度取经时，曾取道巴米扬来到迦毕试国（《大唐西域记》有专章记述："迦毕试国。周四千余里。北

背雪山。三陲黑岭。国大都城周十余里。宜谷麦多果木。出善马郁金香。异方奇货多聚此国"）；贞观年间，沙门玄照法师曾经缚渴罗、纳婆毗诃罗到迦毕试国；到过该国的还有荆州江陵道琳法师。公元1世纪期间巴格拉姆为贵霜帝国的夏都；241年被萨珊王朝国王沙普尔一世攻占，后由嚈哒统治。

普什卡拉沃蒂（Pushkalavati，来自希腊语Peukelaotis，现名贾尔瑟达）位于巴基斯坦西北边境地区，其最早考古遗存属公元前1400年；后期历史可上溯到公元前6世纪，从此时起至公元2世纪为犍陀罗王国首府。它和位于其东面、印度河以东的塔克西拉有

（左上及下）图1-395古尔达拉 窣堵坡（2~4世纪）。现状全景

（右上）图1-396古尔达拉 窣堵坡。墙体近景

许多相似之处，可视为一对姊妹城。后者不仅曾为犍陀罗首府，也是其艺术的摇篮和古代的学术中心，拥有大量建筑及艺术遗存。

布路沙布逻（Puruṣapura，原意为"丈夫城"，《大唐西域记》称布路沙布逻，《法显传》作弗楼沙，又称富楼沙）遗址位于今巴基斯坦喀布尔河以南白沙瓦西北部。由此向东80公里以外印度河右岸的乌达班达普拉，是犍陀罗最后的首府（自9世纪至11世纪初，其名可能来自梵文Urdhvabhanapura，意"上城"）。但目前只是一个名为洪德的小村落，只有立在博物馆院

（左上）图1-400小祠堂形式（2世纪浮雕）：左、达罗毗荼式，右、纳迦罗式（取自CRUICKSHANK D. Sir Banister Fletcher's a History of Architecture，1996年）

（右）图1-401各种达罗毗荼式单体小祠堂（alpa vimana，图版，取自HARDY A. The Temple Architecture of India，2007年）

（左中）图1-402艾霍莱（卡纳塔克邦）小祠堂（位于拉沃纳-珀蒂石窟寺南面，约7世纪早期）。外观

（左下）图1-403基拉亚帕蒂（泰米尔纳德邦）小祠堂（约9世纪）。外景

子里的一根科林斯柱记载着城市过去的光荣。

这些都城中，除呾叉始罗（塔克西拉）及其周边地区外，其他各地保留下来的大型建筑遗存很少。目前经过发掘的主要遗址在现巴基斯坦境内有属呾叉始罗遗址范围的西尔卡普、德尔马拉吉卡寺院（大窣堵坡）、卡拉文、金迪亚尔、乔利恩、莫赫拉-穆拉杜及附近不远处的伯马拉，北面的塔克特-伊-巴希；阿富汗北部的巴尔赫、阿伊-哈努姆、海巴克和喀布尔河流域的巴米扬、丰杜基斯坦、哈达（古代纳格拉哈勒）等。这些遗址我们将在下面实例部分分别加

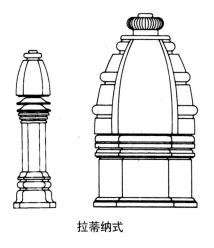

拉蒂纳式

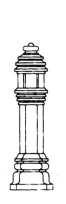

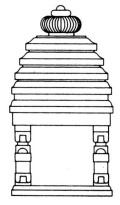

帕姆萨纳式

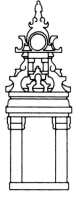

伐腊毗式

以评介。

[艺术特色及来源]

来自希腊等地的影响

目前人们所说的犍陀罗艺术主要指贵霜时期的佛教艺术，这是个文化艺术极为兴盛的年代。犍陀罗位

于印度与中亚、西亚交通的枢纽地带。马其顿国王亚历山大大帝（公元前356～前323年）对中亚及南亚次大陆西北地区的东征使这些地区开始接触到古希腊的灿烂文化。由于长期受希腊马其顿亚历山大帝国、希腊-巴克特里亚王国[35]的统治，希腊文明得以在这里和古代印度的东方文化相融合并互为影响，创造出

左页：

（上）图1-404马马拉普拉姆《恒河降凡》组雕中表现的小祠堂形象（7世纪）

（下）图1-405印度纳迦罗式亭阁的构成（图版，取自CRUICKSHANK D. Sir Banister Fletcher's a History of Architecture, 1996年）

本页：

（上）图1-406塔克西拉（呾叉始罗）佛教遗址图（取自SARKAR H. Studies in Early Buddhist Architecture of India, 1993年）

（下）图1-407塔克西拉窣堵坡模型（现存塔克西拉博物馆）

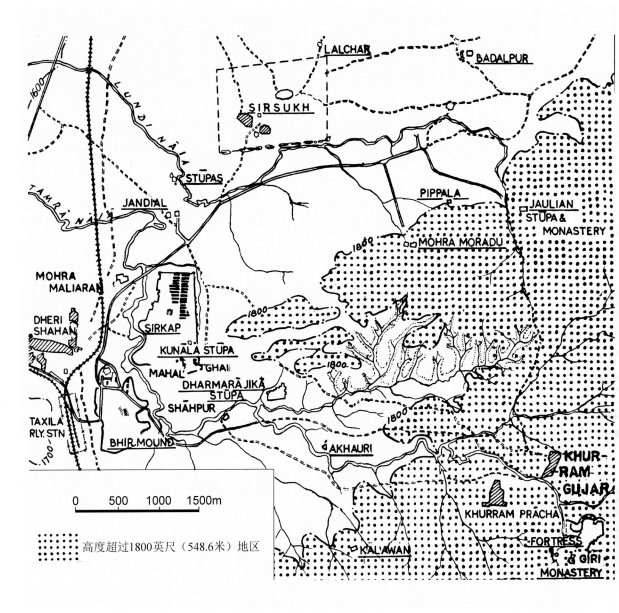

高度超过1800英尺（548.6米）地区

一种兼具印度和希腊风格的佛教艺术（以希腊-罗马的装饰手法表现中亚和印度次大陆地区的题材），故有"希腊式佛教艺术"之称。其雕刻、建筑、绘画融合了印度、波斯、希腊三种元素而自成一体。这种艺术对南亚次大陆本土及周边地区——包括中国新疆及内地（如隋唐时期的美术）、日本、朝鲜等国——的佛教艺术发展都具有重大的影响。

实际上，几乎所有犍陀罗地区的城市规划，都具有希腊的特色，效法希腊化时期的范本。莫赫拉-穆拉杜、乔利恩和洛里延-滕盖这样一些宗教组群的平面和立面上往往也采用希腊建筑的要素。空间大都被划分成连续系列，主要建筑位于中间，一翼留作静修室和礼拜堂，另一翼建造奉献窣堵坡。个体建筑上则根据地方的情趣而有所变化（如塔克特-伊-巴希窣堵

（上）图1-408塔克西拉
西尔卡普（约公元前
180~前10年）。城墙
及井，近景

（下）图1-409塔克西拉
西尔卡普。卫室残迹
（公元前1世纪~公元2
世纪）

坡顶部的廓线）。尽管犍陀罗建筑采用了圆形的支撑塔楼、八角形的母题（甚至用于覆钵上），以及其他的外来部件；但本质上它仍是一种独立的体系，主要将印度、古希腊、伊朗，可能还有中亚的部件综合在一起。像苏尔赫-科塔尔（意为"红色山冈"）[36]这样一些巨大的建筑作品，虽说保留了希腊的部件，但

由于尺度太大，不免给人一种压抑的感觉。

窣堵坡（佛塔）

犍陀罗的佛塔以来自印度的窣堵坡为基础，进行了大规模的改造，变化较大。基座层位增多加高，覆钵本身变为基座的一层；上部伞盖亦加高增大，成为高耸的佛塔。

大型窣堵坡往往配有多层基座并带有科林斯风格的壁柱，如公元2~4世纪建成的古尔达拉窣堵坡（位于阿富汗东部，该地于公元前326年被亚历山大大帝占领，且一直和希腊-罗马世界保持着联系，图1-395、1-396）。这一地区较小的窣堵坡则将穹式窣堵坡的覆钵自半圆形改造成球根状。随着这一发展，在这里及南亚其他地方，窣堵坡造型及比例上变得更高。其所在基部平台的增加（稍后为基部线脚取代）及顶部伞盖的延伸，进一步强化了这种发展趋向。

在印度西北，所谓犍陀罗希腊-佛教艺术流行的地区，窣堵坡往往通过木构上层建筑增加其垂向构图效果，顶上的系列伞盖更把窣堵坡变成一个高耸的锥体结构。这种垂向构图效果可见于一些制作得非常精美的模型和在印度次大陆以外地区（阿富汗和中亚）发现的小型窣堵坡；尽管年代较晚，但从中可明确看到犍陀罗窣堵坡的发展方向。这种和西欧哥特建筑不

无类似之处的垂向构图，构成了印度北方作品的一大特色。塔克特-伊-巴希佛教建筑群的窣堵坡，不仅具有高耸的透视造型，同时还表现出为这个学派特有的西方古典和希腊化时期的要素。拉莫特还进一步提供了一个印度塔楼式窣堵坡的名录（主要在犍陀罗地区，高度差不多都在60米左右）。与此同时，也应该看到，垂向构图实际上是一种反古典主义的要素，是为了寻求某种特殊的效果；虽说它已成为犍陀罗艺术的突出表现，但对印度而言，则完全是一种外来的空间观念。中国的藏式塔（tibetan chorten，藏语"chor-

（上）图1-410塔克西拉西尔卡普。小庙遗址

（下）图1-411塔克西拉西尔卡普。小窣堵坡，现状

（上）图1-412塔克西拉 西尔卡普。窣堵坡残迹

（左下）图1-413塔克西拉 西尔卡普。圆头庙，平面（取自SARKAR H. Studies in Early Buddhist Architecture of India, 1993年）

（右下）图1-414塔克西拉 西尔卡普。双头鹰祠庙（窣堵坡，公元前1世纪~公元1世纪），立面（取自HARDY A. The Temple Architecture of India, 2007年）

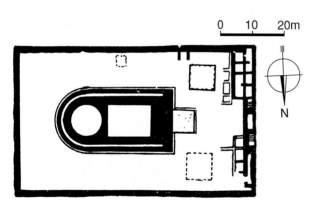

te"相当梵文的"stupa"）实际上也是发源于此，只是通过各个阶段的演进，形式上已有很大变化，甚至形成倒扣的覆钵体。之后犍陀罗式佛塔又经中亚传入中国，和中国固有的楼阁形式结合，形成习见的多层宝塔。

在这些地区，尚有一些基本未经触动的窣堵坡保存下来，特别在斯瓦特和喀布尔邻近地域，其中大多数都平素无饰（见图1-395）。小型还愿窣堵坡往往装饰较多，基座上饰有灰泥制作的人物形象，如塔克西拉（呾叉始罗）附近乔利恩和莫赫拉-穆拉杜等山上的寺院。

位于现巴基斯坦境内的伯马拉佛教建筑群（寺院）窣堵坡建于4世纪，已属犍陀罗窣堵坡演化的最后阶段（处于演化阶段起始端的是塔克西拉德尔马拉吉卡寺院那种类似印度的半球形窣堵坡），也是塔克西拉和犍陀罗地区这类形式中最大的一个（见图1-442~1-447）。

雕刻及建筑装饰

犍陀罗几乎可视为佛教的第二圣地，有大量雕刻留存下来，时间从公元1世纪直到6世纪乃至7世纪，且风格相当统一。其中大部分为石雕，陶器很少。壁画遗存中大部分集中在巴米扬，惟年代相对晚近；和印度比起来，更多受伊朗和中亚地区的影响。

（上）图1-415塔克西拉 西尔卡普。双头鹰祠庙，遗存全景（实为窣堵坡基座）

（下）图1-416塔克西拉 西尔卡普。双头鹰祠庙，正面景色

　　除了少数印度教偶像外，犍陀罗的雕刻主要以两种方式出现：一是佛教的尊崇对象，特别是佛祖和菩萨雕像（图1-397、1-398）；二是佛教寺院的建筑装饰。

　　佛教于公元前6世纪末兴起，但最初几百年并没有雕制佛像，但凡需有佛祖本人形象处，皆以脚印、宝座、菩提树、佛塔等象征物替代。公元1世纪后，随着大乘佛教[37]的流行，对佛像的崇拜渐成风气，佛像创作遂开始兴旺。最初佛像系从印度民间的鬼神雕像转化而来；但在犍陀罗，作为地区艺术表现的主要

（上）图1-417塔克西拉 西尔卡普。双头鹰祠庙，雕饰近景

（下）图1-418塔克西拉 德尔马拉吉卡寺院（法王塔佛寺）。总平面

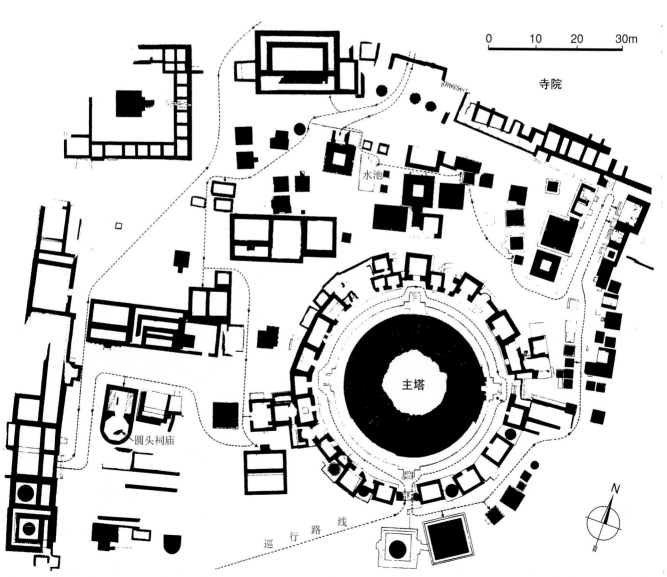

图1-419塔克西拉 德尔马拉吉卡
寺院。窣堵坡（公元2世纪），平面
（取自SARKAR H. Studies in Early
Buddhist Architecture of India, 1993
年）

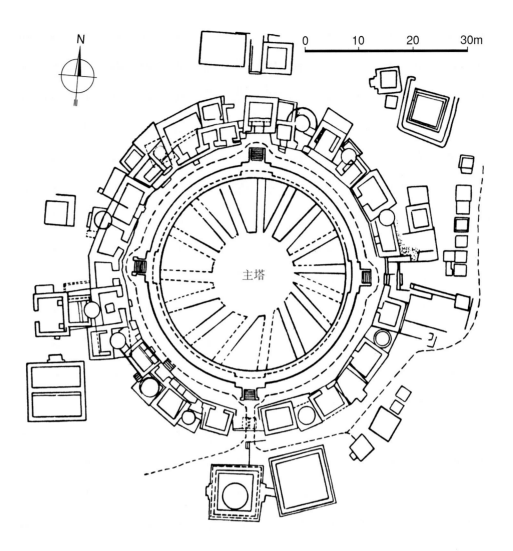

主塔

形式，其制作更多受到希腊雕像及浮雕的影响。在这里，现存最早的佛像属1世纪中叶，是一块表现释迦牟尼接受商人捐赠的浮雕；包括佛陀在内的人物形象皆具希腊风格，仅佛头部雕光轮以示神圣。之后表现佛祖自诞生、布道到涅槃的浮雕渐多，并有圆雕佛像出现。现存最早的犍陀罗圆雕佛像出土于马尔坦，其脸型、衣衫皆有浓厚的希腊特色；但神态肃穆，颇具佛教精神。

　　1世纪末至2世纪中叶是犍陀罗佛像制作的成熟期，作品中成功地融汇了印度、希腊、波斯、罗马及中亚地区的风格，形成独具一格的犍陀罗风格。这时期留存下来的佛像数以百计，其特色是佛像面容呈椭圆形，眉目端庄，鼻梁既高且长，头发呈波浪形并有顶髻[38]。佛陀身披希腊式大褂，衣褶多由左肩下垂，袒露右肩。呾叉始罗城址和今巴基斯坦白沙瓦附近贵霜王国首都富楼沙城址出土的佛像和浮雕，皆为这种风格的典型代表。

　　3世纪后，犍陀罗艺术逐渐向贵霜帝国统治下的阿富汗东部发展。公元5世纪期间，犍陀罗本部因贵霜帝国的瓦解而式微；但阿富汗的佛教艺术却一直繁荣到公元7世纪，史称后期犍陀罗艺术或"印度-阿富汗流派"，亦称巴米扬艺术。主要代表有巴米扬佛教遗迹，哈达及丰杜基斯坦佛寺等遗址。除继承犍陀罗艺术固有风格外，更多地吸收了印度本土的传统。佛像脸形趋圆，衣衫变薄，以灰泥表现衣褶，并将印度的石窟建筑和巨型造像结合起来，创立石窟及佛像组群，对中国新疆、敦煌、云冈的佛教艺术均有较大影响。

　　在最近发掘的塔帕-萨尔达（位于阿富汗迦色尼郊外），一尊大型勇武女神头像（Mahiṣāsuramardinī，图1-399）表明，在克什米尔地区，印度教和佛教艺术的融汇趋势已越来越明显（但这种倾向并没有进一步向北方蔓延）。

　　微缩的亭阁造型，作为一种构图要素，在印度建筑中占有重要地位。在印度教神庙中这点表现尤为突出，但究其根源，仍是来自佛教建筑。在塔克特-

伊-巴希寺院中已可看到的两种类型构成后期祠堂和
亭阁建筑的基础（见图1-448~1-451）。两者在犍陀
罗地区的浮雕中均有表现。例如，在现存伦敦大英博
物馆一个约公元2世纪的浮雕中，可看到内置佛像的
那种类型（图1-400）。类似科林斯柱式的立柱支撑
着曲线屋檐和上面的亭阁，两者均以茅草和树叶盖
顶。在之后的几个世纪，这种形式在达罗毗荼式的小

本页：

（上）图1-420塔克西拉 德尔马拉吉卡寺院。窣堵坡，西南侧现状

（下）图1-421塔克西拉 德尔马拉吉卡寺院。窣堵坡，东侧景色

右页：

图1-422塔克西拉 德尔马拉吉卡寺院。窣堵坡，近景

祠堂（alpa vimana、kuta-aedicule）里再次出现（图
1-401~1-404，另见图3-90、3-92）。而上置支提堂立
面的类型（如图1-400所示）则成为筒拱顶（所谓伐
腊毗式，valabhī）神庙的习用模式和与之对应的龛
室造型（图1-405右，图3-23之2）。

　　建筑线脚和檐口尽管有时采用印度的母题（偶尔
还有起源于西亚的），如阶梯状的雉堞、狮头、围栏
和莲花瓣，但大部分都装饰着来自希腊的莨苕、月桂
和藤本植物的枝叶。从浮雕形象可知，像柱子、山
墙端头和穹顶这样一些建筑部件大都沿袭印度的造
型，但带科林斯柱头的壁柱用得很多。在一个表现宫
殿的场景里，人们还配合使用了波斯波利斯的柱子
和罗马的藻井天棚。在塔克西拉（呾叉始罗）西尔
卡普的所谓"双头鹰祠庙"里（实际上是个窣堵坡的
基座），可清楚地看到这种文化上的折中主义表现
（见图1-414、1-417）。叙事浮雕几乎全都表现佛陀
生平，特别是他的诞生（见图1-397）、离宫出家及
般涅槃。

二、主要遗址

[塔克西拉（呾叉始罗）古城]

遗址位于巴基斯坦北部拉瓦尔品第西北约35公里
处，今塔克西拉城附近，古代印度次大陆和中亚交会
的中枢地带。在中国史籍中，该城写作"呾叉始罗"
或"竺刹尸罗"，东晋高僧法显和唐代高僧玄奘均到
过这里并留有记录。法显在《佛国记》中还提到有关
该城地名来源的一个传说："竺刹尸罗，汉言截头。
佛为菩萨时，于此处以头施人，故以为名"。

　　城市历史可上溯到公元前1000年，现存遗迹自
阿契美尼德帝国（Achaemenid Empire，公元前6世
纪）时期开始，历经孔雀王朝、希腊-巴克特里亚王
国到贵霜帝国时期（公元1世纪）。塔克西拉（呾叉
始罗）是古代学术中心，有些学者还认为这里拥有世
界上最早的大学之一，但也有人认为它并不是近代意
义上的大学，不同于之后印度东部的那烂陀大学。由
于城市具有重要的战略地位，曾多次易主。之后随着
古代商路重要性下降，城市衰退，最后于5世纪被中
亚游牧民族破坏。此后直到1863~1864年，这座被长
期弃置的城市才被考古学家、印度考古调研所的创立
者和首任所长亚历山大·坎宁安发现并得到鉴明。自
1913年起，由约翰·马歇尔主持，在这里进行了长达
20年的发掘（图1-406、1-407）。城址已于1980年被
联合国教科文组织（UNESCO）列入世界文化遗产名

录。主要佛教遗址分述如下：

西尔卡普组群

位于今塔克西拉城对岸，由希腊-巴克特里亚王国（大夏）国王德米特里创建于公元前180年左右，约延续到公元前10年。老城于1912~1930年在约翰·马歇尔监理下由赫尔格鲁主持进行了发掘（图1-408~1-412）。1944和1945年莫蒂默·惠勒又进行了一些补充发掘。在西尔卡普，现存主要遗迹有：

圆头庙（图1-413）。为西尔卡普最大祠庙，长宽分别为70米和40米（长度与雅典的帕提农神庙相当，宽度还要大出约9米），由一个方形本堂、几个

（上下两幅）图1-423塔克西拉 德尔马拉吉卡寺院。窣堵坡，塔基砌体

（上）图1-424塔克西拉 德
尔马拉吉卡寺院。窣堵坡，
塔基环道（图示东南区段情
景）

（下）图1-425塔克西拉 德
尔马拉吉卡寺院。窣堵坡，
台阶近景（共四个，基本依
正向方位）

僧侣使用的房间和一个圆形厅堂组成（后者形成建
筑一端的圆头）。

　　双头鹰祠庙（窣堵坡，约公元前1世纪~公元1世
纪，图1-414~1-417）。基座壁柱采用希腊科林斯柱

式，中间以浮雕龛室的形式表现神庙形象。可看到三
种立面类型：带尖头支提券的、类似桑吉塔门（tora-
nas）的和上冠欧式三角形山墙的，充分反映了这一
地区的折中主义倾向。由于在祠堂支提拱上立有奇特

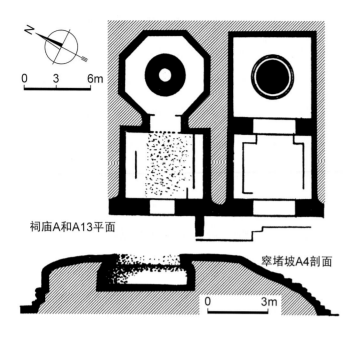

祠庙A和A13平面

窣堵坡A4剖面

0   3m

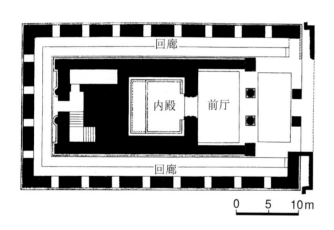

回廊

内殿   前厅

回廊

0   5   10m

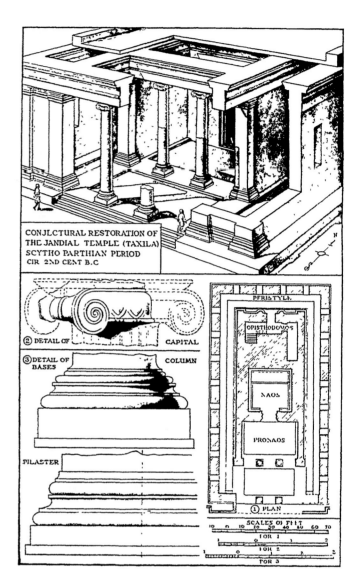

的双头鹰（也可能是其他鸟类）形象，建筑由此得名。这本是来自塞西亚的纹章母题（更早还可上溯到巴比伦王国），随后为拜占廷建筑所用，再往后出现在印度南部（称gaṇḍa-bheruṇḍa）和欧洲（如盾牌纹章）。

圆塔。为印度次大陆最古老窣堵坡之一（公元1~2世纪），据信是在1世纪的一次强烈地震后移至现址。

德尔马拉吉卡寺院（大窣堵坡）与卡拉文精舍

两处遗迹相距仅2公里，砖构建筑群里，均包括主要和次级的窣堵坡、寺院和僧侣的居住区（由围绕院落布置的成排小室组成）。

德尔马拉吉卡寺院（图1-418~1-425）。寺院内的窣堵坡是塔克西拉（呾叉始罗）规模最大的一座，现存建筑据信建于公元2世纪贵霜时期，内藏佛陀遗

骨碎片（可能是取自更早的墓葬）。围着它有一巡拜道路。以琢石砌筑的半球形覆钵现部分损毁，上部结构已失。周围一圈及北面的小型窣堵坡约建于200年后，窣堵坡北面一座被命名为H的大型建筑，可能是展示遗骨，供人们敬拜之处。周围后期建造的寺院大都围绕院落布置，院内同样安置窣堵坡。5世纪时建筑遭到嚈哒（白匈奴人）的破坏，之后弃置。1913年，在约翰·马歇尔主持下进行了发掘。至1934年，已可显示出整个遗址的规模。

卡拉文精舍（原意"石窟"，图1-426）。布局类似德尔马拉吉卡寺院，为印度北方最大的这类建筑。从一个支提堂的铭文可知，寺院创建于公元77年，目前尚存一些小型窣堵坡。

金迪亚尔神庙

距西尔卡普组群约650米的金迪亚尔神庙为一古

左页：

（左上）图1-426塔克西拉卡拉文精舍（"石窟"）。祠庙A和A13平面及窣堵坡A4剖面（取自SARKAR H. Studies in Early Buddhist Architecture of India, 1993年，经改绘）

（右）图1-427塔克西拉 金迪亚尔神庙（公元前2世纪）。平面、想象复原图及柱式细部（图版，取自BROWN P. Indian Architecture, Buddhist and Hindu, 1956年）

（左下）图1-428塔克西拉 金迪亚尔神庙。平面（取自Sir MARSHALL J H. A Guide to Taxila, 1918年）

本页：

（上）图1-429塔克西拉 金迪亚尔神庙。东南侧全景

（下）图1-430塔克西拉 金迪亚尔神庙。东南侧近景

典样式的建筑（图1-427~1-432）。矩形平面长宽分别为45米及30米左右，布局颇似希腊神殿，设有前室和内殿，前方于端墙之间立两根爱奥尼柱（所谓双柱式distyle），建筑可能还有带窗户或门洞的外墙，如希腊的围柱式神殿。神庙后部有一带楼梯的厚重墙体，因而有人认为，上面可能原有塔庙，估计很可能是个拜火教祠庙。建筑于1912~1913年在任职于印度考古调研所的约翰·马歇尔主持下进行了发掘，被约翰·M. 罗森菲尔德称为"在印度发现的最具希腊化特色的建筑"[39]。

莫赫拉-穆拉杜寺院

寺院位于塔克西拉（呾叉始罗）附近一峡谷内，由一座主窣堵坡、一座还愿窣堵坡及寺院组成。建于公元2世纪，5世纪时翻新整修，属贵霜时期（图1-433~1-437）。

遗址在约翰·马歇尔的监督和指导下由阿卜杜勒·卡迪尔在1914~1915年进行了发掘。主要窣堵坡建在高4.75米的基台上，较小的还愿窣堵坡位于后面一侧。寺院由围着方院的27间僧房组成，院中心有水深半米的方池，四面均有台阶；寺院内还有会厅、厨房及水井等设施。寺院高两层，但从墙体厚度上看，很

可能还有第三层。

乔利恩寺院（招莲寺院）

乔利恩（乌尔都语Jaulian，意为"圣席"），为公元2世纪的佛教寺院遗址（图1-438~1-441）。位于山头上的组群包括中央主塔（窣堵坡）、周围27座小塔（还愿窣堵坡，有的实为高僧的陵寝）、59座展示佛祖生平场景的小祠堂，以及作为寺院生活区的两个四方院。建筑形式有些类似附近的莫赫拉-穆拉杜寺院。建筑毁于公元5世纪50年代白匈奴人的入侵，此后荒弃。

主塔要比莫赫拉-穆拉杜或德尔马拉吉卡寺院的窣堵坡为小，且残毁严重。外部建筑细部及雕刻均大量使用灰泥，但制作质量及效果不如莫赫拉-穆拉杜寺院。

布局类似附近的莫赫拉-穆拉杜组群，建在两个层面上，每层均有28个房间，两层之间以石台阶相连；室内设安置灯具的龛室，抹灰墙面饰壁画，有的房间内尚存佛像。为防野兽，窗户都设计得内宽外窄。

[伯马拉窣堵坡]

伯马拉佛教建筑群（窣堵坡）位于塔克西拉（呾叉始罗）东北，主要遗存是一座属公元4世纪、形制独特的窣堵坡（图1-442~1-447）。它和犍陀罗地区发现的其他这类建筑不同，配置了平面十字形（各臂之间带凸角）、阶梯状的高大基座，四个主要方位上均设梯道，看上去有些类似墨西哥阿兹特克人的金字塔，是塔克西拉（呾叉始罗）周围和犍陀罗地区留存下来的这种类型实例中最大的一个。在围绕主要窣堵坡的院落里，另有约19个较小的还愿窣堵坡。雕像几乎全以未焙烧的黏土制作，壁画用得相当普遍。

遗址于20世纪20年代末、30年代初在苏菲安·马利克的主持下进行了首次发掘，但一直没有再进一步深入探究。遗址现为联合国教科文组织世界文化遗产项目，为此进行了部分修复（主要是窣堵坡），被认为是塔克西拉谷地保存得最好的遗存之一。

[塔克特-伊-巴希寺院]

塔克特-伊-巴希（波斯语：Takht-顶部、宝座，Bahi-泉水；意为"来自顶部的泉水"或"泉水宝

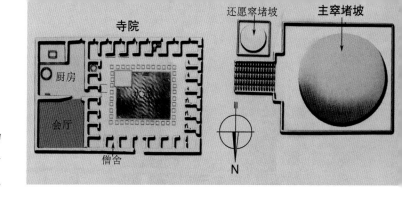

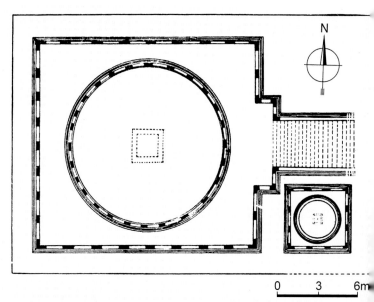

（上）图1-433塔克西拉 莫赫拉-穆拉杜寺院（建于2世纪，5世纪时翻修）。寺院及窣堵坡，总平面

（中）图1-434塔克西拉 莫赫拉-穆拉杜寺院。窣堵坡，平面（取自SARKAR H. Studies in Early Buddhist Architecture of India, 1993年）

（下）图1-435塔克西拉 莫赫拉-穆拉杜寺院。寺院及水池残迹

（上）图1-436塔克西拉莫赫拉-穆拉杜寺院。大窣堵坡，遗存现状

（下）图1-437塔克西拉莫赫拉-穆拉杜寺院。还愿窣堵坡，现状（仍在原位）

座"）寺院位于巴基斯坦北部同名村落边高高的山岬上，俯瞰着通往斯瓦特的大道，被认为是犍陀罗保存得最好和最壮观的佛教遗址（图1-448~1-457）。寺院创建于公元1世纪早期，一直用到7世纪，被考古学家视为当时佛教寺院建筑的代表作。所有建筑均用地方石料加石灰及黏土制作的砂浆砌造。遗址发掘始于1864年，许多出土文物现存大英博物馆。20世纪20年代进行了修复。1980年被联合国教科文组织列入世界文化遗产项目。

主要部分约建于公元2~4世纪，这时期遗址主要分两个区：塔院（窣堵坡院，见图1-449）及寺院。此外还有后期的一个祠庙组群（由窣堵坡组成，类似窣堵坡院）和一个怛特罗秘教寺院[40]。

塔院位于寺院南面，围绕着中央窣堵坡平台建了一系列相互之间以小室相连的祠堂，各祠堂室内交替布置佛像和小型窣堵坡。这部分还留有足够的遗存，可大致推断其最初的形式。每个都由朝向院落的方形亭阁组成，在天棚高度，配有砖构曲线檐盖。亭阁分两种类型：一是带穹顶的圆形"茅舍"，一是上置支提拱（或称篷车式屋顶）、后部带半圆头的矩形房屋。在后一类型中，砖构檐盖并没有横跨整个立面，而是中间断开；从正面看，好似两个半山墙端头，和上面的尖头券一起，再现了支提堂的截面形式。这种类型实际上可视为最初木构架房屋的砖构变体形式，之后则成为印度神庙建筑两种最流行样式的原型。大部分雕刻，如檐壁饰带和台阶竖板，皆作为掩盖粗糙

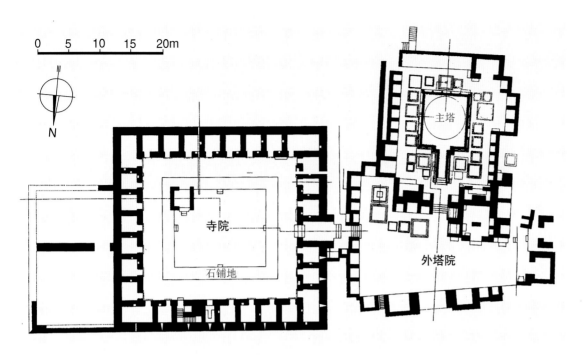

（上）图1-438塔克西拉乔利恩寺院（招莲寺院，公元2世纪）。发掘区，总平面

（下）图1-439塔克西拉乔利恩寺院。总平面（取自SARKAR H. Studies in Early Buddhist Architecture of India, 1993年，经补充）

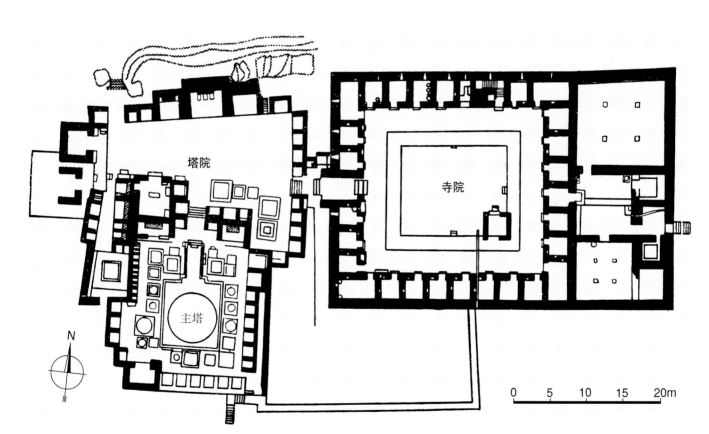

砌体的饰面或窣堵坡下部的装饰。寺院均由一个或更多的窣堵坡、安置尊崇对象的祠庙组成，外加围绕着院落供僧侣使用的小室、会堂和就餐区等辅助用房。

[巴尔赫]

位于阿富汗北部的巴尔赫，现只是同名省内的一个小镇，位于首府马扎里沙里夫西北20公里处。古城临巴尔赫河河口，海拔约365米，为阿富汗最古老的遗址之一，同时也是阿富汗祆教（传说祆教创立者琐罗亚斯德死于该城）和佛教的中心，曾为大夏国首都，时称薄知（Bactra）。据《魏书·西域传》载："薄知国，都薄知城，在伽色尼南……多五果"。唐玄奘《大唐西域记》作"缚喝"："缚喝国。东西八百余里。南北四百余里"。它和同在北部边境的阿伊-哈努

（上及中）图1-440塔克西拉 乔利恩寺院。遗址现状

（下）图1-442伯马拉 佛教建筑群（寺院，公元4世纪）。总平面（取自SARKAR H. Studies in Early Buddhist Architecture of India，1993年）

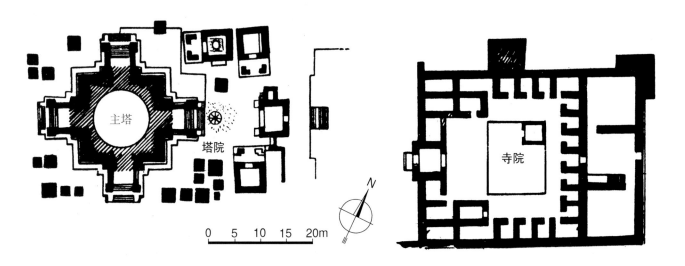

主塔

塔院

0 5 10 15 20m

寺院

（上下两幅）图1-441塔克西拉 乔利恩寺院。大窣堵坡周围的小窣堵坡

姆一样，是座深受希腊化影响的城市，现存薄知城堡为一具有安息风格的装饰和高炮眼的建筑。

[阿伊-哈努姆]

阿伊-哈努姆（Aï-Khanoum、Ay Khanum，乌兹别克语，字面意义为"月女"）为希腊-巴克特里亚王国（Greco-Bactrian Kingdom）首批城市之一（图1-458）。早先学者们认为城市创建于公元前4世纪后

（上）图1-443伯马拉 佛教建筑群。窣堵坡，地段形势

（下）图1-444伯马拉 佛教建筑群。窣堵坡及其石构工程，现状

期，继亚历山大东征之后；但新近的研究表明，城市系由塞琉西王朝国王安条克创建于公元前280年左右。城址紧靠阿富汗北部边境，属塔哈尔省，位于乌浒河（今阿姆河）与科克恰河交汇处。当初选择这里创建城市可能基于如下考虑：一是可引乌浒河水灌溉田地，农业上有很大发展潜力；二是矿产资源丰富，

有所谓"红宝石"（实为尖晶石）和金矿；三是位于大夏王国和北方游牧民族交界处，便于和中国开展商贸活动，又是通向古代印度的入口，有利于直接和印度次大陆进行交流。此后在近两个世纪期间，阿伊-

（左上）图1-445伯马拉 佛教建筑群。窣堵坡，想象复原图（自北侧望去的情景）

（下）图1-446伯马拉 佛教建筑群。寺院遗址

（右上）图1-447伯马拉 佛教建筑群。寺院小室

哈努姆一直是东方希腊化的中心城市之一。直到约公元前145年，希腊-大夏王朝国王幼科拉迪德斯死后，始遭到游牧部落的入侵和破坏，之后被弃置和湮没。

1964~1978年，遗址由保罗·贝尔纳领导的法国考察队（French DAFA Mission）进行了发掘和研究，参与工作的还有俄罗斯的学者。但这项工作因1979年苏联入侵阿富汗导致的十年战争而终止。战争期间遗址成为战场并遭到抢劫，最初的遗迹几乎全被破坏。

尽管如此，阿伊-哈努姆的这次发掘，在澄清犍陀罗风格的起源上仍然具有重大意义。在学术界，犍陀罗风格的源流一直是个颇有争议的课题。法国梵文学者、佛学和艺术史专家，法国远东学院院长阿尔弗雷德·夏尔·奥古斯特·富歇（1865~1952年）确信，犍陀罗艺术直接来自希腊或巴克特里亚王国（大夏）确立的希腊化传统。但他的这一看法受到时任印度考古调研所主管的英国考古学家莫蒂默·惠勒及其他人的质疑，他们认为，亚历山大所带来的希腊化的影响过于微弱，不足以持续若干世纪，并由此推论在公元

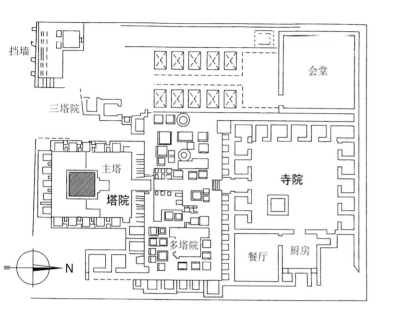

（上）图1-448塔克特-伊-巴希 寺院建筑群（约公元2~4世纪）。总平面

（下）图1-449塔克特-伊-巴希 寺院建筑群。窣堵坡院透视复原图（线条图，取自CRUICKSHANK D. Sir Banister Fletcher's a History of Architecture, 1996年）

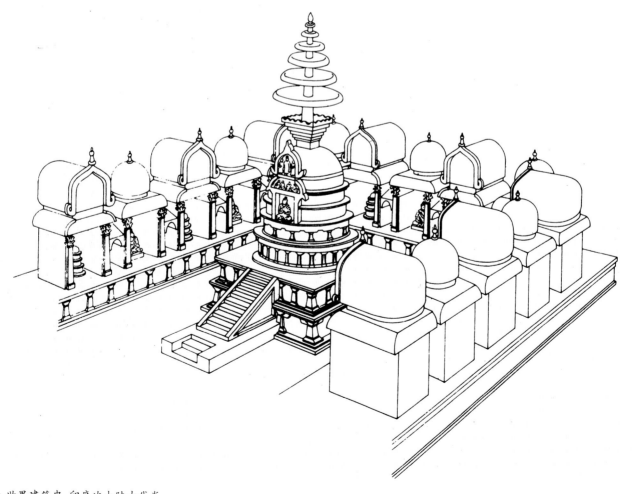

（上）图1-450塔克特-伊-巴希 寺院建筑群。东南侧俯视全景（位于高152米的山岩台地上，俯瞰着下面的白沙瓦平原）

（下）图1-451塔克特-伊-巴希 寺院建筑群。西南侧俯视景观

1~2世纪，人们和罗马世界之间应有其他更多的接触和来往。富歇是有关犍陀罗雕刻的一部权威著作的作者[41]，他曾亲赴巴尔赫（即古代大夏首府薄知）考察，虽说除了钱币以外，并没有找到希腊-大夏或印度-希腊艺术的足够例证，但他的这些说法却因法国考察队在阿伊-哈努姆的惊人发现在很大程度上得到了验证。由于城市于公元前1世纪被弃置后，再没有重建，也没有人居住，因而得以完好地保存下来。发掘表明，具有1.5平方公里面积的阿伊-哈努姆是个真正的希腊化城市（或说是座引进的希腊城市）。正如英国艺术史及考古学家约翰·博德曼（生于1927年）所说："它具有一切希腊化城市的特征，包括一座希腊剧场、体育场和若干带柱廊院落的希腊住房"。而它所处的位置不仅在巴尔赫以东，还把迄今为止已知

的这类遗址向东推进了上千英里！

法国考察队发掘的各类建筑中，有的完全属希腊化形式，有的纳入了波斯建筑的要素。其中主要有：围绕城市长3.2公里的城墙；位于市中心60米高山顶上的卫城（城堡，建有城墙及坚实的塔楼，塔楼基部面积20米×11米，高10米）；直径84米的古典剧场，其35排座位可容纳观众4000~6000人，另有为城市统治者配置的3个包厢，以古代标准衡量，规模可说相当宏大（比巴比伦剧场还要大，仅略小于希腊埃皮达鲁斯剧场）；一座宏伟的希腊-巴克特里亚风格的宫殿，有些类似波斯的宫殿建筑，其尺度表明希腊文化在这里已具有了东方特色；面积100米见方的体育场，为古代最大的这类设施之一（一根柱子上刻有献给赫耳墨斯和赫拉克勒斯的希腊文颂词，施主是两位

左页：

（上下两幅）图1-452塔克特-伊-巴希 寺院建筑群。南侧俯视景色

本页：

（上下两幅）图1-453塔克特-伊-巴希 寺院建筑群。主要窣堵坡现状

（上）图1-454塔克特-伊-巴希 寺院建筑群。还愿窣堵坡残迹

（下）图1-455塔克特-伊-巴希 寺院建筑群。寺院小室及台阶

（右）图1-456塔克特-伊-巴希 寺院建筑群。立佛像[公元2~3世纪，衣褶上可明显看到西方古典艺术的影响，原藏西柏林印度艺术博物馆（Museum für Indische Kunst）]

（左两幅）图1-457塔克特-伊-巴希 寺院建筑群。两尊仍留在原处的佛像，下面一尊头部可能毁于与穆斯林的冲突

取希腊名字的人物，图1-459）；位于城市内外的各类寺庙（市内最大的一座内部可能安置了一尊巨大的宙斯坐像，但按祆教[42]祠堂的方式建造，以沉重、封闭的墙体取代了希腊神庙以柱廊环绕的开敞结构）；城市广场及一座城市创建者（可能是亚历山大手下的一名船长）的陵寝（英雄祠）；以及大量的建筑构件、人工制品及细部，包括无数的古典科林斯柱头，表现马其顿太阳（Macedonian Sun，由8条或16条光芒组成）、莨苕叶及各种动物形象的马赛克画面，甚至还有德尔斐铭文的复制品。发现的雕刻虽然不多，

但具有纯希腊的风格（图1-460、1-461）。所有这些都表明，这是一座极其成熟、融汇了东方和希腊化各种文化要素的城市，具有塞琉西帝国及以后希腊-巴克特里亚王国城市的几乎所有特色。

[海巴克组群]

在位于阿富汗霍勒姆谷地的海巴克（古称撒曼干）遗址，尚存年代久远的岩凿建筑，其中之一可上溯到公元4或5世纪，为一座窣堵坡和与之相邻的寺院。建筑坐落在撒曼干城西南3公里的山上；于石窟

0 100 200m

下城

运河

主要道路

上城

内部凿出的寺院具有不同寻常的平面，功能独特且具象征意义；小型半柱上冠以爱奥尼半柱头，显然是在岩体上效法萨珊时期伊朗建筑的特有做法（用来支撑悬挑在方形房间上的穹顶）。不过，海巴克建筑群中最令人感兴趣的是窣堵坡（阿富汗名Stupa of Takht-e Rostam，意"鲁斯坦姆的宝座"，鲁斯坦姆为伊朗古代传说中的著名勇士）。在这里，它并不是在地面上起建，而是自地面向下挖出，成为一个从外部看去代表天穹的独石结构（图1-462~1-465）。和砌造的穹顶不同，内部并没有其他佛教窣堵坡必有且被视为圣物的"基础圣藏"（英文foundation deposit，法文dépôt de fondation；在佛教建筑里，通常都和佛陀的

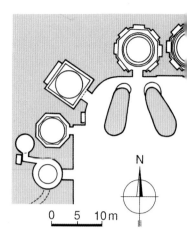

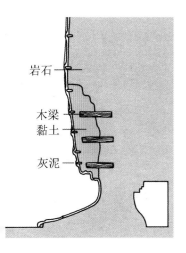

岩石

木梁
黏土

灰泥

本页及左页：

（左上）图1-463海巴克 窣堵坡。顶部及平台小室近景

（左下）图1-464海巴克 窣堵坡。边侧通道

（中下）图1-465海巴克 窣堵坡。岩凿通道及龛室内景

（中上）图1-466巴米扬大佛（西大佛，591～644年）。底部平面及剖面（平面示围绕大佛足部的回廊及山岩中凿出的祠堂；剖面示右腿下部结构）

（右上）图1-467巴米扬 大佛。现状远景

（中中上）图1-468巴米扬大佛。地段全景（毁坏前）

（右下）图1-469巴米扬 大佛。全景（高53米）

（中中下）图1-470巴米扬大佛。现状（毁坏后）

舍利和遗物有关）。

　　海巴克组群尽管花费了巨大的人力物力，技术上亦精益求精，但并不是完美的正统实例。如果窣堵坡周围深8米的壕沟确如人们推测的那样注水的话（由于有小路下到沟底，因而不排除也可能是供僧侣绕行的通道）；那么，它将如一个被海洋环绕的圆形陆地。也就是说，即使从象征的角度来看，海巴克的窣

（本页上）图1-471巴米扬 大佛。毁坏前后对照照片（两幅分别摄于1963和2008年）

（本页左中及左下）图1-472丰杜基斯坦 佛寺。东龛室国王与王后灰泥塑像（7世纪末~8世纪初），上图为在现场拍摄的老照片，现塑像已移至喀布尔阿富汗国家博物馆内

（本页右下及右页）图1-473丰杜基斯坦 佛寺。菩萨塑像[7世纪，高72厘米，现存巴黎吉梅博物馆（Musée Guimet）]

堵坡也没有完全遵循传统的模式，因为它只是表现陆地和海洋的地理关系，而不是象征真正的宇宙。穹顶上的平台（harmikā）在这里是一个自岩石中雕出的建筑，可能当初曾安置佛陀的遗骨。也有人认为，它代表人和神的交集处，就这样，体现了在西亚美索不

达米亚地区塔庙里得到发展并广为传播的一种理念。被一圈水所环绕并部分映照在水中的海巴克窣堵坡想必体现了一种真正的"单体"（unicum）。除象征主义外，这个作品的独特形式还证实，它采用的两种岩凿建筑的方法自4或5世纪开始已达到了印度以外的地

域。同时它还表明，人们开始滋长了一种创造非凡效果的愿望（通过和水的联系制造流动的感觉），在缺乏内部空间时，构建精美的外部形体。实际上，在这一时期，石窟建筑已开始和兼有内外空间的岩凿建筑结合在一起。

[巴米扬组群]

在次大陆西北地区，佛教艺术和建筑最后阶段的遗存尚可在阿富汗及乌浒河以外的中亚地区看到。阿富汗北面，位于连接中国及西方世界的丝绸之路（Silk Road）上的巴米扬，自2世纪起直至7世纪下半叶穆斯林入侵，一直为佛教圣地，拥有几座佛教寺院，是历史上一个兴盛的宗教、哲学和艺术中心。大佛及其周围的文化景观和考古遗址已被联合国教科文组织列为世界文化遗产项目。

主要属5世纪的巴米扬建筑群深受波斯和中亚建筑的影响。在这里，高高的峭壁形成了山谷的一个侧面，山崖上凿出的龛室内布置了两尊巨大的佛像。壁龛侧面，特别是上部拱顶的彩绘呈现出各种风格，有的显示出很强的萨珊王朝后期的影响，有的采用印度风格。寺院僧侣则住在山崖两侧凿出的小室内，窟内很多都有宗教雕像及色彩鲜艳的精美壁画。但石窟（其中有的位于支流谷地）和以构筑建筑为范本的印度本地传统很少关联；相反，却表现出来自各地的影响，其中有的使人想起古罗马后期的样式，如带突角拱的穹顶和藻井天棚等。虽然远离各文明中心，但由于位于商旅大道上，巴米扬在把来自印度和西方的影响传递到中亚和东亚地区上，仍然起到了极其重要的作用。

两尊著名的巨大立佛像（通称巴米扬大佛，图

本页及右页：

（左）图1-474哈达（纳格拉哈勒）卡菲里哈丘寺院（2~3世纪）。建筑装饰部件（博物馆展品）

（中及右）图1-475哈达卡菲里哈丘寺院。建筑装饰部件（展品近观）

1-466~1-471）中，较大的一尊高53米（龛室高58米），凿于591~644年，俗称"西大佛"，在当地人眼中为男性佛，名"宇宙之光"（Salsal、Solsol）；较小的"东大佛"凿于544~595年，高度为35米（龛室高38米），被视为佛的女性化身，称"母后"（Shahmama）。在2008年中国的中原大佛建造之前，为世上最大的立佛像（中国8世纪凿成的四川乐山大佛虽然更高，但为坐佛）。

两尊佛像相距约400米，均属犍陀罗风格作品。主体直接自山崖砂岩上凿出，先出大致形象，面相及服饰细部用掺稻秸的黏土制作，最后以石灰膏抹面，上色及涂金（只是这些面层早已失去）。佛像长袍的衣褶系由木钉固定缆索外覆灰泥。制作手臂下部的黏土草秸支撑在木构架上。脸上部据信是大型木构面具或浇筑制作。照片上尚可看到用于安置木楔的成排孔洞（外层灰泥即靠这些木楔固定）。

中国佛教僧人玄奘于公元630年途经巴米扬，所著《大唐西域记》称当地（梵衍那国）是一个兴盛的佛教中心，"伽蓝（佛寺）数十所，僧徒数千人"。文中记载"王城东北山阿有立佛石像，高百四五十

尺，金色晃曜，宝饰焕烂"，当指西大佛；而它的东面有"释迦佛立像高百余尺"，显然指东大佛。《大唐西域记》记述梵衍那国一段中尚提及"城东二三里伽蓝中有佛入涅槃卧像，长千余尺"，由此推算应为长300余米的卧佛。有些考古学者为此曾进行寻找，但一直没有发现。不过，2008年，考古学家曾在附近地区发掘出一座长19米的卧佛。

12世纪，伽色尼的马哈茂德征服阿富汗时，巴米扬大佛及壁画未受破坏。随后多年一些穆斯林偶像

破坏者损毁了佛像的一些细部，主要是面部特征及双手，但主体仍在。1221年成吉思汗的到来尽管给巴米扬地区带来了灾难，但大佛幸存。随后莫卧儿帝国君主奥朗则布以正统伊斯兰信徒反对任何形式的偶像崇拜为由曾试图用重炮摧毁大佛。另一次试图用大炮摧毁佛像的是18世纪的波斯国王纳迪尔·阿夫沙尔。19世纪阿富汗国王阿布杜尔·拉赫曼汗（1880~1901年在位）在一次镇压反叛的军事讨伐中破坏了大佛的面部。但这些均属局部破坏。大佛最后厄运的到来是在

2001年。是年2月塔利班领导人穆罕默德·乌马尔下达灭佛令，宣布要毁掉包括巴米扬大佛在内的所有佛像，并不顾国际社会的抗议和劝阻，最终于3月12日用炸药彻底将大佛炸毁（开始时动用了大炮和坦克，但发现雕像比想象中要坚固）。在大佛被毁前，探索频道的摄影记者大卫·亚当斯在此地拍摄的一集纪录片，遂成为这些著名古迹的最后影像。虽然两尊大佛的外形几乎全毁，但其大致轮廓及一些特征仍可在山崖凹入处被辨识。目前尚存的仅有僧侣住过的洞窟及连接它们的通道。

[丰杜基斯坦佛寺]

遗址位于今阿富汗喀布尔东北117公里兴都库什山地区，以罕见的灰泥塑像和壁画称著（图

本页及左页：

（左右两幅）图1-476哈达 卡菲里哈丘寺院。门雕（表现佛陀生平，2~3世纪，巴黎吉梅博物馆藏品）

1-472）；1936年在法国阿富汗考古团（Délégation Archéologique Française en Afghanistan）的约瑟夫·哈金领导下进行了第一次系统的考察；次年，考古团成员、法国考古学家让·卡尔又在遗址上进行了有限的发掘。

建筑群位于陡峭的山顶上，俯瞰着峡谷。已发掘的只是其中的一部分，包括一座祠庙和与之通过拱顶通道相连的建筑。后者以砖坯砌造，包括若干小室、会厅等房间。但包括尺寸在内的详尽报告尚未完全发布。

方形祠庙的总体状况尚无法完全确定。约瑟夫·哈金认为它可能是个拱顶厅堂，其他人（如罗兰，1961年）认为可能是个穹顶结构，还有人（塔尔齐）认为可能是个开敞的院落。从约瑟夫·哈金发表的照片看，侧墙长约8~10米，墙体不厚，显然无法承受巨大穹顶的重量，因此很可能只是个内置方形窣堵坡的大院（窣堵坡的方形基台和圆形塔身均为两层，下层呈底座形式，饰有壁柱及梯形拱券，沉重的圆柱形鼓座同样饰有小的拱券和壁柱，形式较为罕见）。

祠庙墙上开12个龛室（每边3个，以土坯砌筑，龛内置有佛祖、菩萨和供养人像，全为灰泥塑造，姿态柔美，线条流畅，颇具印度风格，属后期犍陀罗艺术，但从胸饰上可明显看到波斯的影响）。5个门券

左页：

（左上）图1-477哈达 卡菲里哈丘寺院。佛像（3~4世纪）

（右上）图1-478哈达 卡菲里哈丘寺院。少女头像

（下）图1-479哈达 窣堵坡C1。雕饰部件（巴黎吉梅博物馆藏品）

本页：

（左两幅）图1-480哈达 窣堵坡C1。上图细部（上：三角形台阶栏墙；下：雕刻板面）

（右上）图1-481哈达 窣堵坡C1。天棚装饰部件（巴黎吉梅博物馆藏品）

（右下）图1-482哈达 拱券部件[灰泥塑像，3~5世纪，表现悉达多王子（佛陀）的出走（所谓Great Departure），巴黎吉梅博物馆藏品]

由科林斯壁柱支撑。墙面及龛室拱顶均饰有壁画，画面多用红、黄两色，显示出印度风格，但画像服饰为波斯式样。有人认为这个佛寺可能就是玄奘《大唐西域记》中所记的商诺迦缚娑的伽蓝。

在这里还发现了一组几乎足尺大小的黏土塑像，其中包括一尊带头饰的菩萨造像[现存巴黎吉梅博物馆（Musée Guimet），图1-473]。雕像呈优美的坐姿，颇有柔美的洛可可作风，为后期笈多风格（Gupta Style）杰作之一。

从发现的钱币、雕塑及绘画风格上看，遗址当属7世纪；但窣堵坡的形式及装饰表明，建筑群可能年代要更早，约6~7世纪。

[哈达]

位于阿富汗东部贾拉拉巴德东南10公里处的哈达（古代纳格拉哈勒），是另一个古代犍陀罗地区的希腊-佛教考古遗址，在2~8世纪期间曾为阿富汗最大佛教中心之一。中国古代僧人法显（337~422年）和玄奘（602~664年）都曾到此访问并有记载（后者《大唐西域记》中所记那揭罗曷国醯罗城据信就指这里）。20世纪20年代，法国考古学家曾在此进行发掘。遗址覆盖面积达15平方公里，已发掘的有7座寺院——巴格盖寺、德贡迪寺、卡菲里哈丘寺院（图1-474~1-478）、克兰丘寺院、舒图尔丘寺院、根瑙寺——以及不同规模的窣堵坡、圣所及石窟等。寺院大都于方形或矩形院落周围布置小室、祠堂及公用厅堂等；院落中央布置一个大窣堵坡及几个小窣堵坡。有时有两个院落，一个周围布置小室，一个布置小型祠堂。在寺院后或在它们之间安排大量的窣堵坡、支提及雕刻。窣堵坡（总计达500座以上，图1-479~1-481）位于多层基座上，带有丰富的灰泥浮雕装饰（有时为石雕，但很少）。除成排的雕像（立佛或坐佛，其他的高僧或世俗人物）外，建筑细部还包括檐口、科林斯柱及拱券等（图1-482）。精舍亦配有同样的装饰。

第一章注释:

[1]小北文明（西班牙语：Civilización Norte Chico），又称卡劳尔文明（Civilización Caral，名称来自苏佩谷的卡劳尔河），是1905年发现的美洲大陆上已知最古老的文明，位于秘鲁中北部海岸线上，从公元前30世纪一直延续到公元前18世纪，仅比美索不达米亚文明晚数百年。在该文明兴盛的一千多年里，出现了许多高耸的简单建筑，如大型平台式墩丘（platform mound）。

[2]见牛津大学出版社：《世界史城市手册》（The Oxford Handbook of Cities in World History，Oxford University Press），2013年版，158~159页。

[3]筏驮摩那（梵语名Vardhamāna，约公元前599~前527年），原名尼乾陀若提子（Niganṭha jñāta putta）。印度古代著名思想家，列国时代跋耆国人，耆那教的创始者，被教徒尊称为摩诃毗罗（Mahāvīra，意"大雄"）。有关筏驮摩那的出生地点，自古有许多说法，除王舍城附近的那烂陀外，还包括今比哈尔邦瓦伊舍利县附近的孔达村等地。

[4]《吠陀》（Vedas），又译韦达经、韦陀经、围陀经等，原意为"知识""启示"。所用语言是比印度梵语更为古老的吠陀梵语。四部吠陀本集分别是：《梨俱吠陀》《娑摩吠陀》《夜柔吠陀》和《阿阇婆吠陀》；其中以《梨俱吠陀》最早，最初的部分可以追溯到公元前2000年代。其他三卷吠陀经皆为其衍生作品。

[5]波鲁斯（Porus），保拉瓦（Pauravas）国王（约公元前340~前315年在位），其王国位于今旁遮普地区；虽然在战役中败于亚历山大，但也使后者受到很大损失，迫使他不得不中止东征。

[6]宾头娑罗（Bindusāra，意译适实王）；孔雀王朝第二任国王（约公元前297~前272年在位）。

[7]帝须长老（Tissa Moggaliputta，帝须·目犍连子），生于华氏城，印度佛教高僧。为阿育王尊崇的上座长老，属上座部分别说系。

[8]见BUSSAGLI M. Oriental Architecture/1, 1981年。

[9]年代据Mario Bussagli，另据维基百科为公元前261年。

[10]邪命外道派（Ajivikas, Ajivakas），为印度古代一哲学派系和教团名，音译"阿耆毗伽"，佛典译为"邪命外道"，信奉宿命论，主张人不管向上或堕落都无因也无缘。

[11]阿槃提王国（Avanti），大致上位于印度摩腊婆地区。据佛教经典《阿含经》（Anguttara Nikaya）记载，阿槃提曾是公元前6世纪印度十六大国之一，于释尊时代达到极盛，与拘萨罗国（Kosala）、摩揭陀国（Magadha）和跋蹉国（Vatsa）并列为四强。阿槃提被温迪亚山脉分成南北两个部分，分别以摩酰昔摩地（Mahishmati）和邬阇衍那（Ujjayini）为都城。这里是佛教的主要中心之一，出了许多著名的佛教僧侣。耆那教的始祖大雄也曾在此修行，因此也是耆那教圣地之一。

[12] 亚历山大·坎宁安爵士（Sir Alexander Cunningham，1814~1893年），英国陆军少将、考古学家。以创建印度考古调

研所（1861年，1861~1865年、1870~1885年两度出任该所所长），发现鹿野苑、那烂陀寺、桑奇大塔等重要佛教遗址而闻名于世。

[13]巽伽王朝（shaka，公元前185~前73年），古印度摩揭陀王国王朝，主要范围包括印度东北部恒河下游地区，共历10帝，首都华氏城。

[14]百乘王朝（Sātavāhanas，另译等乘王朝、娑多婆诃王朝、安达罗王朝），为印度德干高原古王朝。大部分现代学者认为王朝始自公元前1世纪，延续到公元2世纪，但也有人认为，其创立时间要更早（可上溯至公元前3世纪），且延续到公元4世纪。在不同时期都城亦有变化，包括拜滕和阿玛拉瓦蒂。

[15]伊克什沃库王朝（Ikshvaku Dynasty），亦称太阳王朝（Sūryavaṃśa），由传说中的国王伊克什沃库（Ikshvaku，意"苦瓜"）创立。

[16]鹿野苑（印地语Sārnāth，梵语Saraṅga-nāthá，汉语另译仙人论处、仙人住处、仙人堕处、仙人鹿园等），位于印度北方邦瓦拉纳西以北约10公里处，旧称伽尸国。为印度佛教四大圣地之一，佛陀正觉后初转法轮处。他在这里首次教授佛法，佛教的僧伽也在此成立。

[17]《大唐西域记》卷三记载："呾叉始罗国，周二千余里，国大都城周十余里。酋豪力竞，王族绝嗣，往者役属迦毕试国，近又附庸迦湿弥罗国。地称沃壤，稼穑殷盛，泉流多，花果茂。气序和畅，风俗轻勇，崇敬三宝。伽蓝虽多，荒芜已甚，僧徒寡少，并学大乘"。

[18]见SCHLINGLOFF D. Fortified Cities of Ancient India: A Comparative Study，2014年。

[19]嚈哒人（Hephthalites，又作挹怛、挹阗），为古代西域一游牧民族，曾于中亚、南亚地区建立庞大的嚈哒帝国，东罗马帝国史学家称之为"白匈奴"（White Huns）；也有学者认为，汉籍上的嚈哒并不是西方史上的Hephthalites，两者是不同的种族，西方文献上的Hephthalites是中国古代史书《魏书》中的大月氏王寄多罗的后代。

[20]摩揭陀（Magadha），古代印度东部地区的重要王国及其同名都城，印度重要佛教圣地之一。佛陀一生大部分在摩揭陀度过。佛教史上的王舍城结集，华氏城结集，都在摩揭陀。唐朝贞观年间，高僧玄奘往印度取经，曾路经此地，在《大唐西域记》一书中专辟二卷详述。

[21]戈孙迪碑文（全称Hathibada Ghosundi Inscriptions，简称Ghosundi Inscription或Hathibada Inscription），发现于印度拉贾斯坦邦奇托尔北面约13公里的讷格里村，为最早的梵文铭文之一。一般认为成于公元前1世纪，但也有学者（如Jan Gonda）相信它们属公元前2世纪。

[22]摩耶夫人（梵文Mahāmāyā），又称摩耶王后（尊称Śrī Māyā）。据传，摩耶夫人梦见一头白象进入她的左肋，从而怀孕。

[23]僧伽蓝（来自梵文Saṅghārāma，Saṅghā指"僧伽、僧团"，ārāma意"园"），原意是指佛教僧团所住林苑和念经聚集之地，引申为"神殿、寺院"，另作伽蓝、僧伽蓝摩、毗诃罗、净住、法同舍、出世舍、精舍、清净园、金刚刹、寂灭道场等。

[24]这时期集会厅的顶棚一般无须柱子支撑，但在后期（自笈多王朝盛期以降，即5~8世纪）始变成多柱厅的形式，在埃洛拉11和12世纪建造的两个大型寺院里，雕凿技术已很成熟，特别是柱墩和檐壁的雕饰，表现尤为突出。

[25]西高止山脉（Western Ghats），印度南部山脉，位于德干高原西部，呈南北走向，长度约1600公里，海拔平均900米。东坡平缓，西坡陡峭。

[26]奥朗加巴德（Aurangabad），即奥郎城，得名于莫卧儿帝国君主奥朗则布（Aurangzeb），古代属厄珀兰特地区（Aparānta，古印度西部地区，包括今古吉拉特邦和马哈拉施特拉邦大部）。

[27]小乘佛教。是大乘佛教所划分的三乘教法中声闻乘、缘觉乘的统称，包括了所有部派佛教教派。也被用来专指现代的上座部佛教。

小乘一词来自梵语Hīnayāna（其中Hīna为"小、低"之意；yāna意为"乘、车、船"，可引申为"教法、解脱之道"）；名词起源已不可考，但没有自称为小乘的佛教教团，而是大乘佛教对于其他佛教宗派的鄙称。因为"小乘"之名包含贬义，在学者及佛教徒间，长期存在争议。1950年召开的世界佛教徒联谊会达成明确共识，无论在西方或东方，对南传佛教的正确称呼应当一律使用上座部佛教而非"小乘"。

[28]因陀罗（Indra，梵文全名为"Śakro devānām indraḥ"，意为"天界诸神最有能力的主宰"；中国古代佛经称"帝释天"或"帝释"）。印度教神明，《吠陀》经籍所载众神之首。为《梨俱吠陀》中出现最多的诸神之一（仅次于阿耆尼），他的妻子在《梨俱吠陀》中称舍脂。

[29]此后的年代顺序是：孔达纳石窟的1号窟，阿旃陀的9号窟，纳西克石窟的18号窟，浦那贝德塞石窟的7号窟，最后是卡尔拉石窟最完美的大支提窟（Great Chaitya）。

[30]守门天（梵文dvārapāla），印度教和佛教中的门神。

[31]密特拉（Mithuna），为一古老的印度-伊朗神祇，原为契约之神，后来发展成太阳神、光明之神乃至战神。

[32]带象的吉祥天女（Gajalakshmi，其中Gaja-大象，Lakshmi-吉祥天女），即指坐在莲花宝座上，两边各有一头象相伴的

吉祥天女。

[33]佛教大众部（梵文：Mahāsāṃghika，音译摩诃僧祇部，简称僧祇部，又称圣大众部），为部派佛教十八部或二十部之一。

[34]有关建造年代各家说法不一，另有公元前1世纪及公元120年之说，这里系J. C. 哈尔的说法。

[35]希腊-巴克特里亚王国（希腊语：Ελληνικό βασίλειο της Βακτριανής，英语：Greco-Bactrian Kingdom），位于古代中亚阿姆河与兴都库什山之间巴克特里亚地区的希腊化国家，系公元前3世纪中叶，塞琉西帝国巴克特里亚总督狄奥多特一世（约公元前255~前239年在位）创立，历经120余年后被大月氏灭亡，为中亚重要的希腊化中心。它是否是司马迁《史记》中所载张骞出使西域时的大夏，目前东西方学术界尚有争议。

[36]苏尔赫-科塔尔遗址位于巴克特里亚王国南部，现阿富汗境内。遗迹主要属贵霜帝国早期，包括巨大的神殿、帝国统治者的雕像及许多重要的铭文。1952~1966年由Schlumberger教授领导的法国阿富汗考古队（Délégation Archéologique Française en Afghanistan）发掘。遗址上的雕刻已移至阿富汗国家博物馆内，现场其他遗存大都在阿富汗内战期间遭到破坏和抢劫。

[37]大乘佛教（来自梵文Mahāyāna，音译"摩诃衍那"；Mahā是"大、伟大"之意，yāna是乘，可指车、船等一切交通运载工具，在这里是对教法的习惯称呼，大乘的意译就是大教法），为佛教两大教派传统之一。大乘佛教信徒称他们之外的佛教宗派为小乘。金刚乘一般被认为是大乘佛教之下的一个分支，但也有人将金刚乘与大乘、小乘并列，作为第三大传统。

大乘佛教认为，大小乘教法的区分，主要在于自利与利他的不同；能够自利利他，圆满成佛的教法为大乘；而只求自利，断除自身烦恼的教法，则称小乘。

[38]顶髻（ushnisha，又称肉髻、肉顶），佛陀头上的椭圆状物；因头顶肌肉隆起且其形如髻，故名，象征超越精神的智慧。

[39]见ROSENFIELD J M. The Dynastic Arts of the Kushans（贵霜王朝的艺术），University of California Press，1967年。

[40]怛特罗秘教（梵语：Tantra、Tantrism、Tantricism），为公元5世纪之后笈多帝国时期印度中部地区出现和流行的一种神秘主义运动，重视宗教仪式与冥想，以师徒方式秘密传授，对亚洲宗教，特别是佛教与印度教具有一定影响。

[41]该著作全名为《犍陀罗的希腊-佛教艺术，有关印度及远东佛教艺术中古典影响之来源的探究》（L' art gréco-bouddhique du Gandhâra.Étude sur les origines de l' influence classique dans l' art bouddhique de l' Inde et de l' Extrême-Orient），初版于1905年。

[42]袄教（Zoroastrian，又名琐罗亚斯德教，中国史籍称袄教、拜火教），为流行于古代波斯（今伊朗）及中亚等地的宗教，为古代波斯帝国的国教；在基督教诞生之前是中东最有影响力的宗教之一。

第二章
印度 笈多时期

第一节 历史背景、早期石窟及岩雕

一、历史背景

[王朝的兴亡]

以恒河流域中下游为基地的笈多王朝（Gupta Dynasty，320~540年）[1]，是个曾经统治印度次大陆大部分地区的庞大帝国，为印度历史上最兴盛时期之

图2-1佛陀立像[笈多时期，约公元500~700年，铜制，高2.25米，苏丹甘吉出土，现存伯明翰博物馆及画廊（Birmingham Museum & Art Gallery）]，左侧老照片摄于1861或1862年，站在铜像边上的是在修建附近的苏丹甘吉车站时发现它的铁路工程师E. B. Harris

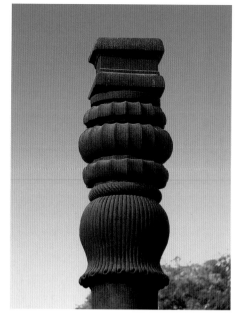

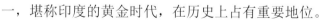

本页：

（左右两幅）图2-2德里 "铁柱"。现状及柱顶近景

右页：

（左上）图2-3乌达耶吉里（中央邦） 石窟群。1、3、5号窟平面（4~5世纪，作者Alexander Cunningham，1880年）

（右上）图2-4乌达耶吉里 石窟群。1号、19号窟柱墩立面及与其他笈多时期印度教建筑柱墩的比较（作者Alexander Cunningham，1880年）。各柱所在地：1和2、桑吉；3、埃兰；4、乌达耶吉里（1号窟）；5、乌达耶吉里（19号窟）

（右中）图2-5乌达耶吉里 石窟群。1号窟，现状

（右下）图2-6乌达耶吉里 石窟群。1号窟，柱头细部

一，堪称印度的黄金时代，在历史上占有重要地位。

3世纪以后，贵霜帝国逐渐衰落，南亚次大陆的西北部和北部地区分裂成许多小国。其中位于恒河上游地区的一个小国在君主室利笈多（3世纪40~80年代在位）领导下逐渐强盛，在制服了附近诸国后，室利笈多开始自称"大王"[摩诃罗阇（Maharaja），意为"众王之王"]。其孙旃陀罗笈多一世在位时，国势更趋强大；约308年，旃陀罗笈多娶统治华氏城及附近地区的离车部族（Licchavi Clan，另译梨车）公主鸠摩罗提毗为妻。就这样，通过联姻继承了华氏

城，令笈多家族实力大增。320年，旃陀罗笈多一世正式建立笈多王朝，定都吠舍离（梵文：Vaiśālī，巴利文：Vesāli，另译毗舍离）。

旃陀罗笈多一世在位16年（320~335年），为这个新兴王国奠定了牢固的基础，使附近一些小国逐渐臣服，今印度比哈尔邦大部、北方邦、西孟加拉邦当时都处于笈多王朝统治下。

旃陀罗笈多一世之子海护王沙摩陀罗笈多（约335~375年在位）是位文武全才的君主，被称为"卡维罗阇"，即诗人国王。他在位期间开始大规模向外

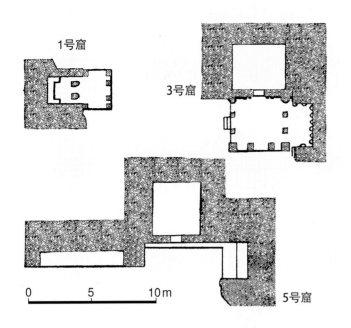

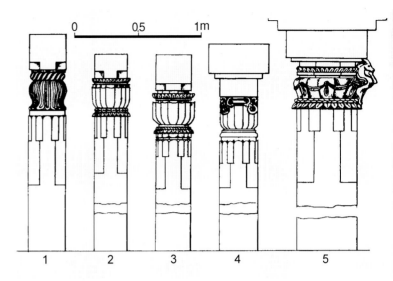

扩张，征服恒河上游地区及印度河流域东部；然后回师东进，将版图扩大到恒河下游及三角洲地区；最后南下进抵奥里萨及德干高原东部，迫使印度南部帕拉瓦王国臣服纳贡；王朝势力直抵苏门答腊及爪哇。

海护王之子超日王旃陀罗笈多二世（375~415年在位）统治期间，笈多王朝达到极盛时期。自388年起，王朝领土扩展至阿拉伯海沿岸，控制了北印度东西海岸的城市及港口，并把首都迁至华氏城（今巴特那），在马尔瓦建立行宫。至公元400年，王国人口达到2800万人。

超日王之子鸠摩罗笈多一世（415~455年在位）统治时期，帝国人口达到峰值3250万，但国内矛盾激发。鸠摩罗笈多一世去世后，其子塞建陀笈多（455~467年在位）继任，虽然成功镇压了叛乱并击退了大月氏王寄多罗的后裔嚈哒人的进袭；但他死后，内部分化及外敌入侵更盛，特别是嚈哒人的入侵对印度经济和政治造成了严重后果。王朝的地方长官纷纷自立为王，印度再次分裂成许多小国。

[文化及艺术成就]

笈多时期的印度第一次在几百年期间完全摆脱了外国的统治，王朝盛期和平及富裕的环境使人们得以全心致力于科学及艺术的发展；因而在数学、天文学、文学、艺术、宗教及哲学上都取得了许多成果，在建筑、雕塑和绘画上亦成就非凡，构成了历史上印度文化的重要组成部分。在这时期，出现了许多著名

的学者和作家，如迦梨陀娑、阿耶波多、筏罗诃密希罗（羲日）、毗湿奴·夏尔马等。特别是梵文诗人及剧作家迦梨陀娑，留传有四部诗歌及三部剧作（包括《云使》《鸠摩罗出世》及剧作《沙恭达罗》）；印度

本页：
图2-7乌达耶吉里 石窟群。
1号窟，雕像近景

右页：
图2-8乌达耶吉里 石窟群。
3号窟，战神室建陀雕像（5
世纪初）

教史诗《罗摩衍那》《摩诃婆罗多》也在这一时期编成。

　　笈多王朝时期印度教兴起，大乘佛教盛行，且宗教可自由发展，大臣和将领中就有信奉佛教及湿婆教

者（图2-1）。某些寺院中心同时也是大学，其中最著名的如那烂陀寺和比哈尔寺，吸引了来自亚洲各地的学者。特别是由鸠摩罗笈多一世修建的那烂陀寺，既是大乘佛教的中心，也是古代印度中部的佛教最高

本页：
图2-9乌达耶吉里 石窟群。
4号窟，湿婆林伽（Eka-
mukhalinga，5世纪初）

右页：
图2-10乌达耶吉里 石窟
群。5号窟，筏罗诃（人形
猪头毗湿奴）组雕，全景

学府和笈多文化的学术中心，藏书曾达900万卷，历代学者辈出，最盛时有上万僧人学者聚集于此。

在印度本身，东部地区成为佛教最后的据点，那烂陀寺一直存续到13世纪。在其他地方，甚至还在7世纪，佛教已在很大程度上被印度教吸收和吞并。在次大陆内部，则继续盛行于斯里兰卡和喜马拉雅山地区。

由于艺术史并不完全取决于政权的更替变化，而

是更多地和施主的情趣及风格的演变相关，加之深受笈多时期观念影响的作品在帝国衰退之后仍在建造，因而所谓笈多时期可认为一直延续到7世纪。

留存下来的笈多时期的艺术绝大多数属宗教性质或作为宗教建筑的装饰，如埃洛拉的岩雕建筑和阿旃陀的壁画，以及更为复杂的大乘佛教的神祇形象。现存最早的独立神庙亦属这一时期，尽管在为数几百甚至上千的这类建筑中留存下来的甚少，但内部想必是敬拜神祇或林伽的象征物。事实上，在大多数留存下来的笈多时期的庙宇中，林伽均为主要的崇拜对象。

笈多艺术最引人注目的一个特色是它在整个帝国范围内的同一性及其持续的时间，在陶器作品中这点表现尤为明显。尽管在地区之间可以探得某些差异，在这期间风格上也不是全然没有变化，如从贵霜帝国那种形体沉重、充满力度的雕刻过渡到更为优雅和线性的后期风格（有时还可看到手法主义的倾向）；然而，从总体上看，其风格特征和美学理念可以说是相

当突出。在学界，对笈多王朝这两百多年内的雕刻作品一般不会误判。

笈多风格的来源不难寻求，实际上，许多特有的建筑形式和母题就是来自贵霜时期的马图拉和犍陀罗；如T形大门、饰有竖向系列人物嵌板的大门侧柱、带月桂花饰的线脚、莨苕叶涡卷乃至棋盘状图案等，皆为早期流行的样式。

二、早期石窟及岩雕

[乌达耶吉里石窟群]
属早期笈多风格的第一批有年代可考的成熟雕刻作品来自中央邦的乌达耶吉里石窟群。该地距毗底沙城和桑吉组群分别为4公里和13公里左右。窟群位于紧挨着贝斯河的两个低矮山头上，是印度笈多时期最重要的考古遗址之一；以公元5世纪初开凿的一系列寺庙和山岩造像而闻名（后者为公认的早期笈多风

左页：

（上）图2-11乌达耶吉里 石
窟群。5号窟，筏罗诃组
雕，筏罗诃和大地女神普米

（下）图2-12乌达耶吉里 石
窟群。5号窟，筏罗诃组
雕，背景细部（仙人、哲人
及圣者）

本页：

图2-13乌达耶吉里 石窟
群。6号窟，外景

格的典型作品）。此外，还有系列岩凿居所、城墙、供水系统和残毁的建筑（其中只有部分经过探查），以及一批笈多时期的重要铭文，主要属旃陀罗笈多二世（约375~415年）和鸠摩罗笈多一世（约415~455年）时期。

石窟群古代的名字已不可考。目前用的名字（乌达耶吉里）来自山脚下的一个小村落，该名首见于11世纪的铭刻，字面意义为"旭日山"。有些历史学家认为，德里的"铁柱"（图2-2）最初曾立在这里。如果确凿的话，那么柱上的铭刻表明，乌达耶吉里在公元5世纪时曾称Viṣṇupadagiri，即"毗湿奴脚印之山"。这一说法尚可得到19号窟一则铭文的支持。

乌达耶吉里石窟在笈多帝国旃陀罗笈多二世统治期间进行了大规模重建及改建。大英博物馆的考古学家迈克尔·D. 威利斯认为，旃陀罗笈多二世这样做是为了强调印度王权制度的新观念，君主既是最高统治者（cakravartin），也是毗湿奴神最重要的信徒（paramabhāgavata）。

这批石窟共20个，除了位于半山腰的一个属耆那教外，其余位于山坡下的皆属印度教。从建筑角度来看，并没有什么特别的价值（仅一个窟有内柱）。大部分雕刻在外部，位于已制备好的岩石表面上。19世纪时，亚历山大·坎宁安对这些石窟自南向北进行

了编号，以后又由瓜廖尔考古局（Department of Ar-chaeology）进一步系统化。实际上，有些石窟仅能算是大点的龛室，有的则是空房间。在建筑、雕刻及铭文上具有较高价值的有1、3、4、5、6和13号窟。

1号窟，为南区唯一具有重要遗存的洞窟，立面由四个墩座加自然山岩构成（图2-3~2-7）。

3号窟，为中央组群第一窟，供奉战神室建陀，由不规则的内室及朴素的入口组成（图2-8）。入口两侧可看到两根壁柱的痕迹，上部深深的水平刻槽表明前面曾有柱廊。里面为一个立在独石基座上自岩石中雕出的室建陀像。雕像体格健壮，是窟区所有造像中最孔武有力的一个，宽阔的方形脸盘为5世纪早期人物雕刻的典型作风。

4号窟供奉以林伽形式出现的湿婆（图2-9）。内室平面矩形，像座自岩石中凿出，上置一尊保存完好带湿婆面相的林伽雕像（所谓湿婆林伽，Śiva Lin-ga，Ekamukhalinga）。湿婆两边的头发直泄而下，隐喻他用束起的头发将自天上奔泻而下的恒河水分流的典故（在基座及室内地面上均凿水沟穿过墙体）。比例优雅的石窟入口处饰花卉及涡卷图案。门上楣梁向两边延伸，超出侧柱位置，形成T字形门洞，为早期寺庙建筑共有的特色。但和大多数大门不同的是，门框仅由方形线脚组成（顶上及侧边相同，侧柱基础

及门槛已于近代替换）。石窟室外两侧有岩石上凿出的壁柱及两座门神（守门天）的雕像，但因年代久远已部分残毁。

5号窟实际上只是个进深有限的大型龛室（图2-10~2-12）。其内巨大的毗湿奴群雕高4米，长7米，是最大也是最早表现神话故事场景的高浮雕。化身为人形野猪头形象的毗湿奴（称筏罗诃）正自始源水中举起大地女神普米。后者双膝弯曲，靠在毗湿奴的肩上；毗湿奴单脚前跨，摆出胜利者的姿态。蛇神那迦自水中向他致尊崇之礼。在中央组群两侧的低浮

雕上，表现成排的圣者和仙人，顶上是一组神祇。整个组群的下部，为想象中的水生世界，由代表水的波浪线、莲花和两个可能是海洋神的较小人物组成。在这里，不仅神话内容表现得极为丰富，一直延伸到侧墙的底面装饰亦为其他地方少见。德巴拉·米特拉曾

本页及左页：

（左）图2-14乌达耶吉里 石窟群。6号窟，守门天像（5世纪初）

（中）图2-15乌达耶吉里 石窟群。6号窟，毗湿奴像（5世纪初）

（右）图2-16乌达耶吉里 石窟群。6号窟，杜尔伽组群（5世纪初）

（上）图2-17乌达耶吉里 石窟群。7号窟，南侧景色

（下）图2-18乌达耶吉里 石窟群。7号窟，莲花顶棚（5世纪）

（上）图2-19乌达耶吉里 石窟群。13号窟，毗湿奴天卧像

（余各幅）图2-20贝斯纳加尔赫利奥多罗斯柱（约公元前140~前100年）。结构及装饰部件（最初上承迦鲁达雕像，雕像已失，也可能即现存瓜廖尔考古博物馆内的一尊）

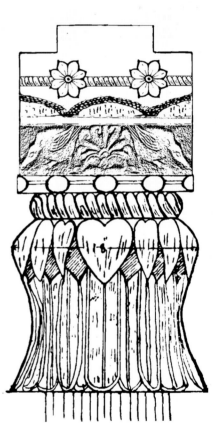

本页：

（左）图2-21贝斯纳加尔 赫利奥多罗斯柱。现状

（右）图2-22贝斯纳加尔 女神坐像（5世纪初，砂岩，现存新德里国家博物馆）

右页：

（左）图2-23贝斯纳加尔 毗湿奴头像（5世纪，灰砂岩，现存克利夫兰艺术博物馆）

（右上）图2-24埃兰（中央邦） 印度教祠庙组群（5世纪）。总平面图（图版作者Alexander Cunningham，1880年）

（右下）图2-25埃兰 筏罗诃神庙。柱墩立面（5世纪，作者Alexander Cunningham，1880年）

对其复杂的图像意义进行过深入的研究[2]。迈克尔·D.威利斯更认为这组浮雕是"乌达耶吉里图像作品中最引人注目的部分"[3]。

位于5号窟边上的6号窟由岩凿小室组成，入口为精心制作的T形门洞（图2-13~2-16）。内部最初的雕像已失，很可能是一个带湿婆面相的林伽（Śiva Liṅga）。石窟外部一幅带铭文的嵌板记录了石窟及其雕刻的创建时间（笈多82年，即公元401年）。天棚上

还有一位人物（名Śivāditya）的朝拜记录，但未标日期。

入口两边的两尊门神（守门天）是印度教祠庙中这类雕刻的最早实例，健壮的大腿和带垂饰的精美腰带形成了奇特的对比（见图2-14），被艺术史家认为是笈多早期雕刻中最富有力度的作品之一。边上还有毗湿奴和湿婆（Śiva Gaṅgādhāra）的雕像；后者因受落下的水流侵蚀损毁严重，而站立的四臂毗湿奴雕像

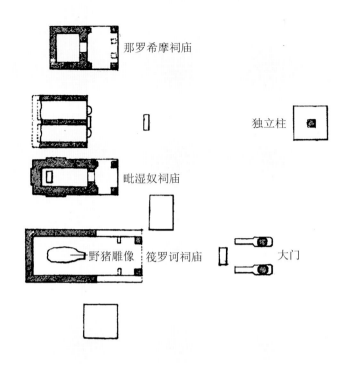

那罗希摩祠庙

独立柱

毗湿奴祠庙

野猪雕像 筏罗诃祠庙 大门

则是外部最具特色的一个作品（见图2-15），两边拟人的武器造型（āyudhapūruṣas）是笈多时期最富魅力的创作之一。

尤为值得注意的是位于毗湿奴雕像外侧表现杜尔伽女神[4]杀死公牛恶魔摩醯湿的组雕。这是印度表现这类题材的最早实例之一。类似的典故在这批石窟里出现了3次：位于4号窟边上的采取了马图拉那种最早的姿态；而在6号窟边上的这尊（见图2-16）则表现女神以右脚踩在被打翻了的恶魔牛头上，成为这一构图体例的最早例证。另一个值得注意的是位于石窟入口左侧的象头神迦内沙（Gaṇeśa，印度教智慧之神，主神湿婆与雪山神女之子，战争之神室建陀的兄弟）坐像及位于右侧带女神坐像的矩形龛室。象头神迦内沙为印度最早有年代可考的这类雕像。这种在守门天护卫的内殿两侧分别布置象头神和母亲女神的做法，开了随后几个世纪寺庙空间布局的先河。

位于6号窟以东几步台阶处的7号窟实为一大型龛室，供奉众母亲女神（图2-17、2-18）。于洞窟后壁雕出的诸女神像头上均配武器，唯造像已严重损毁。洞窟两边浅龛内为战神室建陀和象头神迦内沙雕像，同样残毁严重，仅能从轮廓上大体分辨。

8号窟位于6号窟及其周围组群的东北方向，由国

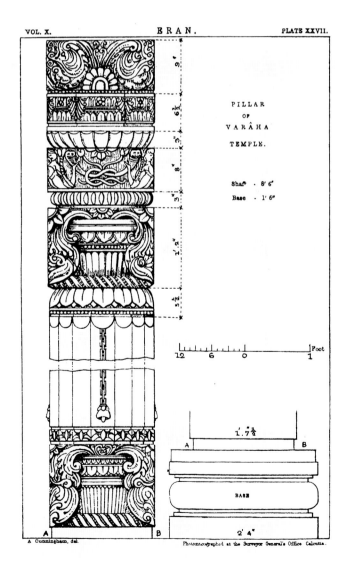

本页及右页：

（左上）图2-26埃兰 筏罗诃神庙。筏罗诃及大地女神雕像（老照片，1893年，Henry Cousens摄）

（左下）图2-27埃兰 筏罗诃神庙（前景，仅存筏罗诃雕像及建筑基础，5世纪后期）及毗湿奴神庙（背景，5世纪）。现状

（中下）图2-28埃兰 猪头人形毗湿奴[5世纪后期，砂岩，现存萨格尔大学博物馆（Sagar University Museum）]

（中上）图2-29埃兰 毗湿奴神庙。19世纪状态（老照片，1892年，Henry Cousens摄）

（右下）图2-30埃兰 毗湿奴神庙。自柱厅残柱望内殿仅存的毗湿奴立像

王的大臣维拉塞纳投资修建。这座供奉湿婆的石窟是在一个穹顶状岩石上凿出，顶上为一沉重的水平石板。这种奇特的形式系由岩石长期侵蚀自然形成（支撑上部石板的琢石块系20世纪30年代由瓜廖尔考古局增添）。入口两侧守门天像已部分残毁。内部现仅存天棚上的兰花雕饰和后墙的残缺铭文（从铭文上可知，施主维拉塞纳曾陪同国王旃陀罗笈多二世到此一游）。

自8号窟边起始的通道是乌达耶吉里石窟的一个特色。它由一个大致东西向的自然峡谷组成，但经历了一系列改造及增添，地面凿出的几组台阶是其最引人注目的特征。右手最下一组台阶可看到水流侵蚀的痕迹，显然曾作为流水阶台。通道上部墙体有几处大的凿痕，表明部分通道上曾有石梁和石板建造的屋顶，外观和目前人们所见显然有很大的区别。通道上开系列龛室和洞窟，编号9~14，但仅少数有雕刻，大部为毗湿奴立像，且全部残毁。

12号窟。由一个龛室组成，内置化身为"人-狮"造型的毗湿奴立像（称那罗希摩）。下方两侧有两个较小的侍者立像。

13号窟（图2-19）。内置一个巨大的毗湿奴天（另译那罗延、遍入天，毗湿奴化身之一）卧像；像边有一跪着的信徒，有人认为是表现敬拜毗湿奴的旃陀罗笈多二世本人，只是此说并未得到公认。龛室

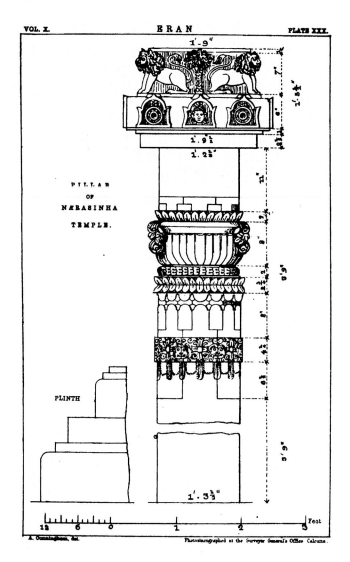

前地面有两个浅的凹坑，可能是安置门廊柱础的基坑。其他部位一些类似的凹坑表明，很可能曾经建过一道屏墙。

14号窟为通道顶端左侧最后一窟。由一凹进的方室组成，但仅存两侧面。不过从地面上尚可辨认出房间外廊。一侧门柱尚存，带退阶面层，但无雕饰。

20号窟即乌达耶吉里唯一的一座耆那教石窟，饰有丰富的耆那教雕刻。

另在乌达耶吉里石窟区附近的贝斯纳加尔，尚存古城的土筑城墙，石柱（图2-20、2-21）和笈多时期的一批重要雕刻，包括一尊女神坐像和现存克利夫兰博物馆的一个早期毗湿奴头像（皆为圆雕，表现出早期笈多艺术的特点，图2-22、2-23）。

[埃兰祠庙组群]

位于中央邦萨格尔县的埃兰是该地区另一个重要的考古遗址，也是中央邦最古老的历史城镇（古时称埃里基纳）。虽然现在只是一个村落所在地，但在笈多时期及之前具有相当重要的地位。1960~1965年及1987~1988年，人们在这里分别进行了两次考古发掘。从萨格尔大学考古系（Department of Archeology of the University of Sagar）发掘出的遗物可知，这里构成了中央邦铜石并用文化时期（Chalcolithic Culture）最北部的边界。发掘揭示出最初围有土墙的城堡；笈多时期的祠庙组群位于比纳河南岸，现村落西面500米处。组群排成一列，各庙平面均为矩形或方形（图2-24）。

这些祠庙中，最值得注意的是供奉毗湿奴的野猪化身笈罗诃的祠庙（图2-25~2-27）。野猪雕像上的铭刻，在印度这一时期的历史上具有重要价值。雕刻本身是最早也是最大的纯动物形态的毗湿奴造像（像高3.48米）。女神依附在野猪右面的獠牙上，石像身体表面如乌达耶吉里嵌板的底面一样，满覆成排的微缩人物形象和复杂的细部，这些圣人和智者似乎是在

左页：

（左）图2-31埃兰 毗湿奴神庙。毗湿奴立像（魁伟的体格和厚重的造型为笈多风格的典型特征）

（右）图2-32埃兰 那罗希摩祠庙（约公元412年）。柱墩立面（作者Alexander Cunningham，1880年）

本页：

图2-33埃兰 怖军（毗摩）柱（5世纪）。19世纪景色（绘画，1850年）

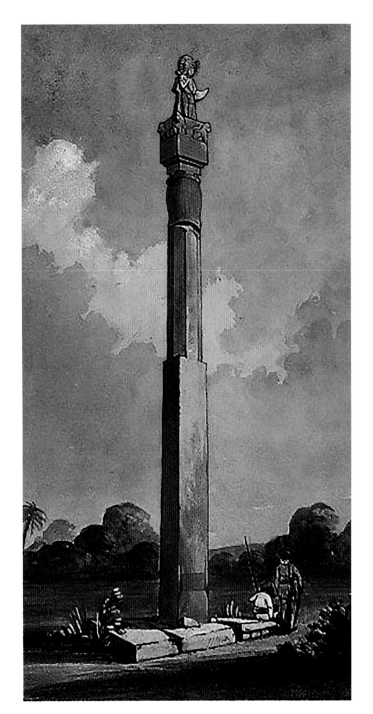

野猪的鬃毛中躲避太古的洪水，只是野猪头上的凸起物目前尚无法解释[另一个埃兰风格的杰作，也是印度雕刻中最大的一个是目前位于萨格尔大学博物馆（Sagar University Museum）内的猪头人形毗湿奴（图2-28）；在风格上，它和其他这类作品显然有紧密联系]。

筏罗诃祠庙本身仅存残墟，但现在露天雕像周围的基础和残迹表明，原来曾有墙及厅堂围护。只是对神庙的可能样式专家看法不一：第一位撰写系统报告的亚历山大·坎宁安设想是座矩形祠庙；之后的学者，如凯瑟琳·贝克尔认为，建筑规模可能更大，系仿照克久拉霍的筏罗诃祠庙的样式。

位于筏罗诃祠庙北面的毗湿奴祠庙，尚存一尊高4.01米、已残毁的毗湿奴雕像；神庙大部倒塌，仅存下部砌体，四根雕饰华丽、上承楣梁的立柱和部分大门；但可看出具有内殿、大厅等所有的印度教神庙部件（图2-29~2-31）。和筏罗诃祠庙一样，建筑配有雕饰复杂的柱墩，但采用的图案不同。内殿入口处尚存的门柱上雕河流女神（分别代表恒河和亚穆纳河），其形象如笈多后期神庙做法更接近地面。亚历山大·坎宁安认为这座神庙可能建于5或6世纪，即比相邻的笈多早期的筏罗诃祠庙晚2~3个世纪。按他的说法，"装饰华美"的入口墙面上系表现日常生活和巡行仪式的场景。在神庙附近，尚有一座大门和其他建筑遗迹（其中之一可能是筏摩那祠庙）

组群最北面的一栋重要建筑是那罗希摩祠庙（约公元412年，早期笈多风格，图2-32），由一个平面长宽分别为12.5米和8.75米的单一房间加四柱前厅组成。柱子现仅存底座，但在废墟中可以找到其残段。

内室尚存高2.1米的那罗希摩（呈人-狮形象的毗湿奴化身）雕像。

除了这些主要祠庙和各个时期的铭刻外，在埃兰还有一座采用讷格里风格（Nagari Style）的神猴哈奴曼老庙（约建于750年），一根属早期笈多风格的迦鲁达柱（约公元465年），一根怖军（毗摩）柱（图2-33）和许多娑提柱。后者包括1874~1875年亚历山大·坎宁安发现的印度最早（笈多191年，即公元510年）的一根娑提柱[5]。从铭文上可知，这次自焚殉夫的系笈多国王巴努笈多手下的一名武士、在埃兰的一场激烈战斗中牺牲的戈普拉杰的妻子。

一、祠庙

[概况]

在笈多帝国（Gupta Empire）宗教建筑盛期，主要庙宇大部用于供奉印度教诸神（如主神湿婆、守护神毗湿奴、太阳神苏利耶、战神室建陀[6]）。湿婆祠庙几乎全都供奉林伽。

在印度，特别是对佛教徒来说，对建筑价值的评定和西方可说大相径庭。在这里，建筑只是一种奉献物，人们更注重投资和建造的过程（为积累功德而花费的人力物力），而不是其结果。出于这样的观念，建造者自然倾向于花费小，见效快的技术，对建筑坚实耐久倒不是那么在意。在印度西北地区，人们在建筑中大量采用灰泥，显然与此相关。只有对那些具有特殊意义的宗教建筑或投资人特别重视的项目，人们才会关注其耐久性并经常进行维护、翻修。坚固耐久的建筑自然有助于提高神殿或寺院的名声，悠久的历史和传统更能吸引香客和游人，并由此带来可观的经济效益。因此，在每个重要的窣堵坡和寺院周围，往往都涌现出一些商业性质的建筑和相关人员的住宅。规模更大的中世纪寺庙往往是由一组不同类型的结构组成，被纳入到矩形的圣区内。

遗憾的是，笈多时期的建筑大都未能留传后世。其中大部分毁于嚈哒人的入侵，还有许多因年代久远

本页：

（上）图2-34桑吉 17号庙（约公元400年）。地段全景

（下）图2-35桑吉 17号庙。西北侧现状

右页：

（上）图2-36桑吉 17号庙。东北侧景色（右侧为18号庙）

（中）图2-37桑吉 17号庙。门廊及祠堂近景

（下）图2-38桑吉 18号庙（约650年）。想象复原图[剖析图，1900年，作者Percy Brown（1872~1955年）]

而损毁。目前留存下来的最早的独立祠庙，大部分集中在笈多帝国南部，中央邦多山的丛林地带。其中大部分属笈多后期。这些建筑之所以能保存下来，显然是由于这些地区位于入侵道路之南，地理上相对隔绝。和大部分寺庙采用砖构因而更容易损坏的中天竺（"中国"）地区[7]不同，在这里，石料相当丰富。只是遗存中大都仅留残段，上部结构完整保存下来的几乎没有。

　　总的来看，笈多时期的神庙一般相对较小，上置平屋顶。除石结构外，也用砖砌，但不施石灰，后者标志着技术发展的后续阶段。祠庙中心，如印度其他地区神庙一样，大都配有一个由琢石砌筑的单一立方体内殿。在这个除入口外全部封闭的小室内，收藏着最重要和最神圣的偶像，因而被称为"胎室"（garbhagriha，在这里，显然具有宇宙和生命起源的意义）。室内不施装饰，仅在比例和细部上有所变化，雕饰全部集中在入口大门上。小室通过一个门厅（antarba）和供信徒祈祷用的厅堂（曼达波，mandapa）相连。最初厅堂是个分开的建筑，人们需要通过一个被称为阿尔达曼达波（ardhamandapa，意"半开敞的厅室"）的门廊从外部进入这个房间。这些祠庙中，有的还配有带装饰的墙裙、石格栅、出水口及圆垫式顶饰（amalakas）；不过，总的来看，线脚很少，表明人们在采用纯笈多风格的雕饰时极为审慎。

　　文献记载和实例中所表现出来的各个房间的排序和联系方式，和上述装饰习俗一样，延续了许多世纪。考虑到印度辽阔的版图、多样性的文化和建筑活动的悠久历史，应该承认，其神庙建筑的连续性和同一性表现还是相当引人注目的。

[实例]

　　桑吉笈多时期的神庙（大多经修复），蒂格沃的神庙和前述乌达耶吉里的1号窟（部分自山岩中凿出，立面由四个墩座加自然山岩构成），可能均属留存下来最早的一批祠庙。位于端墙间的四柱门廊、中跨柱间距大于两侧跨间的布局方式、平素的大门，以及在几个主要例证中采用的平屋顶，使它们构成了某种独特的类型，尽管这种形式并没有在此后得到充分的发展。

　　在我们研讨的这一阶段，最古老的佛教神庙之一无疑是桑吉的所谓17号庙。其年代已被确认为5世

本页：

（上）图2-39桑吉 18号庙。东北侧远景

（下）图2-40桑吉 18号庙。东南侧现状（右侧背景为桑吉大窣堵坡）

右页：

（上）图2-41桑吉 18号庙。西南侧景色

（左中）图2-42桑吉 40号庙。平面（据John Hubert Marshall）

（右中）图2-43桑吉 40号庙。复原图（木结构，公元前2世纪焚毁，作者Percy Brown，1900年）

（下）图2-44桑吉 40号庙。遗址，东南侧现状（远处为18号庙及大窣堵坡）

纪初（约公元400年，图2-34~2-37）。圣所（内祠，sanctum）平面方形，上置平顶，墙体石块较小，按规则的水平层次砌筑。圣所室内和室外三面均为没有装饰的平墙（内部造像已失），仅正面配置的四柱门廊具有华美的雕饰。柱身上接倒莲花状的钟形柱头（可能是最早的一批，其他各庙柱头为瓶状或枝叶类型），顶上以背靠背的狮雕支撑屋顶大梁（后柱要略细一些）。门廊和内祠屋顶分开（门廊屋顶略低）。和后期相比，整个建筑装饰较少，仅用于结构交接处。整个建筑构造明确、简洁，比例优雅、协调，造型均衡、庄重，颇有西方"古典"神庙的神韵，尽管

0 3 6 9 12m

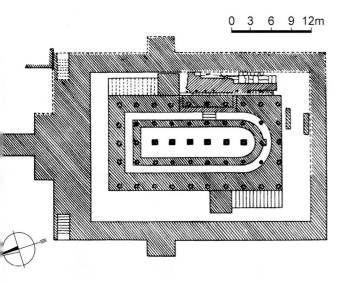

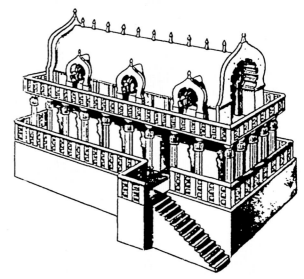

左页：

（上）图2-45桑吉 40号庙。遗址，西北侧景色

（下）图2-46桑吉 51号寺（精舍）。遗址现状

本页：

（上）图2-47桑吉 45号庙（寺院，9世纪中期及后期）。遗址全景

（下）图2-48桑吉 45号庙。主祠现状（为桑吉保存得最好、最宏伟的寺院）

这并不意味着它的真正来源，也不表明它是效法希腊的范本。

在桑吉，编号上紧接它的18号神庙已大部损毁，仅留一些高高的柱子和楣梁，好似古典建筑和现代结构的奇异组合（图2-38~2-41）。神庙可能有一个低矮的曲线塔楼，但却无法证实这一假说。

另一座至少可部分鉴明年代的是所谓40号神庙（图2-42~2-45）。这是印度最早的独立庙宇之一。遗存属三个不同时期。最早的部分可能与大窣堵坡同时（一则铭文甚至称它建于阿育王之父宾头娑罗时期）。公元前3世纪的这座最早的神庙立在一个石

砌的高台上（平面长宽分别为26.52和14米，高3.35米），东西设两道台阶。这座带半圆端部的木构厅堂于公元前2世纪焚毁。在接下来的第二阶段，平台扩大到长41.76米，宽27.74米。上面建了一个带50根柱子的柱厅（5排，每排10根，有的基部尚存，并有公元前2世纪的铭刻）。最后到7或8世纪，在平台一角建了一座小祠堂，位于目前位置上的一些柱子系重新利用的早期建筑部件。51号寺（精舍）是座带矩形围院的建筑（围院边设小室），目前仅存下部结构（图2-46）。在桑吉，最后一座佛教神庙是建于9世纪中期及后期的45号庙（寺院，图2-47~2-50），此时建

筑群已被围在一道围墙内。

　　蒂格沃是个拥有约36座祠庙的考古遗址，位于中央邦巴胡里本北面约4公里的肯卡利丘上。由于殖民时期修建铁路，将古迹作为建筑材料取用场地，遗址受到很大破坏，现仅为一个村落所在地。遗址中保存得最好的肯卡利德维神庙（毗湿奴神庙，约建于400~425年，笈多时期）同样为现存最早的印度祠庙之一，属印度宗教建筑的形成阶段（图2-51~2-53）。

（上）图2-50桑吉 45号庙。
雕饰细部

（下）图2-51蒂格沃 肯卡利
德维神庙（毗湿奴神庙，约
建于400~425年）。平面及
门饰立面（作者Alexander
Cunningham，1879年，平
面图中打斜线墙体表示老神
庙，余为中世纪增建部分）

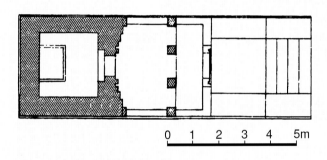

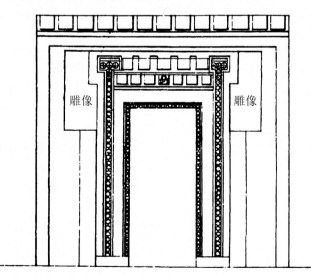

方形圣所外部边长3.8米，内部2.4米，只是大体朝东
（带有13°的偏角）。圣所前设开敞柱廊，四根柱子
位于前方2.1米处。柱廊及圣所均位于基台上，屋顶
盖水平石板。粗壮的柱子下部断面方形，向上依次过

渡到八边形、十六边形、圆形，直到罐式和枝叶状柱
头。顶部两只蹲伏的狮子被一棵大树分开。各柱除所
雕刻的大树树种不同外，余皆相同。英国著名考古及
历史学家珀西·布朗（1872~1955年）认为，门廊的部
分墙体系后期增添。门侧柱雕饰精美，分别表现象征
恒河和亚穆纳河的河流女神。

　　对早期印度神庙来说，最简单的解决方式自然是
平屋顶，其他形式在技术上都有这样或那样的困难，
但平屋顶显然不能满足印度人的审美情趣。为了获取
象征意义，人们更喜用挑出的屋顶（带系列规则挑出
的石构部件），或在上面另起较小的建筑。就这样开
始了向下一个阶段的过渡。

　　属5世纪后半叶或6世纪的这些祠庙大都没有准确
的日期记载，年代顺序主要基于风格分析。祠庙或配
一个较高的祠堂，或配类似塔庙的上层结构。在这个
阶段，有时还可看到截锥形式的塔庙，如位于乔塔-
代奥里以西几英里处、马里亚村附近一个已成残墟的
祠庙（马里亚祠庙）。这是个平面仅3.8米见方、未
设门廊的小庙（约建于5世纪后期），顶上只有两个
低矮的层位（bhūmis），即两层截锥金字塔式，似可
视为从桑吉17号神庙那种平屋顶神庙向后期顶塔式神
庙（如德奥加尔神庙）的过渡形态。

　　那查纳-库塔拉神庙群、布马拉湿婆庙及德奥加
尔神庙是这一阶段的几个重要例证。作为印度中部地

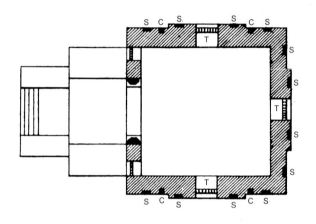

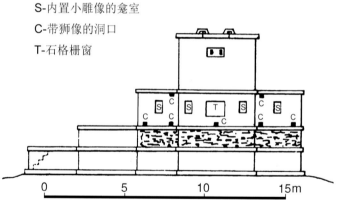

S-内置小雕像的龛室
C-带狮像的洞口
T-石格栅窗

0　　　　5　　　　10　　　　15m

（左两幅）图2-52蒂格沃 肯卡利德维神庙。现状外景

（右上）图2-53蒂格沃 肯卡利德维神庙。柱头近景

（右下）图2-54那查纳-库塔拉 帕尔沃蒂神庙（5世纪后期~6世纪初）。平面及立面（平面方形，两层石结构，为印度北方最早的这类遗存）

区早期的石构神庙遗存，它们主要属于5~6世纪笈多王朝时期。

　　那查纳-库塔拉印度教神庙群位于中央邦萨特那西南60公里处，今根杰村附近；因1885年（英国殖民时期）亚历山大·坎宁安发表的报告首次引起西方考古学家的注意。遗址内大多数神庙皆为废墟。保存较好并得到充分研究的当属雪山神女帕尔沃蒂神庙，只是一些错误的复原使它很多地方变得难以辨认（图2-54~2-57）。以印度著名历史学家拉德库穆德·穆凯吉（1884~1964年）为代表的大多数学者认为，神庙建于5世纪后半叶笈多王朝时期，艺术史家迈克尔·迈

斯特教授更精确地认定为465年；但另一位研究印度神庙建筑的专家乔治·米歇尔教授认为要晚几十年，即6世纪初。

　　神庙高两层，朝西（即日落方向），位于一个高出地面1.4米并带线脚的平台（jagati）上。台阶后可能还有一个3.7米见方的前厅。平台上主体结构平面呈几近完美的方形。中央内祠（garbhagriya）内部2.4米见方，墙厚1米多，外侧边长4.6米，入口两边雕代表恒河和亚穆纳河的女神像。内祠外有一圈巡回通道。围括廊道的外墙直到19世纪末尚存，其外侧边长10米，内部净宽7.9米；两道墙体之间的巡回廊道

（上）图2-55那查纳-库
塔拉 帕尔沃蒂神庙。
遗存现状

（下）图2-56那查纳-库
塔拉 帕尔沃蒂神庙。
窗饰细部

仅宽1.65米左右。外墙上开镂空的石格栅窗为回廊采
光。神庙雕刻既表现宗教题材也表现世俗场景，还有
已知最早的表现史诗《罗摩衍那》（*Ramayana*）场景
的石构檐壁。

位于内祠上面带大门的结构估计也是个祠堂，其
墙面平素无饰，顶部已失，但很可能原为平顶。类似
的结构尚见于其他一些早期或稍后的神庙（如桑吉的

45号神庙、德奥加尔的库赖亚-比尔庙和艾霍莱的拉
德汗神庙）。

那查纳-库塔拉组群中的另一座重要建筑是位于
帕尔沃蒂神庙前方的四面湿婆大天庙。这是中央邦东
部地区少数留存下来的后笈多时期神庙之一，以其笈
多时期的祠堂及残迹而闻名。内祠通过三个石格栅窗
得到很好的采光，其内安置一个精美的四面湿婆林伽

本页：

图2-57那查纳-库塔拉 帕尔沃蒂神庙。门边雕饰

右页：

（左上）图2-58那查纳-库塔拉 四面湿婆大天庙。四面湿婆林伽像（9世纪）

（右上）图2-59温切拉（中央邦） 布马拉湿婆庙（5世纪后期）。20世纪初景色（老照片，1920年）

（下）图2-60温切拉 布马拉湿婆庙。支提窗（5世纪后期，加尔各答印度博物馆藏品）

（右中）图2-61温切拉 布马拉湿婆庙。狮头滴水口（约11世纪，加尔各答印度博物馆藏品）

像（Caturmukha，图2-58），其意义可能类似五面湿婆（Sadāśiva）像。在格栅窗以上及角上凸出部分辟龛室，内置方位护法神（Dikpālas）雕像。格栅窗上面布置龛室是这里仅有的特殊表现。由于神庙有后期增建和改建部分（包括顶塔），日期难以准确判定。一般认为建于9世纪，或至少要晚于帕尔沃蒂神庙几个世纪（如1885年亚历山大·坎宁安估计帕尔沃蒂神庙建于400年，四面湿婆大天庙为600~700年）。

布马拉湿婆庙位于中央邦温切拉城西北19公里处长满丛林的山台上（图2-59~2-61）。1873~1874年，考古学家亚历山大·坎宁安为核实有关"立石"（Thari pathar，为一种带雕饰和铭文的独立巨石）的报告曾来此考察，但未能发现隐藏在丛林中的这座祠庙。直到1919~1920年，印度考古调研所派遣画家瓦特卡尔和摄影师乔格莱卡尔验证村民有关神庙残迹的报告时才找到了它。随后考古局进行了发掘，发现了

更多的建筑及雕刻部件，并于20世纪20年代初进行了第一次整修。

有关这座祠庙的建造年代有多种说法，开始（20世纪20年代）人们的估计是5世纪后半叶或6世纪初。通过对铭文的进一步分析和与其他笈多时期神庙的对照研究，现一般认为是5世纪后期（弗雷德里克·阿舍进一步认定为475年左右）。

供奉湿婆的这座石构神庙虽大部已成废墟，但

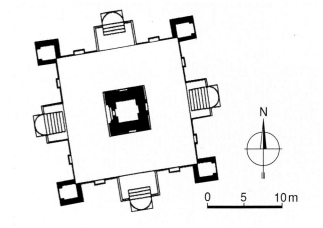

（上）图2-62德奥加尔毗湿奴十大化身庙（池边神庙，公元500年左右）。平面（角上祠堂系推测，现已缺失，内祠周围最初可能有凉廊）

（下）图2-63德奥加尔毗湿奴十大化身庙。残迹现状

（上下两幅）图2-64德奥加尔 毗湿奴十大化身庙。地段环境整修前后景况

形制基本清楚，与那查纳-库塔拉的两座祠庙大体相似。建筑位于一个高约1.4米带台阶的平台（jagatī）上，由平面方形的两个相套的房间组成。中央内祠（garbhagriha）为边长4.62米、没有窗户的小室，和其他笈多早期的神庙一样，配有一个装饰华美的入口。两边门柱上以雕刻表现恒河和亚穆纳河女神。外部方形房间边长11米。两个房间之间的封闭空间作为巡回通道。现不清楚的是，外面这个房间是否如那查纳-库塔拉神庙那样开格栅窗。另一个特殊表现是于通向内祠的台阶两边设两个较小的平台（长宽分别为2.49米和1.73米），每个上面都立一小祠堂。从残迹上看，神庙可能有三个入口。同时，在主体结构的两

个房间前面还有一个带柱子的开敞前厅（mandapa，长宽分别为9.09米和4米），因而总体印象有点类似蒂格沃神庙和桑吉神庙。自20世纪初以降，现场仅能

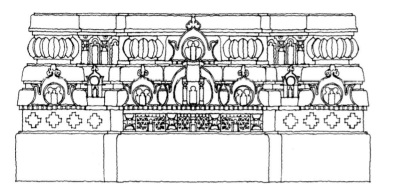

看到带有华美雕饰的内祠、平台、台阶及部分残墙。屋顶比较简单，估计都是由大块石板构成。

在这些留存下来的少数实例中，最优秀的当属德奥加尔的毗湿奴十大化身庙[8]，它是留存下来最早的石构纳迦罗风格的印度教神庙之一。神庙位于北方邦占西附近，与中央邦交界处的贝德瓦河河谷地带，德奥加尔山下（图2-62~2-67）。1871年左右，查理·斯特拉恩在丛林中发现了这座神庙，并将他的发现告诉了亚历山大·坎宁安，后者遂于1875年到现场调查。1899年，P. C. 穆凯吉受印度考古调研所之托对遗址进行了更仔细的考察，并根据地方传说指出，现已无存的神庙雕刻系表现毗湿奴的十个化身。目前的神庙名称即由此而来。同时他还提到，神庙在当地又名

左页：

（上下两幅）图2-65德奥加尔 毗湿奴十大化身庙。立面近景及上部结构基座复原图

本页：

图2-66德奥加尔 毗湿奴十大化身庙。西入口雕饰细部

"池边神庙"（Sagar marh，因前方岩石上凿出的四方水池而得名）。

亚历山大·坎宁安在他1875年的报告末尾指出，十大化身庙展示的建筑风格和题材表明，其建造年代应该是公元600~700年；专攻印度教和佛教图像学的印度史教授本哈明·普雷西亚多-索利斯认为神庙建于5世纪；而乔治·米歇尔教授，一位对印度建筑有深入研究的艺术史家认为，准确的建造日期虽不清

楚，但从其风格上看当属6世纪；另一位以研究印度神庙建筑见长的历史学家迈克尔·迈斯特教授则将神庙建造时间认定为500~525年。按目前学界的主流意见，神庙应建于公元500年左右，即5世纪后期或6世纪初。

神庙位于一个高平台上并带有一个地下室门廊。方形平台边长16.9米，各面均设台阶，形成十字形。平台面高出底部台阶（月亮石）2.7米，各角向外出

本页:

图2-67德奥加尔 毗湿奴十大化身庙。南侧组雕细部（睡在多头巨蛇阿南塔身上的毗湿奴）

右页：

（上）图2-68凯穆尔县（比哈尔邦）蒙德什沃里神庙（636年）。平面（取自MICHELL G. Hindu Art and Architecture, 2000年），外廊八角形，但内殿仍为方形，可通过四个方向上的门洞看到位于中央基座上带湿婆面相的林伽

（下）图2-69凯穆尔县 蒙德什沃里神庙。地段形势

带祠堂残墙的方形凸出部分（边长3.4米）。平台基部由四个平行线脚（每条约厚0.29米）组成，其上带叙事文字的矩形嵌板由壁柱分开[部分嵌板现存德里国家博物馆（National Museum in Delhi）内]。

平台上分为九个方格，现存圣所位于中央方格内，占地约5.6米见方，为单一的立方体内祠（gar-bhagrha）。祠堂朝西偏南，以便落日的阳光可照到神庙的主要造像。这个主要祠庙仅一面设门，其他三面外墙辟龛室，内置与毗湿奴相关的雕刻。其他线脚很少，但西面入口处雕饰极为丰富（见图2-66），大门、楣梁及墙上均有表现诸神的复杂雕刻，表现出笈多时期的装饰风格，大量优美的人体形象尤为引

人注目。

　　神庙由琢石砌筑，采用铁件将砌体固定在一起。圣所顶部尚存顶塔残迹，按瓦兹的说法，它和比哈尔邦凯穆尔县的蒙德什沃里神庙一样，均属印度北部现存最早的石构顶塔实例；只是德奥加尔神庙顶塔平面为方形（逐层退缩，最后形成角锥状顶塔），而蒙德什沃里神庙为八角形（图2-68~2-70）。

　　除了石建筑外，笈多时期同样有砖砌寺庙。其中最著名的是北方邦坎普尔县附近的比塔尔加翁神庙（建于5世纪，图2-71~2-73），这是笈多时期中天竺地区大量砖构祠庙中唯一留存下来的例证。祠庙平面方形，角上退阶两道，入口朝东。当亚历山大·坎宁安首次造访该遗址时，尚可见到门廊及一个"半开敞的厅室"（ardhamandapa），可惜两者均在之后倒塌。建筑所在平台长宽分别为14.33米和10.97米。内祠两层，室内4.57米见方，墙厚2.44米，没有窗户。建筑自地面起总高度达20.8米。这座祠庙主体部分的精心设计充分展现出建筑师在利用砖组成各种造型上的艺术才干（这时期的建筑无论是石砌还是砖构，都具有优美的外部装饰）。和石砌的德奥加尔毗湿奴十大化身庙一样，建筑于圣所上配有一个较高的顶塔（呈阶梯金字塔状，但阶台不明显，类似顶塔，1894年因遭雷击部分损毁）。

　　在中央邦以外考塔县南面的穆昆达拉，尚有一栋已残毁的大型寺庙（可能配有一个相连的前厅），其

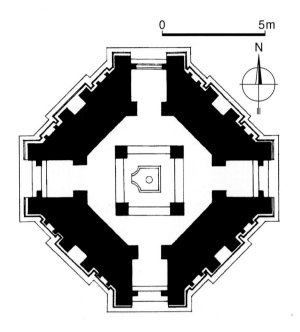

（上）图2-70凯穆尔县 蒙德什沃里神庙。近景

（下两幅）图2-71比塔尔加翁（皮德尔冈） 神庙（5世纪后期）。19世纪状态（老照片，正面及背面景色，分别摄于1897及1875年，拍摄者可能是Joseph David Beglar）

（上）图2-72比塔尔加翁 神
庙。入口立面，现状（经修复）

（下）图2-73比塔尔加翁 神
庙。背面（北侧）景色

内柱和壁柱是笈多时期寺庙中仅有的表现，显然是把
砖墙和带雕饰的石柱、柱头及其他精心设计的装饰部
件结合在一起。

这些少数幸存下来的实例明显具有这样或那样的
差异，由此不难看出，在笈多时期，神庙建筑仍处在
形成阶段。当年想必还建了一些以后没有得到进一步
发展的类型。最近发现的塔拉的提婆拉尼祠庙的独特
表现进一步支持了这一看法。同样，几乎可以肯定，

这种在后期颇为流行的四面均设入口的祠庙（所谓
sarvatobhadra shrines）形式，在笈多时期也建过，只
是没能留存下来。

二、雕饰

笈多时期的这些祠庙尺度都不是很大，实际上，
它们只是在雕刻品质上，特别是在无比精美的大门雕
饰上，才真正体现了笈多艺术的最高水平。那查纳-
库塔拉雪山神女帕尔沃蒂神庙的精美雕刻可作为其独
特表现的标志。在比塔尔加翁和德奥加尔，图像已开
始转移到祠庙外墙上。德奥加尔的毗湿奴十化身庙三
面墙上的嵌板表现来自毗湿奴神话的场景以及因陀罗
（帝释天）和白象等题材。护卫神毗湿奴睡在多头
巨蛇阿南塔的身上（见图2-67），在永恒的乳海上漂
浮；嵌板上方，创造之神梵天坐在一朵盛开的莲花
上，边上还有其他神祇（包括因陀罗和湿婆）；吉祥
天女拉克希米作为一个温顺的印度教妻子，正在按摩
夫君的腿脚。嵌板底部一排六个人物，包括毗湿奴的
拟人象征及两个全副武装的守护神；程式化的姿态可
能是来自戏剧表演，多少有点手法主义的倾向。围绕
着建筑基部展开的系列浮雕主要表现取自史诗《罗摩
衍那》的典故。

对大多数石雕来说，很难再恢复其原来的历史环
境，在陶板装饰上这一问题尤为突出。其中多为浮雕

板面，有的还具有很大的尺寸，可视为笈多时代的艺术精品。干舍城景点马尼亚尔-马特的九块灰泥雕塑可能属于一座那迦祠庙，如许多后期作品那样，布置在龛室内。目前仅能从比塔尔加翁的砖构神庙上，看到这些陶土雕塑和建筑的结合情况（见图2-73）。主要墙面龛室内的大型浮雕嵌板大都损毁；上层除一般题材外，尚可看到一些怪异的形象（类似哥特大教堂的怪兽出水口）和摩竭[9]饰带。在发掘阿希奇奇哈特拉的一座大型砖构神庙（城堡神庙）时，还发现了两尊极为优雅的河流女神的大型塑像（高1.47米，图2-74、2-75）。笈多时期的小型陶土塑像则大量见于瓦拉纳西等遗址。

在印度西部古吉拉特邦发掘德沃尼莫里的窣堵坡时，出土了系列模制的陶土坐佛塑像及模仿石构的建筑装饰，包括笈多时期的枝叶饰带、莨苕叶檐壁、装饰性的圆券或马蹄券（gavākṣas）等。在更西面，信德省米普尔-卡斯附近发现的一座窣堵坡时间约晚一个世纪或更多，是第一个在基座的一面配凹室的这类建筑。在这里尚可看到佛祖的大型陶土浮雕及许多装饰细部，但和德沃尼莫里的相比，风格上略显枯燥。

第三节 后期石窟（阿旃陀石窟）

一、概况及阶段划分

[概况]

位于今马哈拉施特拉邦奥郎加巴德的阿旃陀石窟群，不仅是马哈拉施特拉邦的主要古迹景点，同样也是印度最重要的考古遗址，1983年被联合国教科文组织定为世界文化遗产项目（遗址总平面：图2-76、2-77；遗址全景：图2-78~2-80；分段景观：图2-81~2-84）。其风格同样见于100公里外年代相近的埃洛拉石窟、象岛石窟和卡纳塔克邦石窟寺等重要遗址。

窟群位于德干高原一条名为沃古尔的小河北侧、U形峡谷的花岗岩峭壁上。窟区从东到西长550米，距崖底70余米，由29座主要佛教石窟组成（另有一座未完成），时间跨度约自公元前2世纪至公元480年（另说至650年）。除五座窟（第9、10、19、26、29

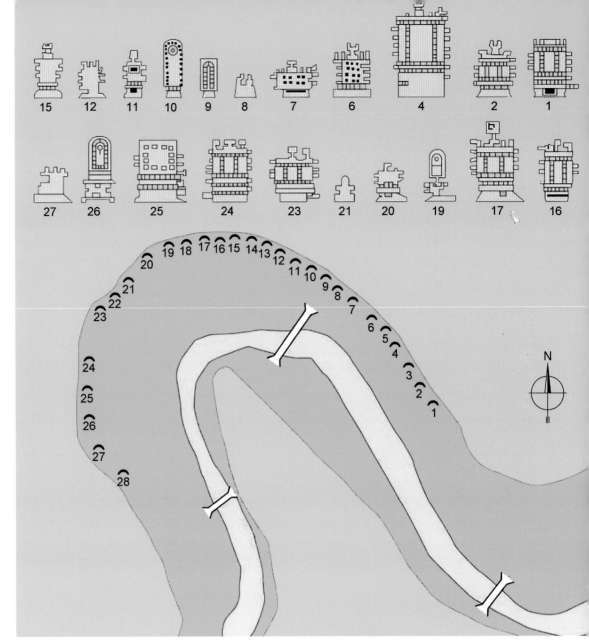

（上）图2-76阿旃陀（马哈拉施特拉邦奥郎加巴德）石窟群（公元前2世纪~公元7世纪）。各窟位置示意及主要石窟平面简图

（下）图2-77阿旃陀 石窟群。遗址总平面（编号按石窟顺序，和开凿年代无关）

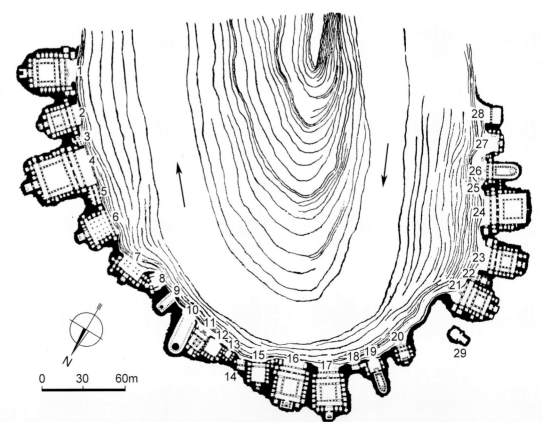

2827 26 2524   23 22 21 29   20   19   18 17   16 15A 30 15   14 13 12 11 10 9 8   7   6 5   4 3 2 1

本页及左页：

（左上）图2-78阿旃陀 石窟群。遗址全景（自南面望去的景色）

（下）图2-79阿旃陀 石窟群。遗址全景（自窟区北端向南望去的景观）

（左中）图2-80阿旃陀 石窟群。各窟编号（各窟编号自右向左。后发现的29窟位于21窟之上，30窟位于15和16窟之间、靠近河床处，图上已看不到。编号以红色标示的四座为支提窟，小窟以小字体标示）

（右上）图2-82阿旃陀 石窟群。分段景观：6~20窟（自东南方向望去的景色）

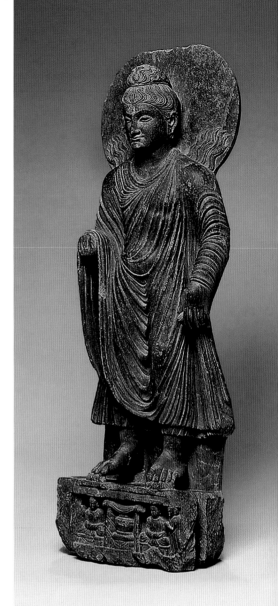

左页：

（左上）图2-81阿旃陀 石窟群。分段景观：1~11窟（自西南方向望去的景色）

（右上）图2-83阿旃陀 石窟群。分段景观：7~18窟（自东南方向望去的景色）

（下）图2-84阿旃陀 石窟群。分段景观：17~28窟（自东南方向望去的景色）

本页：

（左上）图2-85印度 垫式柱子和壁柱（取自HARDY A. The Temple Architecture of India，2007年，图中：1~4立柱，5~8壁柱）：1、巴格 4号窟（6世纪初）；2、建志 沃伊昆特佩鲁马尔神庙（8世纪后期）；3、尼拉尔吉 西达拉梅斯沃拉神庙（12世纪）；4、巴尔萨内 神庙1（12世纪）；5、典型达罗毗荼式壁柱；6、阿旃陀 19窟（5世纪）；7、科兰加纳塔 斯里尼沃萨纳卢尔神庙（约927年）；8、哈韦里 西德斯沃拉神庙（11世纪后期）

（右上）图2-86舍卫城 奇迹佛陀像（公元100~200年）

（下）图2-87阿旃陀 1号窟。平面

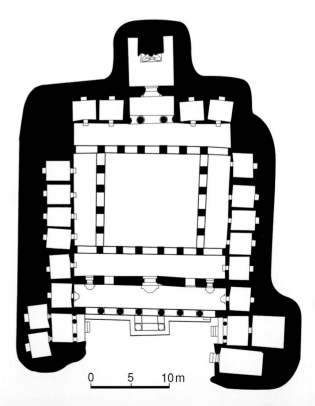

0 5 10m

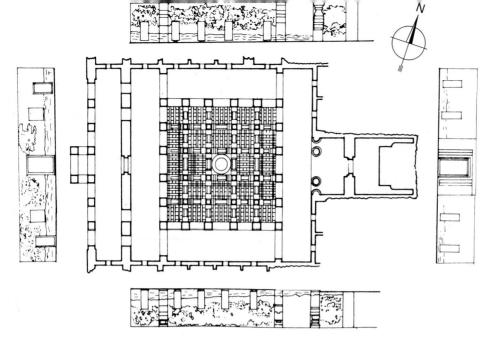

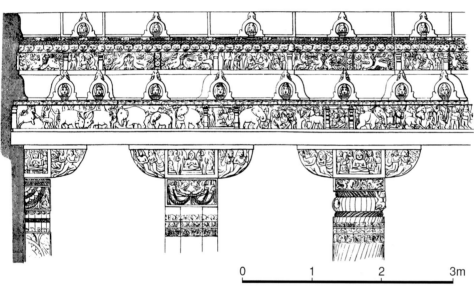

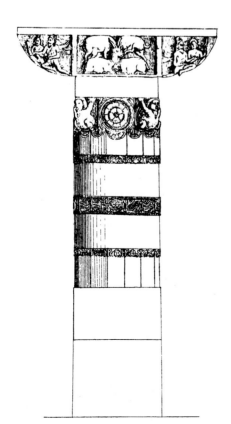

（上）图2-88阿旃陀 1号窟。中央大厅部分，室内平面及立面（取自BUSSAGLI M. Oriental Architecture/1，1981年）

（中）图2-89阿旃陀 1号窟。前廊立面（北头，作者James Burgess，1880年）

（左下）图2-90阿旃陀 1号窟。柱子立面（作者James Fergusson，1880年）

（右下）图2-91阿旃陀 1号窟。19世纪状态（老照片，1869年，罗伯特·吉尔摄）

0　　　1　　　2　　　3m

（上）图2-92阿旃陀1号窟。前廊现状

（中）图2-93阿旃陀 1号窟。前廊及北侧廊（自西南方向望去的景色）

（下）图2-94阿旃陀 1号窟。主入口及前廊近景

图2-95阿旃陀1号窟。立面北端，前廊及侧廊（侧面祠堂）近景

图2-96阿旃陀1号窟。北端，檐壁近景

图2-97阿旃陀1号窟。柱头及楣梁细部

图2-98阿旃陀1号窟。大厅，东侧内景（主祠堂面）

本页及左页：

（左上）图2-99阿旃陀 1号窟。大厅，东南侧内景

（左下）图2-100阿旃陀 1号窟。大厅，柱头近景

（右上及下）图2-101阿旃陀 1号窟。北墙壁画，全景及细部（6或7世纪，表现佛本生故事；古代毗提诃国王玛哈贾纳卡经智者点拨后回到宫里宣布放弃世俗生活；站在国王身后的是他的母亲）

窟）为供信徒礼拜的支提窟外，余皆为精舍（或称僧院、寺院，来自梵文vihāra，音译毗诃罗）。据文献记载，这些石窟在古代还作为雨季僧侣的静修处所以及商人、朝拜者的歇脚处。

由于在最初的29个石窟已编号以后又发现和鉴明了一些新的石窟（目前有迹可寻的共有36个），这些后发现的窟便采用附加字母的形式命名；如位于原15及16号窟之间的称15A。这种命名方式只是为了方便，并不代表其实际开凿的年代顺序。

中国高僧玄奘曾在7世纪初至阿旃陀朝圣。另据中世纪散布在各处的涂写痕迹可知，以后石窟还发挥了一段时间的效用。17世纪初莫卧儿帝国皇帝阿克

本页及左页：

（左上）图2-102阿旃陀 1号窟。东墙北区壁画（佛本生故事，国王玛哈贾纳卡在废后退位，准备修行前举行净身沐浴仪式）

（左下）图2-103阿旃陀 1号窟。东墙北区壁画（莲花手菩萨，可能为5世纪后期）

（中及右）图2-104阿旃陀 1号窟。东墙南区壁画（金刚手菩萨，约475年）

本页:

（上）图2-105阿旃陀1号窟。东墙南区壁画（线条图，作者James Burgess，1880年）

（下）图2-106阿旃陀1号窟。西墙（入口墙）南侧壁画（表现外国人的场景，上部据信是波斯使节）

右页:

（上）图2-107阿旃陀1号窟。天棚壁画

（左下）图2-108阿旃陀2号窟（5世纪60年代）。平面（作者James Fergusson，1880年）

（右下）图2-109阿旃陀2号窟。中央大厅部分，室内平面及立面（取自BUSSAGLI M. Oriental Architecture/1，1981年）

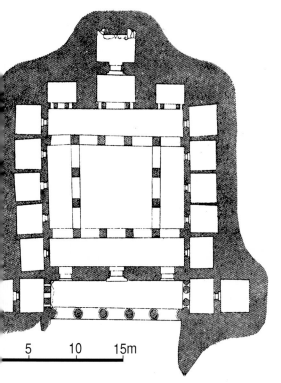

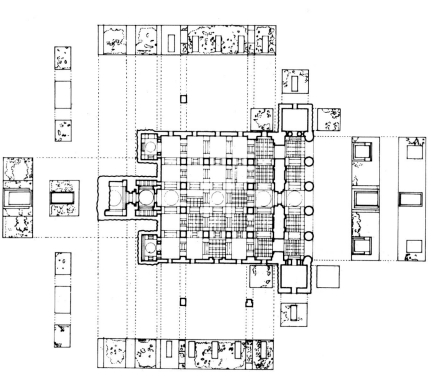

5 10 15m

本页：

（上下两幅）图2-110阿旃陀
2号窟。外廊近景

右页：

（上）图2-111阿旃陀 2号
窟。外廊南侧嵌板雕刻

（下）图2-112阿旃陀 2号
窟。室内（朝主祠方向望去
的情景）

巴（1556~1605年在位）属下的大臣阿布勒·法兹·伊本·穆巴拉克（1551~1602年）在他编撰的《阿克巴则例》（Ain-i-Akbari）中也曾提到它（称有24个石窟寺，每个都有偶像）。此后随着佛教的衰落，石窟逐渐荒弃，被树丛掩盖并淡出了人们的视线。

1819年4月28日，英国第28骑兵队一名叫约翰·史

本页及左页：

（左上）图2-113阿旃陀 2号窟。主祠入口

（左下）图2-114阿旃陀 2号窟。祠堂龛室护卫夜叉雕像

（右）图2-115阿旃陀 2号窟。柱墩近景

（中下）图2-116阿旃陀 2号窟。柱头细部（嵌板雕刻表现窣堵坡前的礼佛场景）

左页：

（上下两幅）图2-117阿旃陀 2号窟。莲花天棚，现状及复原

本页：

（上）图2-118阿旃陀 2号窟。大厅壁画，残迹现状（许多都未能最后完成）

（下）图2-119阿旃陀 2号窟。大厅壁画（右侧门上示在御座上的国王）

本页及左页：

（左上）图2-120阿旃陀 2号窟。大厅壁画（佛陀降生）

（左下）图2-121阿旃陀 2号窟。大厅壁画（奇迹佛像）

（中上）图2-122阿旃陀 3号窟。内景（后期开凿，未完成）

（中下）图2-123阿旃陀 4号窟。平面（作者James Fergusson，1880年）

（右下）图2-124阿旃陀 4号窟。平面（图版，作者Robert Gill，约1850年）

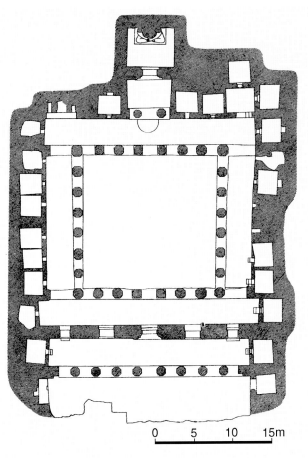

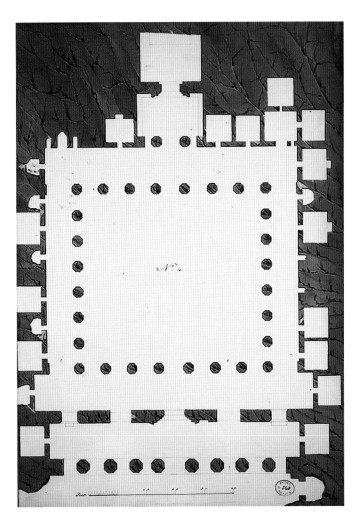

密斯的军官于猎虎时，在一个当地牧童的引导下，再次"发现"了通向10号窟的入口（实际上，这些石窟对当地人早已不是什么秘密）。约翰·史密斯遂到邻近的村庄，邀村民带上斧头、长矛及火把等器具，清除掩盖着石窟的丛林，并在一个表现菩萨的壁画上，写下了他的姓名和发现日期（由于当时他站在高5英尺的残渣堆上，这些字迹要高出目前人们平视的位置，见图2-172）。

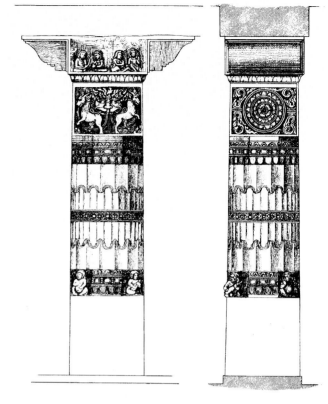

本页:

（左上）图2-125阿旃陀
4号窟。厅堂大门立面

（右上）图2-126阿旃陀
4号窟。厅堂后廊左中
柱墩，正面及侧面

（下）图2-127阿旃陀 4
号窟。现状外景

右页:

（上）图2-128阿旃陀 4
号窟。厅堂内景（朝主
祠堂望去的景色）

（下）图2-129阿旃陀 4
号窟。厅堂东南角景色

　　此后的几十年间，这些石窟引起了外界的注意，并因其异国情调、建筑形象，特别是独特的壁画而闻名遐迩。1848年，英国皇家亚洲学会（RAS）[10]成立了以约翰·威尔逊为主任的"孟买石窟寺委员会"（Bombay Cave Temple Commission），负责清理、整治和记录孟买地区最重要的石窟寺遗址；随后又于1861年，在这个委员会的基础上成立了新的印度考古调研所。

[阶段划分]

　　按照目前建筑史学界的一致看法，阿旃陀石窟的建造可分为两个阶段（或称两组）。

　　第一阶段（第一组）石窟，约始于公元前2世纪，直到公元1世纪。阿旃陀石窟所在的U形峡谷实际上很早就引起了一个僧团的注意，他们在峡谷侧壁开凿了两个带窣堵坡和敬拜厅的支提窟（9号和10号窟）和三座小型精舍（或称寺院、毗诃罗，编号12、

本页：

（上）图2-130阿旃陀 4号
窟。厅堂边廊

（下）图2-131阿旃陀 4号
窟。自前室望祠堂坐佛像

右页：

图2-132阿旃陀 4号窟。
前室立佛像

（上）图2-133阿旃陀 5号窟（未完成）。入口近景

（左中）图2-134阿旃陀 6号窟。底层及上层平面（作者James Fergusson，1880年）

（左下）图2-135阿旃陀 6号窟。中央主体部分平面及部分内立面（取自BUSSAGLI M. Oriental Architecture/1, 1981年）

（右下）图2-136阿旃陀 6号窟。底层，祠堂入口立面（图版，1878年）

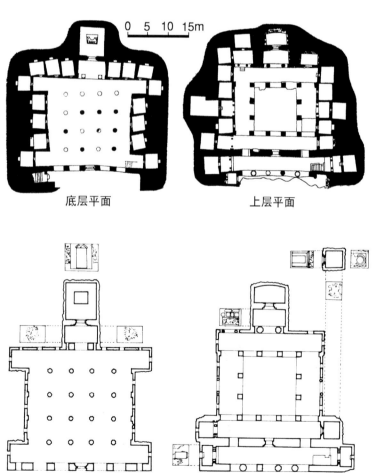

底层平面   上层平面

（上）图2-137阿旃陀 6号窟。
外观（自5号窟望去的景色）

（下）图2-138阿旃陀 6号窟。
西北侧景色

（中）图2-139阿旃陀 6号窟。
底层，厅堂内景

13和15A）。

　　将这五座早期石窟编为第一组并认定它们属小乘
佛教时期，在学界一般没有异议，但涉及具体建造年
代则有不同看法。著名艺术史学家、1928年出生的
沃尔特·M.斯平克教授认为它们开凿于公元前100~
公元100年，在百乘王朝统治期间。其他人更倾向
于认为它们属孔雀王朝时期（公元前300~前100
年）。

本页及左页：

（左上）图2-140阿旃陀 6号窟。底层，祠堂入口

（左下）图2-141阿旃陀 6号窟。上层，厅堂东北角内景

（中上）图2-142阿旃陀 6号窟。上层，厅堂北廊景色

（右上）图2-143阿旃陀 6号窟。上层，祠堂前室北墙佛像

（右下）图2-144阿旃陀 6号窟。上层，祠堂佛像

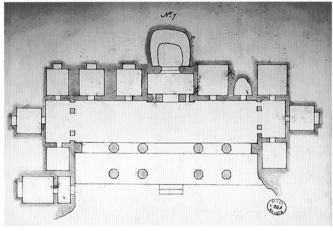

公元2世纪后，岩凿建筑一度沉寂。按照斯平克的说法，在百乘王朝的石窟完成后，直到5世纪中叶，在一段相当长的时期内，基址上没有再进行新的建设。但在这个相对稳定的时期，早期石窟仍在使用；从公元400年左右法显的记载可知，这一时期仍有朝圣者来访。

5世纪后期，在强大的伐迦陀迦王朝（Vākāṭa-ka）[11]统治下，再次兴起了岩凿建筑的高潮。由此开启了石窟建设的第二阶段，即后期，或称伐迦陀迦王朝时期。这期间建筑规模更大，也更为壮观华美。除了马尔瓦地区西部巴格一座残毁的毗诃罗（vihāras）

（上）图2-145阿旃陀 6号窟。壁画残段：持说法印（转法轮印）的佛陀

（中）图2-146阿旃陀 7号窟。平面[图版，1850年，作者Robert Gill（约1824~1875年）]

（下）图2-147阿旃陀 7号窟。遗存初始状态（绘画，作者不明）

（上）图2-148阿旃陀 7号窟。现状外景

（下）图2-149阿旃陀 7号窟。主祠堂入口及前室浮雕

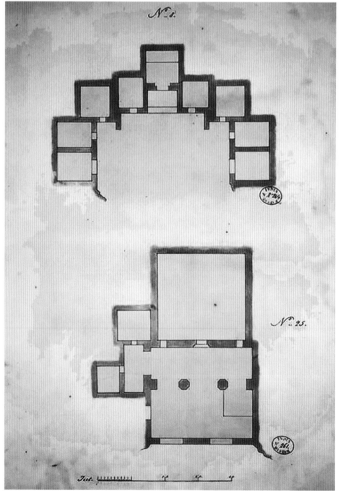

（上两幅）图2-150阿旃陀 7号窟。祠堂前室侧墙佛像：左图、左
侧墙面（图稿作者James Burgess，1880年）；右图、右侧墙面

（右下）图2-151阿旃陀 8号窟及25号窟。平面（图版，作者Robert
Gill，1850年）

（左下）图2-152阿旃陀 8号窟。外景（为阿旃陀窟群中位置最低
的一座小窟，位于连接7号窟和9号窟的步道下方）

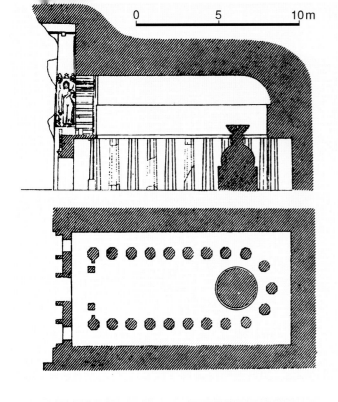

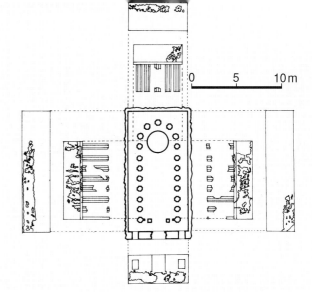

（左上）图2-153阿旃陀 9号窟。平面及剖面（作者James Fergusson，1880年）

（右上）图2-154阿旃陀 9号窟。平面及内立面（取自BUSSAGLI M. Oriental Architecture/1，1981年）

（左下）图2-155阿旃陀 9号窟。入口立面[1878年图版，作者 James Burgess（1832~1916年）]

（右下）图2-156阿旃陀 9号窟。外景（自西面望去的景色）

图2-159阿旃陀 9号窟。立面雕饰细部

和建筑价值极为有限的毗底沙附近的乌达耶吉里石窟外，在这一时期的笈多帝国境内，再没有其他重要的岩凿建筑。

这第二组皆为大乘佛教（Mahāyāna）石窟，包括1~8、11、14~29号窟。其中19、26和29号为支提窟，余为精舍（僧院）。大部分最精美的石窟均属这一阶段，尽管这25座石窟并没有全部完成，有些还可能是由早期石窟扩建而来（包括翻新和重绘的

本页：

（上）图2-160阿旃陀 9号窟。内景（支提堂长13.7米，壁画仅有部分残存，但窣堵坡保存完好，上置倒金字塔形的圣骨匣）

（下）图2-161阿旃陀 9号窟。窣堵坡及支提堂端部近景

右页：

图2-162阿旃陀 9号窟。散布在柱墩和檐壁上的壁画

（上）图2-163阿旃陀
9号窟。壁画（立在
华丽伞盖下的佛陀）

（左中）图2-164阿
旃陀 10号窟（可能为
公元前1世纪）。平面
及剖面（作者James
Fergusson，1880
年）

（右下）图2-165阿
旃陀 10号窟。平
面及内立面（取自
BUSSAGLI M. Ori-
ental Architecture/1,
1981年）

（右中）图2-166阿旃
陀 10号窟。外景

（左下）图2-167阿旃
陀 10号窟。内景（版
画，1839年）

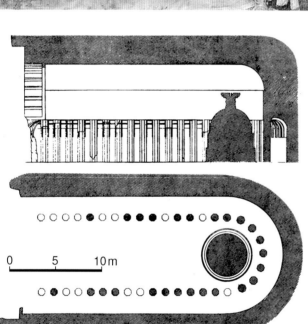

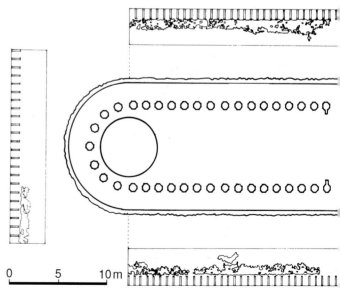

（上）图2-168阿旃陀 10
号窟。内景，现状

（下）图2-169阿旃陀 10
号窟。壁画中的人物形
象（线条画，作者James
Fergusson，1880年）

本页：

（上下两幅）图2-170阿旃陀 10号窟。带肋券的侧廊半拱顶（顶棚画表现冥想佛及莲花）

右页：

图2-171阿旃陀 10号窟。柱子上的佛像（约公元前2世纪）

在内）。

长期以来，人们均认为这第二阶段（即后期）石窟成于公元5~7世纪（或更具体到400~650年）。但根据最近几十年的系统研究，作为这一领域的权威学者，沃尔特·M.斯平克认为，大部分石窟都是在5世纪后半叶很短的期间内完成（460~480年，即伐迦陀迦王朝帝王诃梨西那任内，充分表明了施主的慷慨和创造者的活力）。斯平克认为，在诃梨西那死后几年，即480年左右，富有的施主便不再继续建造未完成的石窟。目前虽然还有学者对此提出异议，但这种看法已被大部分研究印度艺术史的专家（如亨廷顿和哈尔）所接受。斯平克进一步认为有可能更精确地确定这阶段各窟的年代顺序。尽管尚有争议，但他的主

本页：

（上）图2-172阿旃陀10号窟。柱墩上约翰·史密斯的签名（落款日期为1819年4月28日）

（下）图2-173阿旃陀11号窟（5世纪后期）。外景

（中）图2-174阿旃陀11号窟。内景

右页：

图2-175阿旃陀11号窟。祠堂坐佛像

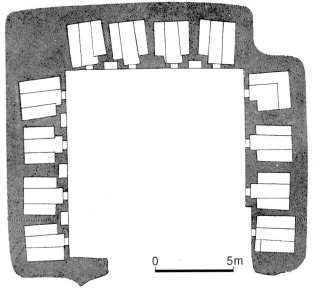

张已被越来越多的人认可（至少是对他提出的总体结论）。不过，印度考古调研所网站上仍然保留了传统的日期认定，即"第二阶段的绘画始于公元5~6世纪左右，一直延续到下两个世纪"。

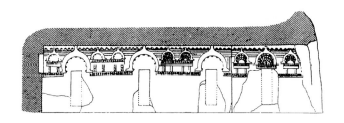

（左上）图2-176阿旃陀12号窟（公元前2~前1世纪）。平面（作者James Fergusson，1880年）

（右上）图2-177阿旃陀 12号窟。剖面

（中及下）图2-178阿旃陀12号窟。现状景观（可看到各种采用马蹄形拱券形式的楣梁和山墙）

（上）图2-179阿旃陀 12号窟。雕饰细部

（左下）图2-180阿旃陀 13号窟（可能为公元1~2世纪）。平面（下图为22号窟平面，作者Robert Gill，1850年）

（右下）图2-182阿旃陀 15号窟。平面（下图为20号窟平面，作者Robert Gill，1850年）

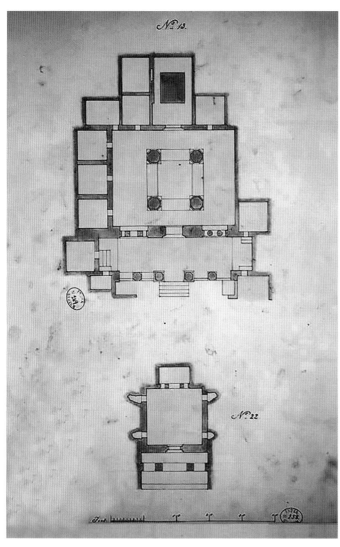

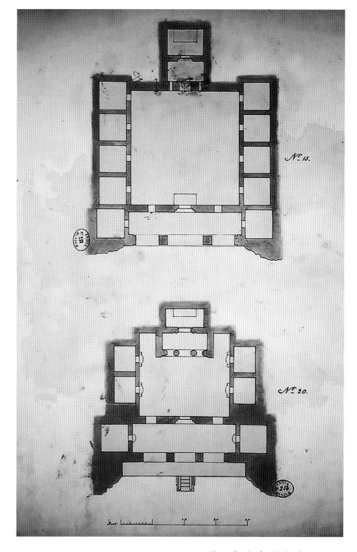

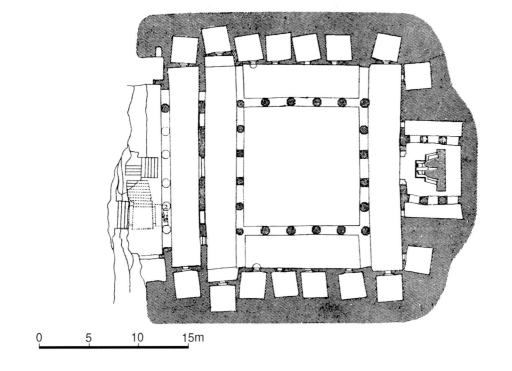

二、建筑、雕刻及绘画

[石窟类型]

大多数石窟均属精舍类型，这类洞窟往往也被称为寺院，其中大部分开凿于第二阶段。平面一般采用对称的方形，于中央厅堂周围布置成排的小室。厅堂中央由组合成方形平面的列柱（柱子本身截面亦为方形）围合成一个类似开敞院落的空间，周边形成回廊。厅堂侧边及后墙的小室主要根据实际需求确定，小室平面大致为方形，后墙上开小龛，狭窄的门洞上

本页及左页：

（右上）图2-181阿旃陀 14号窟（未完成）。平面（作者Robert Gill，约1850年）

（左下）图2-183阿旃陀 15号窟。祠堂佛像

（左上）图2-184阿旃陀 16号窟。平面（作者James Fergusson，1880年）

（右下）图2-185阿旃陀 16号窟。外景（下方窟区入口台阶两侧雕石象）

（中两幅）图2-186阿旃陀 16号窟下方窟区入口台阶两侧的石象

本页：

（左上）图2-187阿旃陀 16号窟。前廊内景（版画，作者James Fergusson，1880年）

（下）图2-188阿旃陀 16号窟。大厅西北角内景

（右上）图2-189阿旃陀 16号窟。外侧廊道柱头

右页：

（上）图2-190阿旃陀 16号窟。内侧廊道及祠堂坐佛像

（左下）图2 191阿旃陀 16号窟。壁画：国王拜佛图（线条画）

（右下）图2-192阿旃陀 16号窟。壁画：佛祖讲经布道图（线条画）

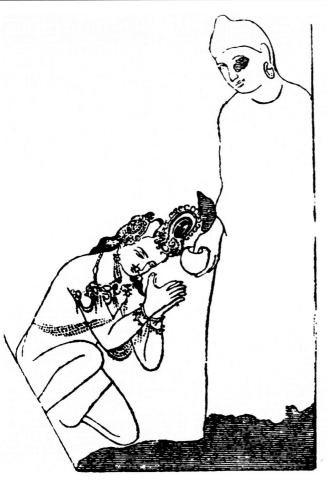

最初还配有木门。有的精舍还采取了叠置方式。

这一时期精舍最重要的变化是引进了在石窟后墙中心处凿出的祠堂或圣所（有的还有通向它们的前厅，见图2-87），祠堂内安置一尊大的佛像，周围自天然岩体上凿出的柱墩及墙面上雕刻着细部丰富的神像及其他浮雕。从入口到祠堂的纵轴上就这样依次排列台阶、柱廊、大门、回廊柱列及前室等空间要素，

本页及右页：

（全四幅）图2-193阿旃陀 16号窟。壁画残段：1、东廊南区；2、东廊北区；3、西廊南区；4、西廊中区

从室外强烈的阳光逐渐过渡到位于昏暗深处的佛像。平顶天棚中央布置彩绘莲花，整体构图如曼荼罗图案，成为许多印度教神庙带雕饰及挑腿的莲花式顶

棚的先兆。

　　早期的精舍由于没有祠堂和前厅，平面显然要简单得多。斯平克认为设计上的这种变化始于第二阶段

中期，许多石窟的祠堂都是在最初阶段以后或在建造过程中增建的。功能和形制上的这些变化显然是自小乘佛教向大乘佛教转变的结果。

另一种主要类型即支提窟（chaitya-griha，其字面意思为"窣堵坡之屋"）。由于精舍内引进了祠堂，这一时期支提窟的重要性亦随之式微。已完成的几座支提窟基本依从旧制，于狭长的矩形空间上布置高高的拱顶天棚，由成排对称的纵向柱列将平面分为中央本堂及两侧狭窄的边廊，半圆形端部布置窣堵

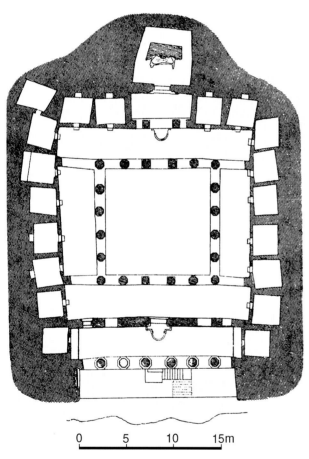

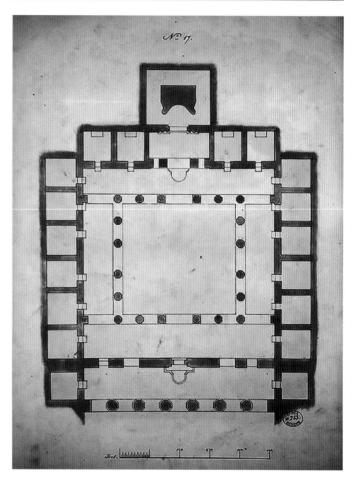

本页：

（左上）图2-194阿旃陀16号窟。东廊顶棚彩画

（右上）图2-195戈托特卡恰 石窟群。外景

（下两幅）图2-196阿旃陀17号窟。平面（作者：左图为James Fergusson，1880年；右图为Robert Gill，约1850年）

右页：

（上）图2-197阿旃陀17号窟。主祠堂及北廊柱

（下）图2-198阿旃陀17号窟。外廊墙面及天棚壁画（门楣处八对夫妻画像上安置八尊坐佛像）

本页及右页：

（上）图2-199阿旃陀 17号窟。外廊西区壁画（公元5世纪，表现须达拿本生故事，这位一生乐善好施的太子正在告诉他的爱妃，自己即将被逐出他父亲的王国，在他们边上站立持水罐者为中亚仆人）

（左下）图2-200阿旃陀 17号窟。东廊北区壁画

（右下）图2-201阿旃陀 17号窟。东廊中区壁画（僧伽罗的归来）

坡。窣堵坡后面的柱子呈半圆形排列，形成同心的巡回步道[绕窣堵坡巡行（pradakshina）一直是佛教敬拜活动的重要内容]。有的石窟带有雕饰丰富的入口，有的于门上设大型采光窗。很多石窟还配置了柱廊（凉廊），门内另设与窟同宽的空间（敬拜厅）。在阿旃陀，最早的敬拜厅成于公元前2~前1世纪，最晚的属公元5世纪后期；两者在建筑上均和基督教堂相近，但无交叉处和辐射状布置的礼拜堂（chapel

chevette）。这种做法实际上是沿袭了印度更早的岩凿建筑传统，如公元前3世纪比哈尔邦格雅附近邪命外道派的圣洛马斯窟。这类支提窟亦称礼拜堂或祈祷厅。在阿旃陀，全面完成并遵循标准形制的支提窟共四座，即第一阶段的9号和10号窟，第二阶段的19号和26号窟。

[建筑形式及施工]

左页：

图2-202阿旃陀 17号窟。南廊主入口西侧壁画（白象）

本页：

图2-203阿旃陀 17号窟。南廊西端墙壁画（表现佛陀前生故事）

在这一时期的阿旃陀，支提堂和木构原型的距离已开始拉大，如19号和26号窟。大支提窗在保留了传统形式的同时，仅被当成是一种采光手段。立面上不再出现木构围栏的浮雕造型，而是代之以当时的一些建筑装饰，如独特的檐口线脚（称kapota，为一种印度建筑的专有部件，在南方尤为流行），它们往往和微缩的支提窗，以及成对布置的夜叉（护卫神）等大型浮雕形象配合使用。多层宫殿的造型也是立面雕饰常用的题材，这类多次重复的规整形式为大量雕像提供了足够的框架载体。横贯19号窟立面顶部的条带由相互连接内置佛像的拱顶亭阁（shalas）组成，预示了这种在印度南方很快得到发展的神庙形式，另一条

类似的饰带位于1号窟凉廊立面的顶部。在印度教建筑中，和佛教一样，在石窟立面及大门上布置一系列亭阁造型的做法一时变得非常流行，看上去好似在顶部开设的盲窗（见图3-1）。

柱子及大门处的变化尤为引人注目，有的地方相对平素，有的装饰细部格外丰富。在第一阶段，石窟柱子非常简朴，没有雕饰，如9号和10号支提窟均为简单的八角柱（上面的彩绘属后期）。第二阶段的柱子和壁柱不仅变化多样且极具创意，截面往往沿高度多次变换，顶部精心雕制的柱头向两边大幅度外挑。许多柱子整个表面均覆花卉图案及大乘佛教神祇的雕刻，有的还带沟槽及其他雕饰（如1号窟）。其中带

左页：

图2-204阿旃陀 17号窟。南廊东端壁柱壁画（黑王妃）

本页：

（右上及右中）图2-205阿旃陀17号窟。祠堂坐佛（图稿作者James Burgess，1880年）

（左中）图2-206阿旃陀 19号窟（大支提窟，5世纪）。平面（作者James Fergusson，1880年）

（下）图2-207阿旃陀 19号窟。纵剖面（作者James Fergusson，1880年）

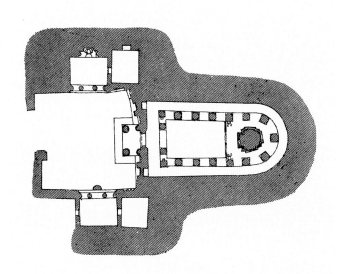

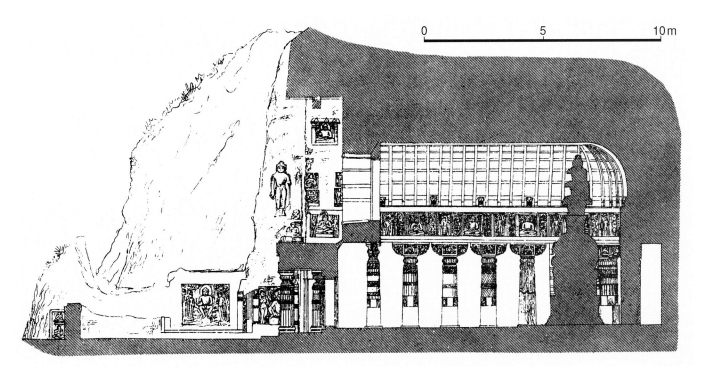

0 5 10m

本页:

（上）图2-208阿旃陀 19号
窟。剖析图（取自SCARRE
C. The Seventy Wonders of
the Ancient World, 1999年）

（左下）图2-209阿旃陀 19
号窟。19世纪状态（版画，
作者James Fergusson，1880
年）

（右下）图2-210阿旃陀 19
号窟。20世纪初状态（老照
片，1910年代）

右页：图2-211阿旃陀 19号
窟。立面现状

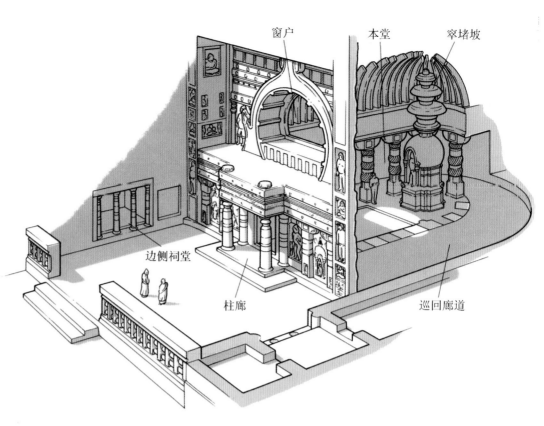

镜面圆盘饰的一种可能是来自早期带莲花圆盘饰的窣
堵坡围栏；带瓶式柱头的（称purnaghata，上部往往
冠以平素的冠板和挑腿）则在之后印度北方的神庙
建筑中得到广泛的应用；带圆垫式（ghata，或称罐
式，表面常处理成凸肋状）柱头的上部往往设置反曲
线或莲花式线脚，以后演变成达罗毗荼式（即南方）
神庙的标准式样（图2-85）。事实上，在阿旃陀19号
窟的立面上，已可看到达罗毗荼神庙外部习见的那种
修长壁柱的成熟形态。

在阿旃陀（可能还包括巴格），带沟槽的柱子和

本页及左页：

（左上）图2-212阿旃陀 19号窟。立面东区近景

（左下）图2-213阿旃陀 19号窟。立面东北角雕饰细部

（中）图2-214阿旃陀 19号窟。立面西北角雕饰细部

（右）图2-215阿旃陀 19号窟。立面西翼浮雕（蛇王与蛇后，5世纪后期）

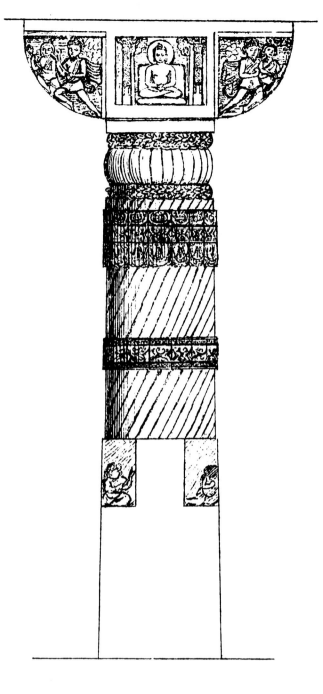

许多其他母题一样，均为首次出现。虽说算不上纯笈多风格，但因其数量众多、丰富多彩及完好的保存状态，现已成为人们研究笈多时期艺术成就的宝库（特别是由于其他地方遗存很少）。除了阿旃陀本身和附近的一两个遗址外，远到那格浦尔附近，都可看到阿旃陀风格的建筑细部和雕刻。在阿旃陀的工程终止后，工匠及其后人带着他们的技艺和传统先去了孔坎，接着又返回毗陀哩拔（现贝拉尔）地区，在那里创造了几个更加宏伟的岩凿建筑（象岛和埃洛拉组群）。

在阿旃陀，由于岩体质地不匀，往往导致以后几个世纪期间石窟的开裂乃至塌落，如现已无存的1号窟门廊。从某些未完成的洞窟[如21~24号窟（精舍，部分完成）和28号窟（未完成，弃置）]可知，开凿一般都是自顶部开始，然后向下向外扩展。雕刻师想必是在开凿岩石的同时进行复杂的柱墩、顶棚及石像

本页：

（左上）图2-216阿旃陀 19号窟。窟内柱墩立面（图版，作者James Fergusson，1880年）

（右上）图2-217阿旃陀 19号窟。内景（19世纪景观，图版，作者James Fergusson）

（下）图2-218阿旃陀 19号窟。内景[老照片，取自MACKENZIE D A（1873~1936年）. Indian Myth and Legend, 1913年]

右页：

图2-219阿旃陀 19号窟。内景，现状

左页：

（上）图2-220阿旃陀 19号
窟。北端及窣堵坡近景

（下）图2-221阿旃陀 19号
窟。柱头及檐壁嵌板雕刻
细部

本页：

（上）图2-222阿旃陀 19号
窟。边廊壁画（佛像）

（下）图2-223阿旃陀 20号
窟（5世纪）。外景

（上）图2-224阿旃陀 20号窟。主祠及前室

（下）图2-225阿旃陀 20号窟。浮雕（坐在狮子宝座上的佛陀）

（上）图2-226阿旃陀 20号窟。浮雕（夫妇）

（下）图2-227阿旃陀 21号窟。平面（图版，作者Robert Gill，1850年）

的雕饰工作；石窟内的雕刻和绘画则是个相互配合的平行作业。

[雕刻及绘画]

　　自小乘佛教过渡到大乘佛教的转变，不仅影响到石窟的功能和形制，同样导致图像表现上的差异。早期原始佛教不允许表现人形的佛陀，实在需要的时候，也只能采用象征、隐喻和暗示的手法，这也是原始佛教艺术的最大特点。犍陀罗的造像运动，在佛教内部几乎是同大乘佛教的崛起同时并举。是否存在一个佛教的"偶像阶段"，在学界或许还是一个有争议的问题；但在笈多时期，和大乘佛教的繁荣相应，在各地，涌现出大量佛陀（包括前生及来生）和菩萨（圣人）的造像，则是不争的事实。大乘佛教的宗旨是探求佛陀的本怀，使佛法回归人间，以善巧方便[12]

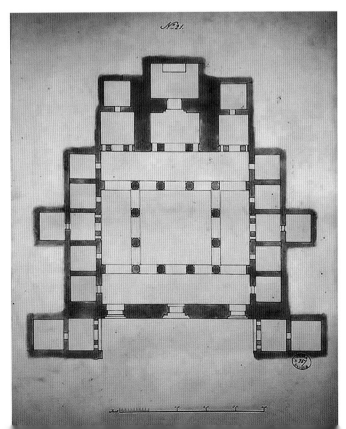

普度众生，理论上也可对佛陀进行艺术表现，这自然对佛像的出现起到很大的推动作用。至公元1世纪贵霜王朝时，希腊人的神明观念和造像意识，进一步打破了次大陆回避佛像的禁忌。这一时期不仅雕刻了许多佛的坐像和立像，甚至在浮雕中出现了涅槃佛的本相。在阿旃陀，佛陀两侧常有菩萨相随，有时在祠堂侧墙乃至门厅内还安排其他成排的立佛像。犍陀罗时期，在舍卫城尚有所谓奇迹佛陀像（Statue of Buddha performing the Miracle，Great Miracle，公元100~200年，图2-86）。这类雕像同样见于孟买附近的肯赫里（该地拥有大量第二阶段的石窟，只是规模较小，其

（左页上及本页上）图2-228阿旃陀21号窟。外景

（左页下）图2-229阿旃陀 21号窟。内景

（本页下）图2-230阿旃陀 21号窟。带前室的小室

本页：
图2-231阿旃陀 21号窟。
自祠堂前室望内祠

右页：
（上）图2-232阿旃陀 21
号窟。内祠佛像

（下）图2-233阿旃陀 22
号窟。内景

价值主要不在建筑本身，而在其表现佛陀及菩萨的浮雕）。在阿旃陀，还出现了一个巨大的佛涅槃像（卧佛像）和第一尊作为旅游者保护神的观世音菩萨像，只是均不在中央位置。独立的窣堵坡（包括其浮雕或绘画形象）几乎没有，仅有布置在支提堂内的。此时前方面对入口处照例布置立佛或坐佛浮雕，成为窣堵坡本身的组成部分。另在本堂柱廊和拱顶天棚之间，以及整个岩石立面上，还有许多较小的坐像。在阿旃

陀，表现佛祖的这些雕像（窟区造像中绝大多数均属此类）大都表情凝重，有的还具有巨大的尺度，在祠堂昏暗的光线下，令人敬佩生畏。倒是其他题材的个体雕刻，往往散发出独特的魅力，如19号窟外面表现蛇神及其配偶的群雕（见图2-215）。

阿旃陀石窟的壁画（特别是优美的叙事壁画），构成了留存下来的笈多时期壁画的主体，和自公元前2世纪至公元5世纪期间表现佛教神祇的岩雕造像一

图2-234阿旃陀 22号窟。内
祠佛像

起，被视为印度古代佛教艺术中最精美的作品。它们
对以后印度艺术的发展具有深远的影响，成为研究古
印度社会及经济状况的重要信息来源（如1号窟呈现
出某些萨珊王朝的特征，显然是反映了当时通过商路
而来的波斯商人和参观者的影响）。

从现有绘画遗存上看，既有画在平面上的（如2
号窟，装饰细部很多是来自平面的绘画而不是浮雕，
见图2-112、2-113），也有带浮雕的。建筑、雕刻和
绘画就这样，合力创造了一个整体的空间环境。

较早的9号及10号窟壁画涉及佛教的小乘形式，

绘制于公元前1年~公元1年，以本生故事为主。第16、17号窟为第二期壁画的代表作，绘制于6世纪左右，以人像和建筑图案的配合为特色。第1、2号窟为第三期壁画，绘于7世纪左右，这时世俗性题材增多，与外来的中国、波斯风格融合混杂，表现社会生活的各个方面。

三、主要石窟简介

位于马蹄形峡谷东端窟区边上的1号窟为阿旃陀最大的寺院之一，其形制之后成为典型做法（平面及立面：图2-87~2-90；外景：图2-91~2-97；内景：图

本页：

（上）图2-237阿旃陀 23号窟。大厅，朝西南角望去的景色

（下）图2-238阿旃陀 23号窟。侧面私用小祠堂

右页：

（上）图2-239阿旃陀 23号窟。柱头细部

（下）图2-240阿旃陀 23号窟。浮雕：国王及王后

2-98~2-100；壁画：图2-101~2-107）。沃尔特·M. 斯平克认为，这座石窟属最后开凿的一批。尽管没有铭文证据，但他相信其施主是伐迦陀迦王朝帝王诃梨西那，因此图像更多强调王权，取自本生经的故事也主

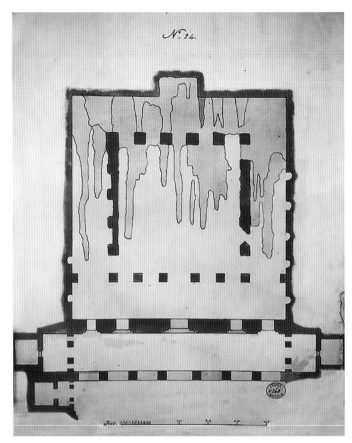

本页：

（右上）图2-241阿旃陀 24号窟。平面（作者Robert Gill，1850年）

（左上及下）图2-242阿旃陀 24号窟。外景

（左中）图2-243阿旃陀 24号窟。内景（工程未完成）

右页：

图2-244阿旃陀 24号窟。柱墩细部

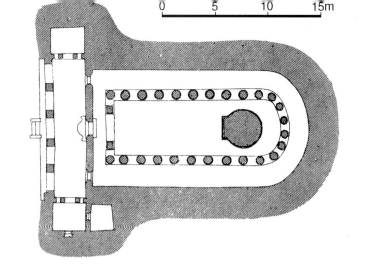

要涉及佛陀前生（即他作为王子期间）。

由于山体在这里较陡，为了在立面前布置一个宽敞的院落，凿去了大量岩体。从罗伯特·吉尔1869年拍摄的一张照片上可知，在现立面前，最初还有一个双柱门廊（在照片上处于半残毁状态，见图2-91），带有精美雕饰的残段被随意丢弃在下面河滩上，现已无存。

室内大厅每面墙宽约12米，高6.1米。平面方形的柱廊上承天棚，形成开敞的廊道。后墙处凿出带前室的祠堂，内置手作转法轮印（dharmachakra pravartana mudra，亦称说法印）的佛祖坐像。另于左右及后墙各开四个小室。

立面雕饰极为丰富，包括佛陀生平及各种装饰母题。前院两侧小室前配带有柱子的前厅并带高基台。石窟门廊及室内前廊两端亦辟小室。门廊大部分原有壁画，残片尚存，特别是天棚上。廊内三个门洞及窗户为室内采光。窟内墙面及天棚均覆彩画；虽然无法完整复原，但一般而论，保存还算良好。最著名的是位于后廊佛陀祠堂入口两侧大于足尺的两位胁侍菩萨——莲花手菩萨（Padmapani）和金刚手菩萨（Vajrapani）的画像。

左页：

（上）图2-245阿旃陀 26号窟（7世纪）。平面（作者James Fergusson，1880年）

（中）图2-246阿旃陀 26号窟。东南侧外景（位于窟区西南尽头，为后期开凿的石窟中装饰最华丽的一座）

（下）图2-247阿旃陀 26号窟。正面（东侧）景观

本页：

（上）图2-248阿旃陀 26号窟。支提窗及雕饰近景

（下）图2-249阿旃陀 26号窟。北面侧翼祠堂

与1号窟毗邻的2号窟开凿于5世纪60年代，但据信大部分完成于475～477年，至1819年被人们再次"发现"（平面及立面：图2-108、2-109；内外景观及细部：图2-110～2-116；天棚画及复原：图2-117；壁画：图2-118～2-121）。洞窟的施主可能是一位和伐迦陀迦王朝国王诃梨西那（约475～500年在位）关系密切的贵妇。在这里，不仅门廊和1号窟有别，立面雕饰也不同。石窟由带装饰图案的粗壮柱墩支撑。前门廊两侧小室前配带有柱子的前厅。门廊后墙中央设门通向大厅，门两侧开方形采光窗。门廊墙面、天棚及柱墩上均有壁画。画风类似1号窟，但保存得更好。如果说1号窟是强调王权，那么在这里，除佛陀本生故事外，更多的则是表现象征女施主的贵妇和一些女性关注的题材；一幅5世纪的壁画表现在学校里

本页：

（上）图2-250阿旃陀 26号窟。内景（老照片，Robert Gill摄，约1868年）

（下）图2-251阿旃陀 26号窟。现状内景

右页：

（左右两幅）图2-252阿旃陀 26号窟。窣堵坡立面及近观（图版作者James Burgess，1880年）

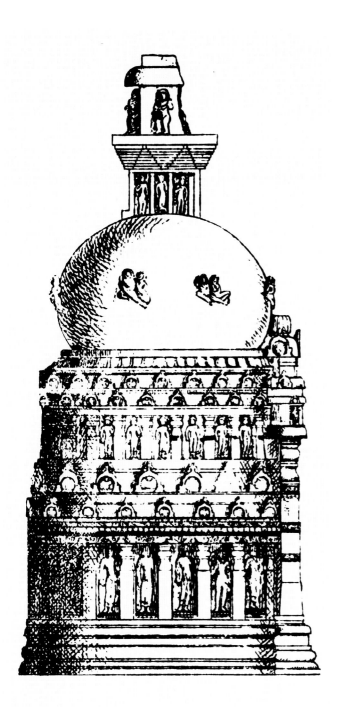

的孩童及教师。岩雕精细，只是有的未能完成且风格不够统一。

　　大厅以平面围成方形的四道柱廊环绕中央空间。雕制柱头以彩绘表现各种装饰母题，包括人物、动物、植物、神祇及图案。主要雕刻题材为诃利帝母[13]。

　　接下来的3号和4号窟均未能最后完成（3号窟：图2-122；4号窟：图2-123~2-132）。前者按沃尔特·M. 斯平克的说法，在后期开凿后不久就放弃了。4号窟是窟区规模最大的寺院之一，佛像基座的一则铭文表明，其施主名马图拉。石窟由门廊、多柱厅、

带前室的内殿和一系列未完成的小室组成。斯平克认为，它和其他许多石窟一样，成于公元480年前。祠堂内安置坐在菩萨之间作布道姿态的巨大佛像。

　　5号及6号窟同样为精舍（5号窟：图2-133；6号窟：图2-134~2-145）。后者高两层，两个精舍上下叠置，通过内部楼梯相连，圣所亦位于两个层面上。上层除带佛像的内祠外，还有许多私人还愿雕刻。但整个工程一直未能完成。

　　7号窟立面为双柱廊，但可能因为岩体的缺陷（事实上，许多窟都面临不同程度的此类问题）无法深挖，因而仅由两重柱廊和一个带前室的内殿组

成，除了墙面开凿的一排小室外，没有中央厅堂（图2-146~2-150）。8号窟长期以来被认为属第一阶段，但斯平克认为它可能是第二阶段最早开凿的窟（图2-151、2-152）。其祠堂系后期增建，由于雕像现已无存，因而可能并不是自岩体中凿出。石窟曾有彩绘，但现仅存痕迹。

9号及10号窟为两个建于第一阶段的支提窟（10号窟可能创建于公元前1世纪，9号窟约晚一个世

本页：
（上）图2-253阿旃陀26号窟。窣堵坡正面佛像

（下）图2-254阿旃陀26号窟。窣堵坡背面近观

右页：
（上）图2-255阿旃陀26号窟。窣堵坡坐佛像及南侧柱廊近景

（下）图2-256阿旃陀26号窟。南廊柱列及卧佛像

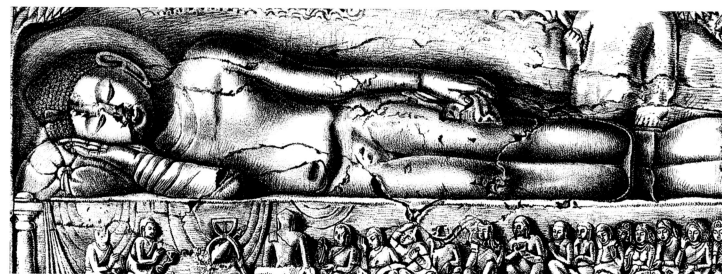

纪），但在第二阶段将近结束时，部分进行了改建（9号窟：图2-153~2-163；10号窟：图2-164~2-172）。两窟均采用简单的八角柱（后期施彩绘，表现佛陀、着长袍的僧侣及其他人物）。10号窟内尚有一些留存下来的第一阶段壁画，其他大都为二期，还有许多为还愿绘制的小型插画（约479~480年，几乎全为佛像，很多附有个人的捐赠铭刻）。两窟顶部现为光面，但当初可能用了真正的木肋，只是未能留存下来。被标为9A~9D及10A的几个小窟（小祠，shrinelets）亦属第二阶段，由私人投资建造。

11号石窟寺属5世纪后期，平面长宽分别为19.87米及17.35米，门廊八角形柱立在方形柱础上。内祠坐佛围以回旋廊道，当属后期（图2-173~2-175）。12号窟按印度考古调研所的说法属早期（公元前2~前1世纪），平面为14.9米×17.82米，前墙俱毁，内部三面共开小室12个（图2-176~2-179）。13号窟为印度考古调研所评定的另一个早期小窟，厅堂周边设七个小室（图2-180）。不过，在开凿年代上，古普特和马哈詹认为要更晚，在公元1~2世纪，即比印度考古调研所的说法晚约两三个世纪。位于13号窟之上

左页：

（左页上及中）图2-257阿旃陀
26号窟。南廊卧佛立面（19世纪
图版及现状）

（左页下及右页）图2-258阿旃陀
26号窟。南廊墙面雕刻（19世纪
图版及现状，表现佛陀战胜天魔
王女儿们的诱惑证道成佛的典
故；天魔王位于右上角，众女儿
在下方）

（上）图2-259阿旃陀 26号窟。
北廊西望景观

（下）图2-260阿旃陀 26号窟。
北廊龛室雕刻

（上下两幅）图2-261阿旃陀
26号窟。柱头及檐壁嵌板雕
刻细部

图2-262阿旃陀 27号及28号窟。外景（右侧近景为26号窟）

的14号窟是个未完成的石窟（平面为13.43米×19.28米，图2-181）。

15号和16号窟位于马蹄形峡谷顶端，在它们之间，从河道通向遗址的一个自山岩中雕出的大门两侧布置大象雕刻（15号窟：图2-182、2-183；16号窟：图2-184~2-194）。在其他印度石窟寺里，很多都可以看到这类表现手法，只是在采用的题材上可有各种表现（包括来自印度教和耆那教的各种母题），如埃洛拉、戈托特卡恰（图2-195）、象岛、巴格、巴达米和奥朗加巴德各地的石窟群。

16号和17号窟，连同近旁窟区入口处的两尊石象均为伐迦陀迦王朝首相瓦拉哈德瓦投资兴建的项目。16号窟没有通向祠堂的前厅，祠堂直接与主要厅堂相通。从17号窟的一则铭文中可知，其施主中还包括地方首脑。从形制上看，它充分体现了最典型的大型寺院（毗诃罗）设计。前方柱列门廊配有不同风格的柱子，立面设大窗及门采光（图2-196~2-205）。在被柱廊环绕的内部厅堂后面，石窟深处布置带前室的内殿。同时还有一批保存得极好的知名壁画[包括各种风格的佛像、观世音菩萨（Avalokitesvara）、历史事件、男女神祇及日常生活场景]。

19号窟采用支提堂的标准形制，高高的肋状顶棚系自岩石中雕凿出来，反映了木结构的形式；和埃洛拉10号窟一样，室内布局颇为不同寻常，窣堵坡前布置佛祖的大型浮雕立像（图2-206~2-222）。20号窟为5世纪开凿的石窟寺（平面为16.2米×17.91米），斯平克认为工程始于5世纪60年代（中间一度停滞），其特色是雕饰相当精美（图2-223~2-226）。

21~24号石窟均为阿旃陀后期石窟寺的代表。21号窟为典型的精舍（毗诃罗），柱列门廊设三个入口大门，平面为28.56米×28.03米的大厅内由平面方形的柱列形成周边回廊，周围布置了12个小室。位于后墙中央的祠堂前配置柱廊前厅（图2-227~2-232）。这种配有前厅、柱廊及不少于6个小室的精舍已属最成熟的类型。22号窟则是一个小型精舍（平面为12.72米×11.58米），配有一个狭窄的门廊和4个未完成的小室（图2-233、2-234）。23号窟同样未能完成（厅堂平面为28.32米×22.52米，设计上类似21号窟，图2-235~2-240）。24号窟同样类似21号窟，虽未完成，但要大得多（29.3米见方，规模上仅次于4号窟，图2-241~2-244）。

26号窟亦属伐迦陀迦王朝首相瓦拉哈德瓦投资兴建的项目（图2-245~2-261）；与19号窟类似，为采用标准形制的支提窟，只是窣堵坡前的大型佛祖浮雕改为坐像。边廊内除各龛室的坐佛及菩萨像外，还有一尊很大的卧佛。27号窟可能是作为26号窟的附属建

筑，高两层，上层已部分坍塌（图2-262）。

29号窟为一后期支提窟，但远未完成。

第二章注释：

[1]另说319~605年。

[2]见MITRA D. Varāha Cave at Udayagiri，An Iconographic Study，1963年。

[3]见WILLIS M. Archaeology of Hindu Ritual，2009年。

[4]杜尔伽（Durgā，音译杜尔伽或突伽，原意为"不可接近的"，故又译"难近母"），印度教战争女神，性力派的重要崇拜对象。她最主要职能是降魔，有8、10或18只手臂，3只眼，手持诸神赐给的许多武器和法器。其坐骑有时是狮子，有时是老虎。在难近母与各种恶魔的战斗中，最有名的是打败怪物摩醯湿（Mahisha、Mahishasura，一个化身为水牛的恶魔）的典故。

[5]娑提（Satī），原为印度教司婚姻幸福的女神达刹约尼（Dākshāyani）的别名之一。因为传说的关系，成为忠贞的代名词；以后演变成一种习俗，称在丈夫死后，在其火葬柴堆上自焚殉夫的妇女（一般是在葬礼上，即所谓娑提仪式）。

[6]室建陀（Skanda，Kārttikeya，Kumāra，Murugan，又称塞建陀、鸠摩罗），印度教战神，为湿婆与雪山神女之子。

[7]中天竺国（梵语Madhyadesa），又称"中国"（和近代意义上的中国不是一个概念）。为恒河流域以摩揭陀、拘萨罗为中心的历史地区，包括恒河上游及中游谷地，以及亚穆纳河和昌巴尔河Chambal汇流地区。是佛陀释迦牟尼出世及弘法之地，古印度佛教文化圈的中心。中国之名，最早出自《释迦方志》。佛

教徒相信，释迦牟尼在此成道，为世界中心，故称中国。中国之外，称为边地。

[8]毗湿奴十大化身分别是：鱼（摩蹉）、龟（俱利摩）、野猪（筏罗诃）、人狮（那罗希摩）、侏儒（筏摩那）、持斧罗摩、罗摩、黑天、释迦佛、白马（迦尔吉）。

[9]摩竭（Makara，玄奘《大唐西域记》记为摩竭，另译摩伽罗），印度神话中的海中异兽，恒河女神及伐楼拿的坐骑。它同样是印度教代表爱与欲望的神祇伽摩的标志。有人认为其形象源自鳄鱼；亦有人认为是鲸鱼、海豚，甚至是鱼身象头的怪兽。

[10]英国皇家亚洲学会（Royal Asiatic Society of Great Britain and Ireland，全称大不列颠及爱尔兰皇家亚洲学会，简称RAS），1824年8月11日成立，其宗旨是"调查和研究与亚洲相关的科学、文学及自然产物"，是个有关亚洲文化及社会研究的高级学术论坛。

[11]伐迦陀迦王朝（Vākāṭaka，约250~500年），其统治区包括今印度中央邦和马哈拉施特拉邦部分地区（主要是德干）。其中一个支系与北方强大的笈多王朝有联姻关系，特别是笈多王朝旃陀罗笈多二世（"超日王"）的女儿嫁给了伐迦陀迦王朝的楼陀罗西那二世。在这次联姻之后，至少在一段时期内，伐迦陀迦王朝很可能已成了笈多帝国的一部分。

[12]善巧方便，佛教术语，取自十波罗蜜中的方便波罗蜜；即以灵活的善解人意、因人施教的巧妙方式，使人领悟佛法真义，进入佛门。

[13]诃利帝母（Hariti，鬼子母），佛经中的人物。原先只是个神通广大的夜叉，后来成为重要的佛教护法神。